"十四五"时期国家重点出版物出版专项规划项目

现代数学基础丛书 204

周期系统和随机系统的分支理论

任景莉　唐点点　著

科学出版社

北　京

内 容 简 介

分支现象广泛存在于生物学、信息学、物理学、经济学及各种工程问题中. 结合不同实际背景的系统, 分支理论也需要不断完善. 本书在常微分方程自治系统的分支理论基础上, 围绕周期系统和随机系统, 对这两类系统的分支理论进行延拓. 内容包括自治系统、周期扰动系统、随机扰动系统的分支研究, 以及在生物、信息、物理、经济等领域的应用. 本书给出基本数学概念、相关定理和非线性分析方法, 并对具体模型进行理论分析和使用适当的数学计算软件进行数值模拟, 步骤详细清楚, 便于不同领域的读者阅读.

本书可作为高等院校数学、应用数学或其他有关专业的高年级本科生、研究生的教学用书或参考书, 也可供相关研究领域的科研工作者和工程技术人员参考.

图书在版编目(CIP)数据

周期系统和随机系统的分支理论/任景莉, 唐点点著. —北京: 科学出版社, 2024.3
(现代数学基础丛书; 204)
ISBN 978-7-03-077614-3

Ⅰ. ①周… Ⅱ. ①任… ②唐… Ⅲ. ①随机系统-研究 Ⅳ. ①O231

中国国家版本馆 CIP 数据核字(2024) 第 015933 号

责任编辑: 王丽平　贾晓瑞 / 责任校对: 樊雅琼
责任印制: 张　伟 / 封面设计: 陈　敬

科学出版社 出版
北京东黄城根北街 16 号
邮政编码: 100717
http://www.sciencep.com
北京中科印刷有限公司印刷
科学出版社发行　各地新华书店经销

*

2024 年 3 月第　一　版　　开本: 720 × 1000　1/16
2024 年 3 月第一次印刷　　印张: 21 3/4
字数: 430 000
定价: 188.00 元
(如有印装质量问题, 我社负责调换)

"现代数学基础丛书" 序

在信息时代，数学是社会发展的一块基石.

由于互联网，现在人们获得数学知识和信息的途径之多和便捷性是以前难以想象的. 另一方面人们通过搜索在互联网获得的数学知识和信息很难做到系统深入，也很难保证在互联网上阅读到的数学知识和信息的质量.

在这样的背景下，高品质的数学书就变得益发重要.

科学出版社组织出版的"现代数学基础丛书"旨在对重要的数学分支和研究方向或专题作系统的介绍，注重基础性和时代性. 丛书的目标读者主要是数学专业的高年级本科生、研究生以及数学教师和科研人员，丛书的部分卷次对其他与数学联系紧密的学科的研究生和学者也是有参考价值的.

本丛书自 1981 年面世以来，已出版 200 卷，介绍的主题广泛，内容精当，在业内享有很高的声誉，深受尊重，对我国的数学人才培养和数学研究发挥了非常重要的作用.

这套丛书已有四十余年的历史，一直得到数学界各方面的大力支持，科学出版社也十分重视，高专业标准编辑丛书的每一卷. 今天，我国的数学水平不论是广度还是深度都已经远远高于四十年前，同时，世界数学的发展也更为迅速，我们对跟上时代步伐的高品质数学书的需求从而更为迫切. 我们诚挚地希望，在大家的支持下，这套丛书能与时俱进，越办越好，为我国数学教育和数学研究的继续发展做出不负期望的重要贡献.

席南华

2024 年 1 月

前　言

　　分支理论研究的是含参系统在参数变化时的拓扑结构. 早在 1972 年, Arnold 首次将可微映射奇点理论中的相关思想引入到动力系统中, 提出依赖于参数的系统族的拓扑等价、局部分支的通有性形变 (奇点理论通常称为通有开折) 等概念, 为分支理论的发展奠定了基础. 中心流形定理和规范形理论是分支理论的核心. 它们通过降维和一系列光滑变换, 将发生某种分支时的系统化为最简单的形式, 为人们探索不同领域的非线性系统提供了强有力的工具.

　　在不同应用背景的系统中, 参数已不再局限于一个与时间无关的变量. 一方面, 在生物系统中, 季节变化、昼夜交替会影响生物的繁殖与迁徙等行为, 所以随时间周期变化的参数对模型研究更有意义. 当参数加入周期扰动后, 系统变为周期扰动系统. 这类系统可以看作是非自治系统的一种特殊情形. 另一方面, 对于一些可能出现随机现象的系统, 比如在金融市场中, 许多资产价格每个时刻都在不停地变化, 其所受到的影响因素是不确定的, 故需要考虑对其参数进行随机扰动, 这样建立的系统能够更加契合现实状况. 因此, 本书从周期扰动系统和随机扰动系统两个方面出发, 提出分析这两类系统分支行为的研究方法, 从常微分方程自治系统过渡到这两类系统, 构建了周期扰动系统和随机扰动系统分支理论的分析框架. 理论上, 从发生不同分支的规范形入手, 针对不同模型可以通过规范形转化进行理论应用; 数值上, 开发了新的数学工具, 利用 Auto 软件编译相关的软件代码模拟周期扰动系统的分支行为, 编写了 Mathematica、MATLAB 和 Julia 等计算软件模拟随机系统动力学的相关代码, 为读者提供了强有力的分析工具和研究途径.

　　本书共分为六章. 第 1 章主要概括了常微分方程的分支理论, 包括动力系统的定义、分支及其规范形; 第 2 章介绍了周期扰动系统的定义、分支研究方法, 并选取了余维二尖分支进行 Lyapunov-Schmidt 方法的应用; 第 3 章介绍了随机扰动系统的定义、分支研究方法, 并研究了 Pitchfork 分支、Hopf 分支、Bautin 分支和倍周期分支在随机扰动下的动力学行为; 第 4—6 章分别探讨了分支理论在生物、信息、物理等领域的应用. 这里需要重点强调的是, 第 2 章是应用 Lyapunov-Schmidt 方法研究了周期扰动的尖分支, 对其他余维二分支规范形和更高余维的分支系统依然适用, 可留给广大读者进一步探索. 第 3 章随机扰动系统的分支, 我们分别给出了连续时间系统余维一 Pitchfork 分支和 Hopf 分支、离散时间系统倍周期分支的理论研究途径, 需要注意的是对于余维二的 Bautin 分支, 其研究方法并不具有普适性, 对于其他高余维分支在随机扰动下的研究仍有待解决. 第 4 章和第 6 章主要是借助 Poincaré 方法, 从数值模拟上研究各类周期扰动系统的分支行为. 第 5 章研究随机扰动系统的分支理论在物理领域的应用, 这里我们提供了随机 Pitchfork 规范形的计算代码, 希望能够帮助读者更好地理解随机规范形理论.

实际上, 本书是我们课题组多年累积的研究成果. 希望本书能够对读者学习和研究分支理论做出贡献, 能够求得同行间更广泛的交流, 共同促进分支理论的发展. 借此机会, 衷心感谢对本书研究内容提供帮助的各位同仁. 特别感谢郭雷院士、叶向东院士、葛渭高教授、章梅荣教授、李继彬教授、庾建设教授、李勇教授、吕克宁教授、张伟年教授、李万同教授、楼元教授等在作者研究过程中给予的帮助. 感谢科学出版社王丽平编辑为出版本书所做的辛勤工作.

限于作者水平, 书中难免存在缺点和不足, 敬请读者批评指正.

任景莉　唐点点

2023 年 7 月

目　　录

"现代数学基础丛书" 已出版书目

第 1 章　常微分方程分支理论

本章基于文献 [1] 主要介绍了常微分方程自治系统的分支理论和规范形理论,
给出了相关基本概念和定理.

1.1　动力系统的定义

动力系统是指状态空间 (包含其所有可能的状态的集合) 中的元素随时间的
发展规律, 其定义如下.

定义 1.1.1　一个动力系统是一个三元组 $\{\mathbb{T}, X, \varphi^t\}$, 其中 $\mathbb{T}$ 是时间集, X
是状态空间, 以及 $\varphi^t : X \to X$ 是由 $t \in \mathbb{T}$ 参数化且满足性质: $\varphi^0(x) = x$ 和
$\varphi^{t+s}(x) = \varphi^t(\varphi^s(x))$ 的发展算子族, 对所有 $x \in X, t, s \in \mathbb{T}$.

动力系统 $\{\mathbb{T}, X, \varphi^t\}$ 中, 当时间集 $\mathbb{T} = \mathbb{R}$ 时, 系统称为连续时间动力系统; 当
$\mathbb{T} = \mathbb{Z}$ 时, 它是离散时间动力系统.

从几何角度来讲, 描述动力系统 $\{\mathbb{T}, X, \varphi^t\}$ 性质的基本几何对象是状态空间
中系统的轨道和这些轨道组成的相图.

定义 1.1.2　从 $x_0 \in X$ 出发的一条轨道是状态空间 X 的一个有序子集

$$\Gamma(x_0) = \{x \in X : x = \varphi^t x_0, \text{对一切 } t \in \mathbb{T} \text{ 使得 } \varphi^t x_0 \text{ 有定义}\}.$$

连续时间系统的轨道是状态空间 X 中由时间 t 参数化的一条曲线, 曲线上的
方向为时间增加的方向; 离散时间系统的轨道是状态空间 X 中按增加整数列举的
点列. 其中最简单的轨道是平衡点, 定义如下.

定义 1.1.3　点 $x_0 \in X$ 称为平衡点或不动点, 若对任意 $t \in \mathbb{T}$ 有 $\varphi^t x_0 = x_0$.

发展算子将平衡点映为自身, 并且永远停留在那里. 我们称平衡点对应连续
时间系统最简单的轨道; 不动点则对应离散时间动力系统最简单的轨道.

下面我们引入轨道的另一个相对简单的形式——环.

定义 1.1.4　环是一个周期轨道, 即一条非平衡点轨道 L_0, 使得它上面的每
一点 $x_0 \in L_0$, 对某个 $T_0 > 0$ 及一切 $t \in \mathbb{T}$ 均满足 $\varphi^{t+T_0} x_0 = \varphi^t x_0$.

具有这个性质的最小 T_0 称为环 L_0 的周期. 连续时间动力系统的一个环, 如
果它的邻域内没有其他的环, 则称它为极限环. 任何一个个别轨道都是一个不变
集, 动力系统 $\{\mathbb{T}, X, \varphi^t\}$ 的不变集是指 X 的子集 S, 使得若 $x_0 \in S$, 则对一切
$t \in \mathbb{T}$ 有 $\varphi^t x_0 \in S$.

1.2　动力系统的分支

分支是参数变化时相图不拓扑等价的一种现象, 可以分为局部分支 (平衡点分支、不动点分支、极限环的分支) 和大范围分支 (同宿分支或者异宿分支). 这里我们主要讨论的是局部分支.

1.2.1　平衡点分支

对于连续时间动力系统 $\dot{x} = f(x, \alpha)$, 其中 $x \in \mathbb{R}^n$, $\alpha \in \mathbb{R}^m$, f 关于 x 和 α 光滑. 假设 $x_0 = 0$ 为该系统在 $\alpha = \alpha_0$ 时的平衡点, A 为 x_0 处的 Jacobi 矩阵. 令 $\lambda = (\lambda_1, \lambda_2, \cdots, \lambda_n)^{\mathrm{T}} \in \mathbb{R}^n$ 为 Jacobi 矩阵 $f_x(x, \alpha_0)$ 在平衡点处所对应特征方程的特征根 (值), 其中 T 表示向量或者矩阵的转置, $f_x(x, \alpha_0)$ 表示 f 关于 x 的一阶偏导. 不同分支对应于不同的特征值条件.

1. 对应于 $\lambda_1 = 0$ 的分支称为 Fold 分支 (折分支或者鞍结点分支);

2. 对应于 $\lambda_{1,2} = \pm i\omega_0, \omega_0 > 0$ 的分支称为 Hopf 分支;

3. 对应于 $\lambda_1 = 0$ 且二次非线性项系数为零 (非线性项退化) 的分支称为 Cusp 分支 (尖分支);

4. 对应于 $\lambda_{1,2} = \pm i\omega_0, \omega_0 > 0$ 且第一 Lyapunov 系数 $l_1 = 0$ 的分支称为 Bautin 分支 (退化 Hopf 分支);

5. 对应于 $\lambda_{1,2} = 0$ 且其对应的二阶 Jordan 块满足 $\begin{pmatrix} 0 & 1 \\ 0 & 0 \end{pmatrix}$ 的分支称为 Bogdanov-Takens (BT) 分支;

6. 对应于 $\lambda_1 = 0, \lambda_{2,3} = \pm i\omega_0, \omega_0 > 0$ 的分支称为 Zero-Hopf (ZH) 分支;

7. 对应于 $\lambda_{1,2} = \pm i\omega_1, \lambda_{3,4} = \pm i\omega_2, \omega_{1,2} > 0$ 的分支称为 Hopf-Hopf (HH) 分支.

上述未提及的特征根均满足实部不为零, 这里需要注意的是为叙述简便, 我们按照特征值的顺序让其依次满足七类分支所对应的特征值条件, 对于任意的特征值次序只要满足同等的条件也是成立的.

1.2.2　不动点分支

对于离散时间动力系统 $x \mapsto f(x, \alpha)$, 其中 $x \in \mathbb{R}^n$, $\alpha \in \mathbb{R}^m$, f 关于 x 和 α 光滑. 假设 $x_0 = 0$ 为该系统在 $\alpha = \alpha_0$ 时的不动点, A 为 x_0 处的 Jacobi 矩阵. 令 $\mu = (\mu_1, \mu_2, \cdots, \mu_n)^{\mathrm{T}} \in \mathbb{R}^n$ 为 Jacobi 矩阵 $f_x(x, \alpha_0)$ 在不动点处所对应特征方程的特征根 (乘子). 不同分支对应于不同的乘子 μ 条件 (下述未提及乘子的模不为 1).

1. 对应于 $\mu_1 = 1$ 的分支称为 Fold 分支 (折分支或者鞍结点分支);

2. 对应于 $\mu_1 = -1$ 的分支称为 Flip 分支 (倍周期分支或翻转分支);

3. 对应于 $\mu_{1,2} = e^{\pm i\theta_0}, 0 < \theta_0 < \pi$ 的分支称为 Neimark-Sacker(NS) 分支;

4. 对应于 $\mu_1 = 1$ 且二次非线性项系数为零的分支称为尖分支;

5. 对应于 $\mu_1 = -1$ 且二次非线性项系数为零的分支称为广义翻转分支;

6. 对应于 $\mu_{1,2} = e^{\pm i\theta_0}, 0 < \theta_0 < \pi$ 且共振项系数实部为零的分支称为 Chenciner 分支;

7. 对应于 $\mu_{1,2} = 1$ 的分支称为 1:1 共振;

8. 对应于 $\mu_{1,2} = -1$ 的分支称为 1:2 共振;

9. 对应于 $\mu_{1,2} = e^{\pm i\theta_0}, \theta_0 = \dfrac{2}{3}\pi$ 的分支称为 1:3 共振;

10. 对应于 $\mu_{1,2} = e^{\pm i\theta_0}, \theta_0 = \dfrac{1}{2}\pi$ 的分支称为 1:4 共振;

11. 对应于 $\mu_1 = 1, \mu_2 = -1$ 的分支称为 Fold-Flip 分支 (折翻转分支).

1.2.3 极限环的分支

假设连续时间系统有极限环 L_0, 取点 $x_0 \in L_0$, 在这点引入环 L_0 的截面 Σ, 它是与 L_0 相交于非零角的 $n-1$ 维超曲面. 从充分靠近 x_0 的点 $x \in \Sigma$ 出发的轨道回到 x_0 附近的某一点 $\tilde{x} \in \Sigma$, 这样我们得到映射 $\mathcal{P}: \Sigma \to \Sigma$,

$$x \mapsto \tilde{x} = \mathcal{P}(x).$$

映射 $\mathcal{P}$ 称为环 L_0 相应的 **Poincaré 映射**. x_0 是 Poincaré 映射的不动点: $\mathcal{P}(x_0) = x_0$. 在截面上引入局部坐标 $\xi = (\xi_1, \xi_2, \cdots, \xi_{n-1})$ 使得 $\xi = 0$ 对应于 x_0, 则映射 $\mathcal{P}$ 可由局部定义的映射 $\mathcal{P}: \mathbb{R}^{n-1} \to \mathbb{R}^{n-1}$ 来刻画, 它将对应于 x 的 ξ 映到对应于 $\tilde{x}$ 的 $\tilde{\xi}$:

$$\mathcal{P}(\xi) = \tilde{\xi}.$$

这样, 环 L_0 的稳定性等价于 $\mathcal{P}$ 的不动点 $\xi = 0$ 的稳定性. 若 $\mathcal{P}$ 的 Jacobi 矩阵的所有特征值 (乘子) $\mu_1, \cdots, \mu_{n-1}$ 都落在单位圆内, 则环是稳定的, 若至少有一个乘子在单位圆上, 则环是非双曲的.

对于含参连续时间动力系统在 $\alpha = \alpha_0$ 时有极限环 L_0, 设 $\mathcal{P}_\alpha$ 表示对附近的 α 相应的 Poincaré 映射 $\mathcal{P}_\alpha: \Sigma \to \Sigma$, Σ 是环 L_0 的局部截面.

1. 若环在参数值 $\alpha = \alpha_0$ 处有单乘子 $\mu_1 = 1$, 其他乘子都不在单位圆上, 则在 $\alpha = \alpha_0$ 处, 考虑有极限环的折分支发生, 极限环其他分支的特征值条件与离散时间系统相同. 环的折分支见图 1.1. 当参数 α 在临界值处由左往右变化时, 系统由两个环变为一个环然后相撞消失.

2. 若环在参数值 $\alpha = \alpha_0$ 处有单乘子 $\mu_1 = -1$, 其他乘子都不在单位圆上, 则在 $\alpha = \alpha_0$ 处, 考虑有极限环的倍周期分支发生, 极限环其他分支的特征值条件与离散时间系统相同. 环的倍周期分支见图 1.2. 当参数 α 在临界值处由左往右变化时, 环并不会消失, 而是在右端分支出另外一个大环, 其周期近似于小环的 2 倍.

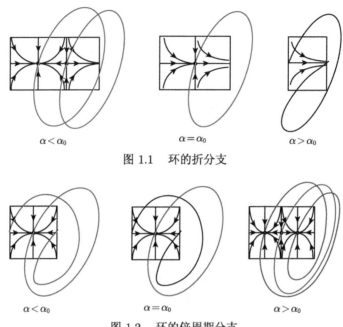

图 1.1   环的折分支

图 1.2   环的倍周期分支

3. 若环在参数值 $\alpha = \alpha_0$ 处有一对复乘子在单位圆上 $\mu_{1,2} = e^{\pm i\theta}$, 其他乘子都不在单位圆上, 则在 $\alpha = \alpha_0$ 处, 考虑有极限环的 Neimark-Sacker 分支发生, 极限环其他分支的特征值条件与离散时间系统相同. 环的 Neimark-Sacker 分支见图 1.3. 当参数 α 在临界值处由左往右变化时, 环并不会消失, 而是在右端分支出一个拟周期解, 也可以形象地称为 "轮胎面", 此时拟周期解没有确定的周期, 并且对应于 Poincaré 映射中出现的闭不变曲线.

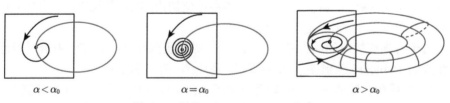

图 1.3   环的 Neimark-Sacker 分支

1.2.4   混沌

一般系统多处于平衡态中, 发生分支后会打破原来的平衡态, 系统就可能出现混沌状态. 混沌是非线性方程中的一种复杂现象, 是服从确定性规律但具有随机性的运动, 通向混沌的两条经典路线是倍周期分支与环面破坏. 一般常用的混沌定义有以下几种: Marotto 意义下的混沌 [2,3]、Smale Horseshoe 意义下的混沌 [4]、Wiggins 意义下的混沌 [5] 等. 这里我们主要讨论的是 Marotto 混沌, 其相关定义和结果如下.

定义 1.2.1 假设 z 是映射 f 的一个不动点, 且矩阵 $Df(z)$ 相应所有特征值的模都大于 1, 并且假设在 z 的一个邻域中存在一个 $x_0 \neq z$, 使得对于 $1 \leqslant k \leqslant M$ 存在 $x_M = z$, $\det(Df(x_k)) \neq 0$, 其中 $x_k = f^k(x_0)$. 则称 z 为映射 f 的一个速返斥子.

定理 1.2.1 假设映射 f 存在一个速返斥子, 则 f 在 Marotto 意义下是混沌的. 即存在

- 一个正整数 N 使得对每一个正整数 $p \geqslant N$, f 有周期 p 的点.
- f 有一个不含周期点的不可数集合 S 满足:

(a) $f(S) \subset S$;

(b) 对任意的 $x, y \in S$, $x \neq y$, 有 $\limsup\limits_{k \to \infty} ||f^k(x) - f^k(y)|| > 0$;

(c) 对任意的 $x \in S$ 和 f 的任意周期点 y, 有 $\limsup\limits_{k \to \infty} ||f^k(x) - f^k(y)|| > 0$;

(d) 存在不可数集合 $S_0 \subset S$ 使得对任意的 $x, y \in S_0$, 有 $\limsup\limits_{k \to \infty} ||f^k(x) - f^k(y)|| = 0$.

1.3 分支理论的核心

1.3.1 基本定理

定理 1.3.1 (中心流形定理) 连续时间动力系统

$$\dot{x} = f(x), \quad x \in \mathbb{R}^n, \tag{1.1}$$

其中 $f \in C^r$, $r \geqslant 2$, $f(0) = 0$. 设在平衡点 $x_0 = 0$ 的 Jacobi 矩阵的特征值为 λ_1, $\lambda_2, \cdots, \lambda_n$. 假设平衡点不是双曲的, 则存在具有零实部的特征值. 设有 n_+ 个特征值 $\mathrm{Re}\lambda > 0$, n_0 个特征值 $\mathrm{Re}\lambda = 0$ 以及 n_- 个特征值 $\mathrm{Re}\lambda < 0$. 令 T^c 表示对应于虚轴上 n_0 个特征值并的线性特征空间. 设 φ^t 表示对应于 (1.1) 的流, 则 (1.1) 存在局部定义的光滑 n_0 维不变流形 $W^c_{\mathrm{loc}}(0)$ 在 $x = 0$ 切于 T^c. 此外, 存在 $x = 0$ 的邻域 U, 使得对一切 $t \geqslant 0$ $(t \leqslant 0)$, 有 $\varphi^t x \in U$, 则当 $t \to +\infty$ $(t \to -\infty)$ 时, 有 $\varphi^t x \to W^c_{\mathrm{loc}}(0)$.

定理 1.3.2 (约化原理) 合并临界和非临界分量, (1.1) 可写为

$$\begin{cases} \dot{u} = Bu + g(u, v), \\ \dot{v} = Cv + h(u, v), \end{cases} \tag{1.2}$$

其中 $u \in \mathbb{R}^{n_0}, v \in \mathbb{R}^{n_+ + n_-}$, B 是一个 $n_0 \times n_0$ 矩阵, 它所有 n_0 个特征值在虚轴上, C 是一个 $(n_+ + n_-) \times (n_+ + n_-)$ 矩阵, 它没有特征值在虚轴上. 函数 g 和 h 有至少从二次项开始的 Taylor 展开, 即 $g, h \in C^r, r \geqslant 2$. 系统 (1.2) 的中心流形可局部表示为光滑函数 $W^c = \{(u, v) : v = V(u)\}$ 的图像, 其中 $V : \mathbb{R}^{n_0} \to \mathbb{R}^{n_+ + n_-}$, 且由 W^c 的相切性, $V(u) = O(||u||^2)$, 其中 $|| \cdot ||$ 表示欧氏范数, 则在原点附近系统 (1.2) 局部拓扑等价于系统

$$
\begin{cases}
\dot{u} = Bu + g(u, V(u)), \\
\dot{v} = Cv.
\end{cases}
\tag{1.3}
$$

如果存在多于一个中心流形, 则对不同的 V, 所有系统 (1.3) 都是局部光滑等价的.

  对于含参系统, 可以将参数看作新的分量扩展到系统中, 应用上述中心流形定理进行分析. 对于高维动力系统均可通过上述中心流形定理和约化原理进行降维处理以便于研究. 下面给出不同分支在 n 维系统的规范形.

1.3.2　分支规范形

  • 对于连续时间动力系统, 假设在参数 $\alpha = 0$ 时可写为

$$
\dot{u} = Au + F(u), \quad u \in \mathbb{R}^n,
\tag{1.4}
$$

其中 A 为线性系统的 Jacobi 矩阵, $F(u) = O(||u||^2)$ 是光滑函数. 在平衡点 $u = 0$ 附近, $F(u)$ 的 Taylor 展开为

$$
F(u) = \frac{1}{2} F_2(u, u) + \frac{1}{6} F_3(u, u, u) + \frac{1}{24} F_4(u, u, u, u) + \frac{1}{120} F_5(u, u, u, u, u) + O(||u||^6).
$$

这里采用更一般的表达, F_i 的每一分量用不同的字母表示, 则 $F_2(u, v)$, $F_3(u, v, w)$, $F_4(u, v, w, y)$ 和 $F_5(u, v, w, y, z)$ 是对称多重线性向量函数, 满足

$$
F_2^i(u, v) = \sum_{j,k=1}^n \left. \frac{\partial^2 F_i(x)}{\partial x_j \partial x_k} \right|_{x=0} u_j v_k,
$$

$$
F_3^i(u, v, w) = \sum_{j,k,l=1}^n \left. \frac{\partial^3 F_i(x)}{\partial x_j \partial x_k \partial x_l} \right|_{x=0} u_j v_k w_l,
$$

$$
F_4^i(u, v, w, y) = \sum_{j,k,l,m=1}^n \left. \frac{\partial^4 F_i(x)}{\partial x_j \partial x_k \partial x_l \partial x_m} \right|_{x=0} u_j v_k w_l y_m,
$$

$$F_5^i(u, v, w, y, z) = \sum_{j,k,l,m,s=1}^{n} \frac{\partial^5 F_i(x)}{\partial x_j \partial x_k \partial x_l \partial x_m \partial x_s}\bigg|_{x=0} u_j v_k w_l y_m z_s, \quad i = 1, 2, \cdots, n.$$

1. 折分支: 假设线性矩阵 A 有单零特征值, 则系统发生折分支且在原点附近局部拓扑等价于以下规范形

$$\dot{x} = bx^2 + O(\|x\|^3), \tag{1.5}$$

其中 x^2 项前面的系数 $b = \frac{1}{2}\langle p, F_2(q, q)\rangle$ 决定折分支的退化性. p, q 为特征矩阵 A 与其转置矩阵 A^{T} 在特征值 $\lambda = 0$ 处的特征向量, 即 $Aq = 0$, $A^{\mathrm{T}}p = 0$ 且 $\langle p, q \rangle = 1$.

2. Hopf 分支: 假设线性矩阵 A 有一对单复特征值 $\lambda_{1,2} = \pm i\omega_0, \omega_0 > 0$, 则系统发生 Hopf 分支且在原点附近局部拓扑等价于以下规范形

$$\dot{z} = i\omega_0 z + l_1 z^2 \bar{z} + O(\|z\|^4), \tag{1.6}$$

其中 l_1 称为第一 Lyapunov 系数, 表达式如下

$$\frac{1}{2\omega_0}\mathrm{Re}\{\langle p, F_3(q, q, \bar{q})\rangle - 2\langle p, F_2(q, A^{-1}F_2(q, \bar{q}))\rangle + \langle p, F_2(\bar{q}, (2i\omega_0 I_n - A)^{-1}F_2(q, q))\rangle\},$$

特征向量 p, q 满足 $Aq = i\omega_0 q$, $A^{\mathrm{T}}p = -i\omega_0 p$ 且 $\langle p, q \rangle = 1$, 在空间 $\mathbb{C}^2$ 中, $\langle \cdot, \cdot \rangle$ 代表标准内积 $\langle p, q \rangle = \bar{p}_1 q_1 + \bar{p}_2 q_2$.

3. 尖分支: 假设线性矩阵 A 有单零特征值, 则系统发生尖分支且在原点附近局部拓扑等价于以下规范形

$$\dot{x} = cx^3 + O(\|x\|^4), \tag{1.7}$$

其中

$$c = \frac{1}{6}\langle p, F_3(q, q, q) - 3F_2(q, A^{\mathrm{INV}}F_2(q, q))\rangle,$$

特征向量 p, q 满足 $Aq = 0$, $A^{\mathrm{T}}p = 0$ 且 $\langle p, q \rangle = 1$, A^{INV} 表示所有异于零的特征值所对应的 $(n-1)$ 维线性特征空间 T^{su} 上的逆.

4. Bautin 分支: 线性矩阵 A 有一对单复特征值 $\lambda_{1,2} = \pm i\omega_0, \omega_0 > 0$, 且没有其他临界特征值, 则系统发生 Bautin 分支且在原点附近局部拓扑等价于以下规范形

$$\dot{z} = i\omega_0 z + l_2 z^3 \bar{z}^2 + O(\|z\|^6), \tag{1.8}$$

其中 l_2 称为第二 Lyapunov 系数, 表达式如下

$$\frac{1}{12\omega_0}\mathrm{Re}\{\langle p, F_5(q,q,q,\bar{q},\bar{q}) + F_4(q,q,q,\bar{a}_1) + 3F_4(q,\bar{q},\bar{q},a_1) + 6F_4(q,q,\bar{q},a_2)$$

$$+ F_3(\bar{q},\bar{q},a_3) + 3F_3(q,q,\bar{a}_4) + 6F_3(q,\bar{q},a_4) + 3F_3(q,\bar{a}_1,a_1)$$

$$+ 6F_3(q,a_2,a_2) + 6F_3(\bar{q},a_1,a_2) + 2F_2(\bar{q},a_5) + 3F_2(q,a_6)$$

$$+ 3F_2(\bar{a}_1,a_3) + 3F_2(\bar{a}_4,a_1) + 6F_2(a_2,a_4)\rangle\},$$

这里

$$a_1 = (2i\omega_0 I_n - A)^{-1}F_2(q,q), \quad a_2 = -A^{-1}F_2(q,\bar{q}),$$

$$a_3 = (3i\omega_0 I_n - A)^{-1}[F_3(q,q,q) + 3F_2(q,a_1)],$$

$$a_4 = (i\omega_0 I_n - A)^{\mathrm{INA}}[F_3(q,q,\bar{q}) + F_2(\bar{q},a_1) + 2F_2(q,a_2) - 2c_1 q],$$

$$a_5 = (2i\omega_0 I_n - A)^{-1}[F_4(q,q,q,\bar{q}) + 3F_3(q,q,a_2) + 3F_3(q,\bar{q},a_1) + 3F_2(a_1,a_2)$$

$$+ F_2(\bar{q},a_3) + 3F_2(q,a_4) - 6c_1 a_1],$$

$$a_6 = -A^{-1}[F_4(q,q,\bar{q},\bar{q}) + 4F_3(q,\bar{q},a_2) + F_3(\bar{q},\bar{q},a_1) + F_3(q,q,\bar{a}_1) + 2F_2(a_2,a_2)$$

$$+ 2F_2(q,\bar{a}_4) + 2F_2(\bar{q},a_4) + F_2(\bar{a}_1,a_1) - 4a_2(c_1+\bar{c}_1)],$$

$$c_1 = \frac{1}{2}\langle p, F_3(q,q,\bar{q}) + F_2(\bar{q},(2i\omega_0 I_n - A)^{-1}F_2(q,q)) - 2F_2(q,A^{-1}F_2(q,\bar{q}))\rangle,$$

特征向量 p,q 满足 $Aq = i\omega_0 q$, $A^{\mathrm{T}}p = -i\omega_0 p$ 且 $\langle p,q\rangle = 1$.

5. Bogdanov-Takens 分支: 线性矩阵 A 有两个零特征值 $\lambda_{1,2} = 0$, 且没有其他临界特征值, 则系统发生 Bogdanov-Takens 分支且在原点附近局部拓扑等价于以下规范形

$$\begin{cases} \dot{x}_1 = x_2, \\ \dot{x}_2 = \alpha_1 x_1^2 + \alpha_2 x_1 x_2 + O(\|x\|^3), \end{cases} \tag{1.9}$$

其中

$$\alpha_1 = \frac{1}{2}\langle p_1, F_2(q_0,q_0)\rangle, \quad \alpha_2 = \langle p_0, F_2(q_0,q_0)\rangle + \langle p_1, F_2(q_0,q_1)\rangle,$$

特征向量 q_0, q_1, p_0, p_1 满足 $Aq_0 = 0$, $Aq_1 = q_0$, $A^{\mathrm{T}}p_1 = 0$, $A^{\mathrm{T}}p_0 = p_1$, $\langle p_0,q_0\rangle = \langle p_1,q_1\rangle = 1$, $\langle p_1,q_0\rangle = \langle p_0,q_1\rangle = 0$.

6. Zero-Hopf 分支: 线性矩阵 A 有一个单零特征值和一对单纯虚特征值 $\lambda_1 = 0$, $\lambda_{2,3} = \pm i\omega_0, \omega_0 > 0$, 且没有其他临界特征值, 则系统在参数临界值处发生 Zero-

Hopf 分支且在原点附近局部拓扑等价于以下形式 (该形式可通过一系列变量和时间的线性尺度变换化为其规范形)

$$\begin{cases} \dot{x}_1 = b_1 x_1^2 + b_2 |x_2|^2 + b_3 x_1^3 + b_4 x_1 |x_2|^2 + O(\|x_1, x_2, \bar{x}_2\|^4), \\ \dot{x}_2 = i\omega_0 x_1 + d_1 x_1 x_2 + d_2 x_1^2 x_2 + d_3 x_2 |x_2|^2 + O(\|x_1, x_2, \bar{x}_2\|^4), \end{cases} \quad (1.10)$$

其中

$$b_1 = \frac{1}{2}\langle p_0, F_2(q_0, q_0)\rangle, \quad b_2 = \langle p_0, F_2(q_1, \bar{q}_1)\rangle,$$

$$b_3 = \frac{1}{6}\langle p_0, F_3(q_0, q_0, q_0) + 3F_2(q_0, -A^{\mathrm{INV}}[F_2(q_0, q_0) - \langle p_0, F_2(q_0, q_0)\rangle q_0])\rangle,$$

$$b_4 = \langle p_0, F_3(q_0, q_1, \bar{q}_1) + F_2(q_1, (-i\omega_0 I_n - \bar{A})^{\mathrm{INV}}[\bar{F}_2(q_0, q_1) - \langle \bar{p}_1, \bar{F}_2(q_0, q_1)\rangle \bar{q}_1])$$
$$+ F_2(\bar{q}_1, (i\omega_0 I_n - A)^{\mathrm{INV}}[F_2(q_0, q_1) - \langle p_1, F_2(q_0, q_1)\rangle q_1])$$
$$+ F_2(q_0, -A^{\mathrm{INV}}[F_2(q_1, \bar{q}_1) - \langle p_0, F_2(q_1, \bar{q}_1)\rangle q_0])\rangle,$$

$$d_1 = \langle p_1, F_2(q_0, q_1)\rangle,$$

$$d_2 = \frac{1}{2}\langle p_1, F_3(q_0, q_0, q_1) + 2F_2(q_0, (i\omega_0 I_n - A)^{\mathrm{INV}}[F_2(q_0, q_1) - \langle p_1, F_2(q_0, q_1)\rangle q_1])$$
$$+ F_2(q_1, -A^{\mathrm{INV}}[F_2(q_0, q_0) - \langle p_0, F_2(q_0, q_0)\rangle q_0])\rangle,$$

$$d_3 = \frac{1}{2}\langle p_1, F_3(q_1, q_1, \bar{q}_1) + 2F_2(q_1, -A^{\mathrm{INV}}[F_2(q_1, \bar{q}_1) - \langle p_0, F_2(q_1, \bar{q}_1)\rangle q_0])$$
$$+ F_2(\bar{q}_1, (2i\omega_0 I_n - A)^{-1} F_2(q_1, q_1))\rangle,$$

特征向量 q_0, q_1, p_0, p_1 满足 $Aq_0 = 0$, $Aq_1 = i\omega_0 q_1$, $A^{\mathrm{T}} p_0 = 0$, $A^{\mathrm{T}} p_1 = -i\omega_0 p_1$, $\langle p_0, q_0\rangle = \langle p_1, q_1\rangle = 1$, $\langle p_1, q_0\rangle = \langle p_0, q_1\rangle = 0$.

7. Hopf-Hopf 分支: 线性矩阵 A 有两对纯虚单特征值 $\lambda_{1,2} = \pm i\omega_1$, $\lambda_{3,4} = \pm i\omega_2$, $\omega_1 > \omega_2 > 0$, 且没有其他临界特征值, 则系统发生 Hopf-Hopf 分支且在原点附近局部拓扑等价于以下形式

$$\begin{cases} \dot{x}_1 = i\omega_1 x_1 + m_1 x_1 |x_1|^2 + m_2 x_1 |x_2|^2 + O(\|x_1, \bar{x}_1, x_2, \bar{x}_2\|^4), \\ \dot{x}_2 = i\omega_2 x_2 + n_1 x_2 |x_1|^2 + n_2 x_2 |x_2|^2 + O(\|x_1, \bar{x}_1, x_2, \bar{x}_2\|^4), \end{cases} \quad (1.11)$$

其中

$$m_1 = \frac{1}{2}\langle p_1, F_3(q_1, q_1, \bar{q}_1) + F_2((2i\omega_1 I_n - A)^{-1} F_2(q_1, q_1), \bar{q}_1)$$
$$- 2F_2(A^{-1} F_2(q_1, \bar{q}_1), q_1)\rangle,$$

$$m_2 = \langle p_1, F_3(q_1, q_2, \bar{q}_2) + F_2([i(\omega_1 + \omega_2)I_n - A]^{-1}F_2(q_1, q_2), \bar{q}_2)$$

$$+ F_2([i(\omega_1 - \omega_2)I_n - A]^{-1}F_2(q_1, \bar{q}_2), q_2) + F_2(-A^{-1}F_2(q_2, \bar{q}_2), q_1) \rangle,$$

$$n_1 = \langle p_2, F_3(q_1, \bar{q}_1, q_2) + F_2([i(\omega_1 + \omega_2)I_n - A]^{-1}F_2(q_1, q_2), \bar{q}_1)$$

$$- F_2(A^{-1}F_2(q_1, \bar{q}_1), q_2) + F_2([-i(\omega_1 - \omega_2)I_n - \bar{A}]^{-1}\bar{F}_2(q_1, \bar{q}_2), q_1) \rangle,$$

$$n_2 = \frac{1}{2}\langle p_2, F_3(q_2, q_2, \bar{q}_2) + F_2((2i\omega_2 I_n - A)^{-1}F_2(q_2, q_2), \bar{q}_2)$$

$$+ 2F_2(-A^{-1}F_2(q_2, \bar{q}_2), q_2) \rangle,$$

特征向量 q_1, q_2, p_1, p_2 满足 $Aq_1 = i\omega_1 q_1$, $Aq_2 = -i\omega_2 q_2$, $A^{\mathrm{T}}p_1 = i\omega_1 p_1$, $A^{\mathrm{T}}p_2 = -i\omega_2 p_2$, $\langle p_1, q_1 \rangle = \langle p_2, q_2 \rangle = 1$, $\langle p_1, q_2 \rangle = \langle p_2, q_1 \rangle = 0$.

　　• 对于离散时间动力系统, 映射可写为另外一种形式

$$x \mapsto A(\alpha)x + F(x, \alpha), \tag{1.12}$$

其中 $A(\alpha)$ 为映射 Jacobi 矩阵, $F = O(\|x\|^2)$ 是光滑向量函数, 在 $\alpha = 0$ 处, 它的 Taylor 展开式为

$$F(x, 0) = \frac{1}{2}B(x, x) + \frac{1}{6}C(x, x, x) + \frac{1}{24}D(x, x, x, x) + \frac{1}{120}E(x, x, x, x, x) + O(\|x\|^6),$$

类似于连续时间动力系统情形, 这里 $B(x, y)$, $C(x, y, u)$, $D(x, y, u, v)$ 和 $E(x, y, u, v, w)$ 是对称多重线性向量函数, 满足

$$B^i(x, y) = \sum_{j,k=1}^n \frac{\partial^2 F_i(\xi, 0)}{\partial \xi_j \partial \xi_k}\Big|_{\xi=0} x_j y_k,$$

$$C^i(x, y, u) = \sum_{j,k,l=1}^n \frac{\partial^3 F_i(\xi, 0)}{\partial \xi_j \partial \xi_k \partial \xi_l}\Big|_{\xi=0} x_j y_k u_l,$$

$$D^i(x, y, u, v) = \sum_{j,k,l,m=1}^n \frac{\partial^4 F_i(\xi, 0)}{\partial \xi_j \partial \xi_k \partial \xi_l \partial \xi_m}\Big|_{\xi=0} x_j y_k u_l v_m,$$

$$E^i(x, y, u, v, w) = \sum_{j,k,l,m,s=1}^n \frac{\partial^5 F_i(\xi, 0)}{\partial \xi_j \partial \xi_k \partial \xi_l \partial \xi_m \partial \xi_s}\Big|_{\xi=0} x_j y_k u_l v_m w_s, \quad i = 1, 2, \cdots, n.$$

接下来给出映射 (1.12) 发生不同分支的规范形.

　　1. 折分支与尖分支: 假设线性矩阵 A 只有一个特征值为 1, 而其他特征值的模都不为 1, 则上述映射存在折分支且在原点附近局部拓扑等价于以下规范形

$$u \mapsto u + au^2 + O(\|u\|^3), \tag{1.13}$$

其中 u^2 项前面的系数 $a = \frac{1}{2}\langle p, B(q, q)\rangle$, 决定折分支的退化性. p, q 为特征矩阵 A 与其转置矩阵 A^{T} 在特征值 $\lambda = 1$ 处的特征向量, 即 $Aq = q$, $A^{\mathrm{T}}p = p$ 且 $\langle p, q\rangle = 1$. 若 $a > 0$, 当参数由小到大穿过临界值时, 映射 (1.12) 的两个不动点变成一个特征值为 1 的非双曲不动点并且最后消失. 若 $a < 0$, 则情况相反. 进一步, 当 $a = 0$ 时, 则映射 (1.12) 存在尖分支且在原点附近局部拓扑等价于以下规范形

$$u \mapsto u + cu^3 + O(\|u\|^4), \tag{1.14}$$

其中

$$c = \frac{1}{6}\langle p, C(q, q, q) - 3B(q, (A - I_n)^{\mathrm{INV}} B(q, q))\rangle.$$

2. 倍周期分支与广义翻转分支: 假设线性矩阵 A 只有一个特征值为 -1, 而其他特征值的模都不为 1, 则上述映射存在倍周期分支且在原点附近局部拓扑等价于以下规范形

$$\xi \mapsto -\xi + c\xi^3 + O(\|\xi\|^4), \tag{1.15}$$

其中 ξ^3 项前面的临界规范形系数 c (表达式见上述 c) 决定倍周期分支的退化性. p, q 为特征矩阵 A 与其转置矩阵 A^{T} 在 $\lambda = -1$ 处的特征向量, 即 $Aq = -q$, $A^{\mathrm{T}}p = -p$ 且 $\langle p, q\rangle = 1$. 若 $c > 0$, 倍周期分支产生的周期 2 轨道是稳定的, 映射 (1.12) 的不动点是不稳定的且倍周期分支是超临界的. 若 $c < 0$, 则情况相反. 进一步, 当 $c = 0$ 时, 则映射 (1.12) 存在广义翻转分支且在原点附近局部拓扑等价于以下规范形

$$\xi \mapsto -\xi + d_1\xi^5 + O(\|\xi\|^6), \tag{1.16}$$

其中

$$d_1 = \frac{1}{120}\langle p, 5B(q, e_1) + 10B(e_2, e_3) + 10C(q, q, e_3) + 15C(q, e_2, e_2)$$
$$+ 10D(q, q, q, e_2) + E(q, q, q, q, q)\rangle,$$

e_1, e_2, e_3 可由下述等式求出

$$-(A - I_n)e_1 = 4B(q, e_3) + 3B(e_2, e_2) + 6C(q, q, e_2) + D(q, q, q, q),$$

$$-(A - I_n)e_2 = B(q, q), \quad -(A - I_n)e_3 = C(q, q, q) + 3B(q, e_2).$$

3. Neimark-Sacker 分支: 如果线性矩阵 A 存在一对模为 1 的复特征值, 即 $\lambda_{1,2} = e^{\pm i\theta_0}$, $0 < \theta_0 < \pi$ 且不存在其他特征值落在单位圆上, 则映射存在 Neimark-Sacker 分支. 假设 $q \in \mathbb{C}^n$ 为对应于 λ_1 的复特征向量, $Aq = e^{i\theta_0}q$, $A\bar{q} =$

$e^{-i\theta_0}\bar{q}$, 同时对于伴随特征向量 p, 满足 $A^{\mathrm{T}}p = e^{-i\theta_0}p$ 且 $\langle p, q \rangle = 1$. 在不出现强共振的条件下 $(e^{ik\theta_0} \neq 1, k = 1, 2, 3, 4)$, 映射 (1.12) 等价于以下规范形

$$z \mapsto e^{i\theta_0}z(1 + d|z|^2) + O(|z|^4), \tag{1.17}$$

其中

$$d = \frac{1}{2}\mathrm{Re}\{e^{-i\theta_0}[\langle p, C(q, q, \bar{q})\rangle + 2\langle p, B(q, (I_n - A)^{-1}B(q, \bar{q}))\rangle$$
$$+ \langle p, B(\bar{q}, (e^{2i\theta_0}I_n - A)^{-1}B(q, q))\rangle]\}.$$

若 $d < 0$, 则从 Neimark-Sacker 分支点处出现一条稳定的不变曲线且此时不动点是不稳定的; 若 $d > 0$, 则情况相反.

4. Chenciner 分支: 对于 Neimark-Sacker 分支, 若规范形中系数 $d = 0$ 并且 $e^{ik\theta_0} \neq 1, k = 1, 2, 3, 4, 5, 6$, 则映射存在 Chenciner 分支, 经过复坐标变换, 映射 (1.12) 可化为如下规范形

$$\omega \mapsto e^{i\theta_0}\omega + c_1\omega|\omega|^2 + c_2\omega|\omega|^4 + O(|\omega|^6), \tag{1.18}$$

其中映射 (1.17) 的系数 d 与上述系数 c_1 存在如下关系: $d = \mathrm{Re}(e^{i\theta_0}c_1)$. 对于 Chenciner 分支, 存在另外一个非退化条件, $L_2 = \frac{1}{2}[\mathrm{Im}(e^{i\theta_0}c_1)]^2 + \mathrm{Re}(e^{-i\theta_0}c_2) \neq 0$, 其中 c_2 的表达式如下

$$c_2 = \frac{1}{12}\{\langle p, E(q, q, q, \bar{q}, \bar{q}) + D(q, q, q, g_1) + 6D(q, q, \bar{q}, g_2) + 3D(q, \bar{q}, \bar{q}, g_3)$$
$$+ 3C(q, g_3, g_1) + 6C(q, g_2, g_2) + 3C(q, q, g_4) + 6C(q, \bar{q}, g_5)$$
$$+ 6C(\bar{q}, g_2, g_3) + C(\bar{q}, \bar{q}, g_6) + 3B(g_3, g_4) + 6B(g_2, g_5) + 3B(q, g_7)$$
$$+ B(g_1, g_6) + 2B(\bar{q}, g_8)\rangle\}.$$

这里

$$g_1 = -(A - e^{-2i\theta_0}I_n)^{-1}B(\bar{q}, \bar{q}), \quad g_2 = -(A - I_n)^{-1}B(q, \bar{q}),$$
$$g_3 = -(A - e^{2i\theta_0}I_n)^{-1}B(q, q),$$
$$g_4 = (A - e^{-i\theta_0}I_n)^{-1}(2\bar{c}_1\bar{q} - C(q, \bar{q}, \bar{q}) - B(q, g_1) - 2B(\bar{q}, g_2)),$$
$$g_5 = (A - e^{i\theta_0}I_n)^{-1}(2c_1q - C(q, q, \bar{q}) - B(\bar{q}, g_3) - 2B(\bar{q}, g_2)),$$
$$g_6 = -(A - e^{3i\theta_0}I_n)^{-1}(C(q, q, q) + 3B(q, g_3)),$$

$$g_7 = (A - I_n)^{-1}(4g_2(c_1 e^{-i\theta_0} + \bar{c}_1 e^{i\theta_0}) - D(q,q,q,q) - 6C(q,q,g_3)$$

$$- C(\bar{q},\bar{q},g_1) - 4C(q,\bar{q},g_2) - B(g_3,g_1)$$

$$- 2B(g_2,g_2) - 2B(q,g_4) - 2B(\bar{q},g_2)),$$

$$g_8 = (A - e^{2i\theta_0}I_n)^{-1}(6c_1 g_3 e^{i\theta_0} - D(q,q,q,\bar{q}) - 3C(q,q,g_2)$$

$$- 3C(q,\bar{q},g_3) - 3B(q,g_5) - 3B(g_2,g_3) - B(\bar{q},g_6)).$$

这里 p, q 同 Neimark-Sacker 分支.

若 $L_2 < 0$, 则不动点是不稳定的, 且原点附近存在 Chenciner 分支引起的稳定不变曲线; 随着参数的变化, 不动点附近存在两个由 Neimark-Sacker 分支引起的不变圆周, 外边的不变曲线是稳定的且由超临界 Neimark-Sacker 分支引发, 此时不动点是不稳定的; 里面的不变曲线是不稳定的, 相应的不动点是稳定的. 这两个不动点在折分支上重合并消失. 若 $L_2 > 0$, 则内外两个圆周稳定性相反.

5. 1:1 共振: 若矩阵 A 在不动点 x_0 处具有二重单位特征根, $\lambda_1 = \lambda_2 = 1$, 则映射 (1.12) 存在 1:1 共振点. 此时存在对应于特征值 1 的特征向量 q_0 满足以下关系, $Aq_0 = q_0$ 且 $Aq_1 = q_1 + q_0$, q_1 为矩阵 A 对应于特征值 1 的广义特征向量. 对应于转置矩阵 A^{T} 的伴随特征向量满足以下关系, $A^{\mathrm{T}}p_1 = p_1$ 且 $A^{\mathrm{T}}p_0 = p_1 + p_0$, 同时 $\langle p_0,q_0\rangle = \langle p_1,q_1\rangle = 1$, $\langle p_0,q_1\rangle = \langle p_1,q_0\rangle = 0$. 经过一系列变换, 映射 (1.12) 在 1:1 共振点处等价于如下的规范形

$$\begin{pmatrix}\xi_1\\\xi_2\end{pmatrix} \mapsto \begin{pmatrix}\xi_1 + \xi_2\\\xi_2 + a\xi_1^2 + b\xi_1\xi_2\end{pmatrix} + O(\|\xi\|^3), \tag{1.19}$$

其中 $a = \dfrac{1}{2}\langle p_1, B(q_0,q_0)\rangle$ 且 $b = \langle p_0, B(q_0,q_0)\rangle + \langle p_1, B(q_0,q_1)\rangle$. 若映射存在 1:1 共振点, 需满足以下非退化条件, $a \neq 0$ 且 $b - a \neq 0$, 同时 $(b-a)a$ 的符号决定 1:1 共振点附近的分支图, 1:1 共振点附近存在折分支与 Neimark-Sacker 分支并且这两条曲线在 1:1 共振点处相切.

6. 1:2 共振: 若矩阵 A 在不动点 x_0 处具有二重单位特征根, $\lambda_1 = \lambda_2 = -1$, 则映射 (1.12) 存在 1:2 共振点. 此时对应于特征值 -1 的特征向量 q_0 满足如下关系, $Aq_0 = -q_0$ 且 $Aq_1 = -q_1 + q_0$, q_1 为矩阵 A 对应于特征值 -1 的广义特征向量. 同时对应于转置矩阵 A^{T} 的伴随特征向量满足 $A^{\mathrm{T}}p_1 = -p_1$, $A^{\mathrm{T}}p_0 = p_1 - p_0$ 同时 $\langle p_0,q_0\rangle = \langle p_1,q_1\rangle = 1$ 且 $\langle p_0,q_1\rangle = \langle p_1,q_0\rangle = 0$. 经过一系列变换映射 (1.12) 在 1:2 共振点等价于如下规范形

$$\begin{pmatrix}\xi_1\\\xi_2\end{pmatrix} \mapsto \begin{pmatrix}-\xi_1 + \xi_2\\-\xi_1 + c\xi_1^3 + d\xi_1^2\xi_2\end{pmatrix} + O(\|\xi\|^4), \tag{1.20}$$

其中临界系数

$$c = \frac{1}{6} \langle p_1, C(q_0, q_0, q_0) + 3B(q_0, (I_n - A)^{-1} B(q_0, q_0)) \rangle,$$

$$d = \frac{1}{2} \langle p_1, 2B(q_0, h_{11}) + B(q_1, h_{20}) + C(q_0, q_0, q_1) \rangle + \langle p_0, 3B(q_0, h_{20}) + C(q_0, q_0, q_0) \rangle,$$

$$(A - I_n)h_{20} = -B(q_0, q_0), \quad (A - I_n)h_{11} = -B(q_0, q_1) - h_{20}.$$

若映射存在 1:2 共振点, 需满足 $c \neq 0$ 且 $d + 3c \neq 0$, 同时 $d + 3c$ 的符号决定 1:2 共振点附近的分支图, 1:2 共振点附近存在倍周期分支与 Neimark-Sacker 分支.

7. 1:3 共振: 若矩阵 A 在不动点 x_0 处的特征根满足 $\lambda_{1,2} = \dfrac{\pm\sqrt{3}i - 1}{2}$, 则映射 (1.12) 存在 1:3 共振点. 此时存在对应于特征值 $\dfrac{\sqrt{3}i - 1}{2}$ 的特征向量 q 满足如下关系, $Aq = e^{i\theta_0}q$ 且 $A\bar{q} = e^{-i\theta_0}\bar{q}$, 对应于转置矩阵 A^{T} 的伴随特征向量满足 $A^{\mathrm{T}}p = e^{-i\theta_0}p$ 且 $A^{\mathrm{T}}\bar{p} = e^{i\theta_0}\bar{p}$ 且 $\langle p, q \rangle = 1$. 经过一系列变换, 映射 (1.12) 在 1:3 共振点等价于如下的复数规范形

$$\xi \mapsto e^{i\theta_0}\xi + b\bar{\xi}^2 + c\xi|\xi|^2 + O(|\xi|^4), \tag{1.21}$$

其中临界系数

$$b = \frac{1}{2}\langle p, B(\bar{q}, \bar{q}) \rangle,$$

$$c = \frac{1}{2}\langle p, C(q, q, \bar{q}) + 2B(q, (I_n - A)^{-1} B(q, \bar{q})) - B(\bar{q}, (e^{2i\theta_0} I_n - A)^{\mathrm{INV}}(2\bar{b}\bar{q} - B(q, q))) \rangle.$$

若映射存在 1:3 共振点, 需满足 $b \neq 0$, 且 $\dfrac{1}{3}(e^{2i\theta_0}c/|b|^2 - 1)$ 的符号决定 1:3 共振点附近的分支图, 1:3 共振点附近存在由稳定流形与不稳定流形相交而形成的同宿结构.

8. 1:4 共振: 若矩阵 A 在不动点 x_0 处有一对特征复根, $\lambda_{1,2} = \pm i$, 则映射 (1.12) 存在 1:4 共振点. 此时对应于特征值 i 的特征向量满足 $Aq = iq$ 且 $A\bar{q} = -i\bar{q}$, 对应于转置矩阵 A^{T} 的伴随特征向量满足 $A^{\mathrm{T}}p = -ip$, $A^{\mathrm{T}}\bar{p} = i\bar{p}$ 且 $\langle p, q \rangle = 1$. 经过一系列变换, 映射 (1.12) 在 1:4 共振点等价于如下的复数规范形

$$\xi \mapsto i\xi + c\xi|\xi|^2 + d\bar{\xi}^3 + O(|\xi|^4), \tag{1.22}$$

其中临界系数

$$c = \frac{1}{2}\langle p, C(q, q, \bar{q}) + 2B(q, (I_n - A)^{-1} B(q, \bar{q})) - B(\bar{q}, (I_n + A)^{-1} B(q, q)) \rangle,$$

$$d = \frac{1}{6}\langle p, C(\bar{q}, \bar{q}, \bar{q}) - 3B(\bar{q}, (I_n + A)^{-1}B(\bar{q}, \bar{q}))\rangle.$$

令 $a = \text{Re}(c/|d|)$, $b = \text{Im}(c/|d|)$. 若 $a \neq 0$, $b \neq 0$, 则映射 (1.12) 存在 1:4 共振点. 若 $a^2 + b^2 - 1 > 0$, 则共振点附近八个平衡点成对地消失或出现; 若 $|b| > \dfrac{1+a^2}{\sqrt{1-a^2}}$, 则共振点附近存在 4 周期的 Neimark-Sacker 分支曲线.

9. Fold-Flip 分支: 若矩阵 A 在不动点 x_0 处有两个在单位圆上的单乘子, $\lambda_1 = 1$, $\lambda_2 = -1$, 则映射 (1.12) 存在 Fold-Flip 分支. 特征向量 p_1, p_2, q_1, q_2 满足 $Aq_1 = q_1$ 且 $Aq_2 = -q_2$, 对应于转置矩阵 A^{T} 的伴随特征向量满足 $A^{\mathrm{T}}p_1 = p_1$, $A^{\mathrm{T}}p_2 = -p_2$ 且 $\langle p_1, q_1\rangle = \langle p_2, q_2\rangle = 1$, $\langle p_1, q_2\rangle = \langle p_2, q_1\rangle = 0$. 经过一系列变换, 映射 (1.12) 在 Fold-Flip 分支处等价于如下形式

$$\begin{pmatrix} x_1 \\ x_2 \end{pmatrix} \mapsto \begin{pmatrix} x_1 + \beta_1 x_1^2 + \beta_2 x_2^2 + \beta_3 x_1^3 + \beta_4 x_1 x_2^2 \\ -x_2 + \beta_5 x_1 x_2 + \beta_6 x_1^2 x_2 + \beta_7 x_2^3 \end{pmatrix} + O(\|x\|^4), \qquad (1.23)$$

其中

$$\beta_1 = \frac{1}{2}\langle p_1, B(q_1, q_1)\rangle, \quad \beta_2 = \frac{1}{2}\langle p_1, B(q_2, q_2)\rangle,$$

$$\beta_3 = \frac{1}{6}\langle p_1, C(q_1, q_1, q_1) + 3B(q_1, \gamma_1)\rangle,$$

$$\beta_4 = \frac{1}{6}\langle p_1, C(q_1, q_2, q_2) + B(q_1, \gamma_2) + 2B(q_2, \gamma_3)\rangle, \quad \beta_5 = \langle p_2, B(q_1, q_2)\rangle,$$

$$\beta_6 = \frac{1}{2}\langle p_2, C(q_1, q_1, q_2) + B(q_2, \gamma_1) + 2B(q_1, \gamma_3)\rangle,$$

$$\beta_7 = \frac{1}{6}\langle p_2, C(q_2, q_2, q_2) + 3B(q_2, \gamma_2)\rangle,$$

这里 γ_1, γ_2, γ_3 满足下式

$$(A - I_n)\gamma_1 = \langle p_1, B(q_1, q_1)\rangle q_1 - B(q_1, q_1),$$

$$(A - I_n)\gamma_2 = \langle p_1, B(q_2, q_2)\rangle q_1 - B(q_2, q_2),$$

$$(A + I_n)\gamma_3 = \langle p_2, B(q_1, q_2)\rangle q_2 - B(q_1, q_2).$$

第 2 章　周期扰动系统

本章研究的是周期扰动系统的分支, 周期扰动系统是指参数随时间发生周期变化的系统. 它通常通过周期微分方程刻画, 该类方程是特殊的非自治微分系统, 研究其动力学行为可以解释生物系统中种群的行为 (繁殖、迁徙、疾病) 如何随着周期性季节变化发生变化; 如何控制昼夜的光照强度使植物光合作用的调节更利于食草动物的生存; 等等.

2.1　周期扰动系统的定义

定义 2.1.1　给定微分方程

$$\frac{dx}{dt} = f(x), \quad f \in C(D \subseteq \mathbb{R}^n, \mathbb{R}^n) \tag{2.1}$$

和

$$\frac{dx}{dt} = f(t,x), \quad f \in C(I \times D \subseteq \mathbb{R} \times \mathbb{R}^n, \mathbb{R}^n). \tag{2.2}$$

(1) 由 $f(x)$ 确定的向量场与时间无关, 即过域 D 内任意一点 x_0 确定着唯一的方向 $f(x_0)$, 则称方程 (2.1) 是自治系统;

(2) 由 $f(t,x)$ 所确定的向量场不仅与质点的位置 x_0 有关还与时间 t 有关, 即过域 D 内任意一点的方向不唯一, 它们随时间 t 不同而变化, 此时称方程 (2.2) 是非自治系统.

定义 2.1.2　系统 (2.2) 称为周期扰动系统, 若 $f(t + T_0, x) = f(t,x)$, $0 < T_0 < \infty$, 即方程右端是关于时间 t 的周期函数.

2.2　周期扰动系统分支的研究方法

2.2.1　Poincaré 方法

周期扰动系统

$$\dot{x} = f(t,x), \quad f(t + T_0, x) = f(t,x) \tag{2.3}$$

在柱面流形 $X = \mathbb{S} \times \mathbb{R}^n$ 上定义了一个坐标为 $(t(\mathrm{mod}\, T_0), x)$ 的自治系统

$$\begin{cases} \dot{t} = 1, \\ \dot{x} = f(t,x). \end{cases} \tag{2.4}$$

在 X 中取 n 维截面 $\Sigma = \{(x,t) \in X : t = 0\}$, 可取 $x^{\mathrm{T}} = (x_1, x_2, \cdots, x_n)$ 为 Σ 上的坐标, 假设 (2.4) 的解 $x(t,x_0)$ 在 $t \in [0,T_0]$ 上存在, 可引入 Poincaré 映射

$$x_0 \mapsto \mathcal{P}(x_0) = x(T_0, x_0),$$

将系统 (2.4) 离散化, 得到对应的离散系统 $\{\mathbb{Z}, \mathbb{R}^n, \mathcal{P}^k\}$, 显然 $\mathcal{P}$ 的不动点对应于 (2.3) 的 T_0 周期解, $\mathcal{P}$ 的 N_0 环表示 $N_0 T_0$ 周期解 (亚调和解), 等等, 由此可通过这个离散系统研究原系统的一些性质. 当 $f(t,x)$ 是某些特殊形式的周期函数时, 用相同的思想, 可以将非自治系统转化为其他形式的连续系统, 再将其离散化进行研究.

我们利用 Poincaré 映射来研究解的性质, 也就是说, 利用 Poincaré 映射每一个扰动周期取点一次, 将连续系统离散化, 通过对 Poincaré 映射的研究来得到原系统的性质. 我们采用如下映射:

$$\mathcal{P} : (x_1(0), x_2(0), \cdots, x_n(0), v(0), w(0)) \mapsto (x_1(1), x_2(1), \cdots, x_n(1), v(1), w(1)).$$

映射 $\mathcal{P}$ 的相图由定点、规则和不规则的不变集以及其他轨道组成. 特别地, 我们考虑:

- 映射第 k 次迭代的定点, 对应于原连续系统的周期为 k 的次调和解;
- 映射的闭的规则不变集, 对应于原连续系统的拟周期解 (不变环面);
- 映射的不规则不变集, 对应于原连续系统的混沌.

对于一个周期扰动系统, 它的 Poincaré 映射可能会发生的分支包括 Neimark-Sacker 分支 (NS 分支)、倍周期分支、折分支和跨临界分支等. 我们分别用 $h^{(k)}$, $f^{(k)}$, $t^{(k)}$ 和 $r^{(k)}$ 表示映射 $\mathcal{P}$ 的第 k 次迭代的定点的 NS 分支、倍周期分支、折分支和跨临界分支曲线, 以便后续使用.

1. NS 分支曲线 $h^{(k)}$.

在 $h^{(k)}$ 上, 映射 $\mathcal{P}$ 的周期为 k 的定点有共轭复乘子 $\mu_{1,2}^{(k)} = e^{\pm i\theta}$.

2. 倍周期分支曲线 $f^{(k)}$.

在 $f^{(k)}$ 上, 映射 $\mathcal{P}$ 的周期为 k 的定点有乘子 $\mu^{(k)} = -1$.

3. 折分支曲线 $t^{(k)}$.

在 $t^{(k)}$ 上, 映射 $\mathcal{P}$ 的周期为 k 的定点有乘子 $\mu^{(k)} = 1$.

4. 跨临界分支曲线 $r^{(k)}$.

在 $r^{(k)}$ 上, 映射 $\mathcal{P}$ 的周期为 k 的定点有乘子 $\mu^{(k)} = 1$, 这里虽与折分支曲线对应的乘子条件相同, 但是回到原系统的分支现象不同, 可参考 4.2 节.

2.2.2   Lyapunov-Schmidt 方法

考虑 $f : X \times \Lambda \to Y$ 给出的方程 [6]

$$f(x, \lambda) = 0, \quad x \in X, \ \lambda \in \Lambda, \tag{2.5}$$

其中 X, Y 为 Banach 空间, Λ 为欧氏参数空间. 假设

(i) $f(0, \lambda_0) = 0$;

(ii) $D_x f(0, \lambda_0)$ 不可逆,

即 $L = D_x f(0, \lambda_0)$, 如果 L 是 Fredholm 算子, 即 $\mathrm{Ker}(L)$ 为有限维核空间且 $Y_0 = Y/R(L)$ 也为有限维空间, 则有空间的直和分解

$$X = \mathrm{Ker}(L) \oplus X_0, \quad Y = R(L) \oplus Y_0.$$

定义投影算子 $P : Y \to R(L)$ 与补投影算子 $I_P : Y \to Y_0$, 令 $x = \tilde{x} + x_0$, 其中 $\tilde{x} \in \mathrm{Ker}(L), x_0 \in X_0$, 则 (2.5) 等价于

$$Pf(\tilde{x} + x_0, \lambda) = 0, \quad (I - P)f(\tilde{x} + x_0, \lambda) = 0, \tag{2.6}$$

注意到空间 X_0 的性质可知 $D_{x_0} Pf(0, \lambda_0) : X_0 \to R(L)$ 是可逆的. 故根据隐函数定理, 由 (2.6) 知存在唯一的 $x_0 = \varphi(\tilde{x}, \lambda)$ 使得 $Pf(\tilde{x} + \varphi(\tilde{x}, \lambda), \lambda) \equiv 0$, 因此 Y_0 上的投影方程化为

$$g(\tilde{x}, \lambda) = (I - P)f(\tilde{x} + \varphi(\tilde{x}, \lambda), \lambda) = 0, \quad \tilde{x} \in \mathrm{Ker}(L). \tag{2.7}$$

下面只需要讨论 (2.7) 解的性态即可得出 (2.5) 解的性态. 对于周期扰动系统来说, Lyapunov-Schmidt 方法可以把求解原系统的解问题转化为求解方程的零点问题, 从而由零点方程的解的个数可以确定扰动系统的周期解的个数.

2.3   周期扰动下的尖分支

本节我们研究一个发生余维二尖分支系统的周期扰动, 本节结论主要出自文献 [7]. 不失一般性, 考虑一维系统

$$\dot{x} = a + bx - x^3 + \varepsilon(g(t) + xh(t)) = f(x) + \varepsilon(g(t) + xh(t)), \tag{2.8}$$

其中 g, h 是关于 t 的周期函数, 周期为 $T > 0$, ε 的绝对值表示周期扰动的幅度. 当 $\varepsilon = 0$ 时, (2.8) 即为尖分支的规范形, 它的分支图如图 2.1 所示, 此时, 它有 1 到 3 个平衡点, 在 (a, b) 平面的曲线 F 上, 发生平衡点的折分支, F 是曲线

$$\Gamma : \begin{cases} a + bx - x^3 = 0, \\ b - 3x^2 = 0 \end{cases}$$

在参数平面的投影, 消去 x 可得

$$F = \{(a,b) : 27a^2 - 4b^3 = 0\}.$$

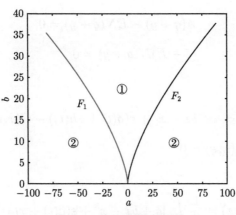

图 2.1 尖分支的分支图

F 的两个分支 F_1 和 F_2 在尖点 $(0,0)$ 处相切, F 将参数平面分成两个区域, 在区域 ① 中, (2.8) 在 $\varepsilon = 0$ 时有 3 个平衡点, 两个稳定, 一个不稳定; 在区域 ② 中, 有唯一一个稳定平衡点. 穿过 F_1 或 F_2 (除原点之外), 发生平衡点的折分支, 从区域 ① 到 ② 穿过 F_1, 右边的稳定平衡点与不稳定平衡点相遇而后两者都消失, 左边的稳定平衡点与不稳定平衡点在 F_2 发生同样的情况. 若从区域 ① 内部趋于尖点, 则三个平衡点合并成无扰动时系统的三重根.

由 Lyapunov-Schmidt 方法, 我们将系统 (2.8) 的周期解问题转化为求解一个零点问题, 具体如下.

令 $\mathcal{X} = \{x : \mathbb{R} \to \mathbb{R} : x(t + T) = x(t)\}$. $\forall x \in \mathcal{X}$, $\|x\| = \sup\limits_{t} |x(t)|$. 符号 $\mathcal{X}_P$ 表示连续投影算子 $P : \mathcal{X} \to \mathcal{X}$ 的值域 $\mathscr{R}(P)$. $\mathscr{N}(A)$ 表示 $\mathcal{X}$ 上的线性算子 A 的零空间. 算子 $A, N : \mathcal{X} \to \mathcal{X}$ 定义为

$$Ax = \dot{x}, \quad Nx = a + bx - x^3 + \varepsilon(g(t) + xh(t)).$$

U 和 E 是 $\mathcal{X}$ 上的投影

$$(Ux)(t) = \frac{1}{T} \int_0^T x(t)dt, \quad (Ex)(t) = x(t) - \frac{1}{T} \int_0^T x(t)dt.$$

因此,

$$\mathscr{N}(A) = \mathcal{X}_U, \quad \mathscr{R}(A) = \mathcal{X}_E.$$

将 x 分解为

$$x = q + y, \quad q \in \mathcal{X}_U, \quad y \in \mathcal{X}_{I-U}.$$

则 (2.8) 在 $\mathcal{X}$ 上有解等价于

$$A(q+y) - EN(q+y) = 0,$$
$$(I-E)N(q+y) = 0,$$

即

$$\dot{y} = a + bx - x^3 + \varepsilon(g(t) + xh(t)) - G(x,\varepsilon), \tag{2.9a}$$
$$G(x,\varepsilon) = 0, \tag{2.9b}$$

其中

$$G(x,\varepsilon) = \frac{1}{T}\int_0^T [a + bx - x^3 + \varepsilon(g(t) + xh(t))]dt.$$

记 $f(x) = 0$ 的任一实根为 α. 由隐函数定理, 在 $(x,\varepsilon) = (\alpha,0)$ 的邻域内, 由 (2.9a) 确定唯一的 $y = y(q,\varepsilon)$. 将 $y = y(q,\varepsilon)$ 代入 (2.9b) 得

$$F(q,\varepsilon) = G(q + y(q,\varepsilon),\varepsilon) = 0.$$

下面求解 $F(q,\varepsilon)$ 的零点: 在 $(x,\varepsilon) = (\alpha,0)$ 的邻域内, 令

$$x(t,a,b,\varepsilon) = \alpha + \sum_{n=1}^{\infty} \varepsilon^n x_n(t,a,b). \tag{2.10}$$

则

$$q = \alpha + \sum_{n=1}^{\infty} \varepsilon^n C_n, \quad C_n = \frac{1}{T}\int_0^T x_n(t,a,b)dt. \tag{2.11}$$

将 (2.10) 和 (2.11) 代入 (2.9b), 比较 ε 同次幂的系数可得

$$(b - 3\alpha^2)C_1 + \langle g(t) + \alpha h(t)\rangle = 0,$$
$$(b - 3\alpha^2)C_2 + \langle -3\alpha x_1^2 + x_1 h\rangle = 0,$$
$$(b - 3\alpha^2)C_3 + \langle -6\alpha x_1 x_2 - x_1^3 + x_2 h\rangle = 0,$$
$$\cdots.$$

其中 $\langle\cdot\rangle$ 表示函数在一个周期上的平均值.

远离 $27a^2 - 4b^3 = 0$ ($b - 3\alpha^2 = 0$), 对每一个 $i = 1, 2, 3, \cdots$, 都有唯一的 C_i. 也就是说, 方程 (2.8) 的周期解的个数与 $f(x) = 0$ 的零点 α 的个数相同. 在 $27a^2 - 4b^3 = 0$ 附近, 我们分为扰动函数有零平均和非零平均两种情况讨论系统的解及稳定性.

2.3.1 扰动函数有零平均

假设扰动函数 $g(t)$ 和 $h(t)$ 有零平均, 即在一个周期 T 上其平均值为零,

$$\langle g(t) \rangle = \langle h(t) \rangle = 0. \tag{2.12}$$

情况 1 $27a^2 - 4b^3 = 0, b \neq 0$.

记 $\beta = -\dfrac{3a}{2b}$. 当 $27a^2 - 4b^3 = 0, b \neq 0$ 时, 在 $27a^2 - 4b^3 = 0$ 附近, 令

$$b - 3\beta^2 = b - \frac{27a^2}{4b^2} = v\varepsilon^2, \tag{2.13}$$

其中 v 是与 ε 无关的参数. 当 $v > 0$ 时, $f(x) = 0$ 有三个实根

$$\alpha^{(1)} = \beta + \frac{\sqrt{v}}{3}\varepsilon + \frac{4v}{27\beta}\varepsilon^2 + \frac{4v\sqrt{v}}{243\beta^2}\varepsilon^3 + O(\varepsilon^4),$$

$$\alpha^{(2)} = \beta - \frac{\sqrt{v}}{3}\varepsilon + \frac{4v}{27\beta}\varepsilon^2 - \frac{4v\sqrt{v}}{243\beta^2}\varepsilon^3 + O(\varepsilon^4),$$

$$\alpha^{(3)} = -2\beta - \frac{8v}{27\beta}\varepsilon^2 + O(\varepsilon^4);$$

当 $v < 0$, 它有唯一实根

$$\alpha^{(3)} = -2\beta - \frac{8v}{27\beta}\varepsilon^2 + O(\varepsilon^4).$$

当 $\alpha = \alpha^{(1)}, \alpha^{(2)}$ 时, (2.10) 可重写为

$$x(t, a, b, \varepsilon) = \beta + \sum_{n=1}^{\infty} \varepsilon^n x_n(t, a, b), \tag{2.14}$$

其中, 新的 x_n 的均值仍记为 C_n. 将 (2.14) 代入 (2.9), 比较 ε 同次幂的系数可得

$$\dot{x}_1 = g(t) + \beta h(t), \tag{2.15}$$

$$\dot{x}_2 = \frac{1}{3}\beta v - 3\beta x_1^2 + h x_1 - \left\langle \frac{1}{3}\beta v - 3\beta x_1^2 + h x_1 \right\rangle, \tag{2.16}$$

$$\dot{x}_3 = vx_1 - 6\beta x_1 x_2 + hx_2 - x_1^3 - \langle vx_1 - 6\beta x_1 x_2 + hx_2 - x_1^3 \rangle,$$

$$\left\langle \frac{1}{3}\beta v - 3\beta x_1^2 + hx_1 \right\rangle = 0, \tag{2.17}$$

$$\langle vx_1 - 6\beta x_1 x_2 + hx_2 - x_1^3 \rangle = 0, \tag{2.18}$$

$$\cdots .$$

(2.15) 有 T 周期解

$$x_1(t, a, b) = C_1 + \xi_1(t) + \beta \eta_1(t) = C_1 + \lambda_1(t, \beta), \tag{2.19}$$

$\xi_1(t)$, $\eta_1(t)$, $\lambda_1(t, \beta)$ 是有零平均的 T 周期函数; $\dot{\xi}_1(t) = g(t)$; $\dot{\eta}_1(t) = h(t)$. 将 (2.19) 代入 (2.16) 和 (2.17) 得

$$\dot{x}_2 = -6\beta C_1 \lambda_1 + hC_1 + h\lambda_1 - 3\beta \lambda_1^2 + \langle 3\beta \lambda_1^2 - h\lambda_1 \rangle, \tag{2.20}$$

$$3\beta C_1^2 - \frac{1}{3}\beta v + p_1 = 0, \quad p_1 = \langle 3\beta \lambda_1^2 - h\lambda_1 \rangle. \tag{2.21}$$

1. 若 $v > \dfrac{3p_1}{\beta}$, (2.21) 有两个不等实根

$$C_1^{(1)}, C_1^{(2)} = \pm \frac{\sqrt{\beta^2 v - 3\beta p_1}}{3\beta}. \tag{2.22}$$

(2.15) 的解为

$$x_1^{(1)} = C_1^{(1)} + \lambda_1, \quad x_1^{(2)} = C_1^{(2)} + \lambda_1.$$

相应地, 如果 (2.21) 成立, (2.20) 有两个解

$$x_2^{(1)} = C_2^{(1)} + \xi_2^{(1)}, \quad x_2^{(2)} = C_2^{(2)} + \xi_2^{(2)}, \tag{2.23}$$

其中 $\xi_2^{(1)}$ 和 $\xi_2^{(2)}$ 是平均值为零的 T 周期函数.

  将 (2.19) 和 (2.23) 代入 (2.18) 得

$$6\beta C_1 C_2 - C_1(v - C_1^2) + 3C_1 \langle \lambda_1^2(t, \beta) \rangle - p_2 = 0, \tag{2.24}$$

为方便起见, 我们省略了 C_1 和 C_2 的上标, 且

$$p_2 = \langle -6\beta \lambda_1 \xi_2 + h\xi_2 - \lambda_1^3 \rangle.$$

由 (2.22) 和 (2.24), 可得

$$C_2^{(1)} = \frac{4v}{27\beta} + \frac{p_1}{18\beta^2} - \frac{\langle \lambda_1^2 \rangle}{2\beta} + \frac{p_2^{(1)}}{2\sqrt{\beta^2 v - 3\beta p_1}},$$

$$C_2^{(2)} = \frac{4v}{27\beta} + \frac{p_1}{18\beta^2} - \frac{\langle \lambda_1^2 \rangle}{2\beta} - \frac{p_2^{(2)}}{2\sqrt{\beta^2 v - 3\beta p_1}}.$$

$C_i, i \geqslant 3$ 可以由以上类似的过程得到. 所以, $v > \dfrac{3p_1}{\beta}$ 时,

$$q^{(i)}(t, a, b, \varepsilon) = \beta + \varepsilon C_1^{(i)} + \varepsilon^2 C_2^{(i)} + O(\varepsilon^3), \quad i = 1, 2. \tag{2.25}$$

2. $v \leqslant \dfrac{3p_1}{\beta}$. 当 $v < \dfrac{3p_1}{\beta}$ 时, 方程 (2.21) 没有实根. 结合 (2.13) 可知,
$b - \dfrac{27a^2}{4b^2} < -\dfrac{2bp_1}{a}\varepsilon^2$ 时, 与 $\alpha = \alpha^{(1)}, \alpha^{(2)}$ 对应的扰动解不存在; 然而, 不等式
$b - \dfrac{27a^2}{4b^2} < -\dfrac{2bp_1}{a}\varepsilon^2$ 只是描述这个解不存在性的一阶近似, 下面我们给出这个条件的更高阶近似.

$v \to \dfrac{3p_1}{\beta}$ 时, 导数 $\dfrac{dC_1}{dv}$ 和常数 C_2 变成无界的, 这与解曲线的转点对应, 如图 2.2.

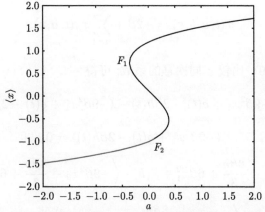

图 2.2　在 $g(t) = \sin 2\pi t$, $h(t) = \cos 2\pi t$, $b = 1$, $\varepsilon = 0.7$ 时系统 (2.8) 的分支图. F_1 和 F_2 是两个转点 (折分支)

解 (2.25) 在 $v = \dfrac{3p_1}{\beta}$ 的小邻域内无效. 我们用以下方法, 构造临近 $v = \dfrac{3p_1}{\beta}$

处的有效解.

$$q^{(1)} = \beta + \varepsilon C_1^{(1)} + \varepsilon^2 C_2^{(1)} + O(\varepsilon^3)$$

$$= \beta + \frac{\varepsilon}{3\beta}\sqrt{\beta^2 v - 3\beta p_1 + 3\beta p_2^{(1)}\varepsilon} + \varepsilon^2\left(\frac{4v}{27\beta} + \frac{p_1}{18\beta^2} - \frac{\langle\xi_1^2\rangle}{2\beta}\right) + O(\varepsilon^3).$$

$$(2.26)$$

同样地,

$$q^{(2)} = \beta - \frac{\varepsilon}{3\beta}\sqrt{\beta^2 v - 3\beta p_1 + 3\beta p_2^{(1)}\varepsilon} + \varepsilon^2\left(\frac{4v}{27\beta} + \frac{p_1}{18\beta^2} - \frac{\langle\xi_1^2\rangle}{2\beta}\right) + O(\varepsilon^3). \quad (2.27)$$

这些展开都是有界的, 且当 $v = \dfrac{3p_1}{\beta}$ 时, $p_2^{(1)} = p_2^{(2)} = p_2$. 解曲线的转点的更高阶的近似可以由以下式子给出:

$$v_c = \frac{3p_1}{\beta} - \frac{3p_2}{\beta}\varepsilon + O(\varepsilon^2),$$

或

$$27a^2 - 4b^3 = \frac{8b^3 p_1}{a}\varepsilon^2 - \frac{8b^3 p_2}{a}\varepsilon^3 + O(\varepsilon^4).$$

当 $\alpha = \alpha^{(3)}$ 时, (2.10) 可写为

$$x(t,a,b,\varepsilon) = -2\beta + \sum_{n=1}^{\infty} x_n(t,a,b). \quad (2.28)$$

将 (2.28) 代入 (2.9), 比较 ε 同次幂的系数, 可得

$$\dot{x}_1 = -9\beta^2 x_1 + g(t) - 2\beta h(t) - \langle -9\beta^2 x_1 + g(t) - 2\beta h(t)\rangle,$$

$$\langle -9\beta^2 x_1 + g(t) - 2\beta h(t)\rangle = 0, \quad (2.29)$$

$$\dot{x}_2 = -9\beta^2 x_2 - \frac{8\beta v}{3} + 6\beta x_1^2 + x_1 h - \left\langle -9\beta^2 x_2 - \frac{8\beta v}{3} + 6\beta x_1^2 + x_1 h \right\rangle,$$

$$\left\langle -9\beta^2 x_2 - \frac{8\beta v}{3} + 6\beta x_1^2 + x_1 h \right\rangle = 0, \quad (2.30)$$

由 (2.29) 可得 $C_1 = 0$. 也就是说, $x_1(t,a,b)$ 在一个周期 T 上的平均值为

$$\langle x_1(t,a,b)\rangle = 0.$$

将 $x_1(t, a, b)$ 代入 (2.30) 得

$$C_2 = \frac{-8v + 3p_3}{27\beta^2}, \quad p_3 = \langle 6\beta x_1^2 + x_1 h \rangle.$$

因此,

$$q^{(3)} = -2\beta + \frac{-8v + 3p_3}{27\beta^2}\varepsilon^2 + O(\varepsilon^3). \tag{2.31}$$

情况 2 $a = b = 0$.

在这种情况下, 我们分不同情况讨论扰动方程的解.

1. $h(t) \equiv 0$, $\langle g \rangle = 0$. 在 $a = b = 0$ 附近, 令

$$a = v_1\varepsilon^3, \quad b = v_2\varepsilon^2.$$

$f(x) = 0$ 的零点为 $\alpha^{(i)} = O(\varepsilon), i = 1, 2, 3$. 因此, 我们可以将 (2.10) 重写为

$$x = \sum_{n=1}^{\infty} \varepsilon^n x_n. \tag{2.32}$$

将 (2.32) 代入 (2.9), 可得展开式的前几个方程为

$$\dot{x}_1 = g(t); \tag{2.33}$$

$$\dot{x}_2 = 0; \tag{2.34}$$

$$\dot{x}_3 = v_1 + v_2 x_1 - x_1^3 - \langle v_1 + v_2 x_1 - x_1^3 \rangle; \tag{2.35}$$

$$\langle v_1 + v_2 x_1 - x_1^3 \rangle = 0; \tag{2.36}$$

$$\dot{x}_4 = v_2 x_2 - 3x_1^2 x_2 - \langle v_2 x_2 - 3x_1^2 x_2 \rangle; \tag{2.37}$$

$$\langle v_2 x_2 - 3x_1^2 x_2 \rangle = 0. \tag{2.38}$$

(2.33) 和 (2.34) 的解为

$$x_1(t) = C_1 + \xi_1(t), \quad x_2(t) = C_2, \tag{2.39}$$

其中 $\xi_1(t)$ 与 (2.19) 中的相同. 将 (2.39) 代入 (2.36) 得

$$C_1^3 - cC_1 + d = 0, \tag{2.40}$$

其中

$$c = v_2 - 3\langle \xi_1^2 \rangle, \quad d = \langle \xi_1^3 \rangle - v_1.$$

当 $\dfrac{d^2}{4} - \dfrac{c^3}{27} > 0$, 即

$$\frac{v_1^2}{4} - \frac{v_2^3}{27} + \frac{\langle\xi_1^3\rangle^2 - 2\langle\xi_1^3\rangle v_1}{4} - \frac{27\langle\xi_1^2\rangle^2 v_2 - 9\langle\xi_1^2\rangle v_2^2 - 27\langle\xi_1^2\rangle^3}{27} > 0 \qquad (2.41)$$

或

$$v_2 < 3\langle\xi_1^2\rangle + 3(|v_1 - \langle\xi_1^3\rangle|/2)^{2/3} \qquad (2.42)$$

时, (2.40) 有唯一实根 $C_{1+}^{(1)}$; 反之, 当不等式反向时, 它有三个实根 $C_{1-}^{(i)}$, $i = 1, 2, 3$. 也就是说, 当

$$\frac{a^2}{4} - \frac{b^3}{27} + \frac{\langle\xi_1^3\rangle^2\varepsilon^6 - 2\langle\xi_1^3\rangle a\varepsilon^3}{4} - \frac{27\langle\xi_1^2\rangle^2 b\varepsilon^4 - 9\langle\xi_1^2\rangle b^2\varepsilon^2 - 27\langle\xi_1^2\rangle^3\varepsilon^6}{27} = 0 \quad (2.43)$$

或

$$b = 3\langle\xi_1^2\rangle\varepsilon^2 + 3(|a - \langle\xi_1^3\rangle\varepsilon^3|/2)^{2/3} \qquad (2.44)$$

时, 方程 (2.40) 的解 C_1 发生折分支. 当

$$a = \langle\xi_1^3\rangle\varepsilon^3, \quad b = 3\langle\xi_1^2\rangle\varepsilon^2 \qquad (2.45)$$

时, 发生尖分支.

　　与情况 1 中相同, 不等式 (2.41), (2.42) 和等式 (2.43)—(2.45) 都只是 (2.8) 的周期解的分支的第一次近似. 将 (2.39) 代入 (2.38) 得

$$(c - 3C_1^2)C_2 = 0. \qquad (2.46)$$

若 (2.43) ((2.44)) 或 (2.45) 成立, C_2 的表达式 (2.46) 失效. 为了给出有效的表达式, 我们需要对 c, d 在 $\dfrac{d^2}{4} - \dfrac{c^3}{27} = 0$ 附近进一步展开, 就像我们对 a, b 做的那样. 这里不再给出详细过程.

　　2. $\langle g \rangle = \langle h \rangle = 0$ 且 $g(t) \not\equiv 0, h(t) \not\equiv 0$. 令

$$a = v_1\varepsilon^2, \quad b = v_2\varepsilon^{4/3}.$$

$f(x) = 0$ 的零点为 $\alpha^{(i)} = O(\varepsilon^{\frac{2}{3}}), i = 1, 2, 3$. (2.10) 可重写作

$$x = \sum_{n=1}^{\infty} \varepsilon^{\frac{n+1}{3}} x_n. \qquad (2.47)$$

将 (2.47) 代入 (2.9) 得

$$\dot{x}_1 = 0; \qquad (2.48)$$

$$\dot{x}_2 = g(t); \tag{2.49}$$

$$\dot{x}_3 = 0; \tag{2.50}$$

$$\dot{x}_4 = hx_1 - \langle hx_1 \rangle; \tag{2.51}$$

$$\langle hx_1 \rangle = 0; \tag{2.52}$$

$$\dot{x}_5 = v_1 - x_1^3 + v_2 x_1 + x_2 h - \langle v_1 - x_1^3 + v_2 x_1 + x_2 h \rangle; \tag{2.53}$$

$$\langle v_1 - x_1^3 + v_2 x_1 + x_2 h \rangle = 0; \tag{2.54}$$

$$\dot{x}_6 = v_2 x_2 - 3x_1^2 x_2 + hx_3 - \langle v_2 x_2 - 3x_1^2 x_2 + hx_3 \rangle; \tag{2.55}$$

$$\langle v_2 x_2 - 3x_1^2 x_2 + hx_3 \rangle = 0. \tag{2.56}$$

因此

$$x_1(t) = C_1, \quad x_2(t) = C_2 + \xi_1(t), \tag{2.57}$$

其中 $\xi_1(t)$ 与 (2.39) 中的相同. 将 (2.57) 代入 (2.54) 得

$$C_1^3 - v_2 C_1 - v_1 - \langle h\xi_1 \rangle = 0.$$

经过与前一情况下类似的分析, 我们得到分支条件的第一次近似. 折分支发生在

$$b = 3(|a + \langle h\xi_1 \rangle \varepsilon^2|/2)^{2/3};$$

尖分支发生在

$$a = -\langle h\xi_1 \rangle \varepsilon^2, \quad b = 0.$$

如图 2.3 所示.

图 2.3(a) 给出了 $\langle x \rangle$ 随 a 和 b 的变化; 图 2.3(b) 是图 2.3(a) 在 (a, b) 平面的投影, 其中 $t_1^{(1)}$ 和 $t_2^{(1)}$ 是折分支曲线, 它们在 $(a, b) = (0, 0)$ 附近的尖点相切. 关于 $g(t)$, $h(t)$, 可能还有一些其他的情况, 我们不再详细讨论, 因为它们跟前面考虑的情况没有本质区别.

我们考虑扰动周期解的稳定性. 令 x 表示系统 (2.8) 的任一解, 为了确定 x 的稳定性, 我们分析线性化稳定性方程

$$\dot{u} = (b - 3x^2 + \varepsilon h)u.$$

解的稳定性由

$$\sigma = b - 3\langle x^2 \rangle + \varepsilon \langle h \rangle$$

的符号确定. 解是稳定的 (不稳定的), 如果 $\sigma < 0$ ($\sigma > 0$).

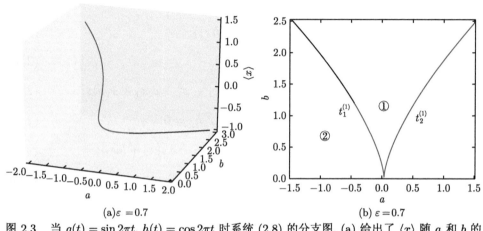

(a)$\varepsilon = 0.7$ (b) $\varepsilon = 0.7$

图 2.3   当 $g(t) = \sin 2\pi t$, $h(t) = \cos 2\pi t$ 时系统 (2.8) 的分支图, (a) 给出了 $\langle x \rangle$ 随 a 和 b 的
变化; (b) 是 (a) 在 (a, b) 平面的投影, $t_1^{(1)}$ 和 $t_2^{(1)}$ 是折分支曲线, 它们在尖点处相切

对于平均值为 (2.26) 或 (2.27) 的解, 我们有

$$\langle x^2 \rangle = \beta^2 + 2\beta C_1 \varepsilon + O(\varepsilon^2).$$

因此,

$$\sigma = b - 3\beta^2 - 6\beta C_1 \varepsilon + O(\varepsilon^2) = -6\beta C_1 \varepsilon + O(\varepsilon^2).$$

由 (2.22) 得

$$\sigma = \mp 2\varepsilon \sqrt{\beta^2 v - 3\beta p_1} + O(\varepsilon^2).$$

ε 较小时, 若 $v > 3p_1/\beta$, 平均值为 (2.26) 的解是稳定的, 平均值为 (2.27) 的解是
不稳定的. 类似地, 对于平均值为 (2.31) 的解,

$$\sigma = -9\beta^2 + \left(v - 3\langle x_1^2 \rangle + \frac{-32v + 12p_3}{9\beta} \right) \varepsilon^2 + O(\varepsilon^3).$$

因此, ε 较小时, 平均值为 (2.31) 的解是稳定的.

定理 2.3.1   当 $\langle g(t) \rangle = \langle h(t) \rangle = 0$ 时, 系统有一到三个周期解.

1. 在 $27a^2 - 4b^3 = 0$ $(b \neq 0)$ 附近, 折分支发生在

$$27a^2 - 4b^3 = \frac{8b^3 p_1}{a} \varepsilon^2 - \frac{8b^3 p_2}{a} \varepsilon^3 + O(\varepsilon^4).$$

若 $27a^2 - 4b^3 < \dfrac{8b^3 p_1}{a}\varepsilon^2 - \dfrac{8b^3 p_2}{a}\varepsilon^3 + O(\varepsilon^4)$, 系统有三个周期解, 稳定的 $x^{(1)}$, 不稳定的 $x^{(2)}$, 稳定的 $x^{(3)}$, 它们的平均值分别为 $q^{(1)}$, $q^{(2)}$, $q^{(3)}$((2.26), (2.27), (2.31));

若 $27a^2 - 4b^3 > \dfrac{8b^3 p_1}{a}\varepsilon^2 - \dfrac{8b^3 p_2}{a}\varepsilon^3 + O(\varepsilon^4)$, 系统有唯一稳定周期解 $x^{(3)}$, 平均值为 $q^{(3)}$.

2. 在 $(a,b) = (0,0)$ 附近, 当 $h(t) \equiv 0$, $\langle g \rangle = 0$ 时, 折分支的一次近似为

$$b = 3\langle \xi_1^2 \rangle \varepsilon^2 + 3(|a - \langle \xi_1^3 \rangle \varepsilon^3|/2)^{2/3},$$

尖点的一次近似为

$$a = \langle \xi_1^3 \rangle \varepsilon^3, \quad b = 3\langle \xi_1^2 \rangle \varepsilon^2.$$

若 $b > 3\langle \xi_1^2 \rangle \varepsilon^2 + 3(|a - \langle \xi_1^3 \rangle \varepsilon^3|/2)^{2/3}$, 系统有三个周期解; 若此不等式反向, 有唯一解. 当 $\langle g \rangle = \langle h \rangle = 0$ 且 $g(t) \neq 0, h(t) \neq 0$ 时, 折分支和尖点的一次近似分别为

$$b = 3(|a + \langle h\xi_1 \rangle \varepsilon^2|/2)^{2/3}$$

和

$$a = -\langle h\xi_1 \rangle \varepsilon^2, \quad b = 0.$$

若 $b > 3(|a + \langle h\xi_1 \rangle \varepsilon^2|/2)^{2/3}$, 系统有三个周期解; $b < 3(|a + \langle h\xi_1 \rangle \varepsilon^2|/2)^{2/3}$, 有唯一周期解.

2.3.2 扰动函数有非零平均

考虑条件 (2.12) 不成立的情形, 即 $g(t)$ 和 $h(t)$ 有非零平均. 方便起见, 用 $\gamma_1 + g(t)$ 和 $\gamma_2 + h(t)$ 代替 $g(t)$ 和 $h(t)$, 且新的 $g(t)$ 和 $h(t)$ 仍有零平均.

情况 1 $27a^2 - 4b^3 = 0, b \neq 0$.

在 $b - 3\beta^2 = 0$ 附近, 令

$$b - 3\beta^2 = b - \frac{27a^2}{4b^2} = v\varepsilon.$$

当 $v > 0$ 时, $f(x) = 0$ 的三个实根为

$$\alpha^{(1)} = \beta + \frac{\sqrt{v}}{3}\varepsilon^{\frac{1}{2}} + \frac{4v}{27\beta}\varepsilon + \frac{4v\sqrt{v}}{243\beta^2}\varepsilon^{\frac{3}{2}} + O(\varepsilon^2),$$

$$\alpha^{(2)} = \beta - \frac{\sqrt{v}}{3}\varepsilon^{\frac{1}{2}} + \frac{4v}{27\beta}\varepsilon - \frac{4v\sqrt{v}}{243\beta^2}\varepsilon^{\frac{3}{2}} + O(\varepsilon^2),$$

$$\alpha^{(3)} = -2\beta - \frac{8v}{27\beta}\varepsilon + O(\varepsilon^2);$$

当 $v < 0$ 时, 它有唯一实根

$$\alpha^{(3)} = -2\beta - \frac{8v}{27\beta}\varepsilon + O(\varepsilon^2).$$

当 $\alpha = \alpha^{(1)}, \alpha^{(2)}$ 时, 将 (2.10) 重写为

$$x(t,a,b,\varepsilon) = \beta + \sum_{n=1}^{\infty} \varepsilon^{\frac{n}{2}} x_n(t,a,b).$$

代入 (2.9), 比较 ε 同次幂的系数得

$$\dot{x}_1 = 0, \tag{2.58}$$

$$\dot{x}_2 = \frac{1}{3}\beta v - 3\beta x_1^2 + \gamma_1 + g + \beta(\gamma_2 + h) - \left\langle \frac{1}{3}\beta v - 3\beta x_1^2 + \gamma_1 + g + \beta(\gamma_2 + h) \right\rangle, \tag{2.59}$$

$$\left\langle \frac{1}{3}\beta v - 3\beta x_1^2 + \gamma_1 + g + \beta(\gamma_2 + h) \right\rangle = 0, \tag{2.60}$$

$$\dot{x}_3 = vx_1 - 6\beta x_1 x_2 - x_1^3 + (\gamma_2 + h)x_1 - \langle vx_1 - 6\beta x_1 x_2 - x_1^3 + (\gamma_2 + h)x_1 \rangle, \tag{2.61}$$

$$\langle vx_1 - 6\beta x_1 x_2 - x_1^3 + (\gamma_2 + h)x_1 \rangle = 0, \tag{2.62}$$

$$\cdots.$$

(2.58) 的解为

$$x_1 = C_1. \tag{2.63}$$

所以, (2.59) 和 (2.60) 可化为

$$\dot{x}_2 = g + \beta h, \tag{2.64}$$

$$\frac{1}{3}\beta v - 3\beta C_1^2 + \gamma_1 + \beta\gamma_2 = 0. \tag{2.65}$$

(2.64) 的解为

$$x_2 = C_2 + \lambda_1, \tag{2.66}$$

其中 λ_1 与 (2.19) 中相同. 将 (2.63) 和 (2.66) 代入 (2.62) 得

$$C_1(v - 6\beta C_2 - C_1^2 + \gamma_2) = 0. \tag{2.67}$$

若

$$\beta^2 v + 3\beta\gamma_1 + 3\beta^2\gamma_2 > 0,$$

则 (2.65) 有两个不等实根

$$C_1^{(1)} = \frac{\sqrt{\beta^2 v + 3\beta\gamma_1 + 3\beta^2\gamma_2}}{3\beta}, \quad C_1^{(2)} = -\frac{\sqrt{\beta^2 v + 3\beta\gamma_1 + 3\beta^2\gamma_2}}{3\beta},$$

(2.67) 的解为

$$C_2 = \frac{4v}{27\beta} + \frac{-\gamma_1 + 2\beta\gamma_2}{18\beta^2} \tag{2.68}$$

因此,

$$q^{(1)} = \beta + \varepsilon^{\frac{1}{2}}\left(\frac{\sqrt{\beta^2 v + 3\beta\gamma_1 + 3\beta^2\gamma_2}}{3\beta}\right) + \varepsilon\left(\frac{4v}{27\beta} + \frac{-\gamma_1 + 2\beta\gamma_2}{18\beta^2}\right) + O(\varepsilon^{\frac{3}{2}}),$$
$$\tag{2.69}$$

$$q^{(2)} = \beta - \varepsilon^{\frac{1}{2}}\left(\frac{\sqrt{\beta^2 v + 3\beta\gamma_1 + 3\beta^2\gamma_2}}{3\beta}\right) + \varepsilon\left(\frac{4v}{27\beta} + \frac{-\gamma_1 + 2\beta\gamma_2}{18\beta^2}\right) + O(\varepsilon^{\frac{3}{2}}).$$
$$\tag{2.70}$$

若

$$\beta^2 v + 3\beta\gamma_1 + 3\beta^2\gamma_2 < 0,$$

则 (2.65) 无实根. 若 $\beta^2 v + 3\beta\gamma_1 + 3\beta^2\gamma_2 = 0$, C_2 的表达式 (2.68) 将失效. 为了给出有效的表达式, $\beta^2 v + 3\beta\gamma_1 + 3\beta^2\gamma_2 \to 0$, 需要对 v 作进一步展开. 此时, (2.8) 的周期解的折分支的第一次近似为

$$v = -3\gamma_2 - \frac{3\gamma_1}{\beta},$$

或者

$$27a^2 - 4b^3 = \left(12b^2\gamma_2 - \frac{8b^3}{a}\gamma_1\right)\varepsilon.$$

当 $\alpha = \alpha^{(3)}$ 时, 经过类似的计算, 我们有

$$q^{(3)} = -2\beta + \left(-\frac{8v}{27\beta^2} + \frac{\gamma_1}{9\beta^2} - \frac{2\gamma_2}{9\beta}\right)\varepsilon + O(\varepsilon^{3/2}). \tag{2.71}$$

情况 2 $a = 0, b = 0$.

当 $a \to 0$, $b \to 0$, $\gamma_1 \neq 0$, 令

$$a = v_1 \varepsilon, \quad b = v_2 \varepsilon^{\frac{2}{3}}.$$

$f(x) = 0$ 的任一实根为 $\alpha = O(\varepsilon^{\frac{1}{3}})$. 因此, (2.10) 可重写为

$$x = \sum_{n=1}^{\infty} \varepsilon^{\frac{n}{3}} x_n.$$

经计算, $x_1 = C_1$, $x_2 = C_2$, 并且 C_1, C_2 可由

$$C_1^3 - v_2 C_1 - (v_1 + \gamma_1) = 0 \tag{2.72}$$

和

$$C_2(v_2 - 3C_1^2) + \gamma_2 C_1 = 0 \tag{2.73}$$

得到. 若 $v_2 > 3(|v_1 + \gamma_1|/2)^{2/3}$, (2.72) 有三个实根; 反之, 若不等式反向, 它有一个实根. 折分支的第一次近似为 $v_2 = 3(|v_1 + \gamma_1|/2)^{2/3}$, 尖分支为 $v_2 = 0, v_1 = -\gamma_1$.

在扰动函数有非零平均时, 若 $\beta^2 v + 3\beta\gamma_1 + 3\beta^2\gamma_2 > 0$, 平均值为 (2.69), (2.70), (2.71) 的解分别是稳定的、不稳定的、稳定的, 因为

$$\sigma^{(1)} = -2\sqrt{\beta^2 v + 3\beta\gamma_1 + 3\beta^2\gamma_2}\,\varepsilon^{\frac{1}{2}} + O(\varepsilon);$$

$$\sigma^{(2)} = 2\sqrt{\beta^2 v + 3\beta\gamma_1 + 3\beta^2\gamma_2}\,\varepsilon^{\frac{1}{2}} + O(\varepsilon);$$

$$\sigma^{(3)} = -9\beta^2 + \left(v + \gamma_2 - \frac{32v}{9\beta} + \frac{4\gamma_1}{3\beta} - \frac{8\gamma_2}{3}\right)\varepsilon + O(\varepsilon^{\frac{3}{2}}).$$

定理 2.3.2 用 $\gamma_1 + g(t), \gamma_2 + h(t)$ 代替 $g(t), h(t)$, 新的 $g(t), h(t)$ 仍有零平均.

1. 在 $27a^2 - 4b^3 = 0$ $(b \neq 0)$ 附近, 折分支的一次近似为

$$27a^2 - 4b^3 = \left(12b^2\gamma_2 - \frac{8b^3}{a}\gamma_1\right)\varepsilon.$$

若 $27a^2 - 4b^3 < \left(12b^2\gamma_2 - \dfrac{8b^3}{a}\gamma_1\right)\varepsilon$, 系统有三个周期解, 稳定的 $x^{(1)}$, 不稳定的 $x^{(2)}$, 稳定的 $x^{(3)}$, 平均值为 $q^{(1)}$, $q^{(2)}$, $q^{(3)}$((2.69), (2.70), (2.71)); 若 $27a^2 - 4b^3 > \left(12b^2\gamma_2 - \dfrac{8b^3}{a}\gamma_1\right)\varepsilon$, 系统有唯一周期解, 平均值为 $q^{(3)}$.

2. 在 $(a, b) = (0, 0)$ 附近, 当 $\gamma_1 \neq 0$ 时, 折分支的一次近似为

$$b = 3(|a + \gamma_1 \varepsilon|/2)^{2/3}.$$

尖点的一次近似为

$$a = -\gamma_1 \varepsilon, \quad b = 0.$$

若 $b > 3(|a + \gamma_1 \varepsilon|/2)^{2/3}$, 系统有三个周期解; 若 $b < 3(|a + \gamma_1 \varepsilon|/2)^{2/3}$, 系统有唯一周期解.

2.3.3 结果讨论

首先, 考虑扰动函数有零平均的情形, 令 $g(t) = \sin 2\pi t$, $h(t) = \cos 2\pi t$, 显然, $\langle g(t) \rangle = \langle h(t) \rangle = 0$, 则系统 (2.8) 变为

$$\dot{x} = a + bx - x^3 + \varepsilon(\sin 2\pi t + x \cos 2\pi t). \tag{2.74}$$

由 2.2 节的 Poincaré 方法, 所要研究的高维系统为

$$
\begin{aligned}
\dot{x} &= a + bx - x^3 + \varepsilon(v + xw), \\
\dot{v} &= v + 2\pi w - v(v^2 + w^2), \\
\dot{w} &= -2\pi v + w - w(v^2 + w^2).
\end{aligned}
\tag{2.75}
$$

利用 Poincaré 映射

$$\mathcal{P} : (x(0), v(0), w(0)) \mapsto (x(1), v(1), w(1))$$

将系统 (2.75) 离散化, 它的分支图如图 2.4—图 2.6 所示.

首先, 给定 ε, 将 a 和 b 作为分支参数, 分支图如图 2.4(a). 注意到 2.4(a) 中的分支图与图 2.3(b) 相同, 这里是为了分别将它与其他分支图比较, 我们把它再一次列了出来. 在区域 ① 中, 系统 (2.75) 有三个周期解, 两个稳定的、一个不稳定的; 在区域 ② 中, 系统有唯一的一个稳定周期解. 穿过 $t_1^{(1)}$ 或 $t_2^{(1)}$ 上除原点外的点, 系统发生非退化的折分支. 从区域 ① 到 ② 穿过 $t_1^{(1)}$, 右边的稳定周期解和不稳定周期解碰撞成为一个后消失. 穿过 $t_2^{(1)}$, 左边的稳定周期解与不稳定的周期解碰撞消失. 如果从区域 ① 的内部靠近尖点, 所有的三个周期解融合为一个.

为了将扰动系统与无扰动系统作比较, 我们给出图 2.4(b) 和图 2.4(c), 研究了在 $\varepsilon = 0$, $\varepsilon = 0.7$ 和 $\varepsilon = 2.05$ 时的分支图, 图 2.4(b) 和图 2.4(c) 中三条曲线从左至右依次对应于 $\varepsilon = 0, \varepsilon = 0.7, \varepsilon = 2.05$. 由图 2.4(b), 周期扰动后的系统仍然有折分支和尖分支, 即周期解的折分支和尖分支, 分支点相较于无扰动系统, 有一些

偏离; 并且由图 2.4(b)、图 2.4(c) 和系统 (2.75) 关于 $\varepsilon = 0$ 的对称性可知, ε 的绝对值越大, 偏离得越多. 另外, 由图 2.4(c), 我们也可以看到扰动解的稳定性特征, 这与系统 (2.75) 的理论结果一致.

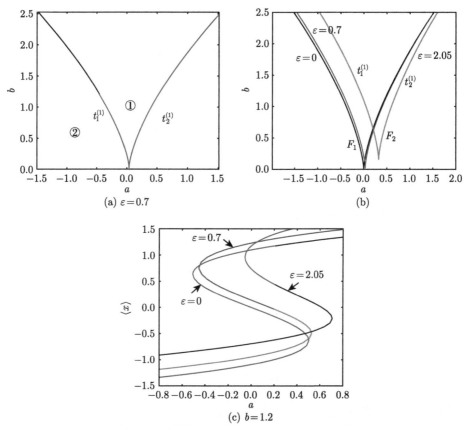

图 2.4　(a) 是 (2.75) 在 $\varepsilon = 0.7$ 时的分支图; (b) 给出了 ε 取不同值时 (2.74) 的分支曲线, (c) 给出了 $b = 1.2$ 时, $\langle x \rangle$ 随参数 a 的变化

其次, 给定 b 或 a, 以 a 和 ε 或 b 和 ε 为分支参数, 分别给出分支图 2.5(a) 和 2.5(b), 可以看到图关于 $\varepsilon = 0$ 对称.

图 2.5(a) 中, 系统 (2.75) 在区域 ① 中, 有三个周期解, 两个稳定, 一个不稳定; 在区域 ② 中, 只有一个稳定解. 穿过 $t_1^{(1)}$ 或 $t_2^{(1)}$ 上除尖点外的点, 系统发生非退化的折分支. 从区域 ① 到 ② 穿过 $t_1^{(1)}$, 下面的稳定周期解和不稳定周期解碰撞成为一个后消失. 穿过 $t_2^{(1)}$, 上面的稳定周期解与不稳定解碰撞消失. 如果从区域 ① 的内部靠近尖点, 所有的三个周期解融合为一个.

图 2.5(b) 中, 系统 (2.75) 在区域 ① 中, 有三个周期解, 两个稳定, 一个不稳

定; 区域 ② 中, 只有一个稳定解. 穿过 $t_1^{(1)}$, $t_2^{(1)}$, $t_3^{(1)}$ 上除尖点外的点, 系统发生非退化的折分支. 从区域 ① 到 ② 穿过 $t_1^{(1)}$, 右边的稳定周期解和不稳定周期解碰撞成为一个后消失. 穿过 $t_2^{(1)}$, 左边的稳定周期解与不稳定周期解碰撞消失. 穿过 $t_3^{(1)}$, 上面的稳定周期解与不稳定周期解碰撞消失. 如果从区域 ① 的内部靠近尖点, 所有的三个周期解融合为一个.

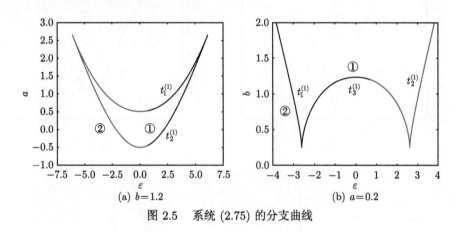

(a) $b=1.2$　　　　　　　(b) $a=0.2$

图 2.5　系统 (2.75) 的分支曲线

此外, 为了呈现扰动解在 ε 取不同值时的特征, 我们给出了图 2.6[7]. 给定 $a=0.1, b=1$, 系统 (2.75) 随着 ε 的变化, 发生两个对称的折分支, 如图 2.6(a); 当 $a=1, b=1$ 或 $a=0.1, b=0.2$ 时, 随 ε 的变化, 系统发生四个折分支, 如图 2.6(b) 和图 2.6(c), 其中, 实线代表稳定解, 虚线代表不稳定解.

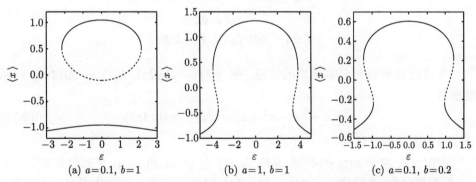

(a) $a=0.1, b=1$　　　(b) $a=1, b=1$　　　(c) $a=0.1, b=0.2$

图 2.6　ε 取不同值时, 系统 (2.75) 的分支图: 实线 (虚线) 表示解是稳定的 (不稳定的)

考虑扰动函数有零平均的另一种情形, 令 $g(t)=h(t)=\sin 2\pi t$, 则系统变为

$$\dot{x}=a+bx-x^3+\varepsilon(\sin 2\pi t+x\sin 2\pi t). \tag{2.76}$$

其分支图如图 2.7 所示. 可以看到系统 (2.76) 的解和分支情况与 (2.74) 没有本质的区别.

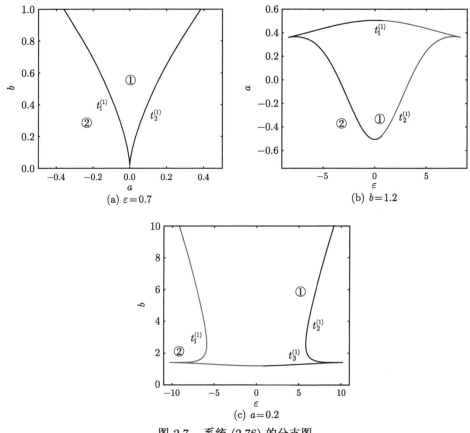

图 2.7　系统 (2.76) 的分支图

考虑扰动函数有非零平均的情形, 令 $g(t) = \sin 2\pi t$, $h(t) = \sin 4\pi t$, 则系统变为

$$\dot{x} = a + bx - x^3 + \varepsilon(\sin 2\pi t + x \sin 4\pi t). \tag{2.77}$$

分支图如图 2.8 所示.

由图 2.8, 由于 $h(t)$ 的不同, 系统 (2.77) 在 (ε, a) 和 (ε, b) 平面的分支图关于 $\varepsilon = 0$ 不再对称; 当给定 $a = 0.2$, ε 和 b 变化时的分支图 2.8(c) 中没有尖点存在.

另外, 为了分析不同的扰动函数 $g(t)$ 和 $h(t)$ 对系统分支的影响, 我们将图 2.4(a)、图 2.7(a)、图 2.8(a) 中的分支图一起放在图 2.9 中. 可以看到, 像扰动强度的影响一样, 不同的扰动函数导致了周期解的分支不同程度地偏离无扰动系统的平衡解的分支.

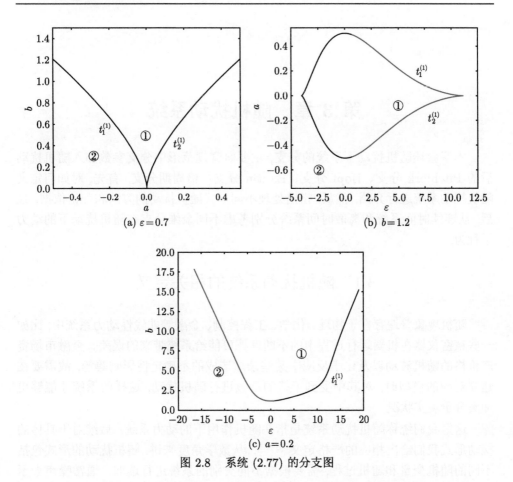

(a) $\varepsilon=0.7$ (b) $b=1.2$

(c) $a=0.2$

图 2.8　系统 (2.77) 的分支图

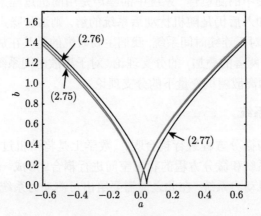

图 2.9　$\varepsilon=0.7$ 时, 系统 (2.75)、系统 (2.76) 和 (2.77) 的分支图

第 3 章　随机扰动系统

本章叙述随机扰动下系统的分支, 主要研究规范形中分支参数加入随机扰动后的 Pitchfork 分支、Hopf 分支、Bautin 分支、倍周期分支. 首先, 对如何定义随机扰动系统进行介绍. 然后, 指出处理不同形式随机扰动的方法和理论依据. 最后, 从连续时间系统和离散时间系统分别考虑不同余维分支在随机扰动下的动力学行为.

3.1　随机扰动系统的相关定义

随机现象普遍存在于物理、化学、工程控制、金融等非线性动力系统中, 比如一些精密仪器在机器运行过程中的不断摩擦可能给系统带来的误差、金融市场资产价格的随机波动以及化学反应中某些杂质造成的不确定性影响等等, 故需要在建立对应的模型时, 对其中受到干扰的参数进行随机扰动, 这样的系统才能够更加契合于现实状况.

这里我们统称随机扰动系统是指在随机作用下的动力系统. 后续对于具体的扰动形式我们给出相应的严格定义[8–13]. 从数学角度来讲, 随机扰动的形式包括不同的随机变量和随机过程, 需要根据不同类别的系统进行选取. 通常噪声表示动力系统演化过程中的随机性, 系统中的噪声是用随机过程来刻画的, 如果原系统的解在噪声的加入后仍是随机扰动后系统的解, 则这种噪声称为乘性噪声, 否则称为加性噪声. 对于连续时间系统, 我们主要研究的是其在加性噪声、乘性噪声或者混合噪声下 (两者的叠加) 的分支理论; 对于离散时间系统, 研究其在与离散时间格式相呼应的离散随机变量下的分支理论.

3.1.1　随机动力系统

如何将噪声与微分方程进行耦合呢? 数学上是将随机过程通过平移转换构成一个保测动力系统和微分方程的状态空间进行耦合, 形成一个具有可测性和满足余圈性质的随机动力系统, 在此之前需要给出可测动力系统和保测动力系统的概念.

设 $(\Omega, \mathcal{F}, \mathbb{P})$ 为概率空间, 其中 Ω 是一个抽象集合 (样本空间), $\mathcal{F}$ 是 Ω 上的 σ-代数, $\mathbb{P}$ 是 $\mathcal{F}$ 上的概率测度.

定义 3.1.1 映射族 $(\theta(t))_{t\in\mathbb{T}}$: $(\Omega, \mathcal{F}) \to (\Omega, \mathcal{F})$ 称为 $\mathbb{T}$ 上的可测动力系统, 如果满足下述三个条件:

(1) $(\omega, t) \mapsto \theta(t)\omega$ 是可测的, $\omega \in \Omega, t \in \mathbb{T}$;

(2) 对 $0 \in \mathbb{T}$, 有 $\theta(0) = \mathrm{id}_\Omega$;

(3) 对所有 $s, t \in \mathbb{T}$, 有 $\theta(t+s) = \theta(s) \circ \theta(t)$,

其中 $\mathbb{T}$ 可以为 $\mathbb{R}, \mathbb{R}^+, \mathbb{Z}, \mathbb{Z}^+$ 等.

令 θ: $(\Omega_1, \mathcal{F}_1, \mathbb{P}_1) \to (\Omega_2, \mathcal{F}_2)$ 是可测映射, 在 Ω_1 上的测度可由 $\theta\mathbb{P}_1$ 定义, 即 $\theta\mathbb{P}_1(A) = \mathbb{P}_1\{\theta^{-1}(A)\}$. 可测映射 θ: $(\Omega_1, \mathcal{F}_1, \mathbb{P}_1) \to (\Omega_2, \mathcal{F}_2, \mathbb{P}_2)$ 称为同态的, 如果 $\theta\mathbb{P}_1 = \mathbb{P}_2$. 那么对于可测映射 θ: $(\Omega, \mathcal{F}, \mathbb{P}) \to (\Omega, \mathcal{F}, \mathbb{P})$ 称为自同态的, 如果 $\theta\mathbb{P} = \mathbb{P}$.

定义 3.1.2 可测动力系统 $(\theta(t))_{t\in\mathbb{T}}$ 称为保测动力系统, 如果 $\theta(t)$ 是自同态的.

定义 3.1.3 设 $(\Omega, \mathcal{F}, \mathbb{P}, (\theta(t))_{t\in\mathbb{T}})$ 为保测动力系统, 如果可测空间 $(X, \mathcal{B})$ 上的映射 φ: $\mathbb{T} \times \Omega \times X \to X$, $(t, \omega, x) \mapsto \varphi(t, \omega, x)$ 满足下述性质:

(i) 可测性: φ 是 $\mathcal{B}(\mathbb{T}) \otimes \mathcal{F} \otimes \mathcal{B}, \mathcal{B}$ 可测的.

(ii) 余圈性质: 对所有 $s, t \in \mathbb{T}, \omega \in \Omega$, 满足 $\varphi(0, \omega) = \mathrm{id}$, $\varphi(t+s, \omega) = \varphi(t, \theta(s)\omega) \circ \varphi(s, \omega)$,

则称 φ 是一个随机动力系统.

下面给出随机吸引子的定义.

定义 3.1.4 称随机变量 $r(\omega) > 0$ 关于 $\theta(t)_{t\in\mathbb{T}}$ 是缓增的, 如果对所有 $\gamma > 0$, $\omega \in \Omega$, 有 $\sup\limits_{t\in\mathbb{R}}\{r(\theta_t(\omega))e^{-\gamma|t|}\} < \infty$.

定义 3.1.5 令 (X, d) 是可分、完备的度量空间.

(i) X 的非空子集族 $\mathcal{D} = (D_\omega)_{\omega\in\Omega}$ 称为随机集合, 如果映射 $\omega \mapsto \mathrm{dist}(x, D_\omega)$ 对所有 $x \in X$ 是 $\mathcal{F}$ 可测的, 其中 $\mathrm{dist}(x, D_\omega) = \inf\limits_{y\in D_\omega} d(x, y)$.

(ii) 随机集合 $\mathcal{D}$ 称为随机闭集, 如果对每一个 $\omega \in \Omega$, D_ω 是闭集. 随机集合 $\mathcal{D}$ 称为随机紧集, 如果对每一个 $\omega \in \Omega$, D_ω 是紧的.

(iii) 随机集合 $\mathcal{D}$ 称为缓增的, 如果存在一个 $x_0 \in X$, 使得对所有的 $\omega \in \Omega$, 有 $D_\omega \subset \{x \in X : d(x, x_0) \leqslant r(\omega)\}$, 其中 $r(\omega) > 0$ 是缓增随机变量.

X 中所有缓增集组成的集合记为 $\mathfrak{D}$.

定义 3.1.6 随机紧集 $A = (A_\omega)_\Omega \in \mathfrak{D}$ 称为 $\Omega \times X$ 上的随机动力系统 (θ, φ) 的一个随机吸引子, 如果 A 是 φ 的不变集, 即对所有 $t \geqslant 0$ 和 $\omega \in \Omega$, 有 $\varphi(t, \omega, A_\omega) = A_{\theta(t)\omega}$, 且满足对所有 $\omega \in \Omega$ 和 $\mathcal{D} \in \mathfrak{D}$, 有 $\lim\limits_{t\to\infty}\mathrm{dist}(\varphi(t, \theta(-t)\omega, D_{\theta(-t)\omega}), A_\omega) = 0$.

3.1.2 随机微分方程

下面给出随机微分方程解的定义、随机稳定性的定义及相关定理.

定义 3.1.7 对于随机微分方程

$$dX(t) = f(t, X(t))dt + G(t, X(t))dW(t), \quad X(t_0) = x_0, \quad t \geqslant t_0, \qquad (3.1)$$

其中 $f(t, X(t)) = (f^1(t, X(t)), \cdots, f^n(t, X(t)))^{\mathrm{T}}$ 是从 $[t_0, \infty) \times \mathbb{R}^n$ 映射到 $\mathbb{R}^n$ 的可测函数, $G(t, X(t))$ 是从 $[t_0, \infty) \times \mathbb{R}^n$ 映射到 $\mathbb{R}^n \times \mathbb{R}^m$ 的可测函数, $W(t)$ 是一个 m 维的独立的布朗运动, $X(t)$ 称为 (3.1) 的解, 如果满足下述性质:

(1) $X(t)$ 是 $\mathcal{B}(\mathbb{R}^n) \otimes \mathcal{B}(\mathbb{R}_+)$, $\mathcal{B}(\mathbb{R}^n)$ 可测的;

(2) 对于 $t_0 \leqslant T < \infty$, 函数 $f(t, X(t))$ 满足

$$\int_{t_0}^{T} |f(s, X(s))| ds < \infty, \quad \text{a.s.},$$

函数 $G(t, X(t))$ 满足

$$\int_{t_0}^{T} |G(s, X(s))|^2 ds < \infty, \quad \text{a.s.};$$

(3) 对于 $t \in [t_0, \infty]$, 有

$$X(t) = x_0 + \int_{t_0}^{t} f(s, X(s)) ds + \int_{t_0}^{t} G(s, X(s)) dW(s), \quad \text{a.s..}$$

定理 3.1.1 (解的存在唯一性) 对于方程 (3.1), 如果存在常数 $K > 0$, 使得

(a) 对 $t \in [t_0, \infty)$, $x, y \in \mathbb{R}^n$, 有

$$|f(t, x) - f(t, y)| + |G(t, x) - G(t, y)| \leqslant K|x - y|,$$

(b) 对 $t \in [t_0, \infty)$, $x \in \mathbb{R}^n$, 有

$$|f(t, x)|^2 + |G(t, x)|^2 \leqslant K^2(1 + |x|^2),$$

则 (3.1) 存在唯一解 $X(t)$.

假设对于 $t \geqslant t_0$, 有 $f(t, 0) = 0$, $G(t, 0) = 0$, 则 $X(t) \equiv 0$ 为 (3.1) 且 $x_0 = 0$ 的平衡解. 它的稳定性定义如下:

定义 3.1.8 $X(t)$ 称为概率为 1 稳定的, 如果对每一个 $\epsilon > 0$,

$$\lim_{x_0 \to 0} P(\sup_{t_0 \leqslant t < \infty} ||X(t; x_0, t_0)|| \geqslant \epsilon) = 0.$$

定义 3.1.9 $X(t)$ 称为概率为 1 渐近稳定的, 如果 $X(t)$ 是概率为 1 稳定的且

$$\lim_{x_0 \to 0} P\big(\lim_{t \to \infty} \|X(t; x_0, t_0)\| = 0\big) = 1.$$

定义 3.1.10 称 L 是 (3.1) 的微分算子, 对函数 $\Gamma(t, X) \in C^{1,2}([t_0, \infty) \times \mathbb{R}^n; \mathbb{R})$ 满足

$$LΓ(t, X) = \frac{\partial \Gamma(t, X)}{\partial t} + \sum_{i=1}^{n} f^i(t, X) \frac{\partial \Gamma(t, X)}{\partial X_i}$$
$$+ \frac{1}{2} \sum_{i=1}^{n} \sum_{j=1}^{n} (G(t, X)G(t, X)')_{ij} \frac{\partial^2 \Gamma(t, X)}{\partial X_i X_j}.$$

定理 3.1.2 假设在 $X = 0$ 的一个有界开邻域 $D = \{[t_0, \infty) \times U_h\}$ 上存在一个 Lyapunov 函数 $V(t, X)$ 使得

$$LV(t, X) \leqslant 0, \quad t \geqslant t_0, \quad 0 < \|X\| \leqslant h,$$

其中 $U_h = \{X : \|X\| < h\}$, $h > 0$, 则平衡解 $X(t)$ 称为概率为 1 稳定的.

下述的奇异边界法可以用于判定一维随机微分方程解的随机稳定性. 首先给出两种奇异边界的定义和与其对应的三个参数——扩散指数、漂移指数和特征指标.

定义 3.1.11 对于一维随机微分方程 $dX = m(X)dt + \sigma(X)dW(t)$, 使扩散系数 $\sigma(X) = 0$ 的 $X(s)$ 称为第一类奇异边界, 使漂移系数 $m(X) = \infty$ 的 $X(s)$ 称为第二类奇异边界.

• 第一类奇异边界:

1. 当 $X(t) \to X(s)$ 时, 有 $\sigma^2(X) = O|X(t) - X(s)|^{\alpha_s}, \alpha_s \geqslant 0$, 则称 α_s 为 $X(s)$ 的扩散指数.

2. 当 $X(t) \to X(s)$ 时, 有 $m(X) = O|X(t) - X(s)|^{\beta_s}, \beta_s \geqslant 0$, 则称 β_s 为 $X(s)$ 的漂移指数.

3. 称

$$c_l = \lim_{X(t) \to X_l^+} \frac{2m(X)(X(t) - X_l)^{\alpha_l - \beta_l}}{\sigma^2(X)},$$

$$c_r = -\lim_{X(t) \to X_r^-} \frac{2m(X)(X_r - X(t))^{\alpha_r - \beta_r}}{\sigma^2(X)}$$

分别为左边界 X_l 和右边界 X_r 的特征指标.

• 第二类奇异边界:

1. 当 $X(t) \to X(s)$ 时, 有 $\sigma^2(X) = O|X(t) - X(s)|^{-\alpha_s}, \alpha_s \geqslant 0$, 则称 α_s 为 $X(s)$ 的扩散指数.

2. 当 $X(t) \to X(s)$ 时, 有 $m(X) = O|X(t) - X(s)|^{-\beta_s}, \beta_s \geqslant 0$, 则称 β_s 为 $X(s)$ 的漂移指数.

3. 称

$$c_l = \lim_{X(t) \to X_l^+} \frac{2m(X)(X(t) - X_l)^{\beta_l - \alpha_l}}{\sigma^2(X)},$$

$$c_r = -\lim_{X(t) \to X_r^-} \frac{2m(X)(X_r - X(t))^{\beta_r - \alpha_r}}{\sigma^2(X)}$$

分别为左边界 X_l 和右边界 X_r 的特征指标.

由定义计算出扩散指数、漂移指数和特征指标后, 当三者满足一定的关系时, 我们可以判断出边界是吸引的还是排斥的, 从而来确定解的稳定性, 可参考文献 [12].

3.1.3 随机分支

目前, 随机动力系统的分支主要分为随机 D 分支和随机 P 分支. 随机 D 分支是从动态角度研究方程不变测度的变化; 随机 P 分支是从静态角度研究方程所对应的平稳概率密度的性态, 定义如下.

定义 3.1.12 (随机 D 分支) 令 $(\varphi_\alpha)_{\alpha \in \mathbb{R}^k}$ 是 $\mathbb{R}^d$ 上的一族局部 C^1 光滑的随机动力系统, 对应各自的遍历不变测度为 μ_α. 参数值 α_D 称为 $(\varphi_\alpha, \mu_\alpha)$ 一个 D 分支点, 如果在 α_D 的每一个邻域都存在一个 α, 使得不变测度 $\nu_\alpha \neq \mu_\alpha$ 满足当 $\alpha \to \alpha_D$ 时, 有 $\nu_\alpha \to \mu_{\alpha_D}$.

定义 3.1.13 (随机 P 分支) 参数值 α_P 称为 $(\varphi_\alpha, p_\alpha)$ 一个 P 分支点, 如果 p_α 的形状随参数的变化而变化, 其中 p_α 为系统对应的 Fokker-Planck 方程的平稳概率密度.

随机规范形也是分支理论的重要组成部分, 它是基于常微分方程的规范形理论, 通过求解一系列随机微分方程, 得到随机扰动下系统的最简形式. 下述关于随机规范形的定理只适用于在乘性噪声下的随机微分方程.

定理 3.1.3 考虑随机微分方程

$$\dot{x}_t = f(\theta_t \omega, x_t, \alpha), \tag{3.2}$$

其中 $x_t \in \mathbb{R}^n$, $\alpha \in \mathbb{R}^m$, f 关于 x_t 和 α 是 C^∞ 的. 假设

(i) $\forall \alpha$, 有 $f(\omega, 0, \alpha) = 0$.

(ii) 当 $\alpha = 0$ 时, (3.2) 对应的线性化随机微分方程 $\dot{v}_t = A(\theta(t)\omega)v_t$, $A(\omega) = D_x f(\omega, 0, 0)$ 生成的余圈 $\Phi(t, \omega)$ 的 Lyapunov 指数为 $\lambda_1 = 0 > \lambda_2 > \cdots > \lambda_r$. 记

中心空间和稳定空间分别为 $\mathbb{E}_c(\omega) = \mathbb{E}_1(\omega)$ 和 $\mathbb{E}_s(\omega) = \mathbb{E}_2(\omega) \oplus \cdots \oplus \mathbb{E}_r(\omega)$, 且 $\mathbb{R}^n = \mathbb{E}_c(\omega) \oplus \mathbb{E}_s(\omega)$, $\dim \mathbb{E}_{c,s}(\omega) = n_{c,s}$.

(iii) f 关于 x_t 的 N 阶 Taylor 展开系数和关于 α 的 M 阶 Taylor 展开系数均是缓增的, 其中 $N \geqslant 2, M \geqslant 0$.

则存在变换

$$x \mapsto h(\omega, x, \alpha) = x + H(\omega, x, \alpha) = \begin{pmatrix} x_c \\ x_s \end{pmatrix} + \begin{pmatrix} H^c(\omega, x_c, x_s, \alpha) \\ H^s(\omega, x_c, x_s, \alpha) \end{pmatrix},$$

将 $\dot{x}_t = f(\theta_t \omega, x_t, \alpha)$ 简化为

$$\dot{x}_c = A_c(\theta_t \omega) x_c + g^c(\theta_t \omega, x_c, \alpha) + O((|x_c| + |x_s|)^{N+1} + |\alpha|^{M+1}),$$

$$\dot{x}_s = A_s(\theta_t \omega) x_s + g^s(\theta_t \omega, x_c, x_s, \alpha) + O((|x_c| + |x_s|)^{N+1} + |\alpha|^{M+1}),$$

其中 $H(\omega, x, \alpha), g^{c,s}(\omega, x_c, \alpha)$ 为随机多项式, 且满足下式

$$H(\omega, x, \alpha) = O(|\alpha|(|x_c| + |x_s|) + (|x_c| + |x_s|)^2) \in \mathbb{R}^n,$$

$$g^c(\omega, x_c, \alpha) = O(|\alpha||x_c| + |x_c|^2) \in \mathbb{E}_c(\omega) \cong \mathbb{R}^{n_c} \times \{0\},$$

$$g^s(\omega, x_c, x_s, \alpha) = O(|x_s|(|\alpha| + |x_s| + |x_c|)) \in \mathbb{E}_s(\omega) \cong \{0\} \times \mathbb{R}^{n_s}.$$

进一步, 对于截断后的规范形

$$\dot{x}_c = A_c(\theta_t \omega) x_c + g^c(\theta_t \omega, x_c, \alpha), \quad \dot{\alpha} = 0,$$

$$\dot{x}_s = A_s(\theta_t \omega) x_s + g^s(\theta_t \omega, x_c, x_s, \alpha),$$

有依赖于参数的局部不变流形 $M_c(\omega)$,

$$M_c(\omega) = \left\{ \begin{pmatrix} (x_c, \alpha) \\ 0 \end{pmatrix} + H^c(\omega, x_c, 0, \alpha) : (x_c, \alpha) \in \mathbb{R}^{n_c} \times \mathbb{R}^m \right\}.$$

3.2 随机扰动系统分支的研究方法

3.2.1 随机平均法

随机平均法的使用范围非常广泛, 通常用于处理混合噪声的连续时间系统的随机微分方程 [14,15]. 其主要依据下述定理对不同模型进行应用, 这里会涉及随机过程的自相关函数、互相关函数等相关概念的计算, 后续我们会针对具体模型给出详细的推导.

定理 3.2.1   考虑含小参数 $\varepsilon > 0$ 的随机微分方程

$$\dot{x} = \varepsilon F(x, t, \xi_t, \varepsilon),$$

其中 $x = (x_1, x_2, \cdots, x_n)^{\mathrm{T}} \in \mathbb{R}^n$, $F(x, t, \xi_t, \varepsilon) = (F_1(x, t, \xi_t, \varepsilon), F_2(x, t, \xi_t, \varepsilon), \cdots,$ $F_n(x, t, \xi_t, \varepsilon))^{\mathrm{T}}$, $F_i(x, t, \xi_t, \varepsilon)$, $i = 1, 2, \cdots, n$, 关于时间 t 的周期为 T, 且一阶偏导和二阶偏导有界. 假设 $\xi_t = \xi(\omega, t) \in \mathbb{R}^m$ 是均值为零的平稳随机过程且满足强混合条件, 令

$$F_i(x, t, \xi_t, \varepsilon) = F_i^0(x, t, \xi_t) + G_i^0(x, t) + \varepsilon G_i^1(x, t) + O(\varepsilon),$$

其中 G_i 是确定项, $M_t(G_i^0(x, t)) = 0$, 且对 $x \in \mathbb{R}^n$, 下述极限

$$M_t \Bigg\{ G_i^1(x, t) + \frac{\partial G_i^0(x, t)}{\partial x_j} G_j^0(x, t)$$

$$+ \int_{-\infty}^{0} E \left\{ \frac{\partial F_i^0(x, t, \xi_t)}{\partial x_j} F_j^0(x, t + \tau, \xi_{t+\tau}) \right\} d\tau \Bigg\} = m_i(x),$$

$$M_t \left\{ \int_{-\infty}^{\infty} E\{ F_k^0(x, t, \xi_t) F_j^0(x, t + \tau, \xi_{t+\tau}) \} d\tau \right\} = (\sigma(x)\sigma^{\mathrm{T}}(x))_{kj}$$

存在, 则当 $\varepsilon \to 0$ 时, 在 ε^{-2} 量级的时间区间上, $x(t)$ 弱收敛于一个 n 维扩散的 Markov 过程 x_t^0, 满足下述随机微分方程

$$dx_t^0 = m(x_t^0)dt + \sigma(x_t^0)dW_t,$$

其中 W_t 是 m 维的维纳过程, $M_t(\cdot) = \lim\limits_{T \to \infty} \frac{1}{T} \int_{t_0}^{t_0 + T} (\cdot)dt$ 为时间随机平均算子.

3.2.2   正交多项式逼近法

对于离散时间系统, 当其分支参数被离散随机变量替代时, 我们采用广义正交多项式, 将随机系统转换为与其等价的确定情形下复杂的高维系统, 具体思想如下.

假设正交多项式为 $F_i(u) = \sum\limits_{k=0}^{i} a_{ik}u^k (a_{00} = 1, a_{ii} \neq 0)$ 满足

$$\sum_{u=0}^{N} w(u)F_i(u)F_j(u) = \begin{cases} 1, & i = j, \\ 0, & i \neq j, \end{cases}$$

其中 $w(u)$ 是离散随机变量 u 的权重函数, 满足下列性质:

(1) $w(u) \geqslant 0, u \in \mathbb{N}$;

(2) $\sum\limits_{u=0}^{N} w(u) > 0$;

(3) $\sum\limits_{u=0}^{N} w(u)u^n$ 存在, $n = 0, 1, 2, \cdots$,

则称 $F_i(u)$ 为带权的标准正交多项式.

事实上, 概率密度分布 p_u 满足上述性质 (1) 和 (2), 假设 $\sum\limits_{u=0}^{N} w(u)u^n$ 是收敛的, 则 p_u 就是一个权重函数. 若 $F_i(u)$ 所带权重函数为 p_u, 且三项递推公式为

$$uF_i(u) = \phi_i F_{i+1}(u) + \varphi_i F_i(u) + \psi_i F_{i-1}(u), \quad F_{-1}(u) = 0, \quad F_0(u) = 1, \quad (3.3)$$

其中系数 $\phi_i, \varphi_i, \psi_i$ 可依据 $F_i(u)$ 的具体形式求出.

由希尔伯特空间中完备正交基的定义和文献 [16] 中的定理 7.3 可知, 如果 $F_i(u)$ 是完备的, 则对任何离散函数 $x(n)$, 有 $x(n) = \sum\limits_{i \in \mathbb{N}} x_i(n) F_i(u)$. 基于此, 我们猜想有限项的级数表达形式会不会是系统的解? 故假设对给定的 $M \in \mathbb{N}$, 记

$$x(n, u) = \sum_{i=0}^{M} x_i(n) F_i(u) \tag{3.4}$$

为随机扰动系统的解, 然后导出对应于 M 的等价系统, 研究其分支行为, 其中 $x_i(n) = \sum\limits_{i=0}^{N} p_u x(n, u) F_i(u)$.

3.3 随机 Pitchfork 分支

本节我们将根据定理 3.1.3 给出计算 Pitchfork 分支随机规范形的方法.

考虑下面的随机微分方程

$$\frac{du}{dt} = f(\theta_t \omega, u, \mu), \tag{3.5}$$

其中 $u \in \mathbb{R}^n$, $\mu \in \mathbb{R}^m$, $\omega \in \Omega$, $(\theta_t)_{t \in \mathbb{R}}$ 是概率空间 $(\Omega, \mathcal{F}, \mathbb{P})$ 上的保测动力系统. 对所有 $\mu \in \mathbb{R}^m$, 有 $f(\omega, 0, \mu) = 0$, $\mathbb{P}$-a.s., 即 $u = 0$ 对几乎处处 $\omega \in \Omega$ 是平衡点. 其对应的线性化方程为

$$\frac{dv}{dt} = \mathcal{L}(\theta_t \omega)v, \quad \mathcal{L}(\omega) = Df(\omega, 0, 0), \quad \mathcal{L}(\theta_t \omega) = \begin{pmatrix} \mathcal{L}_c(\theta_t \omega) & 0 \\ 0 & \mathcal{L}_s(\theta_t \omega) \end{pmatrix},$$

其中 $Df(\omega,0,0)$ 是 $f(\omega,0,0)$ 关于 u 的导数. 它生成一个线性余圈 $\Phi(t,\omega)$, 假设 $\mathcal{L} \in L^1(\mathbb{P})$, $\Phi(t,\omega)$ 的 Lyapunov 谱为 $\lambda_1 = 0 > \lambda_2 > \cdots > \lambda_r$. 记中心不变空间和稳定不变空间分别为 $E_c(\omega) = E_1(\omega)$, $E_s(\omega) = E_2(\omega) \oplus \cdots \oplus E_r(\omega)$, 满足 $\mathbb{R}^n = E_c(\omega) \oplus E_s(\omega)$, $\Phi(t,\omega)E_{c(s)}(\omega) = E_{c(s)}(\theta_t\omega)$, $\dim E_{c(s)}(\omega) = n_{c(s)}$, $n_c + n_s = n$. 固定 ω, 假设 $N \geqslant 2$, $M \geqslant 0$, 则 f 以变量 u 和 μ 同时进行 N 阶和 M 阶的 Taylor 展开为

$$f(u,\mu) = \mathcal{L}u + \sum_{1\leqslant n\leqslant N,0\leqslant m\leqslant M} f_{nm}(u,\mu) + O(|u|^{N+1} + |\mu|^{M+1}),$$

其中 $f_{nm}(u,\mu)$ 是 u 的次数为 n 且 μ 的次数为 m 的随机齐次多项式. 通过下述恒等变换

$$u \mapsto u + T(\theta_t\omega, u, \mu) = \begin{pmatrix} u_c + T^c(\theta_t\omega, u_c, u_s, \mu) \\ u_s + T^s(\theta_t\omega, u_c, u_s, \mu) \end{pmatrix},$$

(3.5) 可化为

$$\begin{cases} \dot{u}_c = \mathcal{L}_c(\theta_t\omega)u_c + h^c(\theta_t\omega, u_c, \mu), \\ \dot{u}_s = \mathcal{L}_s(\theta_t\omega)u_s + h^s(\theta_t\omega, u_c, u_s, \mu), \end{cases} \tag{3.6}$$

其中 T^c, T^s, h^c, h^s 的 Taylor 展开分别为

$$T^c(\theta_t\omega, u_c, u_s, \mu) = \sum_{1\leqslant p+q\leqslant N,\ 0\leqslant r\leqslant M,\ (p+q,r)\neq(1,0)} T^c_{pqr}(u_c, u_s, \mu)$$
$$+ O(|u|^{N+1} + |\mu|^{M+1}),$$

$$T^s(\theta_t\omega, u_c, u_s, \mu) = \sum_{1\leqslant p+q\leqslant N,\ 0\leqslant r\leqslant M,\ (p+q,r)\neq(1,0)} T^s_{pqr}(u_c, u_s, \mu)$$
$$+ O(|u|^{N+1} + |\mu|^{M+1}),$$

$$h^c(\theta_t\omega, u_c, \mu) = \sum_{1\leqslant p\leqslant N,\ 0\leqslant r\leqslant M,\ (n,r)\neq(1,0)} h^c_{pr}(u_c, \mu)$$
$$+ O(|u|^{N+1} + |\mu|^{M+1}),$$

$$h^s(\theta_t\omega, u_c, u_s, \mu) = \sum_{1\leqslant p+q\leqslant N,\ 0\leqslant r\leqslant M,\ q\geqslant 1,\ (p,r)\neq(0,0)} h^s_{pqr}(u_c, u_s, \mu)$$
$$+ O(|u|^{N+1} + |\mu|^{M+1}),$$

其中 $T^{c(s)}_{pqr}$ 是 u_c 的次数为 p、u_s 的次数为 q 且 μ 的次数为 r 的随机齐次多项式. h^c_{pr} 和 h^s_{pqr} 的定义与 f_{nm} 和 $T^{c(s)}_{pqr}$ 相似, 此处不再赘述. 下一步是求出

T^c, T^s, h^c, h^s 中所有系数的表达式. 将 $u + T(u, \mu)$ 代入 (3.5) 中可得

$$f(u+T(\theta_t\omega, u, \mu)) = \dot{u} + (D_{u_c}T(\theta_t\omega, u, \mu))\dot{u}_c + (D_{u_s}T(\theta_t\omega, u, \mu))\dot{u}_s + \frac{dT(\theta_t\omega, u, \mu)}{dt}.$$

$$(3.7)$$

对于不同的 p, q, r, 需要通过同类项比较 (3.7) 中每一项 $u_c^p u_s^q \mu^r$ 的系数来选取合适的参数.

下面我们针对 Pitchfork 分支, 基于随机规范形定理, 给出其随机规范形系数的详细递推过程.

第一步令 $r = 0$. 对于 $(p, 0, 0)$, $2 \leqslant p \leqslant N$, 有

$$\frac{dT_{p00}^c(u_c)}{dt} + h_{p0}^c(u_c) = \mathcal{R}_{p00}^c(u_c), \tag{3.8}$$

$$\frac{dT_{p00}^s(u_c)}{dt} - \mathcal{L}_s T_{p00}^s(u_c) = \mathcal{R}_{p00}^s(u_c). \tag{3.9}$$

对 $(p, q, 0)$, $2 \leqslant p + q \leqslant N$, $q \geqslant 1$, 可以导出

$$\frac{dT_{pq0}^c(u_c, u_s)}{dt} + D_{u_s}T_{pq0}^c(u_c, u_s)\mathcal{L}_s u_s = \mathcal{R}_{pq0}^c(u_c, u_s), \tag{3.10}$$

$$\frac{dT_{pq0}^s(u_c, u_s)}{dt} - \mathcal{L}_s T_{pq0}^s(u_c, u_s) + D_{u_s}T_{pq0}^s(u_c, u_s)\mathcal{L}_s u_s + h_{pq0}^s(u_c, u_s) = \mathcal{R}_{pq0}^s(u_c, u_s),$$

$$(3.11)$$

其中 $\mathcal{R}_{pq0}^{c(s)}$ 仅依赖于系数 f_{n0}, $T_{p'q'0}^{c(s)}$, $h_{p'0}^c$, $h_{p'q'0}^s$, $p' + q' \leqslant p + q - 1$.

对于方程 (3.8), 通过选取 $h_{p0}^c(u_c) = \mathcal{R}_{p00}^c(u_c)$, $2 \leqslant p \leqslant N$, 可得 $T_{p00}^c(u_c) = 0$. 方程 (3.9) 是一个随机微分方程

$$\left(\frac{d}{dt} - \mathcal{L}_s\right) T_{p00}^s(u_c) = \mathcal{R}_{p00}^s(u_c), \tag{3.12}$$

其对应的线性余圈为 Φ_{p00}^s, 故 (3.12) 存在唯一稳态解

$$T_{p00}^s(u_c) = \int_{-\infty}^{0} (\Phi_{p00}^s)^{-1} \mathcal{R}_{p00}^s(u_c) dt, \quad 2 \leqslant p \leqslant N.$$

方程 (3.10) 对应的线性余圈为 Φ_{pq0}^c, 故它存在唯一稳态解

$$T_{pq0}^c(u_c, u_s) = -\int_{0}^{\infty} (\Phi_{pq0}^c)^{-1} \mathcal{R}_{pq0}^c(u_c, u_s) dt, \quad 2 \leqslant p + q \leqslant N, \quad q \geqslant 1.$$

对于方程 (3.11), 令 $T_{pq0}^s(u_c, u_s) = 0$, 可得 $h_{pq0}^s(u_c, u_s) = \mathcal{R}_{pq0}^s(u_c, u_s)$, $2 \leqslant p+q \leqslant$ N, $q \geqslant 1$. 或者可以选取 $h_{pq0}^s(u_c, u_s) = 0$ 使变换后的方程 (3.6) 更简洁, 但是需要求出 $T_{pq0}^s(u_c, u_s)$.

第二步令 $r = 1$. 对于 $(p, 0, 1)$, $1 \leqslant p \leqslant N$, 有

$$\frac{dT_{p01}^c(u_c, \mu)}{dt} + h_{p1}^c(u_c, \mu) = \mathcal{R}_{p01}^c(u_c, \mu), \tag{3.13}$$

$$\frac{dT_{p01}^s(u_c, \mu)}{dt} - \mathcal{L}_s T_{p01}^s(u_c, \mu) = \mathcal{R}_{p01}^s(u_c, \mu). \tag{3.14}$$

对于 $(p, q, 1)$, $1 \leqslant p+q \leqslant N$, $q \geqslant 1$, 可得

$$\frac{dT_{pq1}^c(u_c, u_s, \mu)}{dt} + D_{u_s} T_{pq1}^c(u_c, u_s, \mu) \mathcal{L}_s u_s = \mathcal{R}_{pq1}^c(u_c, u_s, \mu), \tag{3.15}$$

$$\frac{dT_{pq1}^s(u_c, u_s, \mu)}{dt} - \mathcal{L}_s T_{pq1}^s(u_c, u_s, \mu) + D_{u_s} T_{pq1}^s(u_c, u_s, \mu) \mathcal{L}_s u_s$$

$$= -h_{pq1}^s(u_c, u_s, \mu) + \mathcal{R}_{pq1}^s(u_c, u_s, \mu), \tag{3.16}$$

其中 $\mathcal{R}_{pq1}^{c(s)}$ 仅依赖于 f_{n1}, $T_{(p+1)q'0}^{c(s)}$, $T_{p'q'r'}^{c(s)}$, $h_{p'r'}^c$, $h_{p'q'r'}^s$, $p' \leqslant p$, $q' \leqslant q$, $r' \leqslant 1$, $p' + q' + r' \leqslant p+q$. 通过求解 (3.13)—(3.16) 可得系数 $T_{pq1}^{c(s)}, h_{p1}^c, h_{pq1}^s$, 然后令 $r = 2$ 重复这个过程直至 $r = M$, 即求解下述微分方程.

对于 $(p, 0, r)$, $1 \leqslant p \leqslant N$, $2 \leqslant r \leqslant M$, 可得

$$\frac{dT_{p0r}^c(u_c, \mu)}{dt} + h_{pr}^c(u_c, \mu) = \mathcal{R}_{p0r}^c(u_c, \mu),$$

$$\frac{dT_{p0r}^s(u_c, \mu)}{dt} - \mathcal{L}_s T_{p0r}^s(u_c, \mu) = \mathcal{R}_{p0r}^s(u_c, \mu).$$

对于 (p, q, r), $1 \leqslant p+q \leqslant N$, $q \geqslant 1$, $2 \leqslant r \leqslant M$, 可得

$$\frac{dT_{pqr}^c(u_c, u_s, \mu)}{dt} + D_{u_s} T_{pqr}^c(u_c, u_s, \mu) \mathcal{L}_s u_s = \mathcal{R}_{pq1}^c(u_c, u_s, \mu),$$

$$\frac{dT_{pqr}^s(u_c, u_s, \mu)}{dt} - \mathcal{L}_s T_{pqr}^s(u_c, u_s, \mu) + D_{u_s} T_{pqr}^s(u_c, u_s, \mu) \mathcal{L}_s u_s$$

$$= -h_{pqr}^s(u_c, u_s, \mu) + \mathcal{R}_{pqr}^s(u_c, u_s, \mu),$$

其中 $\mathcal{R}_{pqr}^{c(s)}$ 仅依赖于 f_{nr}, $T_{(p+1)q'r'}^{c(s)}$, $T_{p'q'r'}^{c(s)}$, $h_{p'r'}^c$, $h_{p'q'r'}^s$, $p' \leqslant p$, $q' \leqslant q$, $r' \leqslant r$, $p' + q' + r' \leqslant p+q+r-1$.

3.4 随机 Hopf 分支

假设 n 维系统可写为形式

$$\dot{u} = Au + F(u), \quad u \in \mathbb{R}^n,$$

其中 $F(u) = O(\|u\|^2)$ 是光滑函数. 在平衡点 $u = 0$ 附近, $F(u)$ 的 Taylor 展开为

$$F(u) = \frac{1}{2}F_2(u, u) + \frac{1}{6}F_3(u, u, u) + O(\|u\|^4),$$

其中 $F_2(u, v)$, $F_3(u, v, w)$ 是对称多重线性向量函数, 满足

$$F_2^i(u, v) = \sum_{j,k=1}^{n} \left.\frac{\partial^2 F_i(x)}{\partial x_j \partial x_k}\right|_{x=0} u_j v_k,$$

$$F_3^i(u, v, w) = \sum_{j,k,l=1}^{n} \left.\frac{\partial^3 F_i(x)}{\partial x_j \partial x_k \partial x_l}\right|_{x=0} u_j v_k w_l, \quad i = 1, 2, \cdots, n.$$

若 A 有一对单复特征值 $\lambda_{1,2} = \pm i\omega_0$, 令 q, $p \in \mathbb{C}^3$ 是复向量且满足

$$Aq = i\omega_0 q, \quad A^{\mathrm{T}}p = -i\omega_0 p, \quad \langle p, q \rangle = 1,$$

由 [1] 中引理 3.3 和引理 5.3 可知, 对 $\forall\, u \in \mathbb{R}^n$, 可以分解为 $u = zq + \bar{z}\bar{q} + y$, 其中 $z \in \mathbb{C}$, $y \in \mathbb{R}^n$, 则有

$$\begin{cases} z = \langle p, u \rangle, \\ y = u - \langle p, u \rangle q - \langle \bar{p}, u \rangle \bar{q}. \end{cases}$$

在 (z, y) 表示下, 方程有形式

$$\dot{z} = i\omega_0 z + \langle p, F(zq + \bar{z}\bar{q} + y) \rangle,$$

$$\dot{y} = Ay + F(zq + \bar{z}\bar{q} + y) - \langle p, F(zq + \bar{z}\bar{q} + y) \rangle q - \langle \bar{p}, F(zq + \bar{z}\bar{q} + y) \rangle \bar{q}.$$

由约化原理可知 $y = az^2 + bz\bar{z} + c\bar{z}^2 + O(|z|^3)$, 其中 $a = \dfrac{1}{2}(2i\omega_0 I - A)^{-1}H_{20}$, $b = -A^{-1}H_{11}$, $c = \dfrac{1}{2}(-2i\omega_0 I - A)^{-1}\bar{H}_{20}$, I 是 $n \times n$ 的单位矩阵,

$$\begin{cases} H_{20} = F_2(q, q) - \langle p, F_2(q, q) \rangle q - \langle \bar{p}, F_2(q, q) \rangle \bar{q}, \\ H_{11} = F_2(q, \bar{q}) - \langle p, F_2(q, \bar{q}) \rangle q - \langle \bar{p}, F_2(q, \bar{q}) \rangle \bar{q}, \end{cases}$$

则最终降维后的 Hopf 分支规范形有如下形式

$$\dot{z} = i\omega_0 z + \langle p, F(u) \rangle$$

$$= i\omega_0 z + \left\langle p, \frac{1}{2} F_2(u, u) + \frac{1}{6} F_3(u, u, u) + O(\|u\|^4) \right\rangle.$$

将 $u = zq + \bar{z}\bar{q} + az^2 + bz\bar{z} + c\bar{z}^2$ 代入上式可得

$$\dot{z} = i\omega_0 z + B_{20} z^2 + B_{11} z\bar{z} + B_{02} z\bar{z}^2 + C_{30} z^3 + C_{21} z^2\bar{z} + C_{12} z\bar{z}^2 + C_{03}\bar{z}^3$$

$$+ D_{40} z^4 + D_{31} z^3\bar{z} + D_{22} z^2\bar{z}^2 + D_{13} z\bar{z}^3 + D_{04}\bar{z}^4 + E_{50} z^5 + E_{41} z^4\bar{z}$$

$$+ E_{32} z^3\bar{z}^2 + E_{23} z^2\bar{z}^3 + E_{14} z\bar{z}^4 + E_{05}\bar{z}^5 + G_{60} z^6 + G_{51} z^5\bar{z} + G_{42} z^4\bar{z}^2$$

$$+ G_{33} z^3\bar{z}^3 + G_{24} z^2\bar{z}^4 + G_{15} z\bar{z}^5 + G_{06}\bar{z}^6 + O(|z|^7), \tag{3.17}$$

其中

$$B_{20} = \frac{1}{2}\langle p, F_2(q, q)\rangle, \quad B_{11} = \langle p, F_2(q, \bar{q})\rangle, \quad B_{02} = \frac{1}{2}\langle p, F_2(\bar{q}, \bar{q})\rangle,$$

$$C_{30} = \left\langle p, F_2(q, a) + \frac{1}{6} F_3(q, q, q) \right\rangle,$$

$$C_{21} = \left\langle p, F_2(q, b) + F_2(\bar{q}, a) + \frac{1}{2} F_3(q, q, \bar{q}) \right\rangle,$$

$$C_{12} = \left\langle p, F_2(q, c) + F_2(\bar{q}, b) + \frac{1}{2} F_3(q, \bar{q}, \bar{q}) \right\rangle,$$

$$C_{03} = \left\langle p, F_2(\bar{q}, c) + \frac{1}{6} F_3(\bar{q}, \bar{q}, \bar{q}) \right\rangle,$$

$$D_{40} = \frac{1}{2}\langle p, F_3(q, q, a)\rangle, \quad D_{31} = \left\langle p, \frac{1}{2} F_3(q, q, b) + F_3(q, \bar{q}, a) \right\rangle,$$

$$D_{22} = \left\langle p, \frac{1}{2}(F_3(q, q, c) + F_3(\bar{q}, \bar{q}, a)) + F_3(q, \bar{q}, b) \right\rangle,$$

$$D_{13} = \left\langle p, \frac{1}{2} F_3(\bar{q}, \bar{q}, b) + F_3(q, \bar{q}, c) \right\rangle, \quad D_{04} = \frac{1}{2}\langle p, F_3(\bar{q}, \bar{q}, c)\rangle,$$

$$E_{50} = \frac{1}{2}\langle p, F_3(q, a, a)\rangle, \quad E_{41} = \left\langle p, \frac{1}{2} F_3(q, a, b) + F_3(\bar{q}, a, a) \right\rangle,$$

$$E_{32} = \left\langle p, \frac{1}{2} F_3(q, b, b) + F_3(q, a, c) + F_3(\bar{q}, a, b) \right\rangle,$$

$$E_{23} = \left\langle p, \frac{1}{2}F_3(\bar{q}, b, b) + F_3(q, b, c) + F_3(\bar{q}, a, c) \right\rangle,$$

$$E_{14} = \left\langle p, \frac{1}{2}F_3(q, c, c) + F_3(\bar{q}, b, c) \right\rangle, \quad E_{05} = \frac{1}{2}\langle p, F_3(\bar{q}, c, c) \rangle,$$

$$G_{60} = \frac{1}{6}\langle p, F_3(a, a, a) \rangle, \quad G_{51} = \frac{1}{2}\langle p, F_3(a, a, b) \rangle,$$

$$G_{42} = \frac{1}{2}\langle p, F_3(a, a, c) + F_3(a, b, b) \rangle,$$

$$G_{33} = \frac{1}{6}\langle p, F_3(b, b, b) + 6F_3(a, b, c) \rangle,$$

$$G_{24} = \frac{1}{2}\langle p, F_3(a, c, c) + F_3(b, b, c) \rangle,$$

$$G_{15} = \frac{1}{2}\langle p, F_3(b, c, c) \rangle, \quad G_{06} = \frac{1}{6}\langle p, F_3(c, c, c) \rangle.$$

令 $z = x_1 + ix_2$, 则 (3.17) 截断高阶项 $O(|z|^7)$ 后可化为

$$\begin{cases} \dot{x}_1 = -\omega_0 x_2 + \displaystyle\sum_{i,j} \mathfrak{g}_{ij} x_1^i x_2^j, & 2 \leqslant i + j \leqslant 6, \\ \dot{x}_2 = \omega_0 x_1 + \displaystyle\sum_{i,j} \mathfrak{h}_{ij} x_1^i x_2^j, & 2 \leqslant i + j \leqslant 6, \end{cases} \tag{3.18}$$

其中

$$\mathfrak{g}_{20} = \mathrm{Re}\{B_{02} + B_{11} + B_{20}\}, \quad \mathfrak{g}_{11} = 2\mathrm{Im}\{B_{02} - B_{20}\},$$

$$\mathfrak{g}_{02} = \mathrm{Re}\{B_{11} - B_{20} - B_{02}\},$$

$$\mathfrak{g}_{30} = \mathrm{Re}\{C_{03} + C_{12} + C_{21} + C_{30}\},$$

$$\mathfrak{g}_{21} = \mathrm{Im}\{3C_{03} + C_{12} - C_{21} - 3C_{30}\},$$

$$\mathfrak{g}_{12} = \mathrm{Re}\{C_{12} + C_{21} - 3C_{30} - 3C_{03}\},$$

$$\mathfrak{g}_{03} = \mathrm{Im}\{C_{12} - C_{21} + C_{30} - C_{03}\},$$

$$\mathfrak{g}_{40} = \mathrm{Re}\{D_{04} + D_{13} + D_{22} + D_{31} + D_{40}\},$$

$$\mathfrak{g}_{31} = \mathrm{Im}\{4D_{04} + 2D_{13} - 2D_{31} - 4D_{40}\},$$

$$\mathfrak{g}_{22} = \mathrm{Re}\{2D_{22} - 6D_{04} - 6D_{40}\},$$

$$\mathfrak{g}_{13} = \mathrm{Re}\{2D_{13} - 4D_{04} - 2D_{31} + 4D_{40}\},$$

$$\mathfrak{g}_{04} = \mathrm{Re}\{D_{04} - D_{13} + D_{22} - D_{31} + D_{40}\},$$

$$\mathfrak{g}_{50} = \mathrm{Re}\{E_{05} + E_{14} + E_{23} + E_{32} + E_{41} + E_{50}\},$$

$$\mathfrak{g}_{41} = \mathrm{Im}\{5E_{05} + 3E_{14} + E_{23} - E_{32} - 3E_{41} - 5E_{50}\},$$

$$\mathfrak{g}_{32} = \mathrm{Re}\{2E_{23} + 2E_{32} - 2E_{41} - 10E_{50} - 10E_{05} - 2E_{14}\},$$

$$\mathfrak{g}_{23} = \mathrm{Im}\{2E_{14} + 2E_{23} - 2E_{32} - 2E_{41} + 10E_{50} - 10E_{05}\},$$

$$\mathfrak{g}_{14} = \mathrm{Re}\{5E_{05} - 3E_{14} + E_{23} + E_{32} - 3E_{41} + 5E_{50}\},$$

$$\mathfrak{g}_{05} = \mathrm{Im}\{E_{23} - E_{14} - E_{32} + E_{41} - E_{50} + E_{05}\},$$

$$\mathfrak{g}_{60} = \mathrm{Re}\{G_{06} + G_{15} + G_{24} + G_{33} + G_{42} + G_{51} + G_{60}\},$$

$$\mathfrak{g}_{51} = \mathrm{Im}\{6G_{06} + 4G_{15} + 2G_{24} - 2G_{42} - 4G_{51} - 6G_{60}\},$$

$$\mathfrak{g}_{42} = \mathrm{Re}\{G_{24} + 3G_{33} + G_{42} - 5G_{51} - 15G_{60} - 15G_{06} - 5G_{15}\},$$

$$\mathfrak{g}_{33} = \mathrm{Im}\{4G_{24} - 20G_{06} - 4G_{42} + 20G_{60}\},$$

$$\mathfrak{g}_{24} = \mathrm{Re}\{15G_{06} - 5G_{15} - G_{24} + 3G_{33} - G_{42} - 5G_{51} + 15G_{60}\},$$

$$\mathfrak{g}_{15} = \mathrm{Im}\{6G_{06} - 4G_{15} + 2G_{24} - 2G_{42} + 4G_{51} - 6G_{60}\},$$

$$\mathfrak{g}_{06} = \mathrm{Re}\{G_{15} - G_{06} - G_{24} + G_{33} - G_{42} + G_{51} - G_{60}\},$$

$$\mathfrak{h}_{20} = \mathrm{Im}\{B_{02} + B_{11} + B_{20}\}, \quad \mathfrak{h}_{11} = 2\mathrm{Re}\{B_{20} - B_{02}\},$$

$$\mathfrak{h}_{02} = \mathrm{Im}\{B_{11} - B_{20} - B_{02}\},$$

$$\mathfrak{h}_{30} = \mathrm{Im}\{C_{03} + C_{12} + C_{21} + C_{30}\},$$

$$\mathfrak{h}_{21} = \mathrm{Re}\{C_{21} + 3C_{30} - 3C_{03} - C_{12}\},$$

$$\mathfrak{h}_{12} = \mathrm{Im}\{C_{12} + C_{21} - 3C_{30} - 3C_{03}\},$$

$$\mathfrak{h}_{03} = \mathrm{Re}\{C_{21} - C_{12} - C_{30} + C_{03}\},$$

$$\mathfrak{h}_{40} = \mathrm{Im}\{D_{04} + D_{13} + D_{22} + D_{31} + D_{40}\},$$

$$\mathfrak{h}_{31} = \mathrm{Re}\{2D_{31} + 4D_{40} - 4D_{04} - 2D_{13}\},$$

$$\mathfrak{h}_{22} = \mathrm{Im}\{2D_{22} - 6D_{04} - 6D_{40}\},$$

$$\mathfrak{h}_{13} = \mathrm{Re}\{4D_{04} + 2D_{31} - 2D_{13} - 4D_{40}\},$$

$$\mathfrak{h}_{04} = \operatorname{Im}\{D_{04} - D_{13} + D_{22} - D_{31} + D_{40}\},$$

$$\mathfrak{h}_{50} = \operatorname{Im}\{E_{05} + E_{14} + E_{23} + E_{32} + E_{41} + E_{50}\},$$

$$\mathfrak{h}_{41} = \operatorname{Re}\{E_{32} + 3E_{41} + 5E_{50} - 5E_{05} - 3E_{14} - E_{23}\},$$

$$\mathfrak{h}_{32} = \operatorname{Im}\{2E_{23} + 2E_{32} - 2E_{41} - 10E_{50} - 10E_{05} - 2E_{14}\},$$

$$\mathfrak{h}_{23} = \operatorname{Im}\{2E_{32} + 2E_{41} - 10E_{50} + 10E_{05} - 2E_{14} - 2E_{23}\},$$

$$\mathfrak{h}_{14} = \operatorname{Im}\{5E_{05} - 3E_{14} + E_{23} + E_{32} - 3E_{41} + 5E_{50}\},$$

$$\mathfrak{h}_{05} = \operatorname{Re}\{E_{14} - E_{23} + E_{32} - E_{41} + E_{50} - E_{05}\},$$

$$\mathfrak{h}_{60} = \operatorname{Im}\{G_{06} + G_{15} + G_{24} + G_{33} + G_{42} + G_{51} + G_{60}\},$$

$$\mathfrak{h}_{51} = \operatorname{Re}\{2G_{42} + 4G_{51} + 6G_{60} - 6G_{06} - 4G_{15} - 2G_{24}\},$$

$$\mathfrak{h}_{42} = \operatorname{Im}\{G_{24} + 3G_{33} + G_{42} - 5G_{51} - 15G_{60} - 15G_{06} - 5G_{15}\},$$

$$\mathfrak{h}_{33} = \operatorname{Re}\{20G_{06} + 4G_{42} - 4G_{24} - 20G_{60}\},$$

$$\mathfrak{h}_{24} = \operatorname{Im}\{15G_{06} - 5G_{15} - G_{24} + 3G_{33} - G_{42} - 5G_{51} + 15G_{60}\},$$

$$\mathfrak{h}_{15} = \operatorname{Re}\{4G_{15} - 6G_{06} - 2G_{24} + 2G_{42} - 4G_{51} + 6G_{60}\},$$

$$\mathfrak{h}_{06} = \operatorname{Im}\{G_{15} - G_{06} - G_{24} + G_{33} - G_{42} + G_{51} - G_{60}\},$$

其中 $\operatorname{Re}\{\cdot\}$ 和 $\operatorname{Im}\{\cdot\}$ 分别表示 $\{\cdot\}$ 的实部和虚部.

然后在方程 (3.18) 中加入混合噪声, 得到一个随机模型如下

$$\begin{cases} \dot{x}_1 = -\omega_0 x_2 + \sum_{i,j} \mathfrak{g}_{ij} x_1^i x_2^j + \varepsilon^{\frac{1}{2}} \xi_1(t) x_2 + \varepsilon \xi_2(t), & 2 \leqslant i + j \leqslant 6, \\ \dot{x}_2 = \omega_0 x_1 + \sum_{i,j} \mathfrak{h}_{ij} x_1^i x_2^j + \varepsilon^{\frac{1}{2}} \xi_3(t) x_1 + \varepsilon \xi_4(t), & 2 \leqslant i + j \leqslant 6, \end{cases} \tag{3.19}$$

其中 ε 是一个小参数, $\xi_i(t) = \xi_i(\omega, t), i = 1, 2, 3, 4$ 是相互独立的均值为零的平稳随机过程, $\omega \in \Omega$, $(\Omega, \mathcal{F}, \mathbb{P})$ 为概率空间.

令 $x_1 = \varepsilon^{\frac{1}{2}} r \sin\varphi$, $x_2 = \varepsilon^{\frac{1}{2}} r \cos\varphi$, 其中 $\varphi = \omega_0 t - \phi$, 则 (3.19) 化为

$$\begin{cases} \dot{r} = \varepsilon^{\frac{1}{2}} \Big(\sum_{i,j} \mathfrak{g}_{ij} \varepsilon^{\frac{i+j-2}{2}} r^{i+j} \sin^{i+1}\varphi \cos^j \varphi + \sum_{i,j} \mathfrak{h}_{ij} \varepsilon^{\frac{i+j-2}{2}} r^{i+j} \sin^i \varphi \cos^{j+1}\varphi \\ \qquad + (\xi_1(t) + \xi_3(t)) r \sin\varphi \cos\varphi + \xi_2(t) \sin\varphi + \xi_4(t) \cos\varphi \Big), \quad 2 \leqslant i+j \leqslant 6, \\ \dot{\phi} = \varepsilon^{\frac{1}{2}} \Big(\sum_{i,j} \mathfrak{g}_{ij}' \varepsilon^{\frac{i+j-2}{2}} r^{i+j-1} \sin^i \varphi \cos^{j+1}\varphi - \sum_{i,j} \mathfrak{h}_{ij} \varepsilon^{\frac{i+j-2}{2}} r^{i+j-1} \sin^{i+1}\varphi \cos^j \varphi \\ \qquad + \xi_1(t) \cos^2\varphi - \xi_3(t) \sin^2\varphi + \xi_2(t) \frac{\cos\varphi}{r} - \xi_4(t) \frac{\sin\varphi}{r} \Big), \quad 2 \leqslant i+j \leqslant 6. \end{cases}$$

$$(3.20)$$

令 $X = (r, \phi)^{\mathrm{T}}$, 根据随机平均法可知 (3.20) 所对应的 $F_i^0(X, t, \xi_t)$, $G_i^0(X, t)$, $G_i^1(X, t)$, $i = 1, 2$ 如下

$$F_1^0(X, t, \xi_t) = (\xi_1(t) + \xi_3(t)) r \sin\varphi \cos\varphi + \xi_2(t) \sin\varphi + \xi_4(t) \cos\varphi,$$

$$\begin{aligned} G_1^0(X, t) = r^2 (&\mathfrak{g}_{20} \sin^3\varphi + \mathfrak{g}_{11} \sin^2\varphi \cos\varphi + \mathfrak{g}_{02} \sin\varphi \cos^2\varphi \\ &+ \mathfrak{h}_{20} \sin^2\varphi \cos\varphi + \mathfrak{h}_{11} \sin\varphi \cos^2\varphi + \mathfrak{h}_{02} \cos^3\varphi), \end{aligned}$$

$$G_1^1(X, t) = \varepsilon^{\frac{i+j-3}{2}} \sum_{3 \leqslant i+j \leqslant 6} r^{i+j} \left(\mathfrak{g}_{ij} \sin^{i+1}\varphi \cos^j \varphi + \mathfrak{h}_{ij} \sin^i \varphi \cos^{j+1}\varphi \right),$$

$$F_2^0(X, t, \xi_t) = \xi_1(t) \cos^2\varphi - \xi_3(t) \sin^2\varphi + \xi_2(t) \frac{\cos\varphi}{r} - \xi_4(t) \frac{\sin\varphi}{r},$$

$$\begin{aligned} G_2^0(X, t) = r(&\mathfrak{g}_{20} \sin^2\varphi \cos\varphi + \mathfrak{g}_{11} \sin\varphi \cos^2\varphi + \mathfrak{g}_{02} \cos^3\varphi \\ &- \mathfrak{h}_{20} \sin^3\varphi - \mathfrak{h}_{11} \sin^2\varphi \cos\varphi - \mathfrak{h}_{02} \sin\varphi \cos^2\varphi), \end{aligned}$$

$$G_2^1(X, t) = \varepsilon^{\frac{i+j-3}{2}} \sum_{3 \leqslant i+j \leqslant 6} r^{i+j-1} \left(\mathfrak{g}_{ij} \sin^i \varphi \cos^{j+1}\varphi - \mathfrak{h}_{ij} \sin^{i+1}\varphi \cos^j \varphi \right),$$

则随机 Hopf 模型平均为一个随机微分方程

$$\begin{cases} dr = m_1 dt + \sigma_{11} dW_r + \sigma_{12} dW_\phi, \\ d\phi = m_2 dt + \sigma_{21} dW_r + \sigma_{22} dW_\phi, \end{cases} \qquad (3.21)$$

其中

$$m_1 = \frac{a_1}{r} + \frac{a_2}{8} r + \frac{a_3}{8} r^3 + \frac{a_4}{8} r^5, \quad \sigma_{11}^2 = b_1 + \frac{b_2}{8} r^2,$$

$$m_2 = a_5 + \frac{a_6}{r^2} + \frac{a_7}{8} r^2 + \frac{a_8}{8} r^4, \quad \sigma_{22}^2 = b_3 + \frac{b_4}{r^2}, \quad \sigma_{12} = \sigma_{21} = 0,$$

$$a_1 = \frac{1}{2} (\mathcal{S}_2(\omega_0) + \mathcal{S}_4(\omega_0)), \quad a_2 = 3\mathcal{S}_1(2\omega_0) - \mathcal{S}_3(2\omega_0),$$

$$a_3 = \frac{1}{2}(6\mathfrak{g}_{30} + 6\mathfrak{h}_{03} + 2\mathfrak{h}_{21} + 2\mathfrak{h}_{12} + 13(\mathfrak{g}_{20}^2 + \mathfrak{g}_{02}^2) + 3(\mathfrak{g}_{11}^2 + \mathfrak{h}_{11}^2) + 5(\mathfrak{g}_{02}^2$$

$$+ \mathfrak{h}_{20}^2) + 6(\mathfrak{g}_{02}\mathfrak{g}_{20} + \mathfrak{h}_{02}n_{20}) + 4(\mathfrak{g}_{11}\mathfrak{h}_{20} + \mathfrak{g}_{02}\mathfrak{h}_{11} - \mathfrak{g}_{20}\mathfrak{h}_{11} - \mathfrak{g}_{11}\mathfrak{h}_{02})),$$

$$a_4 = \frac{\varepsilon}{16}(5\mathfrak{g}_{50} + \mathfrak{g}_{32} + \mathfrak{g}_{14} + \mathfrak{h}_{41} + \mathfrak{h}_{23} + 5\mathfrak{h}_{05}),$$

$$b_1 = 2a_1, \quad b_2 = 2(\mathcal{S}_1(2\omega_0) + \mathcal{S}_3(2\omega_0)),$$

$$a_5 = -\frac{1}{4}(\mathcal{H}_1(2\omega_0) + \mathcal{H}_3(2\omega_0)), \quad a_6 = \mathcal{S}_4(\omega_0) - \mathcal{H}_2(\omega_0),$$

$$a_7 = 6\mathfrak{g}_{03} + 2\mathfrak{g}_{21} - 2\mathfrak{h}_{12} - 6\mathfrak{h}_{30} + 3\mathfrak{g}_{11}(\mathfrak{g}_{20} - \mathfrak{g}_{02} - \mathfrak{h}_{11})$$

$$+ 4(\mathfrak{g}_{02}\mathfrak{h}_{02} - \mathfrak{h}_{20}\mathfrak{h}_{11} - \mathfrak{g}_{20}\mathfrak{h}_{20}),$$

$$a_8 = \frac{\varepsilon}{16}(\mathfrak{g}_{41} + \mathfrak{g}_{23} + 5\mathfrak{g}_{05} - 5\mathfrak{h}_{05} - \mathfrak{h}_{32} - \mathfrak{h}_{14}),$$

$$b_3 = \frac{1}{2}(\mathcal{S}_1(0) + \mathcal{S}_3(0)) + \frac{1}{4}(\mathcal{S}_1(2\omega_0) + \mathcal{S}_3(2\omega_0)), \quad b_4 = \mathcal{S}_2(\omega_0) + \mathcal{S}_4(\omega_0).$$

这里

$$\begin{cases} \mathcal{S}_i(\zeta) = \displaystyle\int_{-\infty}^{0} \mathbb{E}(\xi_i(t)\xi_i(t+\tau))\cos(\zeta\tau))d\tau, \\ \mathcal{H}_i(\zeta) = \displaystyle\int_{-\infty}^{0} \mathbb{E}(\xi_i(t)\xi_i(t+\tau))\sin(\zeta\tau))d\tau. \end{cases}$$

3.5 随机 Bautin 分支

在没有噪声的情况下, 下述系统会发生 Bautin 分支

$$\begin{cases} \dot{v}_1 = \beta_1 v_1 - v_2 + \beta_2 v_1(v_1^2 + v_2^2) - (av_1 - bv_2)(v_1^2 + v_2^2)^2, \\ \dot{v}_2 = \beta_1 v_2 + v_1 + \beta_2 v_2(v_1^2 + v_2^2) - (av_2 + bv_1)(v_1^2 + v_2^2)^2, \end{cases} \tag{3.22}$$

其中 $\beta_1 \in \mathbb{R}$, $\beta_2 \in \mathbb{R}$, $a > 0$, $b \in \mathbb{R}$ 为参数. 当参数 $a = 1$, $b = 1$ 时, (3.22) 即为 Bautin 分支的规范形, 分支图如图 3.1 所示 [17].

在加性噪声作用下, 上述 Bautin 分支系统由下述随机微分方程来描述:

$$\begin{cases} dv_1 = (\beta_1 v_1 - v_2 + \beta_2 v_1(v_1^2 + v_2^2) - (av_1 - bv_2)(v_1^2 + v_2^2)^2)dt + \sigma dW_t^1, \\ dv_2 = (\beta_1 v_2 + v_1 + \beta_2 v_2(v_1^2 + v_2^2) - (av_2 + bv_1)(v_1^2 + v_2^2)^2)dt + \sigma dW_t^2, \end{cases}$$

$$\tag{3.23}$$

其中 $\sigma \geqslant 0$ 为噪声的强度, W_t^1 和 W_t^2 是独立的一维布朗运动. 这里的样本空间 Ω 是指连续函数空间 $C_0(\mathbb{R}, \mathbb{R}^2)$, 其中 $C_0(\mathbb{R}, \mathbb{R}^2)$ 表示所有连续函数 $\omega : \mathbb{R} \mapsto \mathbb{R}^2$, $\omega(0) = 0$ 构成的空间. 记 $\mathcal{F} = \mathcal{B}(\Omega)$ 是 Ω 上的 Borel σ-代数, 由 $\omega(u) - \omega(v)$, $s \leqslant v \leqslant u \leqslant t$ 生成的子 σ-代数为 $\mathcal{F}_{s,t}$. 对于 $t \in \mathbb{R}$, 定义 $\theta_t : \Omega \to \Omega$, $(\theta_t\omega)(s) = \omega(s+t) - \omega(t)$, 则 $(\Omega, \mathcal{F}, \mathbb{P}, (\theta_t)_{t \in \mathbb{R}})$ 是遍历动力系统.

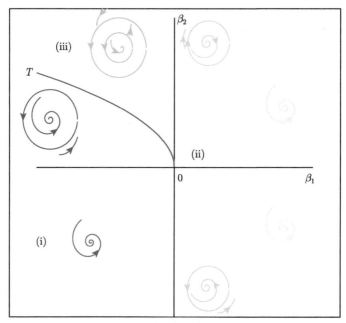

图 3.1   沿分支点 $(0,0)$ 逆时针旋转, 分为 (i), (ii), (iii) 三个区域, 具体参数范围为 (i) $\{\beta_2 < 2\sqrt{-\beta_1}\} \bigcup \{\beta_1 < 0,\ \beta_2 < 0\}$, (ii) $\{\beta_1 > 0\}$, (iii) $\{\beta_1 < 0,\ \beta_2 > 0,\ \beta_2 > 2\sqrt{-\beta_1}\}$, 其中 T 曲线的表达式为 $\{\beta_2^2 + 4\beta_1 = 0,\ \beta_2 > 0\}$. 在区域 (i) 中仅有一个稳定平衡点. 从区域 (i) 到区域 (ii), 当穿过亚临界的 Hopf 分支曲线 $\{H_- : \beta_1 = 0,\ \beta_2 < 0\}$ 时, 会出现一个不稳定的极限环. 当穿过 $\beta_1 > 0$ 的横坐标轴时, 平衡点由不稳定变成稳定的. 然后经过超临界的 Hopf 分支曲线 $\{H_+ : \beta_1 = 0,\ \beta_2 > 0\}$ 时会出现唯一的稳定极限环. 在区域 (iii) 中, 存在两个稳定性相反的极限环. 当到达曲线 T 时, 只留下一个极限环

3.5.1 解的存在唯一性

方程 (3.23) 可简写为

$$dV_t = f(V_t)dt + \sigma dW_t, \tag{3.24}$$

其中 $V_t = (v_1, v_2)^{\mathrm{T}} \in \mathbb{R}^2$, $W_t = (W_t^1, W_t^2)^{\mathrm{T}}$, $f(V_t) = \begin{pmatrix} \beta_1 & -1 \\ 1 & \beta_1 \end{pmatrix} V_t + \beta_2(v_1^2 +$

$v_2^2)V_t - (v_1^2 + v_2^2)^2 \begin{pmatrix} a & -b \\ b & a \end{pmatrix} V_t$. 首先给出下述两个引理.

引理 3.5.1　假设由 (3.24) 生成的随机动力系统为

$$\varphi : \mathbb{R}_0^+ \times \widehat{\Omega} \times \mathbb{R}^2 \to \mathbb{R}^2, \quad \varphi(t, \omega, V_t) := K(\theta_t \omega, \Psi(t, \omega, K(\omega)^{-1} V_t)),$$

其中 $\widehat{\Omega}$ 是保持 θ 不变的 $\mathcal{F}$ 可测集, 满足 $\mathbb{P}(\widehat{\Omega}) = 1$, $\widehat{\Omega} \subset \Omega$, K 是从 $\widehat{\Omega} \times$ $\mathbb{R}^2$ 到 $\mathbb{R}^2$ 的转换算子, 定义为 $K(t, V_t) = V_t + \sigma V^*(\omega)$, 这里 V^* 是随机变量 $V^* = \int_{-\infty}^0 e^{cs} dW_s(c > 0)$, 则 $\Psi(t, \omega, V_t)$ 是随机微分方程 $\dot{V}_t = f(K(\theta_t \omega, V_t)) + c\sigma V^*(\theta_t \omega)$ 的解.

证明　已知 Ornstein-Uhlenbeck 过程 V 满足下述方程

$$dV = -cV dt + dW_t.$$

该方程的解为 $V^*(\theta_t \omega) = V^*(\omega) - c \int_0^t V^*(\theta_h \omega) dh + \omega(t)$, 且满足

$$|V^*(\theta_t \omega)|^2 \leqslant M(\omega) + N(\omega) \ln(1 + |t|), \quad t \in \mathbb{R}, \ \omega \in \widehat{\Omega},$$

其中 $M(\omega)$, $N(\omega)$ 是随机变量. 结合 Ornstein-Uhlenbeck 过程, (3.24) 变成

$$\dot{V}_t = f(K(\theta_t \omega, V_t)) + c\sigma V^*(\theta_t \omega).$$

其解为 $\Psi(t, \omega, V_t) = V_t + \int_0^t [f(K(\theta_s \omega, V_s)) + c\sigma V^*(\theta_s \omega)] ds$, $t \geqslant 0$.

为了证明 $\varphi(t, \omega, V_t) := K(\theta_t \omega, \Psi(t, \omega, K(\omega)^{-1} V_t))$ 是 (3.24) 的解, 我们有

$$\varphi(t, \omega, V_t)$$

$$= K(\theta_t \omega, \Psi(t, \omega, K(\omega)^{-1} V_t))$$

$$= \Psi(t, \omega, V_t - \sigma V^*(\omega)) + \sigma V^*(\theta_t \omega)$$

$$= V_t - \sigma V^*(\omega) + \int_0^t [f(K(\theta_s \omega, V_s - \sigma V^*(\omega))) + c\sigma V^*(\theta_s \omega)] ds + \sigma V^*(\theta_t \omega)$$

$$= V_t + \int_0^t [f(K(\theta_s \omega, K^{-1}(\theta_s \omega)(\varphi(s, \omega, V_t)))) + c\sigma V^*(\theta_s \omega)] ds$$

$$+ \sigma(V^*(\theta_t\omega) - V^*(\omega))$$

$$= V_t + \int_0^t f(\varphi(s, \omega, V_t))ds + \omega(t).$$

这就证明了 $\varphi(t, \omega, V_t)$ 满足 (3.24) 的积分方程.　　　　　　　　　　　　　$\square$

引理 3.5.2　*如果存在一个缓增随机过程 $(\gamma_t)_{t\in\mathbb{R}}$ 使得*

$$\|\Psi(t, \omega, V_t)\|^2 \leqslant 2\bar{\zeta}(t, \omega, \|V_t\|^2), \quad \omega \in \hat{\Omega}, \ V_t \in \mathbb{R}^2,$$

则对所有 $t \geqslant 0$, 解 $\Psi(t, \omega, V_t)$ 存在.

证明　把 $(v_1, v_2)^{\mathrm{T}}$, $(v_1^*, v_2^*)^{\mathrm{T}}$ 分别代入 V_t, V^*, 则方程 $\dot{V}_t = f(K(\theta_t\omega, V_t)) + c\sigma V^*(\theta_t\omega)$ 可写成

$$\begin{pmatrix} \dot{v_1} \\ \dot{v_2} \end{pmatrix} = \begin{pmatrix} \beta_1 & -1 \\ 1 & \beta_1 \end{pmatrix} \begin{pmatrix} v_1 + \sigma v_1^*(\theta_t\omega) \\ v_2 + \sigma v_2^*(\theta_t\omega) \end{pmatrix} + \beta_2 \left\| \begin{pmatrix} v_1 + \sigma v_1^*(\theta_t\omega) \\ v_2 + \sigma v_2^*(\theta_t\omega) \end{pmatrix} \right\|^2 \begin{pmatrix} v_1 + \sigma v_1^*(\theta_t\omega) \\ v_2 + \sigma v_2^*(\theta_t\omega) \end{pmatrix}$$

$$- \left\| \begin{pmatrix} v_1 + \sigma v_1^*(\theta_t\omega) \\ v_2 + \sigma v_2^*(\theta_t\omega) \end{pmatrix} \right\|^4 \begin{pmatrix} a & -b \\ b & a \end{pmatrix} \begin{pmatrix} v_1 + \sigma v_1^*(\theta_t\omega) \\ v_2 + \sigma v_2^*(\theta_t\omega) \end{pmatrix} + c\sigma \begin{pmatrix} v_1^*(\theta_t\omega) \\ v_2^*(\theta_t\omega) \end{pmatrix}.$$

令 $r_t = \dfrac{1}{2}(v_1^2 + v_2^2)$, 有

$$\dot{r}_t = \sigma\beta_2 \left\| \begin{pmatrix} v_1 + \sigma v_1^*(\theta_t\omega) \\ v_2 + \sigma v_2^*(\theta_t\omega) \end{pmatrix} \right\|^2 (v_1 v_1^*(\theta_t\omega) + v_2 v_2^*(\theta_t\omega)) - \sigma v_2^*(\theta_t\omega)[v_1 - (\beta_1 + c)v_2]$$

$$- \left\| \begin{pmatrix} v_1 + \sigma v_1^*(\theta_t\omega) \\ v_2 + \sigma v_2^*(\theta_t\omega) \end{pmatrix} \right\|^4 [2ar_t + \sigma v_1^*(\theta_t\omega)(av_1 + bv_2) - \sigma v_2^*(\theta_t\omega)(bv_1 - av_2)]$$

$$+ 2 \left(\beta_1 + \beta_2 \left\| \begin{pmatrix} v_1 + \sigma v_1^*(\theta_t\omega) \\ v_2 + \sigma v_2^*(\theta_t\omega) \end{pmatrix} \right\|^2 \right) r_t + \sigma v_1^*(\theta_t\omega)[(\beta_1 + c)v_1 + v_2].$$

注意到 $\max\{(\beta_1 + c)v_1 + v_2, \ v_1 - (\beta_1 + c)v_2\} \leqslant \sqrt{2r_t((\beta_1 + c)^2 + 1)}$, 有

$$|v_1^*(\theta_t\omega)[(\beta_1 + c)v_1 + v_2] - v_2^*(\theta_t\omega)[v_1 - (\beta_1 + c)v_2]|$$

$$\leqslant \sqrt{2r_t((\beta_1 + c)^2 + 1)}(|v_1^*(\theta_t\omega)| + |v_2^*(\theta_t\omega)|)$$

$$\leqslant 2\sqrt{((\beta_1 + c)^2 + 1)r_t} \, \|V^*(\theta_t\omega)\|.$$

另一方面,

$$\left\| \begin{pmatrix} v_1 + \sigma v_1^*(\theta_t \omega) \\ v_2 + \sigma v_2^*(\theta_t \omega) \end{pmatrix} \right\|^2 = 2r_t + \sigma^2 \left\| V^*(\theta_t \omega) \right\|^2 + 2\sigma v_1^*(\theta_t \omega)v_1 + 2\sigma v_2^*(\theta_t \omega)v_2.$$

事实上, 由 $|v_1^*(\theta_t \omega)v_1 + v_2^*(\theta_t \omega)v_2| \leqslant \sqrt{2r_t} \left\| V^*(\theta_t \omega) \right\|$ 可得

$$\left| \left\| \begin{pmatrix} v_1 + \sigma v_1^*(\theta_t \omega) \\ v_2 + \sigma v_2^*(\theta_t \omega) \end{pmatrix} \right\|^2 - 2r_t - \sigma^2 \left\| V^*(\theta_t \omega) \right\|^2 \right| \leqslant 2\sigma \sqrt{2r_t} \left\| V^*(\theta_t \omega) \right\|.$$

类似地, 有

$$\left\| \begin{pmatrix} v_1 + \sigma v_1^*(\theta_t \omega) \\ v_2 + \sigma v_2^*(\theta_t \omega) \end{pmatrix} \right\|^4 = 4r_t^2 + 4(\sigma^2 \left\| V^*(\theta_t \omega) \right\|^2 + 2\sigma v_1^*(\theta_t \omega)v_1 + 2\sigma v_2^*(\theta_t \omega)v_2)r_t$$
$$+ (\sigma^2 \left\| V^*(\theta_t \omega) \right\|^2 + 2\sigma v_1^*(\theta_t \omega)v_1 + 2\sigma v_2^*(\theta_t \omega)v_2)^2,$$

$$\left\| \begin{pmatrix} v_1 + \sigma v_1^*(\theta_t \omega) \\ v_2 + \sigma v_2^*(\theta_t \omega) \end{pmatrix} \right\|^4 - 4r_t^2 - (\sigma^2 \left\| V^*(\theta_t \omega) \right\|^2 + 2\sigma v_1^*(\theta_t \omega)v_1 + 2\sigma v_2^*(\theta_t \omega)v_2)^2$$
$$- 4\sigma \left\| V^*(\theta_t \omega) \right\|^2 r_t \leqslant 8r_t \sigma \sqrt{2r_t} \left\| V^*(\theta_t \omega) \right\|.$$

因此

$$ar_t \left\| \begin{pmatrix} v_1 + \sigma v_1^*(\theta_t \omega) \\ v_2 + \sigma v_2^*(\theta_t \omega) \end{pmatrix} \right\|^4 \geqslant -8\sigma ar_t^2 \sqrt{2r_t} \left\| V^*(\theta_t \omega) \right\| + 4ar_t^3 + 4a\sigma^2 \left\| V^*(\theta_t \omega) \right\|^2 r_t^2.$$

则有

$$\frac{1}{2} \left\| \Psi(t, \omega, V_t) \right\|^2 \leqslant \zeta(t, \omega, \left\| V_t \right\|^2),$$

其中 $t \mapsto \zeta(t, \omega, \left\| V_t \right\|^2) = \zeta_t$ 是下述方程的解,

$$\dot{\zeta}_t = a_t(\omega)\zeta_t^{\frac{1}{2}} + b_t(\omega)\zeta_t + c_t(\omega)\zeta_t^{\frac{3}{2}} + d_t(\omega)\zeta_t^2 + e_t(\omega)\zeta_t^{\frac{5}{2}} - 8a\zeta_t^3, \quad \zeta_0 = \left\| V \right\|^2,$$

这里函数 a_t, b_t, c_t, d_t, e_t 定义为

$$a_t(\omega) = 2\sqrt{(\beta_1 + c)^2 + 1} \left\| V^*(\theta_t \omega) \right\| + \sqrt{2}\beta_2 \sigma^3 \left\| V^*(\theta_t \omega) \right\|^3 + 2\sqrt{a^2 + b^2} \sigma^4 \left\| V^*(\theta_t \omega) \right\|^5,$$

$$b_t(\omega) = 2\beta_1 + 6\beta_2 \sigma^2 \left\| V^*(\theta_t \omega) \right\|^2 + 8\sqrt{2(a^2 + b^2)} \sigma^3 \left\| V^*(\theta_t \omega) \right\|^4,$$

$$c_t(\omega) = 6\sqrt{2}\beta_2\sigma\,\|V^*(\theta_t\omega)\| + (16\sigma^2 + 8\sigma^2\sqrt{a^2+b^2})\,\|V^*(\theta_t\omega)\|^3,$$

$$d_t(\omega) = 4\beta_2 + (16\sqrt{2(a^2+b^2)}\sigma - 8a\sigma^2)\,\|V^*(\theta_t\omega)\|^2,$$

$$e_t(\omega) = (16\sqrt{2}a\sigma + 8\sqrt{a^2+b^2})\,\|V^*(\theta_t\omega)\|.$$

由缓增随机过程 $V^*(\theta_t\omega)$ 的性质可知, 所有随机过程 $(a_t)_{t\in\mathbb{R}}$, $(b_t)_{t\in\mathbb{R}}$, $(c_t)_{t\in\mathbb{R}}$, $(d_t)_{t\in\mathbb{R}}$, $(e_t)_{t\in\mathbb{R}}$ 均是缓增的. 注意到

$$a\zeta_t^3 + 5\sqrt[5]{\frac{a_t^6(\omega)}{6^6 a}} \geqslant |a_t(\omega)|\,\zeta^{\frac{1}{2}}, \quad a\zeta_t^3 + 2\sqrt{\frac{b_t^3(\omega)}{3^3 a}} \geqslant |b_t(\omega)|\,\zeta,$$

$$a\zeta_t^3 + \frac{c_t^2(\omega)}{4a} \geqslant |c_t(\omega)|\,\zeta^{\frac{3}{2}}, \quad a\zeta_t^3 + \frac{2^2 d_t^3(\omega)}{3^3 a^2} \geqslant |d_t(\omega)|\,\zeta^2,$$

$$a\zeta_t^3 + \frac{5^5 e_t^6(\omega)}{6^6 a^5} \geqslant |e_t(\omega)|\,\zeta^{\frac{5}{2}}.$$

因此,

$$a_t(\omega)\zeta^{\frac{1}{2}} + b_t(\omega)\zeta + c_t(\omega)\zeta^{\frac{3}{2}} + d_t(\omega)\zeta^2 + e_t(\omega)\zeta^{\frac{5}{2}} - 8a\zeta^3$$

$$\leqslant 5\sqrt[5]{\frac{a_t^6(\omega)}{6^6 a}} + 2\sqrt{\frac{b_t^3(\omega)}{3^3 a}} + \frac{c_t^2(\omega)}{4a} + \frac{2^2 d_t^3(\omega)}{3^3 a^2} + \frac{5^5 e_t^6(\omega)}{6^6 a^5} - 3a\zeta^3$$

$$\leqslant \gamma_t(\omega) - \sqrt[3]{a}\,\zeta,$$

其中

$$\gamma_t(\omega) := \frac{2}{9} + 5\sqrt[5]{\frac{a_t^6(\omega)}{6^6 a}} + 2\sqrt{\frac{b_t^3(\omega)}{3^3 a}} + \frac{c_t^2(\omega)}{4a} + \frac{2^2 d_t^3(\omega)}{3^3 a^2} + \frac{5^5 e_t^6(\omega)}{6^6 a^5}$$

是缓增的.

令 $\bar{\zeta}$ 满足微分方程 $\dot{\bar{\zeta}} = \gamma_t(\omega) - \sqrt[3]{a}\,\bar{\zeta}$, 由比较原理可得 $\zeta(t,\omega,\|V_t\|^2) \leqslant \bar{\zeta}(t,\omega,\|V_t\|^2)$. □

令 $D \in \mathcal{F}\bigotimes\mathcal{B}(\mathbb{R}^2)$ 是缓增的, 则存在一个缓增随机变量 $R : \widehat{\Omega} \to \mathbb{R}^+$ 使得 $D(\omega) \subset B_{R(\omega)}(0)$. 由引理 3.5.2 和随机吸引子的存在性定理 B.2[18] 可知, 对所有 $V_t \in D(\theta_{-t}\omega)$ 有

$$\|\Psi(t,\theta_{-t}\omega,V_t)\|^2$$

$$\leqslant 2\zeta(t,\theta_{-t}\omega,R(\theta_{-t}\omega))$$

$$\leqslant 2\exp(-\sqrt[3]{a}t)R(\theta_{-t}\omega) + 2\exp(\sqrt[3]{a}s)\int_{-t}^{0}\gamma_s(\omega)ds.$$

因此可以得到下述结论:

(1) 根据上述两个引理, 方程 (3.24) 的解即 $\varphi(t, \omega, V_t)$ 存在且唯一.

(2) 随机动力系统 (θ, φ) 存在吸引子 $A \in \mathcal{F} \otimes \mathcal{B}(\mathbb{R}^2)$ 使得 $\omega \mapsto A(\omega)$ 关于 $\mathcal{F}^0_{-\infty}$ 是可测的.

3.5.2 系统的稳定性分析

记 $\Phi(t, \omega, V) := D_x \varphi(t, \omega, V)$ 为 $\varphi(t, \omega, V)$ 的线性部分, 满足 $\Phi(0, \omega, V) = \mathrm{id}$, $\dot{\Phi}(t, \omega, V) = Df(\varphi(t, \omega, V))D_x \varphi(t, \omega, V)$. 定义 $\Omega \times \mathbb{R}^2$ 上的偏积 $(\Theta_t)_{t \in \mathbb{R}_0^+}$, 则可得 $\Phi(t, \omega, V)$ 是 $\Theta_t(\omega, V) = (\theta_t \omega, \varphi(t, \omega, V))$ 上的线性余圈. 因此, (Θ, Φ) 是一个线性随机动力系统.

在统计力学中, Fokker-Planck 方程是描述粒子速度对应的概率密度函数随时间演化的偏微分方程. 在噪声 $(\sigma \neq 0)$ 下, (3.24) 中随机过程 V_t 的概率密度函数 $p(V_t, t)$ 满足的 Fokker-Planck 方程为

$$\frac{\partial p(V_t, t)}{\partial t} = -\sum_{i=1}^{2} \frac{\partial}{\partial V_t^i}[f(V_t)_i p(V_t, t)] + \frac{1}{2}\sum_{i=1}^{2}\sum_{j=1}^{2} \frac{\partial^2}{\partial V_t^i V_t^j}[\sigma^2 p(V_t, t)],$$

其中 $V_t^1 = v_1$, $V_t^2 = v_2$,

$$f(V_t)_1 = \beta_1 v_1 - v_2 + \beta_2 v_1(v_1^2 + v_2^2) - (av_1 - bv_2)(v_1^2 + v_2^2)^2,$$

$$f(V_t)_2 = \beta_1 v_2 + v_1 + \beta_2 v_2(v_1^2 + v_2^2) - (av_2 + bv_1)(v_1^2 + v_2^2)^2.$$

令 $\dfrac{\partial p(V_t, t)}{\partial t} = 0$, 导出 $p(v_1, v_2)$ 为

$$p(v_1, v_2) = \kappa \exp\left(\frac{2}{\sigma^2}\left[\frac{\beta_1}{2}(v_1^2 + v_2^2) + \frac{\beta_2}{4}(v_1^2 + v_2^2)^2 - \frac{a}{6}(v_1^2 + v_2^2)^3\right]\right),$$

其中 κ 是一个常数且满足 $\displaystyle\int_{\mathbb{R}^2} p(v_1, v_2)dv_1 dv_2 = 1$.

事实上, 将 $p(v_1, v_2)$, $f(V_t)_1$, $f(V_t)_2$ 代入上述 Fokker-Planck 方程, 有

$$\begin{aligned}
\frac{\partial p(v_1, v_2)}{\partial t} = & -[2\beta_1 + 4\beta_2(v_1^2 + v_2^2) - 6a(v_1^2 + v_2^2)^2]p(v_1, v_2) \\
& - f(V_t)_1 p(v_1, v_2)\left[\frac{2}{\sigma^2}(\beta_1 v_1 + \beta_2(v_1^2 + v_2^2)v_1 - a(v_1^2 + v_2^2)^2 v_1)\right] \\
& - f(V_t)_2 p(v_1, v_2)\left[\frac{2}{\sigma^2}(\beta_1 v_2 + \beta_2(v_1^2 + v_2^2)v_2 - a(v_1^2 + v_2^2)^2 v_2)\right]
\end{aligned}$$

$$+ \frac{\sigma^2}{2} \left[\frac{2}{\sigma^2} (2\beta_1 + 4\beta_2(v_1^2 + v_2^2) - 6a(v_1^2 + v_2^2)^2) \right] p(v_1, v_2)$$

$$+ \frac{\sigma^2}{2} \left[\frac{2}{\sigma^2} (\beta_1 v_1 + \beta_2(v_1^2 + v_2^2)v_1 - a(v_1^2 + v_2^2)^2 v_1) \right]^2 p(v_1, v_2)$$

$$+ \frac{\sigma^2}{2} \left[\frac{2}{\sigma^2} (\beta_1 v_2 + \beta_2(v_1^2 + v_2^2)v_2 - a(v_1^2 + v_2^2)^2 v_2) \right]^2 p(v_1, v_2)$$

$$= -\frac{2}{\sigma^2}(v_1^2 + v_2^2)[\beta_1 + \beta_2(v_1^2 + v_2^2) - a(v_1^2 + v_2^2)^2]^2 p(v_1, v_2)$$

$$+ \frac{2}{\sigma^2}(v_1^2 + v_2^2)[\beta_1 + \beta_2(v_1^2 + v_2^2) - a(v_1^2 + v_2^2)^2]^2 p(v_1, v_2)$$

$$= 0.$$

系统的稳态密度函数 $p(v_1, v_2)$ 具有遍历概率测度 μ, 关于偏积 Θ_t 有不变测度 ν, 其中 $\nu(C) = \int_\Omega \nu_\omega(C_\omega)d\mathbb{P}(\omega)$, $C \in \mathcal{F} \bigotimes \mathcal{B}(\mathbb{R}^2)$, $C_\omega = \{V \in \mathbb{R}^2 : (\omega, V) \in C\}$ 且 $\nu_\omega = \lim_{t\to\infty} \varphi(t, \theta_{-t}\omega)\mu$. 相反, 对所有 $B \in \mathcal{B}(\mathbb{R}^2)$, 有稳态测度 $\mu(B) = \int_\Omega \nu_\omega(B)d\mathbb{P}(\omega)$.

下面计算最大 Lyapunov 指数, 对几乎处处 $\omega \in \Omega$, $V \in \mathbb{R}^2$,

$$\lambda_{\text{top}} = \lim_{t\to\infty} \frac{1}{t} \ln \|\Phi(t, \omega, V)\|.$$

首先定义 $\lambda^+(V) := \max_{\|r\|^2=1} \langle Df(V)r, r \rangle$, 有

$$\frac{d}{dt} \|\Phi(t, \omega, V)\|^2 \leqslant 2\lambda^+(\varphi(s, \omega, V)) \|\Phi(t, \omega, V)z\|^2,$$

其中 $z \in \mathbb{R}^2 \setminus \{0\}$. 由 z 的任意性, 有

$$\|\Phi(t, \omega, V)z\|^2 \leqslant \|z\|^2 \exp\left(2\int_0^1 \lambda^+(\varphi(s, \omega, V))ds\right).$$

故对几乎处处 $\omega \in \Omega$, $V \in \mathbb{R}^2$, $t \geqslant 0$, 有 $\|\Phi(t, \omega, V)\| \leqslant \exp(\lambda^+(\varphi(s, \omega, V)))$.

性质 3.5.1 对 $\forall V \in \mathbb{R}^2$, 有 $|\lambda^+(V)| \leqslant |\beta_1| + |3\beta_2|(v_1^2 + v_2^2) + |2\sqrt{a^2+b^2} - 3a|(v_1^2 + v_2^2)^2$, 即线性随机动力系统 Φ 满足乘法遍历定理[8]的可积性条件.

证明 $Df(V)$ 具体的形式为

$$Df(V) = \begin{pmatrix} \beta_1 & -1 \\ 1 & \beta_1 \end{pmatrix} + \beta_2 \begin{pmatrix} 3v_1^2 + v_2^2 & 2v_1v_2 \\ 2v_1v_2 & v_1^2 + 3v_2^2 \end{pmatrix}$$

$$- \begin{pmatrix} -4bv_1^3v_2 - 4bv_1v_2^3 & 4av_1^3v_2 + 4av_1v_2^3 \\ 4av_1^3v_2 + 4av_1v_2^3 & 4bv_1^3v_2 + 4bv_1v_2^3 \end{pmatrix}$$

$$- \begin{pmatrix} 5av_1^4 + av_2^4 + 6av_1^2v_2^2 & -5bv_2^4 - bv_1^4 - 6bv_1^2v_2^2 \\ 5bv_1^4 + bv_2^4 + 6bv_1^2v_2^2 & 5av_2^4 + av_1^4 + 6av_1^2v_2^2 \end{pmatrix}.$$

对 $\forall\, r = (r_1, r_2)^{\mathrm{T}} \in \mathbb{R}^2$, 令 $r_1 = \cos\phi$ 和 $r_2 = \sin\phi$, $\phi \in [0, 2\pi)$, 可得

$$\langle Df(v_1, v_2)r, r \rangle = \beta_1 + 2\beta_2(v_1^2 + v_2^2) + 2\beta_2 v_1 v_2 \sin 2\phi + \beta_2(v_1^2 - v_2^2)\cos 2\phi$$

$$- 2(bv_1^4 - bv_2^4 + 2av_1v_2^3 + 2av_1^3v_2)\sin 2\phi - 3a(v_1^2 + v_2^2)^2$$

$$+ 2(av_2^4 - av_1^4 + 2bv_1v_2^3 + 2bv_1^3v_2)\cos 2\phi$$

$$\leqslant (v_1^2 + v_2^2)\sqrt{\beta_2^2 + 4(a^2 + b^2)(v_1^2 + v_2^2)^2 - 2\beta_2 a(v_1^2 + v_2^2)}$$

$$+ \beta_1 + 2\beta_2(v_1^2 + v_2^2) - 3a(v_1^2 + v_2^2)^2$$

$$\leqslant (v_1^2 + v_2^2)\sqrt{\beta_2^2 + 4(a^2 + b^2)(v_1^2 + v_2^2)^2 + 4\beta_2\sqrt{a^2 + b^2}(v_1^2 + v_2^2)}$$

$$+ \beta_1 + 2\beta_2(v_1^2 + v_2^2) - 3a(v_1^2 + v_2^2)^2$$

$$\leqslant \beta_1 + 2\beta_2(v_1^2 + v_2^2) - 3a(v_1^2 + v_2^2)^2 + 2\sqrt{a^2 + b^2}(v_1^2 + v_2^2)^2$$

$$+ \beta_2(v_1^2 + v_2^2)$$

$$= \beta_1 + 3\beta_2(v_1^2 + v_2^2) + (2\sqrt{a^2 + b^2} - 3a)(v_1^2 + v_2^2)^2.$$

由 $\displaystyle\sup_{0 \leqslant t \leqslant 1} \ln^+ \|\Phi(t, \omega, V)\| \leqslant \int_0^1 |\lambda^+(\varphi(s, \omega, V))|\, ds$ 可导出

$$\int_{\Omega \times \mathbb{R}^2} \sup_{0 \leqslant t \leqslant 1} \ln^+ \|\Phi(t, \omega, V)\|\, d\nu(\omega, V)$$

$$\leqslant \int_{\Omega \times \mathbb{R}^2} \int_0^1 |\lambda^+(\varphi(s, \omega, V))|\, ds d\nu(\omega, V)$$

$$= \int_{\Omega \times \mathbb{R}^2} |\lambda^+(\varphi(\omega, V))|\, d\nu(\omega, V) = \int_{\mathbb{R}^2} |\lambda^+(V)|\, d\mu(V)$$

$$\leqslant \int_{\mathbb{R}^2} |\beta_1 + 3\beta_2(v_1^2 + v_2^2) + (2\sqrt{a^2 + b^2} - 3a)(v_1^2 + v_2^2)^2|\, p(v_1, v_2) dv_1 dv_2$$

$$= |\beta_1| + |3\beta_2| \int_{\mathbb{R}^2} (v_1^2 + v_2^2)p(v_1,v_2)dv_1dv_2$$

$$+ \left|2\sqrt{a^2+b^2} - 3a\right| \int_{\mathbb{R}^2} (v_1^2 + v_2^2)^2 p(v_1,v_2)dv_1dv_2.$$

因此, 线性随机动力系统 Φ 满足乘法遍历定理中的可积性条件.　　　　□

性质 3.5.2　如果 $2\beta_1 + 4\beta_2\pi\kappa\kappa_1 - 6a\pi\kappa\kappa_2 < 0$, 则 $\lambda_\Sigma < 0$, 测度 ν 关于 $\mathbb{R}^2$ 上 Lebesgue 测度的分解是奇异的, 其中 λ_Σ 是线性随机动力系统 Φ 上两个 Lyapunov 指数之和,

$$\kappa_1 = \int_0^\infty r \exp\left(\frac{6\beta_1 r + 3\beta_2 r^2 - 2ar^3}{6\sigma^2}\right)dr,$$

$$\kappa_2 = \int_0^\infty r^2 \exp\left(\frac{6\beta_1 r + 3\beta_2 r^2 - 2ar^3}{6\sigma^2}\right)dr.$$

证明　由公式 $\lambda_\Sigma = \lim\limits_{t\to\infty} \frac{1}{t} \ln \det \Phi(t,\omega,V)$ 可得 Lyapunov 指数和满足

$$\lambda_\Sigma - 2\beta_1$$

$$= 4\beta_2 \int_{\mathbb{R}^2} (v_1^2 + v_2^2)p(v_1,v_2)dv_1dv_2 - 6a \int_{\mathbb{R}^2} (v_1^2 + v_2^2)^2 p(v_1,v_2)dv_1dv_2$$

$$= -6a \frac{\int_{\mathbb{R}^2} (v_1^2+v_2^2)^2 \exp\left(\frac{2}{\sigma^2}\left[\frac{\beta_1}{2}(v_1^2+v_2^2)+\frac{\beta_2}{4}(v_1^2+v_2^2)^2-\frac{a}{6}(v_1^2+v_2^2)^3\right]\right)dv_1dv_2}{\int_{\mathbb{R}^2} \exp\left(\frac{2}{\sigma^2}\left[\frac{\beta_1}{2}(v_1^2+v_2^2)+\frac{\beta_2}{4}(v_1^2+v_2^2)^2-\frac{a}{6}(v_1^2+v_2^2)^3\right]\right)dv_1dv_2}$$

$$+ 4\beta_2 \frac{\int_{\mathbb{R}^2} (v_1^2+v_2^2) \exp\left(\frac{2}{\sigma^2}\left[\frac{\beta_1}{2}(v_1^2+v_2^2)+\frac{\beta_2}{4}(v_1^2+v_2^2)^2-\frac{a}{6}(v_1^2+v_2^2)^3\right]\right)dv_1dv_2}{\int_{\mathbb{R}^2} \exp\left(\frac{2}{\sigma^2}\left[\frac{\beta_1}{2}(v_1^2+v_2^2)+\frac{\beta_2}{4}(v_1^2+v_2^2)^2-\frac{a}{6}(v_1^2+v_2^2)^3\right]\right)dv_1dv_2}.$$

令 $v_1 = r\sin\phi$, $v_2 = r\cos\phi$, 作变换 $r^2 \mapsto r$, 有 $\lambda_\Sigma = 2\beta_1 + 4\beta_2\pi\kappa\kappa_1 - 6a\pi\kappa\kappa_2$. 如果 $2\beta_1 + 4\beta_2\pi\kappa\kappa_1 - 6a\pi\kappa\kappa_2 < 0$, 则 $\lambda_\Sigma < 0$. 如果 $\lambda_\Sigma < 0$, 则测度 ν 关于测度 μ 的分解是奇异的.　　　　□

下面分析系统 (3.24) 发生同步的条件, 即它的最大 Lyapunov 指数是负的. 这里同步是指对所有 V_1, $V_2 \in \mathbb{R}^2$ 和对几乎处处 $\omega \in \Omega$, 有 $\lim\limits_{t\to\infty} \|\varphi(t,\omega,V_1) - \varphi(t,\omega,V_2)\| = 0$. 注意到当 $\lambda_{\text{top}} < 0$ 时, 根据引理 3.1 和命题 3.10[19], 可知系统是渐近稳定且快速传递的. 根据 f 的定义, 对 $\forall\, x, y \in \mathbb{R}^2$, 有

$$\langle f(x) - f(y), x - y \rangle$$

$$= \beta_2(\|x\|^2 x_1 - \|y\|^2 y_1)(x_1 - y_1) + \beta_2(\|x\|^2 x_2 - \|y\|^2 y_2)(x_2 - y_2)$$

$$- (b\|x\|^4 x_1 - b\|y\|^4 y_1 + a\|x\|^4 x_2 - a\|y\|^4 y_2)(x_2 - y_2)$$

$$- (a\|x\|^4 x_1 - a\|y\|^4 y_1 + b\|y\|^4 y_2 - b\|x\|^4 x_2)(x_1 - y_1)$$

$$+ \beta_1 \|x - y\|^2.$$

固定 $r > 0$, 考虑 $B_r(z)$, $z = (\bar{R}, 0)$, 其中 $\bar{R} > 0$ 充分大. 可知对 $\forall\, x, y \in B_r(z)$, 由于高阶项的系数为负, 故有 $\langle f(x) - f(y), x - y \rangle < 0$, 则可得 φ 在大集合上是收缩的. 因此, 随机动力系统 φ 的随机吸引子 A 是单纤维的. 由 [18] 中命题 4.3 和定理 B, 可得随机平衡点 $A : \Omega \to \mathbb{R}^2$ 的存在性. 下面定理给出了最大 Lyapunov 指数为负的参数条件. 这保证了数值模拟中系统发生同步的有效性.

定理 3.5.1　如果 $\beta_1 + 3\beta_2\pi\kappa\kappa_1 + (2\sqrt{a^2+b^2} - 3a)\pi\kappa\kappa_2 < 0$, 则 $\lambda_{\text{top}} < 0$.

证明　由最大 Lyapunov 指数的定义可知

$$\lambda_{\text{top}} = \limsup_{t \to \infty} \frac{1}{t} \ln \|\Phi(t, \omega, s)\| \leqslant \lim_{t \to \infty} \frac{1}{t} \int_0^t \lambda^+(\varphi(s, \omega, z)) ds.$$

又注意到偏积 $\Theta_s(\omega, V) = (\theta_s\omega, \varphi(s, \omega, V))$ 关于测度 ν 是保测的, 且 λ^+ 是可积的. 由 Birkhoff 遍历定理 [20] 可知

$$\lambda_{\text{top}} \leqslant \int_{\mathbb{R}^2} \lambda^+(v_1, v_2) p(v_1, v_2) dv_1 dv_2.$$

根据性质 3.5.1和性质 3.5.2, 有

$$\lambda_{\text{top}} \leqslant \beta_1 + 3\beta_2 \int_{\mathbb{R}^2} (v_1^2 + v_2^2) p(v_1, v_2) dv_1 dv_2$$

$$+ (2\sqrt{a^2+b^2} - 3a) \int_{\mathbb{R}^2} (v_1^2 + v_2^2)^2 p(v_1, v_2) dv_1 dv_2$$

$$= \beta_1 + 3\beta_2\pi\kappa\kappa_1 + (2\sqrt{a^2+b^2} - 3a)\pi\kappa\kappa_2.$$

因为 $\beta_1 + 3\beta_2\pi\kappa\kappa_1 + (2\sqrt{a^2+b^2} - 3a)\pi\kappa\kappa_2 < 0$, 故 $\lambda_{\text{top}} < 0$.　□

下面讨论的是关于方程 (3.24) 的随机平衡点的稳定性. 随机平衡点称为局部一致吸引的, 如果存在 $\delta > 0$ 使得

$$\lim_{t \to \infty} \sup_{x \in B_\delta(0)} \operatorname{ess\,sup}_{\omega \in \Omega} \|\varphi(t, \omega, A(\omega) + x) - A(\theta_t\omega)\| = 0.$$

如果对任意的 δ 上式都成立, 则称为全局一致吸引的. 下面我们给出其全局一致吸引和局部一致吸引两个定理.

定理 3.5.2　如果 $\beta_1 < 0$, $\beta_2 \leqslant 0$, $|b| \leqslant a$, (3.24) 的随机平衡点是全局一致吸引的.

证明　记 $\begin{pmatrix} x \\ y \end{pmatrix} = \varphi(t, \omega, Z_1)$, $\begin{pmatrix} \hat{x} \\ \hat{y} \end{pmatrix} = \varphi(t, \omega, Z_2)$, 其中 Z_1, $Z_2 \in \mathbb{R}^2$, $\omega \in \Omega$, 有

$$\frac{d}{dt}\begin{pmatrix} x - \hat{x} \\ y - \hat{y} \end{pmatrix} = \begin{pmatrix} \beta_1 & -1 \\ 1 & \beta_1 \end{pmatrix}\begin{pmatrix} x - \hat{x} \\ y - \hat{y} \end{pmatrix} + \beta_2 \left((x^2 + y^2)\begin{pmatrix} x \\ y \end{pmatrix} - (\hat{x}^2 + \hat{y}^2)\begin{pmatrix} \hat{x} \\ \hat{y} \end{pmatrix} \right)$$
$$- (x^2 + y^2)^2 \begin{pmatrix} a & -b \\ b & a \end{pmatrix}\begin{pmatrix} x \\ y \end{pmatrix} + (\hat{x}^2 + \hat{y}^2)^2 \begin{pmatrix} a & -b \\ b & a \end{pmatrix}\begin{pmatrix} \hat{x} \\ \hat{y} \end{pmatrix}.$$

因此,

$$\frac{1}{2}\frac{d}{dt}\left\| \begin{pmatrix} x - \hat{x} \\ y - \hat{y} \end{pmatrix} \right\|^2 = \beta_1 \left\| \begin{pmatrix} x - \hat{x} \\ y - \hat{y} \end{pmatrix} \right\|^2 + \beta_2 \left(r^2 + \hat{r}^2 - (r + \hat{r})(x\hat{x} + y\hat{y}) \right)$$
$$- a[r^3 + \hat{r}^3 - (x\hat{x} + y\hat{y})(r^2 + \hat{r}^2)] + b(x\hat{y} - \hat{x}y)(r^2 - \hat{r}^2),$$

其中 $r = x^2 + y^2$, $\hat{r} = \hat{x}^2 + \hat{y}^2$. 由不等式 $(|ab| + |cd|)^2 \leqslant (a^2 + c^2)(b^2 + d^2)$ 可得

$$\left| (x\hat{x} + y\hat{y})(r^2 + \hat{r}^2) \right| + \left| (x\hat{y} - \hat{x}y)(r^2 - \hat{r}^2) \right| \leqslant \sqrt{2r\hat{r}}\sqrt{r^4 + \hat{r}^4} \leqslant r^3 + \hat{r}^3.$$

如果 $\beta_1 < 0$, $\beta_2 \leqslant 0$, 有 $\frac{1}{2}\frac{d}{dt}\left\| \begin{pmatrix} x - \hat{x} \\ y - \hat{y} \end{pmatrix} \right\|^2 \leqslant \beta_1 \left\| \begin{pmatrix} x - \hat{x} \\ y - \hat{y} \end{pmatrix} \right\|^2$, 即随机平衡点是全局一致吸引的. □

定理 3.5.3　如果 $\beta_2 > 0$ 或 $\beta_1 > 0$, $\beta_2 < 0$, (3.24) 的随机平衡点不是局部一致吸引的.

证明　假设存在 $\delta > 0$ 使得

$$\sup_{x \in B_\delta(0)} \operatorname{ess\,sup}_{\omega \in \Omega} \| \varphi(t, \omega, A(\omega) + x) - A(\theta_t \omega) \| = 0.$$

由 [18] 中的命题 5.1 可知存在一个正测度集 H_0 使得对所有 $\omega \in H_0$, 有 $A(\omega) \in B_\delta(0)$. 令 $\phi(t, v_0)$ 为 (3.24) 在 $\sigma = 0$, 初值 $x(0) = x_0$ 时的解. 记 $\Upsilon_1 = \sqrt{\beta_2^2 + 4a\beta_1}$, 存在 $T > N$ 使得

$$\| \phi(T, (\pm\delta, 0)) \| > \sqrt{\frac{\beta_2 + \Upsilon_1}{8a}}, \quad \| \phi(T, (\delta, 0)) - \phi(T, (-\delta, 0)) \| > \sqrt{\frac{\beta_2 + \Upsilon_1}{2a}}.$$

分以下两种情况讨论:

(1) 如果 $\beta_2 > 0$, $\beta_1 \geqslant 0$ 或者 $\beta_1 > 0$, $\beta_2 < 0$, 选取 $\omega \in H_\varepsilon$, 其中 $H_\varepsilon = \{\omega : \sup\limits_{t \in [0,T]} \|\omega(t)\| < \varepsilon, \ \varepsilon > 0\}$, 则有

$$\|\phi(T, (\delta, 0)) - \varphi(T, \omega, (\delta, 0))\| < \frac{1}{4}\sqrt{\frac{\beta_2 + \Upsilon_1}{2a}},$$

$$\|\phi(T, (-\delta, 0)) - \varphi(T, \omega, (-\delta, 0))\| < \frac{1}{4}\sqrt{\frac{\beta_2 + \Upsilon_1}{2a}}.$$

根据

$$\|\varphi(T, \omega, (\delta, 0)) - \varphi(T, \omega, (-\delta, 0))\|$$

$$\geqslant \|\phi(T, (\delta, 0)) - \phi(T, (-\delta, 0))\|$$

$$- \|\varphi(T, \omega, (\delta, 0)) - \phi(T, (\delta, 0)) + \phi(T, (-\delta, 0)) - \varphi(T, \omega, (-\delta, 0))\|$$

$$> \frac{1}{2}\sqrt{\frac{\beta_2 + \Upsilon_1}{2a}},$$

对所有 $\omega \in H = H_0 \bigcap H_\varepsilon$, 有

$$\sup_{x \in B_\delta(0)} \|\varphi(t, \omega, A(\omega) + x) - A(\theta_t \omega)\|$$

$$\geqslant \max\{\|\varphi(t, \omega, (\delta, 0)) - A(\theta_t \omega)\|, \|\varphi(t, \omega, (-\delta, 0)) - A(\theta_t \omega)\|\}$$

$$> \frac{1}{4}\sqrt{\frac{\beta_2 + \Upsilon_1}{2a}}.$$

这与局部一致吸引的定义相矛盾.

(2) 如果 $\beta_2 > 0$, $\beta_1 < 0$, 同上有

$$\sup_{x \in B_\delta(0)} \|\varphi(t, \omega, A(\omega) + x) - A(\theta_t \omega)\| > \frac{1}{4}\sqrt{\frac{\beta_2 - \Upsilon_1}{2a}}.$$

故随机平衡点不是局部一致吸引的. □

注 3.5.1 与确定性系统相比, 我们总结了随机平衡点和确定性系统平衡点之间的差异. 随机项对不同区域的影响是不同的: 如果 $\beta_1 > 0$, 即第一和第四象限, 确定性系统的平衡点是不确定的, 而随机系统的平衡点不是局部一致吸引的; 相反, 当参数满足 $\beta_1 < 0$, $\beta_2 > 0$ 时, 确定性系统的平衡点由稳定的变成非局部一

致吸引的随机平衡点; 当参数满足 $\beta_1 < 0$, $\beta_2 < 0$ 时, 随机平衡点是全局一致吸引的. 由此看出, 噪声影响最大的区域是 $\beta_1 < 0$, $\beta_2 > 0$. 这正是图 3.1 中的两个特殊之处, 即区域 (iii) 和 T 曲线.

3.5.3 数值实验

本节讨论的是图 3.1 中的区域 (iii) 和 T 曲线. 记 $Q_1 = 2\beta_1 + 4\beta_2\pi\kappa\kappa_1 - 6a\pi\kappa\kappa_2$, $Q_2 = \beta_1 + 3\beta_2\pi\kappa\kappa_1 + (2\sqrt{a^2 + b^2} - 3a)\pi\kappa\kappa_2$, 通过模拟 Q_1 和 Q_2 来保证性质 3.5.2 和定理 3.5.1 中参数区域是存在的, 以 a 为中心参数对 Q_1 和 Q_2 的符号进行判断. 这里没有选取 a, b 同时作为变换参数, 是因为 b 与 κ, κ_1, κ_2 无关, 仅与 Q_2 相关. 当中心参数为其他参数时, 情形是类似的.

在图 3.2 中, 上方曲面代表 Q_2, 下方曲面代表 Q_1. 按照从左到右、从上到下的顺序, 四个子图的参数区域如下所示:

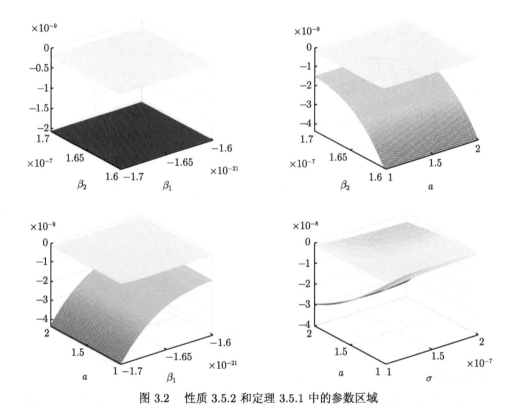

图 3.2 性质 3.5.2 和定理 3.5.1 中的参数区域

固定 $a = 1.5$, $b = 1$, $\sigma = 10^{-7}$, $\beta_1 \in [-1.7 \times 10^{-21}, -1.6 \times 10^{-21}]$, $\beta_2 \in [1.6 \times 10^{-7}, 1.7 \times 10^{-7}]$; 固定 $b = 1$, $\sigma = 10^{-7}$, $\beta_1 = -1.62827 \times 10^{-21}$, $a \in [1, 2]$,

$\beta_2 \in [1.6 \times 10^{-7}, 1.7 \times 10^{-7}]$; 固定 $\beta_2 = 1.62827 \times 10^{-7}$, $b = 1$, $\sigma = 10^{-7}$, $\beta_1 \in [-1.7 \times 10^{-21}, -1.6 \times 10^{-21}]$, $a \in [1, 2]$; 固定 $\beta_1 = -1.62827 \times 10^{-21}$, $\beta_2 = 1.62827 \times 10^{-7}$, $b = 1$, $\sigma \in [1 \times 10^{-7}, 2 \times 10^{-7}]$, $a \in [1, 2]$.

从数值模拟中可以看出 Q_1 和 Q_2 均为负, 这为后续的数值模拟提供了理论依据.

图 3.3 是 $a = 1.5$, $b = 1$ 时以 β_1 和 β_2 为分支参数的余维二分支图, 其中 B 为 Bautin 分支. 在图 3.3 中, 水平曲线代表 Hopf 分支曲线; 以 B 点为分界点, 竖直曲线的上下部分分别代表前向和后向的 Bautin 分支曲线. 我们发现参数为 $\beta_1 = -1.62827 \times 10^{-21}$ 和 $\beta_2 = 1.62827 \times 10^{-7}$ 时出现 Bautin 分支点.

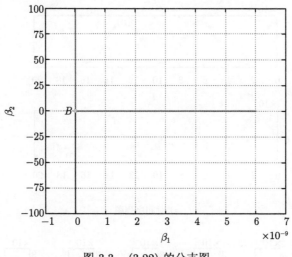

图 3.3   (3.22) 的分支图

在图 3.4(a) 中, 上面两个子图是噪声强度为 $\sigma = 2 \times 10^{-9}$ 时小极限环的时间序列图, 半径为 2.58199×10^{-7}; 下面两个子图是噪声强度为 $\sigma = 6 \times 10^{-6}$ 时, 大极限环的时间序列图, 半径为 3.80441×10^{-4}, 其中标记 ∘ 是没有噪声下的初始轨道, 另外五条曲线代表五条样本轨道.

图 3.4(b) 是 (3.23) 的相图. 上方五个子图是小极限环和五条样本的相图, 下方五个子图是大极限环和五条样本的相图. 从图中可以看到, 双极限环分别受噪声的影响不同, 对应于各自噪声强度下的五个样本轨道都趋于原轨道, 它们保持同步但并不稳定. 在图 3.4(c) 中, 四个子图均是五个样本轨道分布的直方图. 这四个直方图是与初始极限环相比将这些样本点的范围分为 30 个区间的统计分布所得.

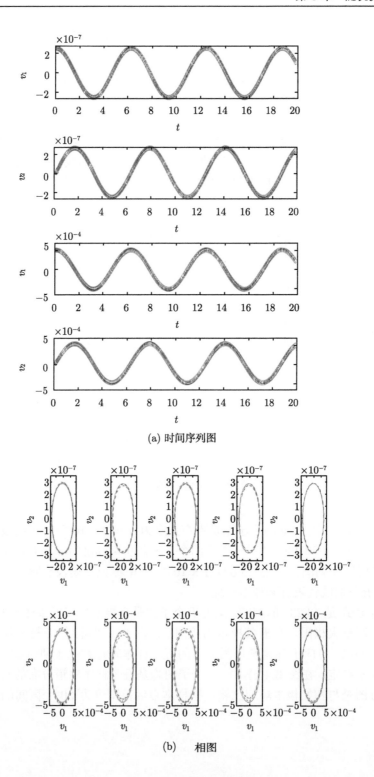

(a) 时间序列图

(b)   相图

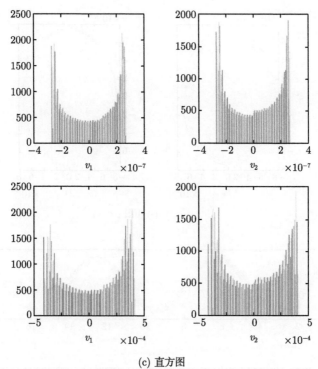

(c) 直方图

图 3.4   双极限环的时间序列图、相图和直方图

图 3.5(a) 和图 3.5(b) 是当 $\beta_1 = -1.62827 \times 10^{-21}$ 和 $\beta_2 = 8.07037 \times 10^{-11}$ 时对应于图 3.1 中 T 曲线上的单极限环的相图、时间序列图和直方图, 这时半径为 7.33502×10^{-6}, $\sigma = 10^{-7}$. 它与 Bautin 分支点处最大的区别是噪声的强度不同. T 曲线上出现的极限环对噪声强度更加敏感. 如果继续增加噪声 σ 的强度, 这会导致最大 Lyapunov 指数不再为负, 从而系统的同步性将会遭到破坏.

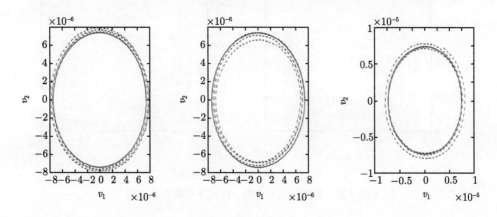

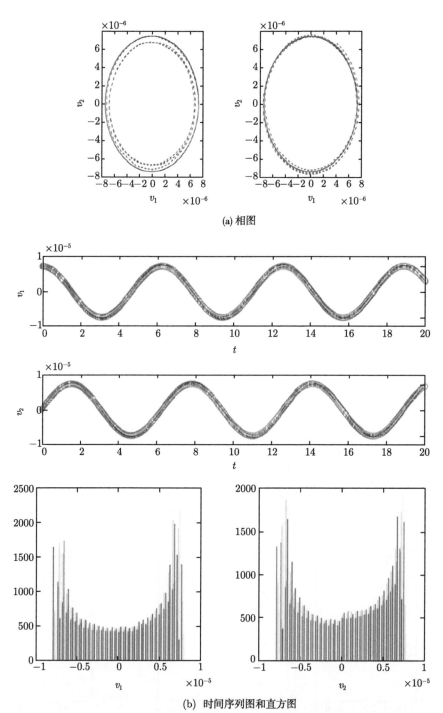

(a) 相图

(b) 时间序列图和直方图

图 3.5　单极限环的相图、时间序列图和直方图

注 3.5.2 无论是 Bautin 分支点或 T 曲线上的点, 参数 $\beta_2 > 0$ 满足定理 3.5.3 中的条件. 因此我们猜测系统仅在初始阶段表现出同步性, 但因为平衡点不是局部一致吸引的, 轨道最终还是会脱离极限环.

3.6 随机倍周期分支

余维一和余维二倍周期分支的规范形分别为

$$x(n+1) = -(1+\alpha)x(n) + x^3(n)$$

和

$$x(n+1) = -(1+\alpha_1)x(n) + \alpha_2 x^3(n) + x^5(n),$$

其中 α, α_1 和 α_2 为分支参数. 对于余维一的倍周期分支系统, 用 $\bar{\alpha} + \delta u$ 来取代分支参数 α, 其中 $\bar{\alpha}$ 是统计参数, δ 表示强度, u 是 N 中的离散随机变量, 其概率分布函数为 $p_u = P\{u = k\}, k = 0, 1, 2, \cdots$. 对于余维二的倍周期分支系统, 如果选取 α_1 为随机参数, 记 α_1 为 $\bar{\alpha}_1 + \delta u$, 其中 $\bar{\alpha}_1$ 是统计参数; 如果选取 α_2 为随机参数, 记 α_2 为 $\bar{\alpha}_2 + \delta u$, 其中 $\bar{\alpha}_2$ 是统计参数, 这两种情形中的 δ, u 均同上. 那么在这样的随机扰动下, 余维一的倍周期分支规范形如下

$$x(n+1) = -(1+\bar{\alpha}+\delta u)x(n) + x^3(n). \tag{3.25}$$

余维二的倍周期分支规范形如下

$$x(n+1) = -(1+\bar{\alpha}_1+\delta u)x(n) + \alpha_2 x^3(n) + x^5(n), \tag{3.26}$$

或

$$x(n+1) = -(1+\alpha_1)x(n) + (\bar{\alpha}_2+\delta u)x^3(n) + x^5(n). \tag{3.27}$$

3.6.1 线性随机参数

根据正交多项式逼近法, 将 (3.4) 代入 (3.25), 有

$$\sum_{i=0}^{M} x_i(n+1)F_i(u) = -(1+\bar{\alpha}+\delta u)\sum_{i=0}^{M} x_i(n)F_i(u) + \left(\sum_{i=0}^{M} x_i(n)F_i(u)\right)^3. \tag{3.28}$$

利用公式 (3.3), 简化带离散随机变量 u 的项为

$$u\sum_{i=0}^{M} x_i(n)F_i(u) = \sum_{i=0}^{M} x_i(n)uF_i(u)$$

$$= \sum_{i=0}^{M} x_i(n)[\phi_i F_{i+1}(u) + \varphi_i F_i(u) + \psi_i F_{i-1}(u)]$$

$$= \sum_{i=0}^{M} F_i(u)[\psi_{i+1}x_{i+1}(n) + \varphi_i x_i(n) + \phi_{i-1}x_{i-1}(n)] + \phi_M x_M(n)F_{M+1}(u). \quad (3.29)$$

另一方面, 有

$$\left(\sum_{i=0}^{M} x_i(n)F_i(u)\right)^3 = \sum_{i=0}^{3M} X_i(n)F_i(u), \quad (3.30)$$

这里 $X_i(n)$ 可由 $F_i(u)$ 之间的关系导出. 事实上, $F_i(u)$ 是关于变量 u 的多项式. 对 $\forall k \in \mathbb{N}$, $F_i^k(u)$ 可以由 $F_{ik}(u), F_{ik-1}(u), \cdots, F_0(u)$ 来表示. 因此式 (3.4) 成立. 由 (3.29) 和 (3.30) 可知, 系统 (3.28) 可化为

$$\sum_{i=0}^{M} x_i(n+1)F_i(u)$$

$$= -(1+\bar{\alpha}) \sum_{i=0}^{M} x_i(n)F_i(u) - \delta \sum_{i=0}^{M} F_i(u)[\psi_{i+1}x_{i+1}(n) + \varphi_i x_i(n) + \phi_{i-1}x_{i-1}(n)]$$

$$- \delta\phi_M x_M(n)F_{M+1}(u) + \sum_{i=0}^{3M} X_i(n)F_i(u).$$

$$(3.31)$$

方程 (3.31) 两边同乘以 $F_i(u), i = 0, 1, 2, \cdots, M$, 然后关于 u 取期望, 可得系数 $x_i(n)$ 之间的关系. 通过研究由系数所构成的系统, 它可以从侧面反映 $x(n, u)$ 的性质.

下面研究 $M = 1$ 时的情形, 得到由系数所构成的系统如下所示

$$\begin{cases} x_0(n+1) = -(1+\bar{\alpha})x_0(n) - \delta(\psi_1 x_1(n) + \varphi_0 x_0(n)) + X_0(n), \\ x_1(n+1) = -(1+\bar{\alpha})x_1(n) - \delta(\varphi_1 x_1(n) + \phi_0 x_0(n)) + X_1(n), \end{cases} \quad (3.32)$$

其中

$$X_0(n) = \beta_{03}x_1^3(n) + \beta_{12}x_0(n)x_1^2(n) + \beta_{30}x_0^3(n),$$

$$X_1(n) = \gamma_{21}x_0^2(n)x_1(n) + \gamma_{12}x_0(n)x_1^2(n) + \gamma_{03}x_1^3(n),$$

$$\phi_0 = \frac{1}{a_{11}}, \quad \varphi_0 = -\frac{a_{10}}{a_{11}}, \quad \varphi_1 = \frac{a_{10}}{a_{11}} - \frac{a_{21}}{a_{22}}, \quad \psi_1 = \frac{a_{10}a_{21} - a_{11}a_{20}}{a_{22}} - \frac{a_{10}^2}{a_{11}}.$$

$X_0(n), X_1(n)$ 中的系数为

$$\beta_{03} = \frac{a_{11}^3 a_{20} a_{32}}{a_{22} a_{33}} + \frac{3a_{10}^2 a_{11} a_{21}}{a_{22}} + \frac{a_{10} a_{11}^2 a_{31}}{a_{33}} - \frac{a_{10} a_{11}^2 a_{21} a_{32}}{a_{22} a_{33}} - \frac{3a_{10} a_{11}^2 a_{20}}{a_{22}} \frac{a_{11}^3 a_{30}}{a_{33}}$$
$$\quad - 2a_{10}^3,$$

$$\beta_{12} = \frac{3a_{10} a_{11} a_{21}}{a_{22}} - \frac{3a_{11}^2 a_{20}}{a_{22}} - 3a_{10}^2, \quad \beta_{30} = 1,$$

$$\gamma_{03} = 3a_{10}^2 - \frac{3a_{10} a_{11} a_{21}}{a_{22}} - \frac{a_{11}^2 a_{31}}{a_{33}} + \frac{a_{11}^2 a_{21} a_{32}}{a_{22} a_{33}}, \quad \gamma_{12} = 6a_{10} - \frac{3a_{11} a_{21}}{a_{22}}, \quad \gamma_{21} = 3.$$

令 $x = x_0(n)$, $y = x_1(n)$, 则 (3.32) 具有形式

$$\begin{pmatrix} x \\ y \end{pmatrix} \mapsto \begin{pmatrix} -(1 + \bar{\alpha} + \delta\varphi_0)x - \delta\psi_1 y + \beta_{03} y^3 + \beta_{12} xy^2 + \beta_{30} x^3 \\ -(1 + \bar{\alpha} + \delta\varphi_1)y - \delta\phi_0 x + \gamma_{21} x^2 y + \gamma_{12} xy^2 + \gamma_{03} y^3 \end{pmatrix}. \quad (3.33)$$

下面研究映射 (3.33) 在不动点 E_0 处的动力学行为, 其中 E_0 是原点. 我们发现映射 (3.33) 在 E_0 处发生 Neimark-Sacker 分支、1:2 共振和 Fold-Flip 分支. 首先计算不动点 E_0 处的特征方程为

$$\mu^2 + (2 + P(\delta, \bar{\alpha}))\mu + Q(\delta, \bar{\alpha}) + P(\delta, \bar{\alpha}) + 1 = 0,$$

其中

$$P(\delta, \bar{\alpha}) = P_1(\delta, \bar{\alpha}) + P_2(\delta, \bar{\alpha}), \quad P_1(\delta, \bar{\alpha}) = \bar{\alpha} + \delta\varphi_0,$$

$$P_2(\delta, \bar{\alpha}) = \bar{\alpha} + \delta\varphi_1, \quad Q(\delta, \bar{\alpha}) = P_1(\delta, \bar{\alpha})P_2(\delta, \bar{\alpha}) - \delta^2 \phi_0 \psi_1.$$

下面对这三种分支进行一一讨论.

3.6.1.1 Neimark-Sacker 分支

选择 δ 作为分支参数, 如果 $Q(\delta, \bar{\alpha}) = -P(\delta, \bar{\alpha}) = 3$, 则映射 (3.33) 在 E_0 处的乘子为 $\mu_1 = \dfrac{1 + \sqrt{3}i}{2}$ 和 $\mu_2 = \dfrac{1 - \sqrt{3}i}{2}$, 且 $\mu_{1,2}^k \neq 1, k = 1, 2, 3, 4$. 特征向量 $p = (p_1, p_2)^{\mathrm{T}}$, $q = (q_1, q_2)^{\mathrm{T}}$ 为

$$p = \left(-\frac{\sqrt{3}\delta\phi_0 i}{3}, \frac{1}{2} + \frac{\sqrt{3}(2P_1 + 3)i}{6} \right)^{\mathrm{T}}, \quad q = \left(\frac{2P_1 + 3 - \sqrt{3}i}{2\delta\phi_0}, 1 \right)^{\mathrm{T}},$$

且满足 $A_0 q = \mu_1 q$, $A_0^{\mathrm{T}} p = \mu_2 p$, $\langle p, q \rangle = 1$, 其中 A_0 是参数满足临界值时不动点处的 Jacobi 矩阵. 将 $x = zq_1 + \bar{z}\bar{q}_1$, $y = zq_2 + \bar{z}\bar{q}_2$ 代入映射 (3.33) 中, 然后计算不

动点处 p 与其的内积为

$$\mu_1 z + \bar{p}_1(\beta_{03}(zq_2 + \bar{z}\bar{q}_2)^3 + \beta_{12}(zq_1 + \bar{z}\bar{q}_1)(zq_2 + \bar{z}\bar{q}_2)^2 + \beta_{30}(zq_1 + \bar{z}\bar{q}_1)^3)$$
$$+ \bar{p}_2(\gamma_{21}(zq_1 + \bar{z}\bar{q}_1)^2(zq_2 + \bar{z}\bar{q}_2) + \gamma_{12}(zq_1 + \bar{z}\bar{q}_1)(zq_2 + \bar{z}\bar{q}_2)^2$$
$$+ \gamma_{03}(zq_2 + \bar{z}\bar{q}_2)^3).$$

得到唯一的共振项 $|z|^2 z$ 的临界系数 $d_1(\delta)$ 如下

$$\bar{p}_1(3\beta_{03} + \beta_{12}(2q_1 + \bar{q}_1) + 3\beta_{30}q_1^2\bar{q}_1) + \bar{p}_2(\gamma_{21}(q_1^2 + 2q_1\bar{q}_1) + \gamma_{12}(2q_1 + \bar{q}_1) + 3\gamma_{03}).$$

进一步计算

$$d(\delta) = \text{Re}\left(\frac{\mu_1 d_1(\delta)}{2}\right)$$
$$= \frac{\gamma_{21}(3P_1^3 + 14P_1^2 + 24P_1 + 15)}{4\delta^2\phi_0^2} + \frac{\gamma_{12}(3P_1^2 + 10P_1 + 9)}{4\delta\phi_0} + \frac{3\delta\gamma_{03}(P_1 + 2)}{4}$$
$$- \frac{\beta_{12}(9P_1 + 12)}{4} - \frac{3\beta_{03}\delta\phi_0}{4} - \frac{3\beta_{30}(P_1^3 + 4P_1^2 + 6P_1 + 3)}{4\delta^2\phi_0^2}.$$

由文献 [4] 中的定理 3.5.2, 可得

定理 3.6.1　如果 $d(\delta) < 0$, 则从 E_0 分支出唯一稳定的闭不变曲线.

3.6.1.2　1:2 共振

进一步, 选取 δ 和 $\bar{\alpha}$ 为分支参数, 如果 $Q(\delta, \bar{\alpha}) = P(\delta, \bar{\alpha}) = 0$, 有 $\mu_{1,2} = -1$, 即分支参数 $\delta, \bar{\alpha}$ 满足临界条件

$$\begin{cases} \delta_0^2\left(4\phi_0\psi_1 + (\varphi_0 - \varphi_1)^2\right) = 0, \\ 2\bar{\alpha}_0 + \delta_0(\varphi_0 + \varphi_1) = 0, \end{cases}$$

其中 $\delta_0, \bar{\alpha}_0$ 是 $\delta, \bar{\alpha}$ 的临界值. 记 $P_0 = P_{10} + P_{20}$, $P_{10} = P_1(\delta_0, \bar{\alpha}_0)$, $P_{20} = P_2(\delta_0, \bar{\alpha}_0)$, 令

$$P_{10}^2 y_1 = \delta_0\phi_0 x, \quad y_2 = P_{10}y - \delta_0\phi_0 x,$$

则

$$\begin{pmatrix} y_1 \\ y_2 \end{pmatrix} \mapsto \begin{pmatrix} -1 + \varepsilon_{10}(\delta, \bar{\alpha}) & 1 + \varepsilon_{01}(\delta, \bar{\alpha}) \\ \epsilon_{10}(\delta, \bar{\alpha}) & -1 + \epsilon_{01}(\delta, \bar{\alpha}) \end{pmatrix} \begin{pmatrix} y_1 \\ y_2 \end{pmatrix} + \begin{pmatrix} g(y_1, y_2, \delta, \bar{\alpha}) \\ h(y_1, y_2, \delta, \bar{\alpha}) \end{pmatrix},$$

其中

$$\varepsilon_{10}(\delta,\bar{\alpha}) = \frac{\delta}{\delta_0}P_{10} - P_1(\delta,\bar{\alpha}), \quad \varepsilon_{01}(\delta,\bar{\alpha}) = \frac{\delta}{\delta_0 P_{10}} - \frac{1}{P_{10}},$$

$$\epsilon_{10}(\delta,\bar{\alpha}) = (P_1(\delta,\bar{\alpha}) - P_2(\delta,\bar{\alpha}))P_{10}^2 - \frac{2\delta P_{10}^3}{\delta_0}, \quad \epsilon_{01}(\delta,\bar{\alpha}) = 2P_{10} - P_2(\delta,\bar{\alpha}) - \frac{\delta P_{10}}{\delta_0}.$$

记

$$\begin{pmatrix} y_1 \\ y_2 \end{pmatrix} = \begin{pmatrix} 1+\varepsilon_{01} & 0 \\ -\varepsilon_{10} & 1 \end{pmatrix} \begin{pmatrix} u_1 \\ u_2 \end{pmatrix},$$

有

$$\begin{pmatrix} u_1 \\ u_2 \end{pmatrix} \mapsto \begin{pmatrix} -1 & 1 \\ \nu_1(\delta,\bar{\alpha}) & -1+\nu_2(\delta,\bar{\alpha}) \end{pmatrix} \begin{pmatrix} u_1 \\ u_2 \end{pmatrix} + \begin{pmatrix} g(u_1,u_2,\delta,\bar{\alpha}) \\ h(u_1,u_2,\delta,\bar{\alpha}) \end{pmatrix}, \quad (3.34)$$

其中

$$\nu_1(\delta,\bar{\alpha}) = \epsilon_{01}(\delta,\bar{\alpha}) + \varepsilon_{01}(\delta,\bar{\alpha})\epsilon_{10}(\delta,\bar{\alpha}) - \varepsilon_{10}(\delta,\bar{\alpha})\epsilon_{01}(\delta,\bar{\alpha}),$$

$$\nu_2(\delta,\bar{\alpha}) = \varepsilon_{01}(\delta,\bar{\alpha}) + \epsilon_{01}(\delta,\bar{\alpha}),$$

$$g(u_1,u_2,\delta,\bar{\alpha}) = \sum_{j+k=3} g_{jk}(\delta,\bar{\alpha})u_1^j u_2^k,$$

$$h(u_1,u_2,\delta,\bar{\alpha}) = \sum_{j+k=3} h_{jk}(\delta,\bar{\alpha})u_1^j u_2^k.$$

系数 $g_{jk}(\delta,\bar{\alpha})$ 和 $h_{jk}(\delta,\bar{\alpha})$ 如下

$$g_{30}(\delta,\bar{\alpha}) = \frac{\beta_{12}(1+\varepsilon_{01})\varepsilon_{10}^2}{\delta_0\phi_0} - \frac{2\beta_{12}P_{10}^2(1+\varepsilon_{01})^2\varepsilon_{10}}{\delta_0\phi_0} + \frac{\beta_{12}P_{10}^4(1+\varepsilon_{01})^3}{\delta_0\phi_0} - \frac{\beta_{03}\varepsilon_{10}^3}{P_{10}^3}$$

$$+ \frac{\beta_{30}P_{10}^6(1+\varepsilon_{01})^3}{\delta_0^3\phi_0^3} + \frac{3\beta_{03}\varepsilon_{10}^2(1+\varepsilon_{01})}{P_{10}} + P_{10}^3\beta_{03}(1+\varepsilon_{01})^3$$

$$- 3P_{10}\beta_{03}(1+\varepsilon_{01})^2\varepsilon_{10},$$

$$g_{21}(\delta,\bar{\alpha}) = \frac{2\beta_{12}P_{10}^2\varepsilon_{01}^2}{\delta_0\phi_0} + \frac{4\beta_{12}P_{10}^2\varepsilon_{01}}{\delta_0\phi_0} + \frac{2\beta_{12}P_{10}^2}{\delta_0\phi_0} - \frac{2\beta_{12}\varepsilon_{10}}{\delta_0\phi_0} - \frac{2\beta_{12}\varepsilon_{01}\varepsilon_{10}}{\delta_0\phi_0}$$

$$+ 3\beta_{03}P_{10} + 6\beta_{03}P_{10}\varepsilon_{01} + \frac{3\beta_{03}\varepsilon_{10}^2}{P_{10}^3} - \frac{6\beta_{03}\varepsilon_{10}}{P_{10}} - \frac{6\beta_{03}\varepsilon_{01}\varepsilon_{10}}{P_{10}}$$

$$+ 3\beta_{03}P_{10}\varepsilon_{01}^2,$$

$$g_{12}(\delta, \bar{\alpha}) = \frac{\beta_{12}\varepsilon_{01}}{\delta_0\phi_0} + \frac{\beta_{12}}{\delta_0\phi_0} + \frac{3\beta_{03}\varepsilon_{01}}{P_{10}} - \frac{3\beta_{03}\varepsilon_{10}}{P_{10}^3} + \frac{3\beta_{03}}{P_{10}}, \quad g_{03}(\delta, \bar{\alpha}) = \frac{\beta_{03}}{P_{10}^3},$$

$$h_{30}(\delta, \bar{\alpha}) = \frac{P_{10}^3\gamma_{21}(1+\varepsilon_{01})^2\varepsilon_{10}}{\delta_0^2\phi_0^2} + \frac{P_{10}^2\gamma_{12}(1+\varepsilon_{01})^2\varepsilon_{10}}{\delta_0\phi_0} - \frac{\gamma_{12}(1+\varepsilon_{01})\varepsilon_{10}^2}{\delta_0\phi_0}$$

$$- \frac{2\gamma_{03}(1+\varepsilon_{01})\varepsilon_{10}^2}{P_{10}} + \frac{P_{10}^5\gamma_{21}(1+\varepsilon_{01})^3}{\delta_0^2\phi_0^2} + \frac{P_{10}^4\gamma_{12}(1+\varepsilon_{01})^3}{\delta_0\phi_0} + \frac{\gamma_{03}\varepsilon_{10}^3}{P_{10}^3}$$

$$- \frac{P_{10}\gamma_{12}(1+\varepsilon_{01})^2\varepsilon_{10}}{\delta_0\phi_0} + \frac{\gamma_{03}(1+\varepsilon_{01})\varepsilon_{10}^2}{P_{10}} - 2P_{10}\gamma_{03}(1+\varepsilon_{01})^2\varepsilon_{10},$$

$$h_{21}(\delta, \bar{\alpha}) = \frac{P_{10}^3\gamma_{21}(1+\varepsilon_{01})^2}{\delta_0^2\phi_0^2} + \frac{2P_{10}^2\gamma_{12}(1+\varepsilon_{01})^2}{\delta_0\phi_0} - \frac{2\gamma_{12}(1+\varepsilon_{01})\varepsilon_{10}}{\delta_0\phi_0} + \frac{3\gamma_{03}\varepsilon_{10}^2}{P_{10}^3}$$

$$- \frac{6\gamma_{03}(1+\varepsilon_{01})\varepsilon_{10}}{P_{10}} + 3P_{10}\gamma_{03}(1+\varepsilon_{01})^2,$$

$$h_{12}(\delta, \bar{\alpha}) = \frac{\gamma_{12}\varepsilon_{01}}{\delta_0\phi_0} + \frac{\gamma_{12}}{\delta_0\phi_0} + \frac{3\gamma_{03}\varepsilon_{01}}{P_{10}} - \frac{3\gamma_{03}\varepsilon_{10}}{P_{10}^3} + \frac{3\gamma_{03}}{P_{10}}, \quad h_{03}(\delta, \bar{\alpha}) = \frac{\gamma_{03}}{P_{10}^3}.$$

除了共振项 ξ_1^3 和 $\xi_1^2\xi_2$ 外, 为了消去其他所有三次项, 作变换

$$\begin{cases} u_1 = \xi_1 + \theta_{30}(\delta, \bar{\alpha})\xi_1^3 + \theta_{21}(\delta, \bar{\alpha})\xi_1^2\xi_2 + \theta_{12}(\delta, \bar{\alpha})\xi_1\xi_2^2, \\ u_2 = \xi_2 + \vartheta_{30}(\delta, \bar{\alpha})\xi_1^3 + \vartheta_{21}(\delta, \bar{\alpha})\xi_1^2\xi_2 + \vartheta_{12}(\delta, \bar{\alpha})\xi_1\xi_2^2, \end{cases}$$

其中

$$\theta_{30}(\delta, \bar{\alpha}) = \frac{g_{30}(\delta, \bar{\alpha})}{2} + \frac{g_{21}(\delta, \bar{\alpha})}{3} + \frac{h_{21}(\delta, \bar{\alpha})}{6},$$

$$\theta_{21}(\delta, \bar{\alpha}) = g_{30}(\delta, \bar{\alpha}) + \frac{g_{12}(\delta, \bar{\alpha}) + g_{21}(\delta, \bar{\alpha}) + h_{12}(\delta, \bar{\alpha}) + h_{03}(\delta, \bar{\alpha})}{2},$$

$$\theta_{12}(\delta, \bar{\alpha}) = g_{03}(\delta, \bar{\alpha}) + \frac{g_{30}(\delta, \bar{\alpha}) + g_{12}(\delta, \bar{\alpha}) + h_{03}(\delta, \bar{\alpha})}{2} + \frac{g_{21}(\delta, \bar{\alpha}) - h_{21}(\delta, \bar{\alpha})}{6},$$

$$\vartheta_{30}(\delta, \bar{\alpha}) = g_{30}(\delta, \bar{\alpha}), \quad \vartheta_{21}(\delta, \bar{\alpha}) = \frac{3g_{30}(\delta, \bar{\alpha}) + h_{12}(\delta, \bar{\alpha})}{2},$$

$$\vartheta_{12}(\delta, \bar{\alpha}) = h_{03}(\delta, \bar{\alpha}) + \frac{g_{30}(\delta, \bar{\alpha}) + h_{12}(\delta, \bar{\alpha})}{2}.$$

得到映射 (3.34) 的规范形为

$$\begin{pmatrix} \xi_1 \\ \xi_2 \end{pmatrix} \mapsto \begin{pmatrix} -1 & 1 \\ \nu_1(\delta, \bar{\alpha}) & -1 + \nu_2(\delta, \bar{\alpha}) \end{pmatrix} \begin{pmatrix} \xi_1 \\ \xi_2 \end{pmatrix} + \begin{pmatrix} 0 \\ C(\delta, \bar{\alpha})\xi_1^3 + D(\delta, \bar{\alpha})\xi_1^2\xi_2 \end{pmatrix},$$

$$(3.35)$$

这里 $C(\delta,\bar{\alpha}) = h_{30}(\delta,\bar{\alpha})$, $D(\delta,\bar{\alpha}) = h_{21}(\delta,\bar{\alpha}) + 3g_{30}(\delta,\bar{\alpha})$. 对映射 (3.35) 进行二次迭代可得

$$
\begin{pmatrix} \xi_1 \\ \xi_2 \end{pmatrix} \mapsto \begin{pmatrix} 0 & 1 \\ 4\nu_1(\delta,\bar{\alpha}) & -2\nu_1(\delta,\bar{\alpha}) - 2\nu_2(\delta,\bar{\alpha}) \end{pmatrix} \begin{pmatrix} \xi_1 \\ \xi_2 \end{pmatrix}
$$
$$
+ \begin{pmatrix} 0 \\ 4C\xi_1^3 - (2D+6C)\xi_1^2\xi_2 \end{pmatrix}. \tag{3.36}
$$

定理 3.6.2 假设 $D(\delta_0,\bar{\alpha}_0) + 3C(\delta_0,\bar{\alpha}_0) < 0$, 则映射 (3.36) 在 1:2 共振点处有下述动力学行为:

(i) 如果 $C(\delta_0,\bar{\alpha}_0) > 0$, 则存在异宿分支曲线

$$
\mathcal{C} = \left\{ \kappa_2(\delta,\bar{\alpha}) = -\frac{1}{5}\kappa_1(\delta,\bar{\alpha}) + o|\kappa_1(\delta,\bar{\alpha})| \right\};
$$

(ii) 如果 $C(\delta_0,\bar{\alpha}_0) < 0$, 则存在同宿分支曲线

$$
\bar{\mathcal{C}} = \left\{ \kappa_2(\delta,\bar{\alpha}) = \frac{4}{5}\kappa_1(\delta,\bar{\alpha}) + o|\kappa_1(\delta,\bar{\alpha})| \right\}.
$$

证明 (i) 如果 $D(\delta_0,\bar{\alpha}_0) + 3C(\delta_0,\bar{\alpha}_0) < 0$, $C(\delta_0,\bar{\alpha}_0) > 0$, 令

$$
\zeta_1 = \frac{D(\delta,\bar{\alpha}) + 3C(\delta,\bar{\alpha})}{\sqrt{C(\delta,\bar{\alpha})}}\xi_1,
$$
$$
\zeta_2 = \frac{(D(\delta,\bar{\alpha}) + 3C(\delta,\bar{\alpha}))^2}{2\sqrt{C(\delta,\bar{\alpha})}C(\delta,\bar{\alpha})}\xi_2, \quad \tau = \frac{2C(\delta,\bar{\alpha})}{D(\delta,\bar{\alpha}) + 3C(\delta,\bar{\alpha})}t,
$$

(3.36) 可化为

$$
\begin{cases} \dot{\zeta}_1 = \zeta_2, \\ \dot{\zeta}_2 = \kappa_1(\delta,\bar{\alpha})\zeta_1 + \kappa_2(\delta,\bar{\alpha})\zeta_2 + \zeta_1^3 - \zeta_1^2\zeta_2, \end{cases} \tag{3.37}
$$

其中

$$
\kappa_1(\delta,\bar{\alpha}) = \frac{(D(\delta,\bar{\alpha}) + 3C(\delta,\bar{\alpha}))\nu_1(\delta,\bar{\alpha})}{2C^2(\delta,\bar{\alpha})},
$$
$$
\kappa_2(\delta,\bar{\alpha}) = \frac{(D(\delta,\bar{\alpha}) + 3C(\delta,\bar{\alpha}))(\nu_1(\delta,\bar{\alpha}) + \nu_2(\delta,\bar{\alpha}))}{C(\delta,\bar{\alpha})}.
$$

对变量和时间进行尺度变换,

$$
\varsigma_1 = \frac{1}{\sqrt{-\kappa_1(\delta,\bar{\alpha})}}\zeta_1, \quad \varsigma_2 = \frac{1}{-\kappa_1(\delta,\bar{\alpha})}\zeta_2, \quad \tilde{\tau} = \sqrt{-\kappa_1(\delta,\bar{\alpha})}\tau,
$$

(3.37) 可化为

$$\begin{cases} \dot{\varsigma}_1 = \varsigma_2, \\ \dot{\varsigma}_2 = \varsigma_1(\varsigma_1^2 - 1) + \eta_2(\delta, \bar{\alpha})\varsigma_2 - \eta_1(\delta, \bar{\alpha})\varsigma_1^2\varsigma_2, \end{cases} \tag{3.38}$$

这里

$$\eta_1(\delta, \bar{\alpha}) = \sqrt{-\kappa_1(\delta, \bar{\alpha})}, \quad \eta_2(\delta, \bar{\alpha}) = \frac{\kappa_2(\delta, \bar{\alpha})}{\sqrt{-\kappa_1(\delta, \bar{\alpha})}}.$$

若 $\eta_i(\delta, \bar{\alpha}) = 0, i = 1, 2$, 则 (3.38) 的 Hamiltonian 函数为

$$S(\varsigma_1, \varsigma_2) = \frac{\varsigma_1^2}{2} + \frac{\varsigma_2^2}{2} - \frac{\varsigma_1^4}{4}.$$

连接鞍点 $(1,0)$ 和 $(-1,0)$ 且满足 $4S(\varsigma_1, \varsigma_2) = 1$ 的异宿轨为

$$\varsigma_1(t) = \frac{e^{\sqrt{2}t} - 1}{e^{\sqrt{2}t} + 1}, \quad \varsigma_2(t) = \frac{2\sqrt{2}e^{\sqrt{2}t}}{(e^{\sqrt{2}t} + 1)^2}.$$

下面定义轨道分离函数 $\aleph(s, \eta_1, \eta_2)$ 为点 $(\varsigma_{1-}, \varsigma_{2-})$ 和点 $(\varsigma_{1+}, \varsigma_{2+})$ 之间 Hamiltonian 值的差值, 即

$$\aleph(s, \eta_1, \eta_2) = S(\varsigma_{1-}, \varsigma_{2-}) - S(\varsigma_{1+}, \varsigma_{2+}),$$

其中 $(\varsigma_{1-}, \varsigma_{2-})$, $(\varsigma_{1+}, \varsigma_{2+})$ 是横轴和轨道 Γ $(S(\varsigma_1, \varsigma_2) = s)$ 的交点. 当 $(\eta_1, \eta_2) \neq 0$, $S(\varsigma_1, \varsigma_2)$ 沿 (3.38) 轨道的变化满足下式

$$\dot{S}(\varsigma_1, \varsigma_2) = \frac{\partial S(\varsigma_1, \varsigma_2)}{\partial \varsigma_1}\dot{\varsigma}_1 + \frac{\partial S(\varsigma_1, \varsigma_2)}{\partial \varsigma_2}\dot{\varsigma}_2 = \eta_2\varsigma_2^2 - \eta_1\varsigma_1^2\varsigma_2^2.$$

因此,

$$\aleph(s, \eta_1, \eta_2)$$
$$= \int_{t(\varsigma_{1+}, \varsigma_{2+})}^{t(\varsigma_{1-}, \varsigma_{2-})} \dot{S}(\varsigma_1, \varsigma_2)dt$$
$$= -\eta_2 \int_{S(\varsigma_1, \varsigma_2)=s} \varsigma_2 d\varsigma_1 + \eta_1 \int_{S(\varsigma_1, \varsigma_2)=s} \varsigma_1^2\varsigma_2 d\varsigma_1 + o(\|\eta_1, \eta_2\|),$$

其中 $t(\varsigma_{1+}, \varsigma_{2+})$ 和 $t(\varsigma_{1-}, \varsigma_{2-})$ 分别表示当 $(\varsigma_1, \varsigma_2) = (\varsigma_{1+}, \varsigma_{2+})$ 和 $(\varsigma_1, \varsigma_2) = (\varsigma_{1-}, \varsigma_{2-})$ 的时间.

定义积分

$$Q_1(s) = \int_{S(\varsigma_1,\varsigma_2)=s} \varsigma_2 d\varsigma_1, \quad Q_2(s) = \int_{S(\varsigma_1,\varsigma_2)=s} \varsigma_1^2 \varsigma_2 d\varsigma_1.$$

方程 $\aleph\left(\dfrac{1}{4}, 0, 0\right) = 0$ 表示沿 (3.38) 的异宿轨在 (η_1, η_2) $(\eta_2 > 0)$ 平面上的始于 $(1,0)$ 或者 $(-1,0)$ 的曲线 $\mathcal{C}$. 对 $s \in \left(0, \dfrac{1}{4}\right)$, 在参数 $\eta_2 > 0$ 的上半平面的 $(0,0)$ 和 $(1,0)$ 和 $(-1,0)$ 之间 Hamiltonian 差值为 s 所对应的环曲线定义为 $\mathcal{T}_s$.

由隐函数定理, 曲线 $\mathcal{T}_s$ 和 $\mathcal{C}$ 存在. 它们的表达式为

$$\eta_2 = \frac{Q_2(s)}{Q_1(s)} \eta_1 + o(|\eta_1|).$$

定义函数

$$\mathcal{Q}(s) = \frac{Q_2(s)}{Q_1(s)}.$$

为了推导 $\mathcal{Q}\left(\dfrac{1}{4}\right)$, 计算

$$\begin{aligned}
Q_1\left(\frac{1}{4}\right) &= \int_{S(\varsigma_1,\varsigma_2)=\frac{1}{4}} \varsigma_2 d\varsigma_1 = \int_{S(\varsigma_1,\varsigma_2)\leqslant\frac{1}{4}} d\varsigma_2 d\varsigma_1 \\
&= \int_{-1}^1 \int_0^{\frac{\varsigma_1^2}{2}+\frac{\varsigma_2^2}{2}-\frac{\varsigma_1^4}{4}=\frac{1}{4}} d\varsigma_2 d\varsigma_1 = \frac{2\sqrt{2}}{3},
\end{aligned}$$

$$\begin{aligned}
Q_2\left(\frac{1}{4}\right) &= \int_{S(\varsigma_1,\varsigma_2)=\frac{1}{4}} \varsigma_1^2 \varsigma_2 d\varsigma_1 = \int_{S(\varsigma_1,\varsigma_2)\leqslant\frac{1}{4}} \varsigma_1^2 d\varsigma_2 d\varsigma_1 \\
&= \int_{-1}^1 \int_0^{\frac{\varsigma_1^2}{2}+\frac{\varsigma_2^2}{2}-\frac{\varsigma_1^4}{4}=\frac{1}{4}} \varsigma_1^2 d\varsigma_2 d\varsigma_1 = \frac{2\sqrt{2}}{15},
\end{aligned}$$

即可得 $\mathcal{Q}\left(\dfrac{1}{4}\right) = \dfrac{1}{5}$.

对 $s \in \left[0, \dfrac{1}{4}\right]$, 下证环的唯一性. 考虑 ς_2 作为 ς_1 和 s 的函数, 对应

$$\frac{\varsigma_1^2}{2} + \frac{\varsigma_2^2}{2} - \frac{\varsigma_1^4}{4} = s.$$

它对 s 求导有

$$\varsigma_2 \frac{\partial \varsigma_2}{\partial s} = 1.$$

它对 ς_1 求导有

$$\varsigma_1 + \varsigma_2 \frac{\partial \varsigma_2}{\partial \varsigma_1} - \varsigma_1^3 = 0.$$

方程两端同乘 $\varsigma_1^m \varsigma_2^{-1}$, 然后通过分部积分可得

$$\int_{S(\varsigma_1,\varsigma_2)=s} \frac{\varsigma_1^{m+3}}{\varsigma_2} d\varsigma_1 = \int_{S(\varsigma_1,\varsigma_2)=s} \frac{\varsigma_1^{m+1}}{\varsigma_2} d\varsigma_1 - m \int_{S(\varsigma_1,\varsigma_2)=s} \varsigma_1^{m-1} \varsigma_2 d\varsigma_1.$$

取 $m = 0, 1, 3$, 得到

$$
\begin{aligned}
s \frac{dQ_1(s)}{ds} &= s \int_{S(\varsigma_1,\varsigma_2)=s} \frac{d\varsigma_1}{\varsigma_2} \\
&= \frac{1}{2} \int_{S(\varsigma_1,\varsigma_2)=s} \varsigma_1^2 \frac{d\varsigma_1}{\varsigma_2} + \frac{1}{2} \int_{S(\varsigma_1,\varsigma_2)=s} \varsigma_2 d\varsigma_1 - \frac{1}{4} \int_{S(\varsigma_1,\varsigma_2)=s} \varsigma_1^4 \frac{d\varsigma_1}{\varsigma_2} \\
&= \frac{3}{4} Q_1(s) + \frac{1}{4} \frac{dQ_2(s)}{ds}, \\
s \frac{dQ_2(s)}{ds} &= s \int_{S(\varsigma_1,\varsigma_2)=s} \varsigma_1^2 \frac{d\varsigma_1}{\varsigma_2} \\
&= \frac{1}{2} \int_{S(\varsigma_1,\varsigma_2)=s} \varsigma_1^4 \frac{d\varsigma_1}{\varsigma_2} + \frac{1}{2} \int_{S(\varsigma_1,\varsigma_2)=s} \varsigma_1^2 \varsigma_2 d\varsigma_1 - \frac{1}{4} \int_{S(\varsigma_1,\varsigma_2)=s} \varsigma_1^6 \frac{d\varsigma_1}{\varsigma_2} \\
&= \frac{5}{4} Q_2(s) + \frac{1}{4} \frac{dQ_2(s)}{ds} - \frac{1}{4} Q_1(s).
\end{aligned}
$$

因此, $Q_1(s)$ 和 $Q_2(s)$ 满足微分方程:

$$
\begin{cases}
s \left(s - \dfrac{1}{4} \right) \dot{Q}_1(s) = \left(\dfrac{3}{4} s - \dfrac{1}{4} \right) Q_1(s) + \dfrac{5}{16} Q_2(s), \\
s \left(s - \dfrac{1}{4} \right) \dot{Q}_2(s) = \dfrac{5}{4} s Q_2(s) - \dfrac{1}{4} s Q_1(s).
\end{cases}
$$

函数 $\mathcal{Q}(s)$ 满足

$$s \left(s - \frac{1}{4} \right) \dot{\mathcal{Q}}(s) = -\frac{5}{16} \mathcal{Q}^2 + \left(\frac{s}{2} + \frac{1}{4} \right) \mathcal{Q} - \frac{s}{4}. \tag{3.39}$$

将 $\mathcal{Q}(s) = \iota s + O(s^2)$ 代入 (3.39) 可得 $\iota = \dfrac{1}{2}$.

下证对所有 $s \in \left(0, \frac{1}{4}\right)$, 有 $0 \leqslant \mathcal{Q}(s) \leqslant \frac{1}{5}$. 假设 $\bar{s} \in \left(0, \frac{1}{4}\right)$ 是 $\mathcal{Q}(s)$ 与 s 轴的第一个交点, 则

$$\bar{s}\left(\bar{s} - \frac{1}{4}\right)\dot{\mathcal{Q}}(\bar{s}) = -\frac{\bar{s}}{4} < 0,$$

这与 $\dot{\mathcal{Q}}(\bar{s}) > 0$ 矛盾. 如果 $\bar{s} \in \left(0, \frac{1}{4}\right)$ 是 $\mathcal{Q}(s) = \frac{1}{5}$ 的第一个交点, 则

$$\bar{s}\left(\bar{s} - \frac{1}{4}\right)\dot{\mathcal{Q}}(\bar{s}) = \frac{3}{20}\left(\frac{1}{4} - \bar{s}\right) > 0,$$

这与 $\dot{\mathcal{Q}}(\bar{s}) < 0$ 矛盾.

因为

$$\bar{s}\left(\bar{s} - \frac{1}{4}\right)\ddot{\mathcal{Q}}(\bar{s})|_{\dot{\mathcal{Q}}(\bar{s})=0} = \frac{1}{2}\left(\mathcal{Q}(\bar{s}) - \frac{1}{2}\right) < 0,$$

故对 $\forall s$, 有 $\ddot{\mathcal{Q}}(\bar{s}) > 0$, 其中 $\dot{\mathcal{Q}}(\bar{s}) = 0$, 即所有极值是最大值点. 因此, 可得 $\mathcal{Q}(0) = 0$, $\mathcal{Q}\left(\frac{1}{4}\right) = \frac{1}{5} = \max\limits_{0 \leqslant s \leqslant \frac{1}{4}} \mathcal{Q}(s)$.

(ii) 如果 $D(\delta_0, \bar{\alpha}_0) + 3C(\delta_0, \bar{\alpha}_0) < 0$, $C(\delta_0, \bar{\alpha}_0) < 0$, 令

$$\bar{\zeta}_1 = \frac{D(\delta, \bar{\alpha}) + 3C(\delta, \bar{\alpha})}{\sqrt{-C(\delta, \bar{\alpha})}}\xi_1,$$

$$\bar{\zeta}_2 = -\frac{(D(\delta, \bar{\alpha}) + 3C(\delta, \bar{\alpha}))^2}{2\sqrt{-C(\delta, \bar{\alpha})}C(\delta, \bar{\alpha})}\xi_2, \quad \bar{\tau} = \frac{-2C(\delta, \bar{\alpha})}{D(\delta, \bar{\alpha}) + 3C(\delta, \bar{\alpha})}t,$$

则 (3.36) 可化为

$$\begin{cases} \dot{\bar{\zeta}}_1 = \bar{\zeta}_2, \\ \dot{\bar{\zeta}}_2 = \kappa_1(\delta, \bar{\alpha})\bar{\zeta}_1 - \kappa_2(\delta, \bar{\alpha})\bar{\zeta}_2 - \bar{\zeta}_1^3 - \bar{\zeta}_1^2\bar{\zeta}_2. \end{cases} \tag{3.40}$$

令

$$\bar{\varsigma}_1 = \frac{1}{\sqrt{\kappa_1(\delta, \bar{\alpha})}}\bar{\zeta}_1, \quad \bar{\varsigma}_2 = \frac{1}{\kappa_1(\delta, \bar{\alpha})}\bar{\zeta}_2, \quad \hat{\tau} = \sqrt{\kappa_1(\delta, \bar{\alpha})}\tilde{\tau},$$

(3.40) 取形式

$$\begin{cases} \dot{\bar{\varsigma}}_1 = \bar{\varsigma}_2, \\ \dot{\bar{\varsigma}}_2 = -\bar{\varsigma}_1(\bar{\varsigma}_1^2 - 1) + \eta_2(\delta, \bar{\alpha})\bar{\varsigma}_2 - \eta_1(\delta, \bar{\alpha})\bar{\varsigma}_1^2\bar{\varsigma}_2. \end{cases} \tag{3.41}$$

若 $\eta_i(\delta, \bar{\alpha}) = 0, i = 1, 2$, 则 (3.41) 的 Hamiltonian 函数为

$$H(\bar{\varsigma}_1, \bar{\varsigma}_2) = -\frac{\bar{\varsigma}_1^2}{2} + \frac{\bar{\varsigma}_2^2}{2} + \frac{\bar{\varsigma}_1^4}{4}.$$

鞍点 $(0, 0)$ 附近存在同宿轨道

$$\bar{\varsigma}_1(t) = \frac{2\sqrt{2}e^t}{e^{2t} + 1}, \quad \bar{\varsigma}_2(t) = \frac{2\sqrt{2}e^t(1 - e^{2t})}{(e^{2t} + 1)^2},$$

满足 $H(\bar{\varsigma}_1, \bar{\varsigma}_2) = 0$.

定义分离函数 $\bar{\aleph}(h, \eta_1, \eta_2)$ 为点 $(\bar{\varsigma}_{1-}, \bar{\varsigma}_{2-})$ 和点 $(\bar{\varsigma}_{1+}, \bar{\varsigma}_{2+})$ 之间 Hamiltonian 值的差值, 即

$$\bar{\aleph}(h, \eta_1, \eta_2) = H(\bar{\varsigma}_{1-}, \bar{\varsigma}_{2-}) - H(\bar{\varsigma}_{1+}, \bar{\varsigma}_{2+}),$$

其中 $(\bar{\varsigma}_{1-}, \bar{\varsigma}_{2-})$ 和 $(\bar{\varsigma}_{1+}, \bar{\varsigma}_{2+})$ 是横轴和轨道 $\bar{\Gamma}$ ($H(\bar{\varsigma}_1, \bar{\varsigma}_2) = h$) 的交点. 当 $(\eta_1, \eta_2) \neq 0$, $H(\bar{\varsigma}_1, \bar{\varsigma}_2)$ 沿 (3.38) 轨道的变化满足下式

$$\dot{H}(\bar{\varsigma}_1, \bar{\varsigma}_2) = \frac{\partial H(\bar{\varsigma}_1, \bar{\varsigma}_2)}{\partial \bar{\varsigma}_1}\dot{\bar{\varsigma}}_1 + \frac{\partial H(\bar{\varsigma}_1, \bar{\varsigma}_2)}{\partial \bar{\varsigma}_2}\dot{\bar{\varsigma}}_2 = \eta_2 \bar{\varsigma}_2^2 - \eta_1 \bar{\varsigma}_1^2 \bar{\varsigma}_2^2.$$

因此, 类似地定义 $\bar{\aleph}(h, \eta_1, \eta_2)$, $\bar{Q}_1(h)$, $\bar{Q}_2(h)$. 方程 $\bar{\aleph}(0, 0, 0) = 0$ 表示沿 (3.38) 的同宿轨道在 $(\eta_1, \eta_2)(\eta_2 > 0)$ 平面上原点附近的曲线 $\bar{C}$. 对 $h \in \left(-\frac{1}{4}, 0\right)$, 在 $\eta_2 > 0$ 的上半平面定义曲线 $\bar{\mathcal{T}}_h$, 即 (3.38) 在 $(0, 0)$ 附近 Hamiltonian 差值为 h 所对应的极限环曲线.

同上, 曲线 $\bar{\mathcal{T}}_h$ 和 $\bar{C}$ 的表达式为

$$\eta_2 = \frac{\bar{Q}_2(h)}{\bar{Q}_1(h)}\eta_1 + o(|\eta_1|).$$

定义函数

$$\bar{\mathcal{Q}}(h) = \frac{\bar{Q}_2(h)}{\bar{Q}_1(h)}.$$

计算 $\bar{\mathcal{Q}}(0)$, 有

$$\bar{Q}_1(0) = \frac{4}{3}, \quad \bar{Q}_2(0) = \frac{16}{15},$$

则 $\bar{\mathcal{Q}}(0) = \frac{4}{5}$.

对 $h \in \left[-\dfrac{1}{4}, 0\right]$, 函数 $\bar{Q}(h)$ 满足

$$h\left(h + \frac{1}{4}\right)\dot{\bar{Q}}(h) = -\frac{1}{16}\bar{Q}^2 - \frac{h}{2}\bar{Q} + \frac{h}{4}. \tag{3.42}$$

将 $\bar{Q}(h) = \bar{\iota}h + O(h^2)$ 代入 (3.42), 当 $h = -\dfrac{1}{4}$ 时, 有 $\bar{\iota} = -4 < 0$, 当 $h = 0$ 时, 有 $\bar{\iota} = 1 > 0$. 故对所有 $h \in \left(-\dfrac{1}{4}, 0\right)$, $\bar{Q}(h)$ 是先减后增的, 这表明极限环是不唯一的. □

3.6.1.3 Fold-Flip 分支

下面分析不动点 E_0 处发生 Fold-Flip 分支的条件. 如果 $P(\delta, \bar{\alpha}) = -2$, $Q(\delta, \bar{\alpha}) = 0$, 有 $\mu_1 = -1$, $\mu_2 = 1$. 分支参数 $\delta, \bar{\alpha}$ 需要满足的临界条件为

$$\begin{cases} \delta_0^2(4\phi_0\psi_1 - (\varphi_0 - \varphi_1)^2) + 4\delta_0(\varphi_0 + \varphi_1) - 1 = 0, \\ 2\bar{\alpha}_0 + 2 + \delta_0(\varphi_0 + \varphi_1) = 0. \end{cases}$$

对在临界值附近充分小的邻域中, E_0 的特征值为

$$\mu_1(\delta, \bar{\alpha}) = \frac{-2 - P(\delta, \bar{\alpha}) - \sqrt{P(\delta, \bar{\alpha})^2 - 4Q(\delta, \bar{\alpha})}}{2},$$

$$\mu_2(\delta, \bar{\alpha}) = \frac{-2 - P(\delta, \bar{\alpha}) - \sqrt{P(\delta, \bar{\alpha})^2 + 4Q(\delta, \bar{\alpha})}}{2}.$$

特征向量 q_1, q_2, p_1, p_2 为

$$q_1 = \left(\frac{P_1 - P_2 + \sqrt{P^2 - 4Q}}{2\delta\phi_0}, 1\right)^{\mathrm{T}}, \quad q_2 = \left(\frac{P_1 - P_2 - \sqrt{P^2 - 4Q}}{2\delta\phi_0}, 1\right)^{\mathrm{T}},$$

$$p_1 = \frac{\tilde{p}_1}{\langle \tilde{p}_1, q_1 \rangle}, \quad p_2 = \frac{\tilde{p}_2}{\langle \tilde{p}_2, q_2 \rangle},$$

其中

$$\tilde{p}_1 = \left(\frac{P_1 - P_2 + \sqrt{P^2 - 4Q}}{2\delta\psi_1}, 1\right)^{\mathrm{T}}, \quad \tilde{p}_2 = \left(\frac{P_1 - P_2 - \sqrt{P^2 - 4Q}}{2\delta\psi_1}, 1\right)^{\mathrm{T}}.$$

q_1, q_2, p_1, p_2 满足 $A_{\delta,\bar{\alpha}} q_1 = \mu_1 q_1$, $A_{\delta,\bar{\alpha}} q_2 = \mu_2 q_2$, $A_{\delta,\bar{\alpha}}^{\mathrm{T}} p_1 = \mu_1 p_1$, $A_{\delta,\bar{\alpha}}^{\mathrm{T}} p_2 = \mu_2 p_2$, $\langle p_1, q_1 \rangle = 1$, $\langle p_2, q_2 \rangle = 1$, $\langle p_1, q_2 \rangle = 0$, $\langle p_2, q_1 \rangle = 0$, 其中 $A_{\delta,\bar{\alpha}}$ 是参数满足临界值时不动点处的 Jacobi 矩阵.

令

$$x = \frac{\delta\psi_1}{\sqrt{P^2 - 4Q}} \left(\langle \tilde{p}_1, q_1 \rangle z_1 - \langle \tilde{p}_2, q_2 z_2 \rangle \right),$$

$$y = \frac{P_1 - P_2}{2\sqrt{P^2 - 4Q}} \left(\langle \tilde{p}_2, q_2 \rangle z_2 - \langle \tilde{p}_1, q_1 z_1 \rangle \right) + \frac{\langle \tilde{p}_2, q_2 \rangle z_2 + \langle \tilde{p}_1, q_1 z_1 \rangle}{2}.$$

记 $\langle \tilde{p}_1, q_1 \rangle = I_1(\delta, \bar{\alpha})$, $\langle \tilde{p}_2, q_2 \rangle = I_2(\delta, \bar{\alpha})$, $C_1(\delta, \bar{\alpha}) = \dfrac{\delta\psi_1}{\sqrt{P^2 - 4Q}}$, $C_2(\delta, \bar{\alpha}) = \dfrac{P_1 - P_2}{2\sqrt{P^2 - 4Q}}$, $C_3 = \dfrac{1}{2}$, 则系统 (3.33) 可化为形式

$$\begin{pmatrix} z_1 \\ z_2 \end{pmatrix} \mapsto \begin{pmatrix} \mu_1 & 0 \\ 0 & \mu_2 \end{pmatrix} \begin{pmatrix} z_1 \\ z_2 \end{pmatrix} + \begin{pmatrix} m(z_1, z_2, \delta, \bar{\alpha}) \\ n(z_1, z_2, \delta, \bar{\alpha}) \end{pmatrix},$$

其中

$$m(z_1, z_2, \delta, \bar{\alpha}) = \sum_{j+k=3} m_{jk}(\delta, \bar{\alpha}) z_1^j z_2^k, \quad n(z_1, z_2, \delta, \bar{\alpha}) = \sum_{j+k=3} n_{jk}(\delta, \bar{\alpha}) z_1^j z_2^k,$$

具体系数如下:

$$m_{30} = \beta_{03} I_1^3 (C_3 - C_2)^3 + \beta_{12} I_1^3 C_1 (C_3 - C_2)^2 + \beta_{30} I_1^3 C_1^3,$$

$$m_{03} = \beta_{03} I_2^3 (C_3 + C_2)^3 - \beta_{12} I_2^3 C_1 (C_3 + C_2)^2 - \beta_{30} I_2^3 C_1^3,$$

$$m_{21} = 3\beta_{03} I_1^2 I_2 (C_3 - C_2)^2 (C_2 + C_3) + \beta_{12} I_1^2 I_2 C_1 (C_3^2 - 3C_2^2 + 2C_2 C_3) - 3\beta_{30} I_1^2 I_2 C_1^3,$$

$$m_{12} = 3\beta_{03} I_1 I_2^2 (C_3 - C_2)(C_2 + C_3)^2 + \beta_{12} I_1 I_2^2 C_1 (3C_2^2 + 2C_2 C_3 - C_3^2) + 3\beta_{30} I_1 I_2^2 C_1^3,$$

$$n_{30} = \gamma_{21} I_1^3 C_1^2 (C_3 - C_2) + \gamma_{12} I_1^2 I_2 C_1 (C_3 - C_2)^2 + \gamma_{03} I_1^3 (C_3 - C_2)^3,$$

$$n_{03} = \gamma_{21} I_2^3 C_1^2 (C_3 + C_2) - \gamma_{12} I_2^3 C_1 (C_3 + C_2)^2 + \gamma_{03} I_2^3 (C_2 + C_3)^3,$$

$$n_{21} = \gamma_{21} I_1^2 I_2 C_1^2 (3C_2 - C_3) + \gamma_{12} I_1^2 I_2 C_1 (C_3^2 - 3C_2^2 + 2C_2 C_3)$$
$$\qquad + 3\gamma_{03} I_1^2 I_2 (C_2 - C_3)^2 (C_2 + C_3),$$

$$n_{12} = 3\gamma_{03} I_1 I_2^2 (C_3 - C_2)(C_2 + C_3)^2 + \beta_{12} I_1 I_2^2 C_1 (3C_2^2 + 2C_2 C_3 - C_3^2)$$

$$- \gamma_{21} I_1 I_2^2 C_1^2 (3C_2 + C_3).$$

作变量代换

$$w_1 = z_1 - \frac{1}{2} m_{21} z_1^2 z_2 - \frac{1}{2} m_{03} z_2^3, \quad w_2 = z_2 - \frac{1}{2} m_{12} z_1 z_2^2 - \frac{1}{2} m_{30} z_1^3,$$

有

$$\begin{pmatrix} w_1 \\ w_2 \end{pmatrix} \mapsto \begin{pmatrix} \mu_1 w_1 + \frac{1}{6} \tilde{c}_1 w_1^3 + \frac{1}{2} \tilde{c}_2 w_1 w_2^2 \\ \mu_2 w_2 + \frac{1}{2} \tilde{c}_3 w_1^2 w_2 + \frac{1}{6} \tilde{c}_4 w_2^3 \end{pmatrix} + O(\|w\|^4),$$

其中

$$\tilde{c}_1 = 12 p_{11} (3 m_{30} q_{11}^3 + m_{21} q_{11}^2 + m_{12} q_{11} + 3 m_{03})$$
$$+ 12 p_{12} (3 n_{30} q_{11}^3 + n_{21} q_{11}^2 + n_{12} q_{11} + 3 n_{03}),$$

$$\tilde{c}_2 = 4 p_{11} (9 m_{30} q_{11} q_{21}^2 + m_{21} q_{21} (2 q_{11} + q_{21}) + m_{12} (q_{11} + 2 q_{21}) + 9 m_{03})$$
$$+ 4 p_{12} (9 n_{30} q_{11} q_{21}^2 + n_{21} q_{21} (2 q_{11} + q_{21}) + n_{12} (q_{11} + 2 q_{21}) + 9 n_{03}),$$

$$\tilde{c}_3 = 4 p_{21} (9 m_{30} q_{11}^2 q_{21} + m_{21} q_{11} (q_{11} + 2 q_{21}) + m_{12} (2 q_{11} + q_{21}) + 9 m_{03})$$
$$+ 4 p_{22} (9 n_{30} q_{11}^2 q_{21} + n_{21} q_{11} (q_{11} + 2 q_{21}) + n_{12} (2 q_{11} + q_{21}) + 9 n_{03}),$$

$$\tilde{c}_4 = 12 p_{21} (3 m_{30} q_{21}^3 + m_{21} q_{21}^2 + m_{12} q_{21} + 3 m_{03})$$
$$+ 12 p_{22} (3 n_{30} q_{21}^3 + n_{21} q_{21}^2 + n_{12} q_{21} + 3 n_{03}).$$

为研究 Fold-Flip 分支点处的动力学, 作时间尺度变换 $\tau = -\mu_2 t$, 将上述映射与矩阵 $R = \begin{pmatrix} 1 & 0 \\ 0 & -1 \end{pmatrix}$ 进行复合可得

$$\begin{pmatrix} w_1 \\ w_2 \end{pmatrix} \mapsto \begin{pmatrix} \upsilon_1 + (1 + \upsilon_2) w_1 + c_1(\upsilon_1, \upsilon_2) w_1^3 + c_2(\upsilon_1, \upsilon_2) w_1 w_2^2 \\ w_2 + c_3(\upsilon_1, \upsilon_2) w_1^2 w_2 + c_4(\upsilon_1, \upsilon_2) w_2^3 \end{pmatrix} + O(\|z\|^4),$$

$$(3.43)$$

其中

$$\upsilon_1(\delta, \bar{\alpha}) \equiv 0, \quad \upsilon_2(\delta, \bar{\alpha}) = \frac{\mu_1}{\mu_2} - 1, \quad c_1(\upsilon_1, \upsilon_2) = -\frac{\tilde{c}_1}{\mu_2},$$

$$c_2(\upsilon_1, \upsilon_2) = -\frac{\tilde{c}_2}{\mu_2}, \quad c_3(\upsilon_1, \upsilon_2) = \frac{\tilde{c}_3}{\mu_2}, \quad c_4(\upsilon_1, \upsilon_2) = \frac{\tilde{c}_4}{\mu_2}.$$

定理 3.6.3 映射 (3.43) 满足

$$B_v(z) = \varphi_v^1(z) + O(\|z\|^4),$$

其中 $\varphi_v^1(z)$ 是平面系统

$$\begin{cases} \dot{z}_1 = v_1 + v_2 z_1 - \dfrac{1}{2} v_1 v_2 + \Phi_{30} \left(z_1^3 - \dfrac{3}{2} z_1^2 v_1 + \dfrac{1}{2} z_1 v_1^2 + \dfrac{1}{4} v_1^3 \right) \\[2mm] \qquad + \Phi_{12} z_1 z_2^2 + \dfrac{1}{4}(v_1^2 v_2 + v_1 v_2^2) - \dfrac{1}{2} v_1 v_2 z_1, \\[2mm] \dot{z}_2 = \Psi_{21} \left(z_1^2 z_2 - z_1 z_2 v_1 + \dfrac{1}{6} z_2 v_1^2 \right) + \Psi_{03} z_2^3 \end{cases} \tag{3.44}$$

的流, 其中 $z = (z_1, z_2)^{\mathrm{T}}$, $v = (v_1, v_2)^{\mathrm{T}}$, $\Phi_{30} = c_1(v_1, v_2)$, $\Phi_{12} = c_2(v_1, v_2)$, $\Psi_{21} = -c_3(v_1, v_2)$, $\Psi_{03} = -c_4(v_1, v_2)$.

证明 考虑四维系统

$$Z \mapsto \Theta^t(Z) = \begin{pmatrix} \varphi_v^1(z) \\ v \end{pmatrix}, \quad Z = \begin{pmatrix} z \\ v \end{pmatrix} \in \mathbb{R}^4.$$

它可写为

$$\dot{Z} = W(Z) = MZ + W_2(Z) + W_3(Z) + \cdots, \quad Z \in \mathbb{R}^4, \tag{3.45}$$

其中 $M = \begin{pmatrix} 0 & 0 & 1 & 0 \\ 0 & 0 & 0 & 0 \\ 0 & 0 & 0 & 0 \\ 0 & 0 & 0 & 0 \end{pmatrix}$, $M_k(Z) = \begin{pmatrix} V_k(z) \\ 0 \end{pmatrix}$, $V_k(z)$ 是从 $\mathbb{R}^4$ 到 $\mathbb{R}^2$ 的具有

未知系数的 k 齐次多项式函数. 令 N_v 为映射 (3.43), 则 $J(Z) = \begin{pmatrix} N_v \\ v \end{pmatrix}$.

下面对 (3.45) 进行三次 Picard 迭代.

首先有 $Z^{(1)}(t) = (z_1 + t v_1, z_2, 0, 0)^{\mathrm{T}}$, $M_2(Z) = (A_{10} v_2 z_1 + A_{11} v_1 v_2, 0, 0, 0)^{\mathrm{T}}$, 则

$$Z^{(2)}(t)$$

$$= e^{Mt} Z + \int_0^t e^{M(t-s)} M_2(Z^{(1)}(s)) ds$$

$$
= \begin{pmatrix} z_1 + tv_1 \\ z_2 \\ v_1 \\ v_2 \end{pmatrix} + \int_0^t \begin{pmatrix} 1 & 0 & t-s & 0 \\ 0 & 1 & 0 & 0 \\ 0 & 0 & 1 & 0 \\ 0 & 0 & 0 & 1 \end{pmatrix} \begin{pmatrix} A_{10}v_2(z_1 + sv_1) + A_{11}v_1v_2 \\ 0 \\ 0 \\ 0 \end{pmatrix} ds
$$

$$
= \begin{pmatrix} z_1 + tv_1 + z_1v_1t - \dfrac{1}{2}v_1v_2t \\ z_2 \\ v_1 \\ v_2 \end{pmatrix}.
$$

比较 N_v 和 $Z^{(2)}(1)$ 的二次项, 可得 $A_{10} = 1$, $A_{11} = -\dfrac{1}{2}$.

定义

$$
M_3(Z) = \left(\sum_{i+j+k+l=3} A_{ijkl} z_1^i z_2^j v_1^k v_2^l, \ \sum_{i+j+k+l=3} B_{ijkl} z_1^i z_2^j v_1^k v_2^l, 0, 0 \right)^{\mathrm{T}},
$$

有

$$
Z^{(3)}(t) = e^{Mt}Z + \int_0^t e^{M(t-s)}(M_2(Z^{(2)}(s)) + M_3(Z^{(2)}(s)))ds
$$

$$
= \int_0^t e^{M(t-s)} \begin{pmatrix} \displaystyle\sum_{i+j+k+l=3} A_{ijkl} \left(z_1 + sv_1 + z_1v_1s - \frac{1}{2}v_1v_2s \right)^i z_2^j v_1^k v_2^l \\ \displaystyle\sum_{i+j+k+l=3} B_{ijkl} \left(z_1 + sv_1 + z_1v_1s - \frac{1}{2}v_1v_2s \right)^i z_2^j v_1^k v_2^l \\ 0 \\ 0 \end{pmatrix} ds
$$

$$
+ \int_0^t e^{M(t-s)} \begin{pmatrix} A_{10}v_2 \left(z_1 + sv_1 + z_1v_1s - \dfrac{1}{2}v_1v_2s \right) + A_{11}v_1v_2 \\ 0 \\ 0 \\ 0 \end{pmatrix} ds
$$

$$
+ \begin{pmatrix} z_1 + tv_1 \\ z_2 \\ 0 \\ 0 \end{pmatrix}
$$

$$
= \begin{pmatrix} z_1 + tv_1 + v_2 z_1 t + \dfrac{1}{2} v_1 v_2 t^2 - \dfrac{1}{2} v_1 v_2 t + \dfrac{1}{2} v_1 v_2 z_1 t^2 - \dfrac{1}{4} v_1 v_2^2 t^2 \\ z_2 \\ v_1 \\ v_2 \end{pmatrix}
$$

$$
+ \begin{pmatrix} \displaystyle\int_0^t \sum_{i+j+k+l=3} A_{ijkl} \left(z_1 + s v_1 + z_1 v_1 s - \dfrac{1}{2} v_1 v_2 s \right)^i z_2^j v_1^k v_2^l ds \\ \displaystyle\int_0^t \sum_{i+j+k+l=3} B_{ijkl} \left(z_1 + s v_1 + z_1 v_1 s - \dfrac{1}{2} v_1 v_2 s \right)^i z_2^j v_1^k v_2^l ds \\ 0 \\ 0 \end{pmatrix}.
$$

比较 N_v 和 $Z^{(3)}(1)$ 的三次项, 可得

$$
A_{3000} = \Phi_{30}, \quad A_{2010} = -\frac{3}{2}\Phi_{30}, \quad A_{0210} = -\frac{1}{2}\Phi_{12}, \quad A_{1020} = \frac{1}{2}\Phi_{30},
$$

$$
A_{0021} = A_{0012} = \frac{1}{4}, \quad A_{1011} = -\frac{1}{2}, \quad A_{0030} = \frac{1}{4}\Phi_{30},
$$

$$
B_{2100} = \Psi_{21}, \quad B_{0300} = \Psi_{03}, \quad B_{1110} = -\Psi_{21}, \quad B_{0120} = \frac{1}{6}\Psi_{21}.
$$

其余系数 A_{ijkl}, B_{ijkl} 均为零. 这就给出了 (3.44). $\qquad\square$

定理 3.6.4　考虑下述系统

$$
\begin{cases} \dot{z}_1 = v_1 + v_2 z_1 + \Phi_{30} z_1^3 + \Phi_{12} z_1 z_2^2, \\ \dot{z}_2 = \Psi_{21} z_1^2 z_2 + \Psi_{03} z_2^3, \end{cases}
$$

即 (3.44) 的截断形式 $\varphi_v^1(z) + O(\|v\|^2) + O(\|z\|^2\|v\|) + O(\|v\|^2\|z\|)$, 它有下述动力学行为:

(i) 如果 $\Psi_{03}^2 - \Phi_{12}\Psi_{03} > 0$, 则 Hopf 分支曲线为

$$
\mathfrak{H} = \left\{ v_1^2 = \frac{4(\Psi_{21} - \Phi_{30})^2 \Psi_{03}^3}{(2\Psi_{21}\Psi_{03} - 3\Phi_{30}\Psi_{03} - \Phi_{12}\Psi_{21})^3} v_2^3, \ 2\Psi_{21}\Psi_{03} - 3\Phi_{30}\Psi_{03} - \Phi_{12}\Psi_{21} \neq 0 \right\};
$$

(ii) 如果 $\Phi_{30} \neq 0$, 则尖分支曲线为

$$
\mathfrak{C} = \{27\Phi_{30}v_1^2 + 4v_2^3 = 0\}.
$$

证明 (i) 在曲线 $\mathfrak{H}$ 上发生 Hopf 分支, 需要满足下述条件

$$
\begin{cases}
\upsilon_1 + \upsilon_2 z_1 + \Phi_{30} z_1^3 + \Phi_{12} z_1 z_2^2 = 0, \\
\Psi_{21} z_1^2 z_2 + \Psi_{03} z_2^3 = 0, \\
\upsilon_2 + 3\Phi_{30} z_1^2 + \Phi_{12} z_2^2 + \Psi_{21} z_1^2 + 3\Psi_{03} z_2^2 = 0, \\
(\upsilon_2 + 3\Phi_{30} z_1^2 + \Phi_{12} z_2^2)(\Psi_{21} z_1^2 + 3\Psi_{03} z_2^2) - 4\Phi_{12}\Psi_{21} z_1^2 z_2^2 > 0.
\end{cases}
$$

联立第二个方程和第三个方程消除变量 z_2, 可得 $\upsilon_2 = \left(2\Psi_{21} - 3\Phi_{30} - \dfrac{\Phi_{12}\Psi_{21}}{\Psi_{03}}\right) z_1^2$,
再由第一个等式消除变量 z_1, 即可导出参数所满足的曲线 $\mathfrak{H}$

$$
\upsilon_1^2 = \frac{4(\Psi_{21} - \Phi_{30})^2 \Psi_{03}^3 \upsilon_2^3}{(2\Psi_{21}\Psi_{03} - 3\Phi_{30}\Psi_{03} - \Phi_{12}\Psi_{21})^3}.
$$

(ii) 在曲线 $\mathfrak{C}$ 上发生尖分支, 需要满足条件

$$
\begin{cases}
\upsilon_1 + \upsilon_2 z_1 + \Phi_{30} z_1^3 = 0, \\
\upsilon_2 + 3\Phi_{30} z_1^2 = 0.
\end{cases} \tag{3.46}
$$

由 (3.46) 可得

$$
\upsilon_1 = -z_1(\upsilon_2 + \Phi_{30} z_1^2),
$$

将 $\upsilon_2 = -3\Phi_{30} z_1^2$ 代入可得

$$
\upsilon_1 = -\frac{2z_1 \upsilon_2}{3},
$$

然后将上式两边平方, 再次利用等式 $\upsilon_2 = -3\Phi_{30} z_1^2$, 即可得曲线 $\mathfrak{C}$. $\square$

3.6.2 非线性随机参数

类似于余维一情形的推导, 如果选取 α_1 为随机参数, 系统 (3.26) 变成

$$
\begin{cases}
x_0(n+1) = -(1+\bar{\alpha}_1)x_0(n) - \delta(\psi_1 x_1(n) + \varphi_0 x_0(n)) + \alpha_2 X_0 + \bar{X}_0, \\
x_1(n+1) = -(1+\bar{\alpha}_1)x_1(n) - \delta(\varphi_1 x_1(n) + \phi_0 x_0(n)) + \alpha_2 X_1 + \bar{X}_1,
\end{cases} \tag{3.47}
$$

如果选取 α_2 为随机参数, 系统 (3.27) 变成

$$
\begin{cases}
x_0(n+1) = -(1+\alpha_1)x_0(n) + \bar{\alpha}_2 X_0 + \delta(\psi_1 X_1 + \varphi_0 X_0) + \bar{X}_0, \\
x_1(n+1) = -(1+\alpha_1)x_1(n) + \bar{\alpha}_2 X_1 + \delta(\psi_2 X_2 + \varphi_1 X_1 + \phi_0 X_0) + \bar{X}_1,
\end{cases}
$$

$$\tag{3.48}$$

其中

$$\bar{X}_0(n) = \bar{\beta}_{05}x_1^5(n) + \bar{\beta}_{14}x_0(n)x_1^4(n) + \bar{\beta}_{23}x_0^2(n)x_1^3(n) + \bar{\beta}_{32}x_0^3(n)x_1^2(n) + \bar{\beta}_{50}x_0^5(n),$$

$$\bar{X}_1(n) = \bar{\gamma}_{05}x_1^5(n) + \bar{\gamma}_{14}x_0(n)x_1^4(n) + \bar{\gamma}_{23}x_0^2(n)x_1^3(n) + \bar{\gamma}_{32}x_0^3(n)x_1^2(n)$$
$$+ \bar{\gamma}_{41}x_0^4(n)x_1(n),$$

$$X_2(n) = \zeta_{12}x_0(n)x_1^2(n) + \zeta_{03}x_1^3(n), \quad \zeta_{03} = \frac{3a_{10}a_{11}^2}{a_{22}} - \frac{a_{11}^3 a_{32}}{a_{22}a_{33}}, \quad \zeta_{12} = \frac{3a_{11}^2}{a_{22}},$$

$$\psi_2 = \frac{a_{20}}{a_{11}} - \frac{a_{22}a_{31}}{a_{11}a_{33}} - \frac{a_{21}^2}{a_{11}a_{22}} + \frac{a_{21}a_{32}}{a_{11}a_{33}},$$

$$\begin{aligned}
\bar{\beta}_{05} =& \frac{10a_{10}^4 a_{11}a_{21}}{a_{22}} + \frac{10a_{10}^3 a_{11}^2 a_{31}}{a_{33}} + \frac{10a_{10}^2 a_{11}^3 a_{20}a_{32}}{a_{22}a_{33}} + \frac{5a_{10}^2 a_{11}^3 a_{41}}{a_{44}} + \frac{a_{10}a_{11}^4 a_{51}}{a_{55}} \\
&+ \frac{5a_{10}a_{11}^4 a_{20}a_{42}}{a_{22}a_{44}} + \frac{5a_{10}a_{11}^4 a_{30}a_{43}}{a_{33}a_{44}} + \frac{5a_{10}^2 a_{11}^3 a_{21}a_{32}a_{43}}{a_{22}a_{33}a_{44}} + \frac{a_{11}^5 a_{20}a_{52}}{a_{22}a_{55}} \\
&+ \frac{a_{11}^5 a_{40}a_{54}}{a_{44}a_{55}} + \frac{a_{10}a_{11}^4 a_{21}a_{42}a_{54}}{a_{22}a_{44}a_{55}} + \frac{a_{10}a_{11}^4 a_{31}a_{43}a_{54}}{a_{33}a_{44}a_{55}} + \frac{a_{11}^5 a_{20}a_{32}a_{43}a_{54}}{a_{22}a_{33}a_{44}a_{55}} \\
&- \frac{10a_{10}^2 a_{11}^3 a_{30}}{a_{33}} - \frac{10a_{10}^3 a_{11}^2 a_{21}a_{32}}{a_{22}a_{33}} - \frac{5a_{10}a_{11}^4 a_{40}}{a_{44}} - \frac{5a_{10}^2 a_{11}^3 a_{21}a_{42}}{a_{22}a_{44}} - \frac{a_{11}^5 a_{50}}{a_{55}} \\
&- \frac{5a_{10}a_{11}^4 a_{20}a_{32}a_{43}}{a_{22}a_{33}a_{44}} - \frac{a_{10}a_{11}^4 a_{21}a_{52}}{a_{22}a_{55}} - \frac{a_{10}a_{11}^4 a_{31}a_{53}}{a_{33}a_{55}} - \frac{a_{11}^5 a_{20}a_{32}a_{53}}{a_{22}a_{33}a_{55}} \\
&- \frac{a_{10}a_{11}^4 a_{41}a_{54}}{a_{44}a_{55}} - \frac{a_{11}^5 a_{20}a_{42}a_{54}}{a_{22}a_{44}a_{55}} - \frac{a_{11}^5 a_{30}a_{43}a_{54}}{a_{33}a_{44}a_{55}} - \frac{a_{10}a_{11}^4 a_{21}a_{32}a_{43}a_{54}}{a_{22}a_{33}a_{44}a_{55}} \\
&+ \frac{a_{11}^5 a_{30}a_{53}}{a_{33}a_{55}} + \frac{a_{10}a_{11}^4 a_{21}a_{32}a_{53}}{a_{22}a_{33}a_{55}} - \frac{10a_{10}^3 a_{11}^2 a_{20}}{a_{22}} - \frac{5a_{10}^2 a_{11}^3 a_{31}a_{43}}{a_{33}a_{44}} - 4a_{10}^5, \\
\bar{\beta}_{14} =& \frac{30a_{10}^3 a_{11}a_{21}}{a_{22}} + \frac{20a_{10}^2 a_{11}^2 a_{31}}{a_{33}} + \frac{20a_{10}a_{11}^3 a_{20}a_{32}}{a_{22}a_{33}} + \frac{5a_{10}a_{11}^3 a_{41}}{a_{44}} + \frac{5a_{11}^4 a_{20}a_{42}}{a_{22}a_{44}} \\
&+ \frac{5a_{11}^4 a_{30}a_{43}}{a_{33}a_{44}} + \frac{5a_{10}a_{11}^3 a_{21}a_{32}a_{43}}{a_{22}a_{33}a_{44}} - \frac{30a_{10}^2 a_{11}^2 a_{20}}{a_{22}} - \frac{20a_{10}a_{11}^3 a_{30}}{a_{33}} - \frac{5a_{11}^4 a_{40}}{a_{44}} \\
&- \frac{20a_{10}^2 a_{11}^2 a_{21}a_{32}}{a_{22}a_{33}} - \frac{5a_{10}a_{11}^3 a_{21}a_{42}}{a_{22}a_{44}} - \frac{5a_{10}a_{11}^3 a_{31}a_{43}}{a_{33}a_{44}} - \frac{5a_{11}^4 a_{20}a_{32}a_{43}}{a_{22}a_{33}a_{44}} - 15a_{10}^4, \\
\bar{\beta}_{23} =& \frac{30a_{10}^2 a_{11}a_{21}}{a_{22}} + \frac{10a_{10}a_{11}^2 a_{31}}{a_{33}} + \frac{10a_{11}^3 a_{20}a_{32}}{a_{22}a_{33}} - \frac{30a_{10}a_{11}^2 a_{20}}{a_{22}} - \frac{10a_{11}^3 a_{30}}{a_{33}} \\
&- \frac{10a_{10}a_{11}^2 a_{21}a_{32}}{a_{22}a_{33}} - 20a_{10}^3,
\end{aligned}$$

$$\bar{\beta}_{32} = \frac{10a_{10}a_{11}a_{21}}{a_{22}} - \frac{10a_{11}^2 a_{20}}{a_{22}} - 10a_{10}^2, \quad \bar{\beta}_{50} = 1,$$

$$\bar{\gamma}_{05} = 5a_{10}^4 - \frac{10a_{10}^3 a_{11}a_{21}}{a_{22}} - \frac{10a_{10}^2 a_{11}^2 a_{31}}{a_{33}} + \frac{10a_{10}^2 a_{11}^2 a_{21}a_{32}}{a_{22}a_{33}} - \frac{5a_{10}a_{11}^3 a_{41}}{a_{44}} - \frac{a_{11}^4 a_{51}}{a_{55}}$$
$$+ \frac{5a_{10}a_{11}^3 a_{31}a_{43}}{a_{33}a_{44}} - \frac{5a_{10}a_{11}^3 a_{21}a_{32}a_{43}}{a_{22}a_{33}a_{44}} + \frac{a_{11}^4 a_{21}a_{52}}{a_{22}a_{55}} + \frac{a_{11}^4 a_{31}a_{53}}{a_{33}a_{55}}$$
$$+ \frac{a_{11}^4 a_{41}a_{54}}{a_{44}a_{55}} - \frac{a_{11}^4 a_{21}a_{42}a_{54}}{a_{22}a_{44}a_{55}} - \frac{a_{11}^4 a_{31}a_{43}a_{54}}{a_{33}a_{44}a_{55}} + \frac{a_{11}^4 a_{21}a_{32}a_{43}a_{54}}{a_{22}a_{33}a_{44}a_{55}}$$
$$+ \frac{5a_{10}a_{11}^3 a_{21}a_{42}}{a_{22}a_{44}} - \frac{a_{11}^4 a_{21}a_{32}a_{53}}{a_{22}a_{33}a_{55}},$$

$$\bar{\gamma}_{14} = 20a_{10}^3 - \frac{30a_{11}a_{21}a_{10}^2}{a_{22}} - \frac{20a_{11}^2 a_{31}a_{10}}{a_{33}} + \frac{20a_{11}^2 a_{21}a_{32}a_{10}}{a_{22}a_{33}} - \frac{5a_{11}^3 a_{41}}{a_{44}}$$
$$+ \frac{5a_{11}^3 a_{21}a_{42}}{a_{22}a_{44}} + \frac{5a_{11}^3 a_{31}a_{43}}{a_{33}a_{44}} - \frac{5a_{11}^3 a_{21}a_{32}a_{43}}{a_{22}a_{33}a_{44}},$$

$$\bar{\gamma}_{23} = 30a_{10}^2 - \frac{30a_{11}a_{21}a_{10}}{a_{22}} - \frac{10a_{11}^2 a_{31}}{a_{33}} + \frac{10a_{11}^2 a_{21}a_{32}}{a_{22}a_{33}},$$

$$\bar{\gamma}_{32} = 20a_{10} - \frac{10a_{11}a_{21}}{a_{22}}, \quad \bar{\gamma}_{41} = 5.$$

下面我们利用 Hermite 正交多项式对系统 (3.33), (3.47) 和 (3.48) 进行数值模拟, 其中部分子图引自文献 [21]. Hermite 正交多项式的前六个多项式为

$$H_0(x) = 1, \quad H_1(x) = 2x, \quad H_2(x) = 4x^2 - 2, \quad H_3(x) = 8x^3 - 12,$$
$$H_4(x) = 16x^4 - 48x^2 + 12, \quad H_5(x) = 32x^5 - 160x^3 + 120x.$$

其递推公式的系数为

$$\phi_i = \frac{1}{2}, \quad \varphi_i = 0, \quad \psi_i = i.$$

把这些值代入 β_{ij}, γ_{ij}, $\bar{\beta}_{ij}$, $\bar{\gamma}_{ij}$ 的表达式里, 则可对系统 (3.33) 和 (3.47) 进行模拟, 见图 3.6 和图 3.7. 图中圆形、方形 R_2 和三角形分别代表倍周期分支、1:2 共振和 Fold-Flip 分支.

在图 3.6(a) 中, 以 δ 为分支参数时, (3.33) 中 $\bar{\alpha}$ 取值为 0.1. 水平方向的曲线上存在两个倍周期分支点且均为原点, 分支参数 δ 取值分别为 -0.14 和 -0.65. 当 $\delta = 0.283$ 时, 发现两个倍周期分支点, 分别为 $(-0.90, -0.36)$ 和 $(0.90, 0.36)$. 在图 3.6(b) 中, 当参数取值为 $\delta = \bar{\alpha} = 0$ 时, (3.33) 发生 1:2 共振. 当 $\delta = 2.43$, $\bar{\alpha} = -0.19$ 时, 发生 Fold-Flip 分支.

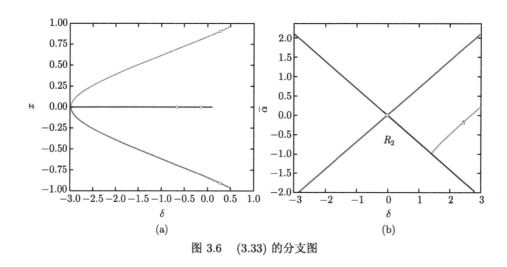

图 3.6   (3.33) 的分支图

在图 3.7(a) 中, 当 $\delta = -0.14$ 和 $\delta = -0.65$, 其他参数值为 $\bar{\alpha}_1 = 0.1$, $\alpha_2 = 0.1$ 时, 仅存在两个倍周期分支点. 在图 3.7(b) 中, 当 $\delta = 0$, $\bar{\alpha}_1 = 0$ 时, 出现 1:2 共振点; 当 $\delta = 2.43$, $\bar{\alpha}_1 = -0.186$ 时, 发生 Fold-Flip 分支, (3.47) 的动力学行为类似于 (3.33).

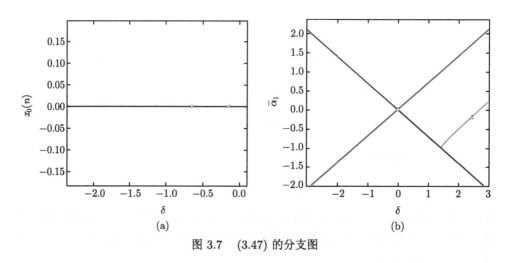

图 3.7   (3.47) 的分支图

而系统 (3.48) 在不动点 E_0 处, 以 δ 或 $\bar{\alpha}_2$ 为分支参数时没有出现任何分支现象. 但是当 α_1 为分支参数, 其他参数取值为 $\delta = -0.2$, $\bar{\alpha}_2 = 0.1$ 时, 在 $\alpha_1 = 0.14$ 处仅发生一个倍周期分支, 见图 3.8.

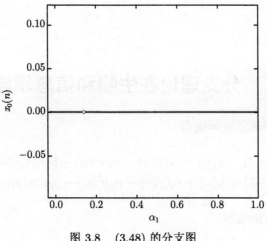

图 3.8 (3.48) 的分支图

第 4 章　分支理论在生物和信息领域的应用

本章考虑下述离散时间模型

$$
\begin{cases}
x(n+1) = x(n) + r_1(x(n) - a_1 x^2(n) - b_1 x(n)y(n)), \\
y(n+1) = y(n) + r_2(y(n) - a_2 y^2(n) - b_2 x(n)y(n))
\end{cases} \tag{4.1}
$$

和其对应的连续时间模型

$$
\begin{cases}
\dot{x} = r_1(x - a_1 x^2 - b_1 xy), \\
\dot{y} = r_2(y - a_2 y^2 - b_2 xy),
\end{cases} \tag{4.2}
$$

其中 r_i, a_i 和 b_i $(i = 1, 2)$ 可以是与时间无关的参数或者是关于 x, y 的函数. 根据变量和参数的实际意义, 该模型可以表示捕食系统, 也可以表示信息传播系统. 具体如下.

- 捕食系统:

模型 (一) 若记 $u(n)$ 和 $v(n)$ 分别代表被捕食者与捕食者的种群密度, r 为固有增长率, s 为捕食者增长率或死亡率, $m, a > 0$ 分别代表捕食者功能反应函数中的捕食率和处理时间, $b > 0$ 代表捕食者种群内部的干预程度, h 为捕食者生长中所捕获的被捕食者的食物转化率. 当

$$
r_1 = r, \quad a_1 = 1, \quad b_1 = \frac{m}{r(1 + au(n))(1 + bv(n))},
$$

$$
r_2 = s, \quad a_2 = \frac{1}{hu(n)}, \quad b_2 = 0,
$$

模型 (4.1) 即为具有 Crowley-Martin 功能反应函数的离散捕食系统 [22]

$$
\begin{cases}
u(n+1) = u(n) + ru(n)(1 - u(n)) - \dfrac{mu(n)v(n)}{(1 + au(n))(1 + bv(n))}, \\
v(n+1) = v(n) + sv(n)\left(1 - \dfrac{v(n)}{hu(n)}\right),
\end{cases} \tag{4.3}
$$

模型 (二) 若记 x 和 y 分别代表被捕食者和捕食者的数量或者密度, 假设 r 和 K 分别代表食饵的内禀增长率和环境的最大承载量, d 代表捕食者的自然死亡

率, c 代表捕食者捕获的食物的转化率与功能反应函数的正比例常数. 当

$$r_1 = r, \quad a_1 = \frac{1}{K}, \quad b_1 = \frac{m}{r(ax^2 + bx + 1)},$$

$$r_2 = -d, \quad a_2 = 0, \quad b_2 = -\frac{cm}{d(ax^2 + bx + 1)},$$

模型 (4.2) 转化为具有 Holling IV 型功能反应函数的系统 [23]

$$\begin{cases} \dot{x} = rx\left(1 - \dfrac{x}{K}\right) - \dfrac{mxy}{ax^2 + bx + 1}, \\ \dot{y} = y\left(-d + c\dfrac{mx}{ax^2 + bx + 1}\right). \end{cases} \tag{4.4}$$

本章将在 4.1 节和 4.2 节分别讨论模型 (一) 和模型 (二).

● 信息传播系统 [24]: 若 $x(n)$, $y(n)$ (x, y) 分别代表两条信息传播过程中用户密度, $r_1 > 0$, $r_2 > 0$ 分别代表两条信息传播中用户的增长率; $1/a_1 > 0$, $1/a_2 > 0$ 为信息传播的最大容载量; $b_1 \in \mathbb{R}$, $b_2 \in \mathbb{R}$ 代表传播过程中两条信息相互的干预率或促进率, 则 (4.1) 和 (4.2) 分别是用来描述两条信息传播过程的离散时间系统和连续时间系统, 可分为以下三种类型:

(i) 反转型: $b_1 < 0$, $b_2 > 0$, 信息 $y(n)$ 促进信息 $x(n)$ 传播, 信息 $x(n)$ 的传播抑制 $y(n)$ 的传播;

(ii) 竞争型: $b_1 > 0$, $b_2 > 0$, 两条信息传播过程中存在相互竞争关系;

(iii) 促进型: $b_1 < 0$, $b_2 < 0$, 两条信息传播过程中存在相互促进关系.

事实上, 反转型的信息模型中表示用户增长率的参数大于零, 而捕食系统中捕食者的死亡率是小于零的. 那么, 在捕食系统中若没有被捕食者, 则捕食者种群是衰退的, 但对于信息模型来说, 即使不存在信息 $y(n)$, 信息 $x(n)$ 还是以逻辑斯谛 (Logistic) 式增长传播. 下面将在本章 4.3 节和 4.4 节分别讨论离散信息模型和连续信息模型的动力学, 本章的部分图片引自文献 [25—29].

4.1 具有 Crowley-Martin 功能反应函数的离散捕食系统

考虑离散捕食系统 (4.3), 即

$$\begin{cases} u(n+1) = u(n) + ru(n)(1 - u(n)) - \dfrac{mu(n)v(n)}{(1 + au(n))(1 + bv(n))}, \\ v(n+1) = v(n) + sv(n)\left(1 - \dfrac{v(n)}{hu(n)}\right), \end{cases}$$

它有一个平凡不动点 $E_1(1,0)$, 它所对应的特征方程的两个根分别为 $\lambda_1 = 1 - r$, $\lambda_2 = 1 + s$, 在 $s > 0$ 的前提下, 若 $0 < r < 2$, 则 $E_1(1,0)$ 是鞍点; 若 $r > 2$, 则 E_1 为源点; 若 $r = 2$, 则 E_1 为非双曲点.

设映射的非平凡不动点为 (u, v), 其中 u 满足 $abhru^3 + (a + bh - abh)ru^2 + (mh + r - ra - rbh)u - r = 0$, $v = hu$. 由上述一元三次方程可知, 若 $a + bh \geqslant abh$, (4.3) 只存在唯一一个正不动点; 或者若 $a + bh < abh$ 且 $mh + 1 \leqslant r(a + bh)$, (4.3) 也只存在唯一一个正不动点; 若 $a + bh < abh$ 且 $mh + 1 > r(a + bh)$, (4.3) 存在三个正不动点. 为方便下面的分析, 我们统一记所有的非平凡正不动点为 $E^*(u^*, v^*)$, 其 Jacobi 矩阵为

$$J(u^*, v^*) = \begin{pmatrix} 1 - ru^* + \dfrac{mahu^{*2}}{(1 + au^*)^2(1 + bv^*)} & -\dfrac{mu^*}{(1 + au^*)(1 + bv^*)^2} \\ sh & 1 - s \end{pmatrix},$$

其相应特征方程为

$$\lambda^2 - (s_0 + 1 - s)\lambda + s_0(1 - s) - \sigma sh = 0,$$

其中

$$s_0 = 1 - ru^* + \frac{mahu^{*2}}{(1 + au^*)^2(1 + bv^*)}, \quad \sigma = -\frac{mu^*}{(1 + au^*)(1 + bv^*)^2}.$$

通过分析特征方程根的大小, 可得 E^* 有如下稳定性结果:

• E^* 为汇点, 若满足下列条件之一

(i.1)

$$0 < s_0 + \sigma h < 1, \quad \frac{s_0 - 1}{s_0 + \sigma h} < s < \frac{2(1 + s_0)}{s_0 + \sigma h + 1};$$

(i.2)

$$-1 < s_0 + \sigma h < 0, \quad s < \min\left\{\frac{2(1 + s_0)}{s_0 + \sigma h + 1}, \frac{s_0 - 1}{s_0 + \sigma h}\right\};$$

(i.3)

$$s_0 + \sigma h < -1, \quad \frac{2(1 + s_0)}{s_0 + \sigma h + 1} < s < \frac{s_0 - 1}{s_0 + \sigma h}.$$

• E^* 为源点, 若满足下列条件之一

(ii.1)

$$0 < s_0 + \sigma h < 1, \quad s < \min\left\{\frac{2(1+s_0)}{s_0 + \sigma h + 1}, \frac{s_0 - 1}{s_0 + \sigma h}\right\};$$

(ii.2)

$$-1 < s_0 + \sigma h < 0, \quad \frac{s_0 - 1}{s_0 + \sigma h} < s < \frac{2(1+s_0)}{s_0 + \sigma h + 1};$$

(ii.3)

$$s_0 + \sigma h < -1, \quad s > \max\left\{\frac{2(1+s_0)}{s_0 + \sigma h + 1}, \frac{s_0 - 1}{s_0 + \sigma h}\right\}.$$

• E^* 为鞍点, 若满足下列条件之一

(iii.1)

$$-1 < s_0 + \sigma h < 1, \quad s > \frac{2(1+s_0)}{s_0 + \sigma h + 1};$$

(iii.2)

$$s_0 + \sigma h < -1, \quad s < \frac{2(1+s_0)}{s_0 + \sigma h + 1}.$$

• E^* 是非双曲的, 若满足下列条件之一

(iv.1)

$$s_0 + \sigma h = 1;$$

(iv.2)

$$s_0 + \sigma h \neq -1, \quad s = \frac{2(1+s_0)}{s_0 + \sigma h + 1};$$

(iv.3)

$$s_0 + \sigma h \neq 0, \quad s = \frac{s_0 - 1}{s_0 + \sigma h}, \quad (s_0 + 1 - s)^2 < 4(s_0(1-s) - sh\sigma).$$

我们所关注系统的分支行为将出现在 E^* 是非双曲的情形之中, 下面根据条件 (iv.2) 和 (iv.3) 进行讨论.

4.1.1 余维一分支

定理 4.1.1 当摄动参数 s^* 在零点的小邻域变化时, 若 $\alpha_2 \neq 0$, 映射 (4.3) 在不动点 $E^*(u^*, v^*)$ 处存在倍周期分支. 此外若 $\alpha_2 > 0(< 0)$, 则倍周期分支是超临界的 (次临界的), $E^*(u^*, v^*)$ 处的周期 2 轨道稳定 (不稳定), 其中判别量 α_2 在下述证明中给出.

证明　记

$$FL = \left\{ (a,b,m,s,r,h) : s = \frac{2(1+s_0)}{s_0 + \sigma h + 1}, s \neq s_0 + 3, \ s_0 + 1, a, b, m, s, r, h > 0 \right\}.$$

当参数在 FL 的邻域内变化时, 在 (u^*, v^*) 处有一个乘子是 -1, 且另外一个乘子既不是 1 也不是 -1, 映射 (4.3) 在不动点 (u^*, v^*) 处发生倍周期分支.

取参数 $(a_1, b_1, m_1, s_1, r_1, h_1) \in FL$, 考虑以下映射

$$\begin{cases} u(n+1) = u(n) + r_1 u(n)(1 - u(n)) - \dfrac{m_1 u(n) v(n)}{(1 + a_1 u(n))(1 + b_1 v(n))}, \\ v(n+1) = v(n) + s_1 v(n) \left(1 - \dfrac{v(n)}{h_1 u(n)}\right). \end{cases} \tag{4.5}$$

系统 (4.5) 在内部不动点 $E^*(u^*, v^*)$ 处的乘子满足 $\lambda_1 = -1, \lambda_2 = s_0 + 2 - s$ 且 $|\lambda_2| \neq 1$, 则考虑如下扰动系统

$$\begin{cases} u(n+1) = u(n) + r_1 u(n)(1 - u(n)) - \dfrac{m_1 u(n) v(n)}{(1 + a_1 u(n))(1 + b_1 v(n))}, \\ v(n+1) = v(n) + (s_1 + s^*) v(n) \left(1 - \dfrac{v(n)}{h_1 u(n)}\right), \end{cases} \tag{4.6}$$

其中 $|s^*| \ll 1$ 为小摄动参数.

令 $x = u - u^*, y = v - v^*$, 映射 (4.6) 变为

$$\begin{pmatrix} x \\ y \end{pmatrix} \mapsto \begin{pmatrix} a_{11}x + a_{12}y + a_{13}x^2 + a_{14}xy + a_{15}y^2 + e_1 x^3 \\ +e_2 x^2 y + e_3 xy^2 + a_{16}y^3 + O((|x| + |y|)^4) \\ a_{21}x + a_{22}y + a_{23}x^2 + a_{24}xy + a_{25}y^2 + c_1 xs^* + c_2 ys^* + c_3 x^2 s^* + c_4 xys^* \\ +c_5 y^2 s^* + d_1 x^3 + d_2 x^2 y + d_3 xy^2 + a_{26}y^3 + O((|x| + |y| + |s^*|)^4) \end{pmatrix}, \tag{4.7}$$

其中

$$a_{11} = 1 + r_1(1 - 2u^*) - \frac{m_1 v^*}{(1 + a_1 u^*)^2 (1 + b_1 v^*)}, \quad a_{12} = -\frac{m_1 u^*}{(1 + a_1 u^*)(1 + b_1 v^*)^2},$$

$$a_{13} = -r_1 + \frac{m_1 a_1 v^*}{(1 + a_1 u^*)^3 (1 + b_1 v^*)}, \quad a_{14} = -\frac{m_1}{(1 + a_1 u^*)^2 (1 + b_1 v^*)^2},$$

$$e_1 = -\frac{m_1 v^* a_1^2}{(1+a_1 u^*)^4(1+b_1 v^*)}, \quad e_2 = \frac{m_1 a_1}{(1+a_1 u^*)^3(1+b_1 v^*)^2},$$

$$e_3 = \frac{m_1 b_1}{(1+a_1 u^*)^2(1+b_1 v^*)^3}, \quad a_{15} = \frac{m_1 b_1 u^*}{(1+a_1 u^*)(1+b_1 v^*)^3},$$

$$a_{16} = -\frac{m_1 b_1^2 u^*}{(1+a_1 u^*)(1+b_1 v^*)^4}, \quad a_{26} = 0,$$

$$a_{21} = s_1 h_1, \quad a_{22} = 1 - s_1, \quad a_{23} = -\frac{s_1 h_1}{u^*}, \quad a_{24} = \frac{2s_1}{u^*}, \quad a_{25} = -\frac{s_1}{h_1 u^*},$$

$$c_1 = h_1, \quad c_2 = -1, \quad c_3 = -\frac{h_1}{u^*}, \quad c_4 = \frac{2}{u^*}, \quad c_5 = -\frac{1}{h_1 u^*}, \quad d_1 = \frac{s_1 h_1}{u^{*2}},$$

$$d_2 = \frac{-2s_1}{u^{*2}}, \quad d_3 = \frac{s_1}{h_1 u^{*2}}.$$

令

$$T = \begin{pmatrix} a_{12} & a_{12} \\ -1 - a_{11} & \lambda_2 - a_{11} \end{pmatrix}.$$

由于 $\lambda_2 \neq -1$, 故矩阵 T 是不可逆的, 从而可对映射 (4.7) 进行以下变换

$$\begin{pmatrix} x \\ y \end{pmatrix} = T \begin{pmatrix} \widetilde{x} \\ \widetilde{y} \end{pmatrix},$$

映射 (4.7) 变为

$$\begin{pmatrix} \widetilde{x} \\ \widetilde{y} \end{pmatrix} \mapsto \begin{pmatrix} -1 & 0 \\ 0 & \lambda_2 \end{pmatrix} \begin{pmatrix} \widetilde{x} \\ \widetilde{y} \end{pmatrix} + \begin{pmatrix} \widetilde{f}(\widetilde{x}, \widetilde{y}, s^*) \\ \widetilde{g}(\widetilde{x}, \widetilde{y}, s^*) \end{pmatrix}, \tag{4.8}$$

其中

$$\widetilde{f}(\widetilde{x}, \widetilde{y}, s^*) = \frac{(\lambda_2 - a_{11})a_{13} - a_{12}a_{23}}{a_{12}(1+\lambda_2)} x^2 + \frac{(\lambda_2 - a_{11})a_{14} - a_{12}a_{24}}{a_{12}(1+\lambda_2)} xy$$

$$+ \frac{(\lambda_2 - a_{11})a_{15} - a_{12}a_{25}}{a_{12}(1+\lambda_2)} y^2 - \frac{c_1}{(1+\lambda_2)} xs^* - \frac{c_2}{(1+\lambda_2)} ys^*$$

$$+ \frac{(\lambda_2 - a_{11})e_1 - a_{12}d_1}{a_{12}(1+\lambda_2)} x^3 + \frac{(\lambda_2 - a_{11})e_2 - a_{12}d_2}{a_{12}(1+\lambda_2)} x^2 y$$

$$+ \left[\frac{(\lambda_2 - a_{11})e_3}{a_{12}(1+\lambda_2)} - \frac{d_3}{(1+\lambda_2)} \right] xy^2 - \frac{c_3}{(1+\lambda_2)} x^2 s^*$$

$$+ \frac{(\lambda_2 - a_{11})a_{16} - a_{12}a_{26}}{a_{12}(1+\lambda_2)} y^3 - \frac{c_4}{(1+\lambda_2)} xys^*$$

$$- \frac{c_5}{(1+\lambda_2)}y^2 s^* + O((|x|+|y|+|s^*|)^4),$$

$$\widetilde{g}(\widetilde{x},\widetilde{y},s^*) = \frac{(1+a_{11})a_{13}+a_{12}a_{23}}{a_{12}(1+\lambda_2)}x^2 + \frac{(1+a_{11})a_{14}+a_{12}a_{24}}{a_{12}(1+\lambda_2)}xy + \left[\frac{(1+a_{11})a_{15}}{a_{12}(1+\lambda_2)}\right.$$

$$+ \left.\frac{a_{25}}{(1+\lambda_2)}\right]y^2 + \frac{c_1}{(1+\lambda_2)}xs^* + \frac{c_2}{(1+\lambda_2)}ys^* + \frac{(1+a_{11})e_1}{a_{12}(1+\lambda_2)}x^3$$

$$+ \frac{d_1}{(1+\lambda_2)}x^3 + \frac{(1+a_{11})e_2+a_{12}d_2}{a_{12}(1+\lambda_2)}x^2 y + \frac{(1+a_{11})e_3+a_{12}d_3}{a_{12}(1+\lambda_2)}xy^2$$

$$+ \frac{(1+a_{11})a_{16}+a_{12}a_{26}}{a_{12}(1+\lambda_2)}y^3 + \frac{c_3}{(1+\lambda_2)}x^2 s^* + \frac{c_4}{(1+\lambda_2)}xys^*$$

$$+ \frac{c_5}{(1+\lambda_2)}y^2 s^* + O((|x|+|y|+|s^*|)^4).$$

这里 $\widetilde{f}(\widetilde{x},\widetilde{y},s^*)$, $\widetilde{g}(\widetilde{x},\widetilde{y},s^*)$ 表达式中的 x, y 与 $\widetilde{x}$, $\widetilde{y}$ 的关系由矩阵变换 T 推导可得.

下面我们计算在 $s^* = 0$ 的小邻域内, 映射 (4.8) 在不动点 $(0,0)$ 处的中心流形. 由中心流形定理可知, 存在中心流形 $W^c(0,0)$ 如下所示

$$W^c(0,0) = \{(\widetilde{x},\widetilde{y},s^*) \in \mathbb{R}^3 : \widetilde{y} = n_1\widetilde{x}^2 + n_2\widetilde{x}s^* + n_3 s^{*2} + O((|\widetilde{x}|+|s^*|)^3)\},$$

其中 $O((|x|+|s^*|)^3)$ 是高于 2 阶的所有项的总和, 同时上述流形满足

$$\widetilde{y} = n_1(-\widetilde{x}+\widetilde{f}(\widetilde{x},\widetilde{y},s^*))^2 + n_2(-\widetilde{x}+\widetilde{f}(\widetilde{x},\widetilde{y},s^*))s^* + n_3 s^{*2}$$

$$= \lambda_2(n_1\widetilde{x}^2 + n_2\widetilde{x}s^* + n_3 s^{*2}) + \widetilde{g}(\widetilde{x},\widetilde{y},s^*).$$

对比上述等式两端的系数我们可得

$$n_1 = \frac{a_{12}((1+a_{11})a_{13}+a_{12}a_{23})}{(1-\lambda_2^2)} + \frac{(-1-a_{11})((1+a_{11})a_{14}+a_{12}a_{24})}{(1-\lambda_2^2)}$$

$$+ \frac{(-1-a_{11})^2((1+a_{11})a_{15}+a_{12}a_{25})}{a_{12}(1-\lambda_2^2)},$$

$$n_2 = -\frac{a_{12}^2 c_1 - a_{12}c_2(1+a_{11})}{a_{12}(\lambda_2+1)^2}, \quad n_3 = 0.$$

因此, 映射 (4.8) 在中心流形上的限制如下

$$f: x \to -\widetilde{x} + h_1\widetilde{x}^2 + h_2\widetilde{x}s^* + h_3\widetilde{x}^2 s^* + h_4\widetilde{x}s^{*2} + h_5\widetilde{x}^3 + O((|\widetilde{x}|+|s^*|)^4), \quad (4.9)$$

其中

$$h_1 = \frac{1}{a_{12}(1+\lambda_2)}[A_{20}a_{12}^2 + A_{11}a_{12}(-1-a_{11}) + A_{02}(1+a_{11})^2],$$

$$h_2 = -\frac{1}{(\lambda_2+1)}[a_{12}c_1 - c_2(1+a_{11})],$$

$$h_3 = \frac{1}{a_{12}(1+\lambda_2)}[2n_2A_{20}a_{12}^2 + A_{11}a_{12}(-1-a_{11})(\lambda_2-1-2a_{11})$$
$$- 2n_2A_{02}(1+a_{11})(\lambda_2-a_{11}) - a_{12}^2c_1n_1 - a_{12}c_2n_1(\lambda_2-a_{11})$$
$$- a_{12}^3c_3 + c_2a_{12}^2(1+a_{11}) - a_{12}c_5(1+a_{11})^2],$$

$$h_4 = \frac{1}{(\lambda_2+1)}[a_{12}c_1n_2 - c_2(\lambda_2+a_{11})],$$

$$h_5 = \frac{1}{a_{12}(\lambda_2+1)}\{[n_1(2a_{12}^2A_{20} + A_{11}a_{12}(\lambda_2-1-2a_{11}) - 2A_{02}(\lambda_2-a_{11})$$
$$(1+a_{11}))] + A_{30}a_{12}^3 + A_{21}a_{12}(1+a_{11})^2 + A_{12}a_{12}^2(1+a_{11})$$
$$+ A_{03}(-1-a_{11})^3\},$$

$$A_{11} = (\lambda_2-a_{11})a_{14} - a_{12}a_{24}, \quad A_{02} = (\lambda_2-a_{11})a_{15} - a_{12}a_{25},$$

$$A_{30} = (\lambda_2-a_{11})e_1 - a_{12}d_1, \quad A_{12} = (\lambda_2-a_{11})e_3 - a_{12}d_3,$$

$$A_{21} = (\lambda_2-a_{11})e_2 - a_{12}d_2, \quad A_{03} = (\lambda_2-a_{11})a_{16} - a_{12}a_{16},$$

$$A_{20} = (\lambda_2-a_{11})a_{13} - a_{12}a_{23}.$$

由文献 [4] 中的定理 3.5.1 可知, 若映射 (4.9) 存在倍周期分支, 我们要求判别量 α_1 不为 0,

$$\alpha_1 = \left(2\frac{\partial^2 f}{\partial\widetilde{x}\partial s^*} + \frac{\partial f}{\partial s^*}\frac{\partial^2 f}{\partial\widetilde{x}^2}\right)\Big|_{(0,0)}.$$

倍周期分支方向和周期 2 轨的稳定性可由判别量 $\alpha_2 \neq 0$ 的正负得出, 其表达式如下

$$\alpha_2 = \left(\frac{1}{3}\frac{\partial^3 f}{\partial\widetilde{x}^3} + \frac{1}{2}\left(\frac{\partial^2 f}{\partial\widetilde{x}^2}\right)^2\right)\Big|_{(0,0)}. \qquad \Box$$

定理 4.1.2 当 s^{**} 在零点的小邻域内变化时, 如果 $s_2 \neq 1+s_0, 2+s_0$ 且 $\alpha(0) \neq 0$, 则映射 (4.3) 在不动点 E^* 处发生 Neimark-Sacker 分支, 其中判别量 $\alpha(0)$ 在下述证明中给出. 若 $\alpha < 0\ (\alpha > 0)$, 则对于 $s^{**} > 0\ (s^{**} < 0)$, 从不动点发出一个吸引的 (排斥的) 不变曲线.

证明 记

$$NS = \left\{(a,b,m,s,r,h): s = \frac{s_0-1}{s_0+\sigma h}, s \neq s_0+3,\ s_0-1,\ a,b,m,s,r,h > 0\right\}.$$

若参数在集合 NS 的邻域内变化时, 在不动点处有一对模为 1 的乘子, 那么映射 (4.3) 在不动点 (u^*, v^*) 处存在 Neimark-Sacker 分支.

取参数 $(a_2, b_2, m_2, s_2, r_2, h_2) \in NS$, 考虑以下映射

$$\begin{cases} u(n+1) = u(n) + r_2 u(n)(1 - u(n)) - \dfrac{m_2 u(n) v(n)}{(1 + a_2 u(n))(1 + b_2 v(n))}, \\ v(n+1) = v(n) + s_2 v(n)\left(1 - \dfrac{v(n)}{h_2 u(n)}\right). \end{cases} \tag{4.10}$$

映射 (4.10) 在内部不动点 $E^*(u^*, v^*)$ 处的特征值满足 $|\lambda_1| = |\lambda_2| = 1$. 选择 s^{**} 作为分支参数, 考虑映射 (4.10) 的扰动系统

$$\begin{cases} u(n+1) = u(n) + r_2 u(n)(1 - u(n)) - \dfrac{m_2 u(n) v(n)}{(1 + a_2 u(n))(1 + b_2 v(n))}, \\ v(n+1) = v(n) + (s_2 + s^{**})v(n)\left(1 - \dfrac{v(n)}{h_2 u(n)}\right), \end{cases} \tag{4.11}$$

其中 $|s^{**}| \ll 1$ 是小摄动参数.

令 $x = u - u^*$, $y = v - v^*$, $s_2' = s_2 + s^{**}$, 将 $E^*(u^*, v^*)$ 平移到原点, 上述映射变为

$$\begin{pmatrix} x \\ y \end{pmatrix} \mapsto \begin{pmatrix} a_{11}x + a_{12}y + a_{13}x^2 + a_{14}xy + a_{15}y^2 + e_1 x^3 + e_2 x^2 y \\ \quad + e_3 xy^2 + a_{16}y^3 + O((|x| + |y|)^4) \\ a_{21}x + a_{22}y + a_{23}x^2 + a_{24}xy + a_{25}y^2 + d_1 x^3 + d_2 x^2 y \\ \quad + d_3 xy^2 + a_{26}y^3 + O((|x| + |y|)^4) \end{pmatrix}, \tag{4.12}$$

这里 $a_{11}, a_{12}, a_{13}, a_{14}, a_{15}, a_{16}, e_1, e_2, e_3$ 和 $a_{21}, a_{22}, a_{23}, a_{24}, a_{25}, a_{26}, d_1, d_2, d_3$ 的表达式, 根据定理 4.1.1, 只需将系数中 s_1 替代为 s_2' 和其他对应的参数下标替代为 2 即可. 映射 (4.11) 在 $E^*(u^*, v^*)$ 处的线性化特征方程为

$$\lambda^2 - p(s^{**})\lambda + q(s^{**}) = 0,$$

其中

$$-p(s^{**}) = s_0 + 1 - (s_2 + s^{**}), \quad q(s^{**}) = s_0(1 - (s_2 s^{**})) - (s_2 + s^{**})h_2\sigma.$$

此时方程的根可写为

$$\lambda_{1,2} = \frac{(s_0 + 1 - (s_2 s^{**}))}{2}$$

$$\pm \frac{\sqrt{(s_0 + 1 - (s_2 + s^{**}))^2 - 4(s_0(1 - (s_2 + s^{**})) - (s_2 + s^{**})h_2\sigma)}}{2},$$

且

$$|\lambda_{1,2}| = q(s^{**})^{1/2}, \quad l = \frac{d|\lambda_{1,2}|}{ds^{**}}\bigg|_{s^{**}=0} = -\frac{1}{2}(s_0 + h_2\sigma) \neq 0.$$

此外如果 $s^{**} = 0$, 则 $\lambda_{1,2}^m \neq 1$, $m \neq 1, 2, 3, 4$, 即 $p(0) \neq -2, 2, 1, 0$. 注意到当 $(a_2, b_2, m_2, s_2, r_2, h_2) \in NS$, $p(0) \neq -2, 2$, 故只需 $p(0) \neq 0, 1$ 成立, 等价而言有以下关系

$$s_2 \neq 1 + s_0, 2 + s_0. \tag{4.13}$$

下面我们通过变换来计算映射 (4.12) 的规范形, 令

$$\begin{pmatrix} x \\ y \end{pmatrix} = T \begin{pmatrix} \widetilde{x} \\ \widetilde{y} \end{pmatrix},$$

其中

$$T = \begin{pmatrix} -\sigma & 0 \\ s_0 - \cos\theta_0 & -\sin\theta_0 \end{pmatrix},$$

$$\lambda_{1,2} = \cos\theta_0 \pm i\sin\theta_0.$$

则映射 (4.12) 变为

$$\begin{pmatrix} \widetilde{x} \\ \widetilde{y} \end{pmatrix} \mapsto \begin{pmatrix} \cos\theta_0 & -\sin\theta_0 \\ \sin\theta_0 & \cos\theta_0 \end{pmatrix} \begin{pmatrix} \widetilde{x} \\ \widetilde{y} \end{pmatrix} + \begin{pmatrix} f(\widetilde{x}, \widetilde{y}) \\ g(\widetilde{x}, \widetilde{y}) \end{pmatrix}, \tag{4.14}$$

其中

$$f(\widetilde{x}, \widetilde{y}) = -\frac{1}{\sigma}\{a_{13}\sigma^2\widetilde{x}^2 - a_{14}\sigma^2\widetilde{x}[(s_0 - \cos\theta_0)\widetilde{x} + \sin\theta_0\widetilde{y}] + a_{15}[(s_0 - \cos\theta_0)\widetilde{x}$$
$$+ \sin\theta_0\widetilde{y}]^2 - e_1\sigma^3\widetilde{x}^3 + e_2\sigma^2\widetilde{x}^2[(s_0 - \cos\theta_0)\widetilde{x} + \sin\theta_0\widetilde{y}] - e_3\sigma\widetilde{x}[(s_0$$
$$- \cos\theta_0)\widetilde{x} + \sin\theta_0\widetilde{y}]^2 + a_{16}[(s_0 - \cos\theta_0)\widetilde{x} + \sin\theta_0\widetilde{y}]^3\},$$

$$g(\widetilde{x}, \widetilde{y}) = \frac{1}{\sin\theta_0}\{(a_{23} + \sigma_1 a_{13})\sigma^2\widetilde{x}^2 - (a_{24} + \sigma_1 a_{14})\sigma\widetilde{x}[(s_0 - \cos\theta_0)\widetilde{x} + \sin\theta_0\widetilde{y}]$$
$$- (d_1 + \sigma_1 e_1)\sigma^3\widetilde{x}^3 + (a_{25} + \sigma_1 a_{15})[(s_0 - \cos\theta_0)\widetilde{x} + \sin\theta_0\widetilde{y}]^2 + (d_2$$
$$+ \sigma_1 e_2)\sigma^2\widetilde{x}^2[(s_0 - \cos\theta_0)\widetilde{x} + \sin\theta_0\widetilde{y}] - (d_3 + \sigma_1 e_3)\sigma\widetilde{x}[(s_0 - \cos\theta_0)\widetilde{x}$$

$$+ \sin\theta_0\widetilde{y}]^2 + (a_{26} + \sigma_1 a_{16})[(s_0 - \cos\theta_0)\widetilde{x} + \sin\theta_0\widetilde{y}]^3\},$$

$$\sigma_1 = (s_0 - \cos\theta_0)/\sigma,$$

根据文献 [4] 中的定理 3.5.2, 若映射 (4.14) 发生 Neimark-Sacker 分支, 则需判别量 $\alpha \neq 0$ 成立, 其中

$$\alpha(0) = \left[-\mathrm{Re}\left(\frac{(1-2\lambda)\overline{\lambda}^2}{1-\lambda}\xi_{20}\xi_{11}\right) - \frac{1}{2}|\xi_{11}|^2 - |\xi_{02}|^2 + \mathrm{Re}(\overline{\lambda}\xi_{21})\right]\bigg|_{s^{**}=0},$$

其中

$$\xi_{20} = \frac{1}{8}[f_{\widetilde{x}\widetilde{x}} - f_{\widetilde{y}\widetilde{y}} + 2g_{\widetilde{x}\widetilde{y}} + i(g_{\widetilde{x}\widetilde{x}} - g_{\widetilde{y}\widetilde{y}} - 2f_{\widetilde{x}\widetilde{y}})],$$

$$\xi_{11} = \frac{1}{4}[f_{\widetilde{x}\widetilde{x}} + f_{\widetilde{y}\widetilde{y}} + i(g_{\widetilde{x}\widetilde{x}} + f_{\widetilde{y}\widetilde{y}})],$$

$$\xi_{02} = \frac{1}{8}[f_{\widetilde{x}\widetilde{x}} - f_{\widetilde{y}\widetilde{y}} - 2g_{\widetilde{x}\widetilde{y}} + i(g_{\widetilde{x}\widetilde{x}} - g_{\widetilde{y}\widetilde{y}} + 2f_{\widetilde{x}\widetilde{y}})],$$

$$\xi_{21} = \frac{1}{16}[f_{\widetilde{x}\widetilde{x}\widetilde{x}} + f_{\widetilde{x}\widetilde{y}\widetilde{y}} + g_{\widetilde{x}\widetilde{x}\widetilde{y}} + g_{\widetilde{y}\widetilde{y}\widetilde{y}} + i(g_{\widetilde{x}\widetilde{x}\widetilde{x}} + g_{\widetilde{x}\widetilde{y}\widetilde{y}} - f_{\widetilde{x}\widetilde{x}\widetilde{y}} - f_{\widetilde{y}\widetilde{y}\widetilde{y}})].$$

这里

$$f_{\widetilde{x}\widetilde{x}} = -2\left\{a_{13}\sigma - a_{14}(s_0 - \cos\theta_0) + \frac{a_{15}}{\sigma}(s_0 - \cos\theta_0)^2\right\},$$

$$f_{\widetilde{x}\widetilde{y}} = a_{14}\sin\theta_0 - \frac{2a_{15}}{\sigma}\sin\theta_0(s_0 - \cos\theta_0), \quad f_{\widetilde{y}\widetilde{y}} = -2\sin^2\theta_0\frac{a_{15}}{\sigma},$$

$$f_{\widetilde{x}\widetilde{x}\widetilde{x}} = -\frac{6}{\sigma}\{-e_1\sigma^3 + a_{16}(s_0 - \cos\theta_0)^3$$
$$+ e_2\sigma^2(s_0 - \cos\theta_0) - e_3\sigma(s_0 - \cos\theta_0)^2\},$$

$$f_{\widetilde{x}\widetilde{x}\widetilde{y}} = -\frac{2}{\sigma}\{3a_{16}(s_0 - \cos\theta_0)^2\sin\theta_0 + e_2\sigma^2\sin\theta_0 - 2e_3\sigma(s_0 - \cos\theta_0)\sin\theta_0\},$$

$$f_{\widetilde{x}\widetilde{y}\widetilde{y}} = -\frac{2}{\sigma}\{3a_{16}(s_0 - \cos\theta_0)\sin^2\theta_0 - e_3\sigma\sin^2\theta_0\}, \quad f_{\widetilde{y}\widetilde{y}\widetilde{y}} = -6\sin^3\theta_0\frac{a_{16}}{\sigma},$$

$$g_{\widetilde{x}\widetilde{x}} = \frac{2}{\sin\theta_0}[(a_{23} + \sigma_1 a_{13})\sigma^2 - (a_{24} + \sigma_1 a_{14})\sigma(s_0 - \cos\theta_0)$$
$$+ (a_{25} + \sigma_1 a_{15})(s_0 - \cos\theta_0)^2],$$

$$g_{\widetilde{y}\widetilde{y}} = 2(a_{25} + \sigma_1 a_{15})\sin\theta_0, \quad g_{\widetilde{x}\widetilde{y}} = -\sigma(a_{24} + \sigma_1 a_{14}),$$

$$g_{\widetilde{x}\widetilde{x}\widetilde{x}} = \frac{6}{\sin\theta_0}[(d_1 + \sigma_1 e_1)\sigma^3 + (s_0 - \cos\theta_0)(d_2 + \sigma_1 e_2)\sigma^2$$

$$+ (d_3 + \sigma_1 e_3)(s_0 - \cos\theta_0)^2\sigma + (a_{26} + \sigma_1 a_{16})(s_0 - \cos\theta_0)^3],$$

$$g_{\overline{x}\overline{x}\overline{y}} = 2[(d_2 + \sigma_1 e_2)\sigma^2 - 2\sigma(s_0 - \cos\theta_0)(d_3 + \sigma_1 e_3)$$

$$+ 3(s_0 - \cos\theta_0)^2(a_{26} + \sigma_1 a_{16})],$$

$$g_{\overline{x}\overline{y}\overline{y}} = 2[3\sin\theta_0(s_0 - \cos\theta_0)(a_{26} + \sigma_1 a_{16}) - \sigma\sin\theta_0],$$

$$g_{\overline{y}\overline{y}\overline{y}} = 6(a_{26} + \sigma_1 a_{16})\sin^2\theta_0. \qquad \square$$

接下来计算在 E^* 处由 Neimark-Sacker 分支引起的不变曲线的渐近表达式. 根据定理 4.1.2, 映射 (4.12) 的标准形式如下

$$z_{n+1} = \lambda(\mu)z_n + c(\mu)z_n^2\overline{z}_n + O(|z_n|^4),$$

其中 μ 是充分小的摄动参数, $s = s_2 + \mu$, $s_2 = \dfrac{s_0 - 1}{\sigma h_2 + s_0}$. 将上述标准形式用极坐标表示

$$\begin{cases} \rho_{n+1} = |\lambda(\mu)|\rho_n + a(\mu)\rho_n^3 + O(|\rho_n|^4), \\ \theta_{n+1} = \theta_n + \arg\lambda(\mu) + b(\mu)\rho_n^2 + O(|\rho_n|^3), \end{cases} \tag{4.15}$$

其中 $a(\mu) = \mathrm{Re}\left(\dfrac{c(\mu)}{\lambda(\mu)}\right)$, $b(\mu) = \mathrm{Im}\left(\dfrac{c(\mu)}{\lambda(\mu)}\right)$. 在 $\mu = 0$ 处, 对方程 (4.15) 中第一个方程进行 Taylor 展开, 则

$$\rho_{n+1} = (1 + d\mu)\rho_n + a(0)\rho_n^3 + O(|\rho_n|^4).$$

重写 (4.12) 为

$$\begin{pmatrix} x(n+1) \\ y(n+1) \end{pmatrix} = A\begin{pmatrix} x(n) \\ y(n) \end{pmatrix} + F^*\begin{pmatrix} x(n) \\ y(n) \end{pmatrix},$$

其中

$$A = \begin{pmatrix} a_{11} & a_{12} \\ a_{21} & a_{22} \end{pmatrix}.$$

在 $\mathbb{R}^2$ 空间中定义 $\Phi = (q, \overline{q})$, 这里 $q(p)$ 为特征根 $\lambda = e^{i\theta_0}$ 相应的左 (右) 向量, 满足 $Aq = \lambda q$, $pA = \lambda p$, $\langle p, q \rangle = 1$ 其中

$$q = \begin{pmatrix} -\sigma \\ s_0 - e^{i\theta_0} \end{pmatrix}.$$

对于变量 (x, y) 和新坐标 $(z, \overline{z})$ 之间存在如下变换

$$\begin{pmatrix} x \\ y \end{pmatrix} = \Phi \begin{pmatrix} z \\ \overline{z} \end{pmatrix} = \begin{pmatrix} -\sigma(z + \overline{z}) \\ (s_0 - e^{i\theta_0})z + (s_0 - e^{-i\theta_0})\overline{z} \end{pmatrix}. \tag{4.16}$$

将映射 (4.16) 代入映射 (4.12)

$$F^* \left(\Phi \begin{pmatrix} z \\ \overline{z} \end{pmatrix} \right) = \begin{pmatrix} a_{13}\sigma^2(z + \overline{z})^2 - a_{14}\sigma(z + \overline{z})((s_0 - e^{i\theta_0})z + (s_0 - e^{-i\theta_0})\overline{z}) \\ -e_1\sigma^3(z + \overline{z})^3 + e_2\sigma^2(z + \overline{z})^2((s_0 - e^{i\theta_0})z + (s_0 - e^{-i\theta_0})\overline{z}) \\ -e_3\sigma(z + \overline{z})((s_0 - e^{i\theta_0})z + (s_0 - e^{-i\theta_0})\overline{z})^2 + a_{16}((s_0 - e^{i\theta_0})z \\ +(s_0 - e^{-i\theta_0})\overline{z})^3 + a_{15}((s_0 - e^{i\theta_0})z + (s_0 - e^{-i\theta_0})\overline{z})^2 \\ +O((|z| + |\overline{z}|)^4) \\ a_{23}\sigma^2(z + \overline{z})^2 - a_{24}\sigma(z + \overline{z})((s_0 - e^{i\theta_0})z + (s_0 - e^{-i\theta_0})\overline{z}) \\ -d_1\sigma^3(z + \overline{z})^3 + d_2\sigma^2(z + \overline{z})^2((s_0 - e^{i\theta_0})z + (s_0 - e^{-i\theta_0})\overline{z}) \\ -d_3\sigma(z + \overline{z})((s_0 - e^{i\theta_0})z + (s_0 - e^{-i\theta_0})\overline{z})^2 + a_{26}((s_0 - e^{i\theta_0})z \\ +(s_0 - e^{-i\theta_0})\overline{z})^3 + a_{25}((s_0 - e^{i\theta_0})z + (s_0 - e^{-i\theta_0})\overline{z})^2 \\ +O((|z| + |\overline{z}|)^4) \end{pmatrix}.$$

可得

$$f_{20} = \frac{\partial^2}{\partial z^2} F^* \left(\Phi \begin{pmatrix} z \\ \overline{z} \end{pmatrix} \right) \bigg|_{z=0} = \begin{pmatrix} f_{201} \\ f_{202} \end{pmatrix}$$

$$= \begin{pmatrix} 2a_{13}\sigma^2 - a_{14}\sigma(s_0 - e^{i\theta_0}) + 2a_{15}(s_0 - e^{i\theta_0})^2 \\ 2a_{23}\sigma^2 - a_{24}\sigma(s_0 - e^{i\theta_0}) + 2a_{25}(s_0 - e^{i\theta_0})^2 \end{pmatrix},$$

$$f_{11} = \frac{\partial^2}{\partial z \partial \overline{z}} F^* \left(\Phi \begin{pmatrix} z \\ \overline{z} \end{pmatrix} \right) \bigg|_{z=0} = \begin{pmatrix} f_{111} \\ f_{112} \end{pmatrix}$$

$$= \begin{pmatrix} 2a_{13}\sigma^2 - a_{14}\sigma(s_0 - \cos\theta_0) + 2a_{15}(s_0 - e^{i\theta_0})(s_0 - e^{-i\theta_0}) \\ 2a_{23}\sigma^2 - a_{24}\sigma(s_0 - \cos\theta_0) + 2a_{25}(s_0 - e^{i\theta_0})(s_0 - e^{-i\theta_0}) \end{pmatrix}.$$

从而

$$K_{20} = (\lambda^2 I - A)^{-1} f_{20} = \begin{pmatrix} K_{201} \\ K_{202} \end{pmatrix}$$

$$= \frac{1}{\lambda^4 - (s_0 + 1 - s_2)\lambda^2 + 1} \begin{pmatrix} (\lambda^2 + s_2 - 1)f_{201} + \sigma f_{202} \\ s_2 h_2 f_{201} + (\lambda^2 - s_0)f_{202} \end{pmatrix},$$

$$K_{11} = (I - A)^{-1} f_{11} = \frac{1}{1 + s_2 - s_0} \begin{pmatrix} s_2 f_{111} + \sigma f_{112} \\ s_2 h_2 f_{111} + (1 - s_0) f_{112} \end{pmatrix} = \begin{pmatrix} K_{111} \\ K_{112} \end{pmatrix}.$$

由 K_{20}, K_{11} 的表达式, 可得

$$\begin{aligned}
f_{21} &= \frac{\partial^3}{\partial z^2 \partial \bar{z}} F^* \left(\Phi \begin{pmatrix} z \\ \bar{z} \end{pmatrix} + \frac{1}{2} K_{20} z^2 + K_{11} z \bar{z} \right) \Bigg|_{z=0} \\
&= \begin{pmatrix} a_{13} X + a_{16} Y + e_2 Z + e_3 W \\ a_{23} X + a_{26} Y + d_2 Z + d_3 W \end{pmatrix} = \begin{pmatrix} f_{211} \\ f_{212} \end{pmatrix},
\end{aligned}$$

其中

$$X = -6\sigma^3, \quad Y = 6(s_0 - e^{i\theta_0})^2 (s_0 - e^{-i\theta_0}),$$

$$Z = 2\sigma^2 (3s_0 - 3\cos\theta_0 - i\sin\theta_0),$$

$$W = -2\sigma(s_0 - e^{-i\theta_0})(3s_0 - 3\cos\theta_0 - i\sin\theta_0).$$

又

$$c(0) = \frac{p}{2q} p f_{21}, \quad a(0) = \text{Re}\left(\frac{c(0)}{\lambda} \right),$$

则

$$\begin{aligned}
c(0) &= \frac{1}{2(\sigma s_2 + ((s_0 - e^{i\theta_0})^2))} [(-s_2 a_{13} + (s_0 - e^{i\theta_0}) a_{23}) X + (-s_2 a_{16} + (s_0 \\
&\quad - e^{i\theta_0}) a_{26}) Y + (-s_2 e_2 + (s_0 - e^{i\theta_0}) d_2) Z + (-s_2 e_3 + (s_0 - e^{i\theta_0}) d_3) W].
\end{aligned}$$

基于上述分析

$$l_1 = \frac{d|\lambda_{1,2}|}{d\mu} \Bigg|_{\mu=0} = -\frac{1}{2}(s_0 + h_2 \sigma) \neq 0, \quad a(0) \neq 0.$$

对于充分小的 $\mu > 0$, 由文献 [30] 中定理 3.1, 可得不变曲线的渐近表达式

$$\begin{pmatrix} x_n \\ y_n \end{pmatrix} = \begin{pmatrix} u^* \\ v^* \end{pmatrix} + 2\rho_0 \text{Re}(q e^{i\theta}) + \rho_0^2 \left(\text{Re}(K_{20} e^{2i\theta}) + K_{11} \right), \tag{4.17}$$

其中

$$\rho_0 = \sqrt{-\frac{l_1 \mu}{a(0)}}, \quad q = \begin{pmatrix} -\sigma \\ s_0 - e^{i\theta_0} \end{pmatrix}.$$

下面我们以不同参数作为分支参数进行数值模拟. 选取 s 为分支参数, 令 $r = 3$, $a = 2$, $h = 0.5$, $m = 10$, 初值为 $(0.56, 0.255)$, 我们给出映射 (4.3) 在参数 $b = 0.9, 5.1, 9.9$ 时的不同分支图, 如图 4.1(a)—(c) 所示.

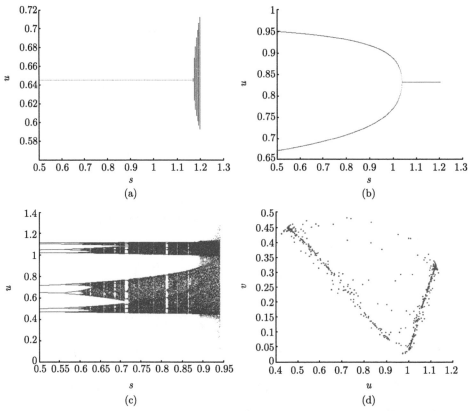

图 4.1　当 $r = 3$, $a = 2$, $h = 0.5$, $m = 10$ 时, 初值为 $(0.56, 0.255)$ 下, 映射 (4.3) 在不同 b 值下的分支图. (a) $b = 0.9$. (b) $b = 5.1$. (c) $b = 9.9$. (d) $s = 0.92$ 时, 图 (c) 相应的相图

图 4.1(a) 中只存在 Neimark-Sacker 分支. 对于 $b = 5.1$, 映射 (4.3) 则发生倍周期分支且随着 s 增加, 最终趋于稳定点. 对于 $b = 9.9$, 图 4.1(c) 呈现更为丰富的动力学行为包括周期 8, 12, 10 轨道. $s = 0.92$ 处的混沌吸引子如图 4.1(d) 所示. 此外我们发现随着 b 的增加, 映射 (4.3) 在 $s < 0$ 处有着更为复杂的动力学行为, 这里我们就不再一一呈现. 这些结果也说明从另外一种意义上而言, 参数 b 可以作为映射的一个调控参数且随着 b 的增加系统存在丰富的动力学行为.

下面我们将参数分为以下三种情况, 分别给出映射 (4.3) 的分支图、相图和最大 Lyapunov 指数图.

(i) 倍周期分支图: 令 $(r, a, b, h, m) = (1, 3, 0.1, 1, 0.5)$, s 在 $(2, 3)$ 内变化;

(ii) Neimark-Sacker 分支图: 令 $(r, a, b, h, m) = (2, 3, 0.1, 0.5, 10)$, s 在 $(0.9, 1.4)$ 内变化;

(iii) Neimark-Sacker 分支图: 令 $(r, a, b, h, m) = (1, 3, 0.2, 1, 10)$, s 在 $(0, 0.5)$ 内变化.

对于情形 (i), 固定 $(r, a, b, h, m) = (1, 3, 0.1, 1, 0.5)$, 映射 (4.3) 存在一个正不动点 $E^*(0.8887, 0.8887)$, 经过计算, 可得当 $s = 2.1875$, 映射在不动点 E^* 处存在倍周期分支, 且此时 $\alpha_1 = 2.3987$, $\alpha_2 = 3.1496$.

从图 4.2(a) 可以看出在 $s < 2.1875$ 时, 不动点 E^* 是稳定的, 在 $s = 2.1875$

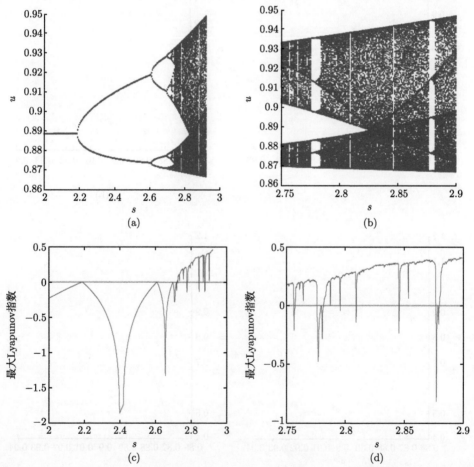

图 4.2   (a) $r = 1$, $a = 3$, $b = 0.1$, $h = 1$, $m = 0.5$ 时, 映射 (4.3) 在初值为 $(0.89, 0.9)$ 下的分支图. (b) 对应于图 (a) 局部放大图. (c) 对应于图 (a) 的最大 Lyapunov 指数图. (d) 对应于图 (c) 局部放大图

处失去稳定性发生倍周期分支. 图 4.2(c) 是最大 Lyapunov 指数图. 图 4.2(b) 和图 4.2(d) 分别对应于图 4.2(a) 和图 4.2(c) 的局部放大图. 对应于图 4.2(a) 的相图由图 4.3 给出. 当 $s = 2.651, 2.71, 2.742$ 时, 映射存在周期 4, 8, 20 轨道, 接着在 $s = 2.771$ 时, 最大 Lyapunov 指数 $\lambda_1 > 0$, 意味着混沌的存在, 同时在 $s = 2.776, 2.781, 2.877$ 处, 相图中再次存在周期 6, 12, 5 轨道. 这些周期轨道和混沌集也验证了倍周期分支附近复杂的动力学行为.

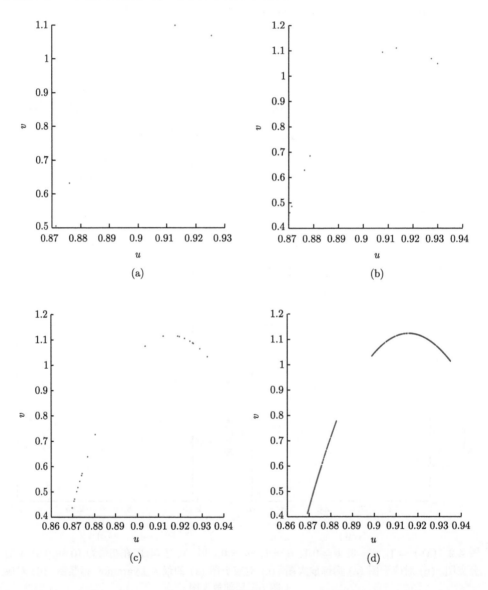

(a)

(b)

(c)

(d)

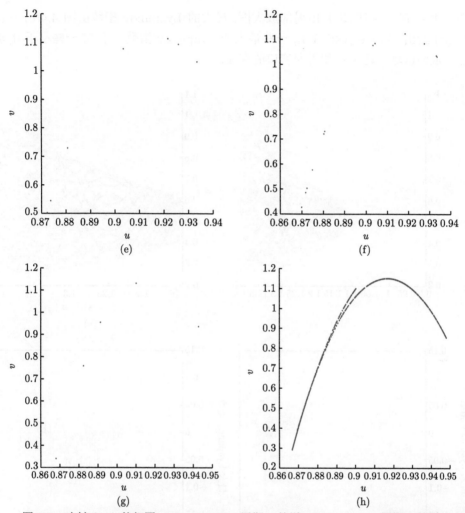

图 4.3 映射 (4.3) 的相图. (a) $s = 2.651$, 周期 4 轨道. (b) $s = 2.71$, 周期 8 轨道.
(c) $s = 2.742$, 周期 20 轨道. (d) $s = 2.771$, 两个共存的混沌集. (e) $s = 2.776$, 周期 6 轨道.
(f) $s = 2.781$, 周期 12 轨道. (g) $s = 2.877$, 周期 5 轨道. (h) $s = 2.91$, 混沌

对于情形 (ii), 固定 $(r, a, b, h, m) = (2, 3, 0.1, 0.5, 10)$, 映射 (4.3) 存在一个正不动点 $E^*(0.509, 0.2545)$, 经过计算可得, 当 $s = 1.1105$, 映射在不动点 E^* 处存在 Neimark-Sacker 分支, 此时相应的特征值

$$\lambda_{1,2} = 0.2324 \pm 0.9726i, \quad 且 \quad l = \frac{d|\lambda_{1,2}|}{ds^{**}}\bigg|_{s^{**}=0} = 0.1912, \quad \alpha = -7.7212.$$

由图 4.4(a), 我们可以看出当 $s < 1.1105$, 不动点 E^* 是稳定的, 在 $s = 1.1105$ 处 E^* 失去稳定性, 进而出现 Neimark-Sacker 分支引起的不变曲线. 图 4.4(b) 为

图 4.4(a) 在 $s \in [1.15, 1.4]$ 局部放大图, 最大的 Lyapunov 指数由图 4.4(c) 和图 4.4(d) 给出. 当 $s \in [1.25, 1.4]$, 一些最大的 Lyapunov 指数大于 0, 一些小于 0, 验证了混沌区域中稳定点和周期窗口的存在.

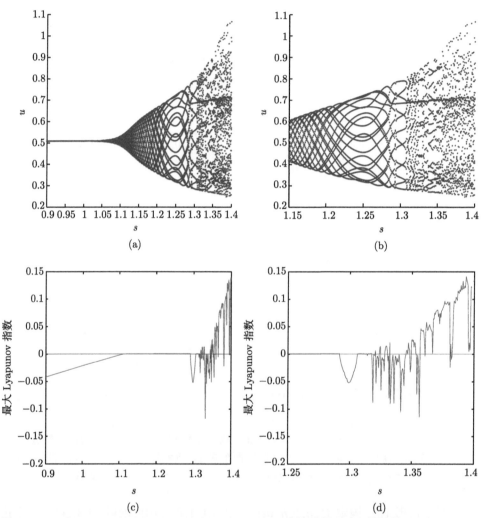

图 4.4   (a) 当 $r = 2$, $a = 3$, $b = 0.1$, $h = 0.5$, $m = 10$ 时, 映射 (4.3) 在初值 $(0.55, 0.25)$ 下的分支图. (b) 图 (a) 的局部放大图. (c) 图 (a) 相应的最大 Lyapunov 指数图. (d) 图 (c) 的局部放大图

在相图中, 我们可看到不变曲线的出现, 以及其随着 s 的增大消失的周期轨道例如周期 14 轨道. 图 4.4 和图 4.5(f)—(h) 同时验证了 "period bubbling" 现象 (倍周期分支和反倍周期分支的交叉). 从相图中, 我们还可以观察到周期 19, 38,

57 轨道即通向混沌的倍周期分支. 对应于图 4.4 的相图, 如图 4.5 所示.

对于情形 (iii), 令 $(r, a, b, h, m) = (1, 3, 0.2, 1, 10)$, 映射只存在一个正的不动点 $E^*(0.123, 0.123)$. 在 $s = 0.4402$ 时, 映射存在 Neimark-Sacker 分支, 此时特征值 $\lambda_{1,2} = 0.3866 \pm 0.9222i$, 相应的分支图和最大 Lyapunov 指数图如图 4.6 所示. 与分支图相关的相图由 4.7 给出. 可以看到 $s > 0.4402$ 时, E^* 是稳定的, 在 $s = 0.4402$ 处失去稳定性, 并且出现不变曲线. 相图也呈现了映射的周期 28, 54 轨道和混沌吸引子.

从图 4.2(a), 我们观察到随着分支参数 s 的增加, 倍周期分支通向混沌. 下面我们用以下公式来计算映射近似的普适常数

$$\delta_k = \frac{s_k - s_{k-1}}{s_{k+1} - s_k},$$

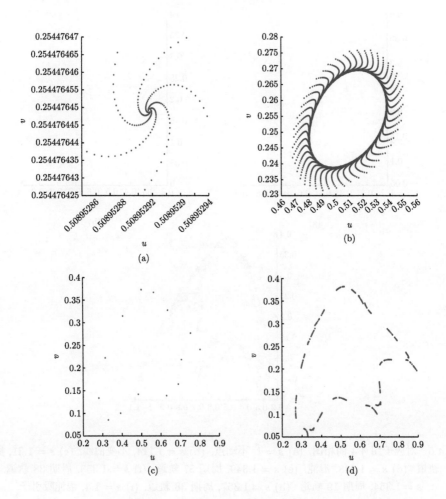

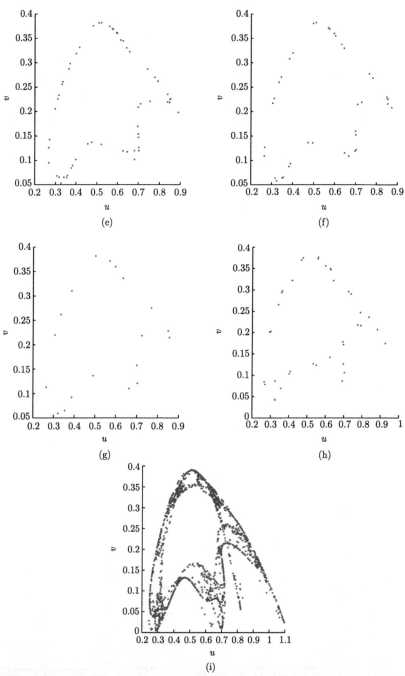

图 4.5　对应于图 4.4 的相图. (a) $s = 1$, 不动点. (b) $s = 1.114$, 不变曲线. (c) $s = 1.31$, 周期 14 轨道. (d) $s = 1.348$, 混沌. (e) $s = 1.349$, 周期 57 轨道. (f) $s = 1.353$, 周期 38 轨道. (g) $s = 1.354$, 周期 19 轨道. (h) $s = 1.357$, 周期 38 轨道. (i) $s = 1.4$, 混沌吸引子

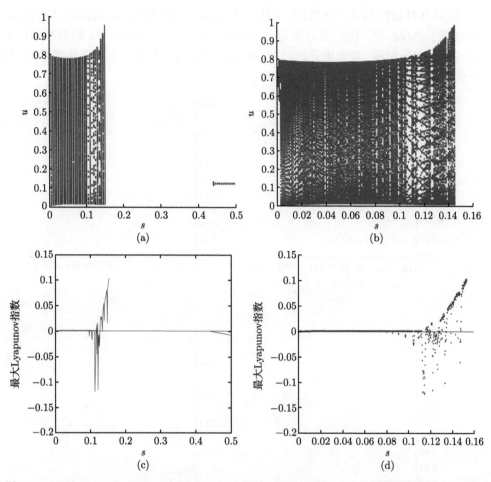

图 4.6 (a) 当 $r = 1$, $a = 3$, $b = 0.2$, $h = 1$, $m = 10$ 时, 映射 (4.3) 在初值 $(0.12, 0.12)$ 下的分支图. (b) 对应于图 (a) 在 $s \in [0, 0.16]$ 时的局部放大图. (c) 对应于图 (a) 的最大 Lyapunov 指数图. (d) 对应于图 (c) 的局部放大图

其中 s_k 是映射周期从 2^k 到 2^{k+1} 转换的临界值, Feigenbaum 给出普适常数 $\delta = 4.6692$. 通过表 4.1, 得到

$$\delta_3 = \frac{s_3 - s_2}{s_4 - s_3} = 4.6829.$$

可看出相对于普适常数, 映射 (4.3) 的 Feigenbaum 常数只存在百分之 0.029 的误差. 这些结果证明映射有一个 Feigenbaum 型的混沌吸引子. 下面我们利用数值模拟证明混沌对初始状态的敏感性, 如图 4.8(a) 所示. 令 $r = 1, a = 3, b = 0.1, h = 1, m = 0.5, s = 2.9$, 随着迭代次数的增加可得映射相应的 Lyapunov 指数

为 $\lambda_1 = 0.41427$, $\lambda_2 = -2.7133$, 对应的 Lyapunov 维数 $D_L = 1.1527$, 即验证混沌吸引子的存在性. 在初值分别为 $(0.88, 0.9)$ 和 $(0.88, 0.9001)$ 下, 给出不同初值相应的迭代历程图, 可看出开始时两个轨道差别较小, 但随着迭代次数的增加, 两个轨道的差别也越来越大, 最终分离.

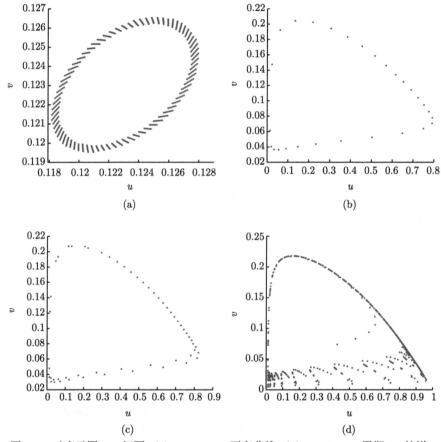

图 4.7　对应于图 4.6 相图. (a) $s = 0.439$, 不变曲线. (b) $s = 0.114$, 周期 28 轨道.
(c) $s = 0.124$, 周期 54 轨道. (d) $s = 0.151$, 混沌吸引子

表 4.1　映射 (4.3) 中倍周期分支的分支点的参数值

参数 s	分支
2.1875	周期 1 到周期 2
2.6090	周期 2 到周期 4
2.6985	周期 4 到周期 8
2.7177	周期 8 到周期 16
2.7218	周期 16 到周期 32

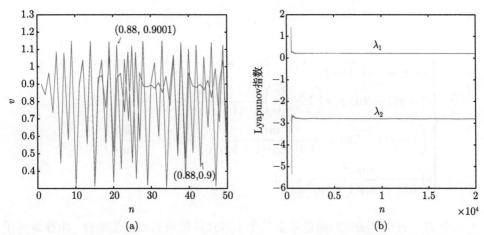

图 4.8 (a) 当 $s = 2.9$, $r = 1$, $a = 3$, $b = 0.1$, $h = 1$, $m = 0.5$ 时, 映射 (4.3) 在不同初始条件下的 (n, v) 曲线. (b) 对应于图 (a) 的 Lyapunov 指数图

4.1.2 Marotto 控制

根据 Marotto 混沌的定义, 我们借助于文 [31] 中所示迭代方法来证明映射 (4.3) 存在 Marotto 混沌. 首先我们假设不动点 $z(u_0, v_0)$ 是映射 (4.3) 的一个速返斥子, 其中 $z_0(u_0, v_0)$ 处的相应特征值满足

$$F(\lambda) := \lambda^2 + p(u_0, v_0)\lambda + q(u_0, v_0) = 0,$$

其中

$$p(u_0, v_0) = -2 - r(1 - 2u_0) - s\left(1 - \frac{2v_0}{hu_0}\right) + \frac{mv_0}{(1 + au_0)^2(1 + bv_0)},$$

$$q(u_0, v_0) = \left(1 + r(1 - 2u_0) - \frac{mv_0}{(1 + au_0)^2(1 + bv_0)}\right)\left(1 + s\left(1 - \frac{2v_0}{hu_0}\right)\right)$$
$$+ \frac{msv_0^2}{h(1 + au_0)(1 + bv_0)^2 u_0}.$$

接下来我们需要找 $z_0(u_0, v_0)$ 的一个邻域 $U_r(z_0)$, 使得对每一个 $z \in U_r(z_0)$ 满足其相应的特征值都大于 1, 即

$$F(1) = 1 + p + q > 0, \quad F(-1) = 1 - p + q > 0, \quad q > 1,$$

即

$$
\begin{cases}
\dfrac{mv}{(1+au)^2(1+bv)} - r(1-2u) - s\left(1 - \dfrac{2v}{hu}\right) - 1 + q(u,v) > 0, \\[3mm]
3 + r(1-2u) + s\left(1 - \dfrac{2v}{hu}\right) - \dfrac{mv}{(1+au)^2(1+bv)} + q > 0, \\[3mm]
\left(1 + r(1-2u) - \dfrac{mv}{(1+au)^2(1+bv)}\left(1 + s\left(1 - \dfrac{2v}{hu}\right)\right)\right) \\[3mm]
+ \dfrac{msv^2}{h(1+au)(1+bv)^2u} > 1.
\end{cases}
$$

令 H^1, H^2 和 H^3 为满足以上三个不等式所组成的相应的集合. 由速返斥子的定义, 我们验证存在 $z_1(u_1,v_1) \in U_r(z_0)$ 使得 $z_1 \neq z_0$, $f^M(z_1) = z_0$ 且对于 $1 \leqslant k \leqslant M$, 有 $\det(Df(z_k)) \neq 0$, 其中 f 定义如下:

$$
f : \begin{pmatrix} u \\ v \end{pmatrix} \to \begin{pmatrix} u + ru(1-u) - \dfrac{muv}{(1+au)(1+bv)} \\[3mm] v + sv\left(1 - \dfrac{v}{hu}\right) \end{pmatrix}.
$$

注意到

$$
\begin{cases}
u_1 + ru_1(1-u_1) - \dfrac{mu_1v_1}{(1+au_1)(1+bv_1)} = u_2, \\[3mm]
v_1 + sv_1\left(1 - \dfrac{v_1}{hu_1}\right) = v_2,
\end{cases}
\tag{4.18}
$$

$$
\begin{cases}
u_2 + ru_2(1-u_2) - \dfrac{mu_2v_2}{(1+au_2)(1+bv_2)} = u_3, \\[3mm]
v_2 + sv_2\left(1 - \dfrac{v_2}{hu_2}\right) = v_3,
\end{cases}
\tag{4.19}
$$

$$
\begin{cases}
u_3 + ru_3(1-u_3) - \dfrac{mu_3v_3}{(1+au_3)(1+bv_3)} = u_0, \\[3mm]
v_3 + sv_3\left(1 - \dfrac{v_3}{hu_3}\right) = v_0.
\end{cases}
\tag{4.20}
$$

如果方程 (4.18)—(4.20) 存在不同于 z_0 的三个正解 $z_i, i = 1, 2, 3$, 则存在一个映射 f^3 使得经过三次映射将 $z_1(u_1, v_1)$ 映为 $z_0(u_0, v_0)$. 同时方程 (4.20) 的解 (u_3, v_3)

满足以下方程

$$
\begin{cases}
hu_3(mu_3 - b(1+au_3)A)^2 v_0 - hu_3(s+1)A(1+au_3)(mu_3 - b(1+au_3)A) \\
+ sA^2(1+au_3)^2 = 0, \\
v_3 = \dfrac{A(1+au_3)}{mu_3 - b(1+au_3)A},
\end{cases}
$$

(4.21)

其中 $A = u_3 + ru_3(1-u_3) - u_0$, 将 (4.21) 中第一个方程展开可得

$$
\begin{aligned}
G(u) = {} & a^2 r^2 P u^7 + ((s^2 - 2P)a^2 r^2 + 2Par(r-a))u^6 + \big[(ar-r+a)\big(P(ar-r \\
& + a) - 2ars^2\big) + ar(Q - 2P(r+1-au_0))\big]u^5 \\
& + \big[2ar\big((P+a)u_0 - r - 1\big) \\
& + (ar-r+a)((P+s^2a-s^2)r + P(1-au_0) + s^2 a - Q)\big]u^4 + \big[(r+1 \\
& - au_0)\big(P(r+1-au_0) + 2s^2(ar-r+a) - Q\big) - 2Pu_0(ar-r+a) \\
& + 2s^2 aru_0 + R\big]u^3 + \big[Qu_0 - 2Pu_0(r+1-au_0) + s^2\big((r+1-au_0)^2 \\
& - 2u_0(ar-r+a)\big)\big]u^2 + \big(Pu_0^2 - 2s^2 u_0(r+1-au_0)\big)u + s^2 u_0^2, \quad (4.22)
\end{aligned}
$$

其中

$$
P = hb^2 v_0 + bh(s+1), \quad Q = 2mhv_0 + h(s+1)m, \quad R = hm^2 v_0.
$$

令 $U = H^1 \cap H^2 \cap H^3 \neq \varnothing$, 如果 U 是 z_0 的一个非空邻域, 且方程 (4.18)—(4.22) 的解满足 $z_1(u_1, v_1)$, $z_2(u_2, v_2)$, $z_3(u_3, v_3) \neq z_0(u_0, v_0)$, $z_1 \in U_r(z_0)$ 且对于 $1 \leqslant k \leqslant 3$, $\det(Df(z_k)) \neq 0$, 则 z_0 是 z_0 邻域 $U_r(z_0)$ 中的速返斥子. 映射 (4.3) 存在 Marotto 意义下的混沌. 令 $r = 3, a = 2, b = 0.1, h = 0.5, m = 10, s = 1.15$, 此时映射 (4.3) 存在一个正不动点 $z_0 = (0.5688, 0.2844)$. z_0 处相应的特征值为 $\lambda_{1,2} = -0.167998 \pm 2.4019i$, 对于 $F(1) > 0, F(-1) > 0, q > 1$, 经过计算和模拟, 我们找到 z_0 的一个邻域 $U = \{(u,v) | 0.34 < u < 0.6,\ 0.25 < v < 0.3\}$, 其中邻域中所有点处相应特征值模大于 1, 且存在一个正点 $z_1(u_1, v_1) = (0.359, 0.2997)$ 满足 $f^3(z_1) = z_0$, $\det(Df(z_k)) = 1.7037, -2.3839, 1.4695 \neq 0, \forall k = 1, 2, 3$, 同时 $z_0, z_1 \in U$. 因此 z_0 是映射 f 的一个速返斥子, 相关的模拟见图 4.9.

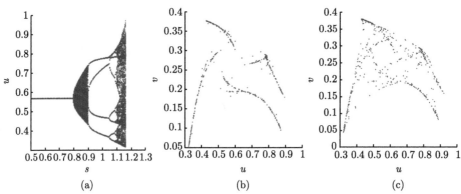

图 4.9　(a) 当 $r=3$, $a=2$, $b=0.1$, $h=0.5$, $m=10$ 时, 映射 (4.3) 在初值 $(0.56, 0.255)$ 下的分支图. (b) $s=1.139$ 时四个共存的混沌集. (c) $s=1.151$, 混沌吸引子

4.2　在周期扰动下具有 Holling IV 型功能反应函数的捕食系统

考虑具有 Holling IV 型功能反应函数的系统 (4.4), 即

$$
\begin{cases}
\dot{x} = rx\left(1 - \dfrac{x}{K}\right) - \dfrac{mxy}{ax^2 + bx + 1}, \\
\dot{y} = y\left(-d + c\dfrac{mx}{ax^2 + bx + 1}\right).
\end{cases}
\tag{4.23}
$$

根据文献 [32], 系统 (4.23) Hopf 分支的存在性和方向有如下结论: 令

$$
F(x) = \frac{r}{m}\left(1 - \frac{x}{K}\right)(ax^2 + bx + 1),
$$

则 $F(x)$ 在 $\Delta_1 \geqslant 0$ 时有极小值 $(H_m, F(H_m))$ 和极大值 $(H_M, F(H_M))$, 其中

$$
H_m = \frac{1}{3a}(aK - b - \sqrt{\Delta_1}), \quad H_M = \frac{1}{3a}(aK - b + \sqrt{\Delta_1}),
$$

$$
\Delta_1 = a^2 K^2 + abK + b^2 - 3a.
$$

令

$$
\hat{d} = \frac{d}{mc}, \quad \hat{d}_\pm = \frac{-(abK^2 + 2(b^2 - 2a)K + b) \pm (2 + bK)\sqrt{\Delta_1}}{(4a - b^2)(aK^2 + bK + 1)},
$$

$$
C_1 : K = \frac{1}{2a}\left[\sqrt{3(4a - b^2)} - b\right], \quad -2\sqrt{a} \leqslant b \leqslant \sqrt{a},
$$

$$C_2 : K = \frac{1}{b}, \quad b > 0.$$

DH:

$$16a^4K^4 + a^2b(8a - 3b^2)K^3 - a^2(144a - 15b^2)K^2$$

$$- 8ab(9a - b^2)K + 16b^4 - 144ab^2 + 300a^2 = 0.$$

连接点 $P\left(-\sqrt{a}, \dfrac{2}{\sqrt{a}}\right)$ 和 $Q\left(\sqrt{a}, \dfrac{1}{\sqrt{a}}\right)$.

$$V_0 = \left\{ \begin{array}{l} -2\sqrt{a} < b < \sqrt{a} \\ 0 < K < \dfrac{1}{2a}[\sqrt{3(4a - b^2)} - b] \end{array} \right\} \cup \left\{ \begin{array}{l} \sqrt{a} \leqslant b \\ 0 < K < \dfrac{1}{b} \end{array} \right\},$$

$$V_1 = \left\{ 0 < b, \dfrac{1}{b} \leqslant K \right\}, \quad V_1^1 = \left\{ (b, K) \in V_1 \mid K > \sqrt{a} \right\},$$

$$V_2 = \left\{ \begin{array}{l} -2\sqrt{a} < b \leqslant 0 \\ \dfrac{1}{2a}[\sqrt{3(4a - b^2)} - b] < K \end{array} \right\} \cup \left\{ \begin{array}{l} 0 < b < \sqrt{a} \\ \dfrac{1}{2a}[\sqrt{3(4a - b^2)} - b] < K < \dfrac{1}{b} \end{array} \right\},$$

$$V_2^0 = \left\{ (b, K) \in V_2 \mid b < -\sqrt{a}, K < \dfrac{2}{\sqrt{a}} \right\}.$$

给定除 $\hat{d}$ 之外的其他参数, 让 $\hat{d}$ 变化, 则

1. 系统没有 Hopf 分支, 若满足下列条件之一

(1) $(b, K) \in V_0 \cup V_1^1 \cup V_2^0$;

(2) $(b, K) \in C_1$;

(3) $\left\{ \begin{array}{l} (b, K) \in C_2, \\ K < \dfrac{1}{\sqrt{a}}, \end{array} \right.$ 或 $K > \dfrac{2}{\sqrt{a}}$.

2. 系统有一个 Hopf 分支, 当 $\hat{d} = \hat{d}_+$ 时, 在点 $(H_M, F(H_M))$ 处发生, 若满足下列条件之一

(1) $(b, K) \in C_2, \dfrac{1}{\sqrt{a}} < K < \dfrac{2}{\sqrt{a}}$;

(2) $(b, K) \in V_1, K < \dfrac{2}{\sqrt{a}}$.

3. 系统有一个 Hopf 分支, 当 $\hat{d} = \hat{d}_-$ 时, 在点 $(H_m, F(H_m))$ 处发生, 若满足 $(b, K) \in V_2, K < \dfrac{2}{\sqrt{a}}$.

4. 系统有两个 Hopf 分支, 当 $\hat{d} = \hat{d}_-$ 时在 $(H_m, F(H_m))$ 处发生, 当 $\hat{d} = \hat{d}_+$ 时在 $(H_M, F(H_M))$ 处发生, 若满足 $(b, K) \in V_2$, $K < \dfrac{2}{\sqrt{a}}$, $b > -\sqrt{a}$.

另外, 发生在平衡点 $(H_M, F(H_M))$ 处的 Hopf 分支是超临界的; 如果 $(b, K) \in V_2$ 且在 DH 的下方, 则发生在平衡点 $(H_m, F(H_m))$ 处的 Hopf 分支是超临界的; 如果 $(b, K) \in V_2$, $-2\sqrt{a} < b < -\sqrt{a}$ 或者 (b, K) 在 DH 的上方, 则发生在平衡点 $(H_m, F(H_m))$ 处的 Hopf 分支是亚临界的; 如果 $(b, K) \in DH$, 则发生在平衡点 $(H_m, F(H_m))$ 处的 Hopf 分支是退化的.

考虑下述四种周期变化机制:

1. 死亡率呈周期变化: $d = d_0(1 + \varepsilon \sin 2\pi t)$;

2. 环境承载量呈周期变化: $K = K_0(1 + \varepsilon \sin 2\pi t)$;

3. 死亡率和环境承载量同时同步变化: $K = K_0(1 + \varepsilon_1 \sin 2\pi t)$ 且 $d = d_0(1 + \varepsilon_2 \cos 2\pi t)$;

4. 死亡率和环境承载量同时不同步变化: $K = K_0(1 + \varepsilon_1 \sin 2\pi t)$ 且 $d = d_0(1 + \varepsilon_2 \sin 4\pi t)$.

将上述四种机制的周期扰动参数分别代入原系统, 并应用 Poincaré 方法, 系统 (4.4) 具有下述一般形式

$$\dot{x} = r\left(1 - \frac{x}{K}\right)x - y\frac{mx}{ax^2 + bx + 1}, \tag{4.24a}$$

$$\dot{y} = y\left(c\frac{mx}{ax^2 + bx + 1} - d\right), \tag{4.24b}$$

$$\dot{v} = v + 2\pi w - v(v^2 + w^2), \tag{4.24c}$$

$$\dot{w} = -2\pi v + w - w(v^2 + w^2). \tag{4.24d}$$

下面我们主要针对上述四种机制研究系统 (4.24) 的分支行为.

4.2.1 单参数呈周期变化

4.2.1.1 死亡率呈周期变化

当 $\varepsilon = 0$ 时, 随着 d 的变化, 无扰动系统的分支情况如图 4.10 所示. 在本节中, 我们得到了一些扰动系统的分支图, 分别对应于图 4.10 中的五种情况.

下面, 我们对这些分支图进行详细的分析. 在下文中, 鞍点或鞍形周期解指的是, 它有一个大于 1 的乘子; 不稳定点或不稳定解指的是, 它有两个大于 1 的乘子. 并且, 我们不再提及系统 (4.24) 的解 $(0, 0, \sin 2\pi t, \cos 2\pi t)$ 和 $(K, 0, \sin 2\pi t, \cos 2\pi t)$, 因为 $(0, 0, \sin 2\pi t, \cos 2\pi t)$ 不发生分支, $(K, 0, \sin 2\pi t, \cos 2\pi t)$ 只发生跨临界分支.

另外, 我们的分析都是从 Poincaré 映射出发, 为了阅读方便, 我们在每个图的说明中给出了解对应到原连续系统的情况.

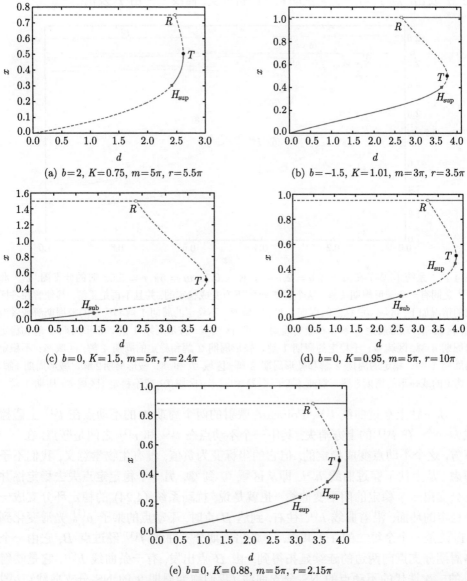

图 4.10　当 $a=4, c=1$ 时无周期扰动系统的五种分支图, T, R, H_{sup} 和 H_{sub} 分别表示折分支点、跨临界分支点、超临界 Hopf 分支和次临界 Hopf 分支

　　当参数选取与图 4.10(a) 中相同, 即随着 d 的变化, 原系统在点 $(H_M, F(H_M))$ 处发生一个超临界的 Hopf 分支时, 扰动系统在 (ε, d_0) 平面的分支图如图 4.11 所

示, 图中分支曲线由分支点的连续延拓得到. 此时, 无扰动系统的稳定极限环的渐近周期在 2 到 3 之间. d_0 轴上的点 H 对应于无扰动系统的 Hopf 分支, 曲线 $h^{(1)}$ 由 H 发出. 点 T 对应于无扰动系统的折分支, 曲线 $t^{(1)}$ 由 T 发出.

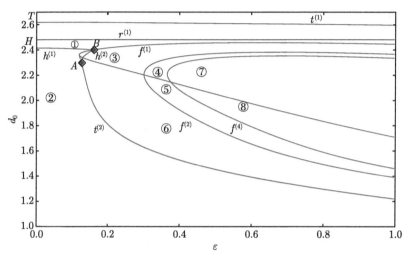

图 4.11　系统 (4.24) 在 $a = 4, b = 2, c = 1, K = 0.75, m = 5\pi, r = 5.5\pi$ 时的分支图. $t^{(1)}$ 和 $r^{(1)}$ 之间有一个鞍形周期 1 解, 这个解在 $r^{(1)}$ 下方变成稳定的, 并且不再是正解. 其他解在各区域的情况如下, 区域 ①: 稳定的周期 1 解; 区域 ②: 不稳定的周期 1 解和稳定的拟周期解或者混沌; 区域 ③: 鞍形周期 1 解和稳定的周期 2 解; 区域 ④: 鞍形周期 1 解、鞍形周期 2 解和稳定的周期 4 解, 区域 ⑤: 不稳定的周期 1 解、鞍形周期 2 解和稳定的周期 4 解; 区域 ⑥: 不稳定的周期 1 解、稳定的周期 2 解和鞍形周期 2 解; 区域 ⑦ 和 ⑧: 鞍形周期 2 解、鞍形周期 4 解、稳定的或鞍形的周期 8 解、混沌 (某子区域) 和鞍形 (区域 ⑦) 或不稳定 (区域 ⑧) 周期 1 解

　　从下往上穿过曲线 $t^{(1)}$, Poincaré 映射的两个周期 1 的不动点在 $t^{(1)}$ 上碰撞成为一个, 在 $t^{(1)}$ 的上方消失. 其中一个不动点在 $t^{(1)}$ 和 $r^{(1)}$ 之间是鞍点, 在 $r^{(1)}$ 下方, 这个不动点变成稳定的, 但它的坐标变为负值, 没有生物学意义, 我们不予考虑. 从上往下穿过曲线 $h^{(1)}$, 即从区域 ① 到 ②, 另一个稳定定点失去稳定性并且分支出一个稳定的闭不变曲线. 也就是说, 扰动系统 (4.24) 的稳定环分支成一个稳定的环面. 沿着曲线 $h^{(1)}$ 往右, 到达 B 点时, 不动点的乘子 $\mu_{1,2}^{(1)}$ 光滑变化到 -1, 这是一个余维二的 1:2 共振. 一条倍周期分支曲线 $f^{(1)}$ 经过点 B, 它由一个倍周期分支点向两边的连续延拓得到. 由 B 点出发, 有一条曲线 $h^{(2)}$, 它是映射 $\mathcal{P}$ 的二次迭代的不动点的 NS 分支曲线 (我们称为周期 2 的 NS 分支曲线), $h^{(2)}$ 连接点 B 和点 A, A 是折分支曲线 $t^{(2)}$ 上的 1:1 共振. 从区域 ① 到 ③ 穿过曲线 $f^{(1)}$, 稳定的周期 1 的不动点变成一个鞍点, 并且出现了一对稳定的周期为 2 的定点. 如果从区域 ② 往右穿过 $f^{(1)}$ (BA 连线的左边), 不稳定的周期 1 的定点变成鞍点 (由两个乘子大于 1 变为一个乘子大于 1), 并且出现一对周期 2 的不稳定定

点. 往右穿过 $h^{(2)}$ 到区域 ③, 这一对周期 2 的不稳定定点变成稳定的. 从区域 ③
到区域 ⑥, 穿过 $f^{(1)}$, 周期 1 的鞍点变成不稳定的定点 (由一个乘子大于 1 变成两
个乘子大于 1), 并且出现了一对周期 2 的鞍点. 所有的周期 2 的定点在穿过 $t^{(2)}$,
从区域 ⑥ 到 ② 后消失. 在区域 ⑥ 中, 从下往上穿过 $h^{(2)}$, 两个稳定的周期 2 的定
点失去稳定性. 穿过 $f^{(2)}$ 从区域 ③ 和 ⑥ 到 ④ 和 ⑤, 两个稳定的周期 2 的定点变
成鞍点. 另外, 区域 ② 中的稳定闭不变曲线可能被 B 点附近的同宿结构破坏, 产
生混沌; 倍周期分支 $f^{(4)}, f^{(8)}, \cdots$ 的存在, 也会导致在区域 ⑦ 和 ⑧ 的某子区域
中的混沌的产生.

当参数选取与图 4.10(b) 中相同, 即随着 d 的变化, 原系统在点 $(H_m, F(H_m))$
处发生一个超临界的 Hopf 分支时, 扰动系统在 (ε, d_0) 平面的分支图如图 4.12 所
示. 此时, 无扰动系统的稳定极限环的渐近周期在 2 到 3 之间. d_0 轴上的点 H 对
应于无扰动系统的 Hopf 分支, NS 分支曲线 $h^{(1)}$ 由 H 发出, 它与折分支曲线 $t^{(1)}$
相交于 1:1 共振 A. 在 $h^{(1)}$ 上, 有 1:3 共振 C 和 1:4 共振 D. 点 T 对应于无扰动
系统平衡点的折分支, 曲线 $t^{(1)}$ 由 T 发出.

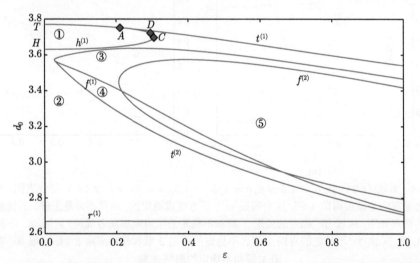

图 4.12 系统 (4.24) 在 $a = 4, b = -1.5, c = 1, K = 1.01, m = 3\pi, r = 3.5\pi$ 时的分支图. $t^{(1)}$
和 $r^{(1)}$ 之间有一个鞍形周期 1 解, 这个解在 $r^{(1)}$ 下方变成稳定的, 并且不再是正解. 其他解在
各区域的情况如下, 区域 ①: 不稳定的周期 1 解、稳定的拟周期解或混沌; 区域 ②: 稳定的周
期 1 解; 区域 ③: 鞍形周期 1 解和稳定的周期 2 解; 区域 ④: 稳定的周期 1 解、稳定的周期 2
解和鞍形周期 2 解; 区域 ⑤: 鞍形周期 1 解、鞍形周期 2 解、稳定或鞍形 (穿过 $f^{(4)}$) 周期 4
解和混沌 (区域 ⑤ 的某子区域)

从下往上穿过曲线 $t^{(1)}$, Poincaré 映射的两个周期 1 的不动点在 $t^{(1)}$ 上碰撞
成为一个, 在 $t^{(1)}$ 的上方消失. 其中一个不动点在 $t^{(1)}$ 和 $r^{(1)}$ 之间是鞍点, 在 $r^{(1)}$

下方, 这个不动点变成稳定的, 但它的坐标变为负值, 没有生物学意义, 我们不予考虑. 另外一个定点在区域 ② 中是稳定的, 从区域 ② 到 ① 穿过 $h^{(1)}$, 它失去稳定性并且分支出一个稳定的闭不变曲线; 穿过 $f^{(1)}$ 到 $f^{(1)}$ 和 $\varepsilon = 1$ 围成的区域中, 它变成一个鞍点. 穿过 $t^{(2)}$, 从区域 ② 到 ④, 两对周期 2 的定点出现, 其中两个鞍点, 两个稳定点. 这两个鞍点只在 $t^{(2)}$ 和 $f^{(1)}$ 围成的区域 ④ 中存在; 两个稳定点在 $f^{(2)}$ 和 $\varepsilon = 1$ 围成的区域 ⑤ 中变成鞍点, 从区域 ③ 到 ② 穿过 $f^{(1)}$ 消失.

当参数选取与图 4.10(c) 中相同, 即随着 d 的变化, 无扰动系统发生一个次临界的 Hopf 分支时, 扰动系统在 (ε, d_0) 平面的分支图如图 4.13(a) 所示, 图 4.13(b) 是图 4.13(a) 的局部放大图. 此时, 无扰动系统的稳定极限环的渐近周期在 2 到 3 之间. d_0 轴上的点 H 对应于无扰动系统的 Hopf 分支, NS 分支曲线 $h^{(1)}$ 由 H 发出, 在 1:2 共振 B 停止. 从 B 点发出另一条周期 2 的 NS 分支曲线 $h^{(2)}$, 倍周期分支曲线 $f^{(1)}$ 穿过 B, 周期 2 的折分支曲线 $t^{(2)}$ 与 $f^{(1)}$ 相交于一个余维二分支点, 在图的右边界 $\varepsilon = 1$ 停止.

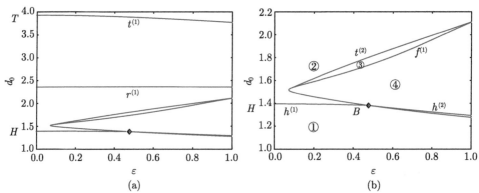

图 4.13　系统 (4.24) 在 $a = 4, b = 0, c = 1, K = 1.5, m = 5\pi, r = 2.4\pi$ 时的分支图. $t^{(1)}$ 和 $r^{(1)}$ 之间有一个鞍形周期 1 解, 这个解在 $r^{(1)}$ 下方变成稳定的, 并且不再是正解. 其他解在各区域的情况如下, 区域 ①: 稳定的周期 1 解和不稳定的拟周期解或者混沌; 区域 ②: 不稳定的周期 1 解; 区域 ③: 不稳定的周期 1 解、不稳定的周期 2 解和鞍形周期 2 解; 区域 ④: 鞍形周期 1 解和不稳定的周期 2 解

从下往上穿过曲线 $t^{(1)}$, Poincaré 映射的两个周期 1 的不动点在 $t^{(1)}$ 上碰撞成为一个, 在 $t^{(1)}$ 的上方消失. 其中一个不动点在 $t^{(1)}$ 和 $r^{(1)}$ 之间是鞍点, 在 $r^{(1)}$ 下方, 这个不动点变成稳定的, 但它的坐标变为负值, 没有生物学意义. 另外一个定点在区域 ② 中是不稳定的, 从区域 ② 到 ① 穿过 $h^{(1)}$, 它变成稳定的并且分支出一个不稳定的闭不变曲线; 穿过 $f^{(1)}$ 到 $f^{(1)}$ 和 $\varepsilon = 1$ 围成的区域中, 它变成一个鞍点. 穿过 $t^{(2)}$, 从区域 ② 到 ③, 出现两对周期 2 的定点, 其中两个鞍点, 两个不稳定点. 两个鞍点从区域 ③ 到 ④ 穿过 $f^{(1)}$ 消失; 两个不稳定点穿过 $h^{(2)}$ 变成

稳定的, 并且穿过 $f^{(1)}$ 到区域 ① 后消失.

当参数选取与图 4.10(d) 中相同, 即随着 d 的变化, 无扰动系统发生一个超临界一个次临界的 Hopf 分支时, 扰动系统在 (ε, d_0) 平面的分支图如图 4.14 所示. 此时, 无扰动系统的稳定 (不稳定) 极限环的渐近周期在 2 到 3 之间 (小于 1).

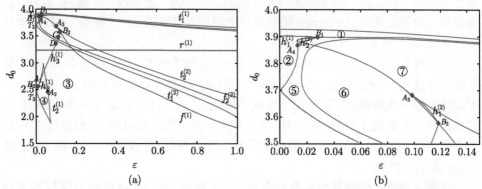

(a)　　　　　　　　(b)

图 4.14　系统 (4.24) 在 $a = 4, b = 0, c = 1, K = 0.95, m = 5\pi, r = 10\pi$ 时的分支图. 图 (b) 是图 (a) 的局部放大图. $t_1^{(1)}$ 和 $r^{(1)}$ 之间有一个鞍形周期 1 解, 这个解在 $r^{(1)}$ 下方变成稳定的, 并且不再是正解. 其他解在各区域的情况如下, 区域 ①: 稳定的周期 1 解; 区域 ②: 不稳定周期 1 解和稳定的拟周期解或者混沌; 区域 ③: 稳定的周期 1 解和不稳定的拟周期解或者混沌; 区域 ④: 两个稳定的周期 1 解、一个鞍形周期 1 解和不稳定的拟周期解或混沌; 区域 ⑤: 不稳定的周期 1 解、稳定的周期 2 解和鞍形周期 2 解; 区域 ⑥: 不稳定的周期 1 解、两个鞍形周期 2 解、稳定的或鞍形周期 4 解; 区域 ⑦: 鞍形周期 1 解、一个鞍形周期 2 解、稳定或鞍形周期 4 解和混沌 (某子区域)

d_0 轴上的点 T_1 对应于无扰动系统平衡点的折分支, 曲线 $t_1^{(1)}$ 从 T_1 发出. 点 H_1 (H_2) 对应于无扰动系统的超临界 (次临界) Hopf 分支, NS 分支曲线 $h_1^{(1)}$ $(h_2^{(1)})$ 由 H_1 (H_2) 发出, $h_1^{(1)}$ 在 1:2 共振 B_1 停止, 从 H_2 沿 $h_2^{(1)}$ 往右, 定点的两个乘子在 1:1 共振 A_2 处变为 1. 一条近似三角形的折分支曲线 $t_2^{(1)}$ 穿过 A_1 (1:1 共振), A_2 和 d_0 轴上的 T_3, 在 T_3 处, 无扰动系统的不稳定极限环的周期为 1. 另一条 NS 分支曲线 $h_3^{(1)}$ 从 A_1 发出, $h_3^{(1)}$ 上有 1:3 共振 C 和 1:4 共振 D. 倍周期分支曲线 $f^{(1)}$ 穿过 B_1, 并且在 $f^{(1)}$ 上有另一个 1:2 共振 B_2, 周期 2 的 NS 分支曲线 $h_1^{(2)}$ 从 B_2 发出, 在 1:1 共振 A_3 停止, 周期 2 的折分支曲线 $t_2^{(2)}$ 由 A_3 发出. 另外两支周期 2 的折分支曲线 $t_1^{(2)}$ 由 d_0 轴上的点 T_2 发出, 在 T_2 处无扰动系统的稳定极限环的周期为 2. A_4 是在 $t_1^{(2)}$ 靠上的一支上的 1:1 共振. 另一条周期 2 的 NS 分支曲线 $h_2^{(2)}$ 从 B_1 发出, 在 A_4 停止. $f_2^{(2)}$ 是周期 2 的倍周期分支曲线, 另一条周期 2 的倍周期分支曲线 $f_3^{(2)}$ 在图中没有给出, 它在 $t_2^{(2)}$ 和 $f^{(1)}$ 之间, 并且与 $t_2^{(2)}$ 非常靠近.

从下往上穿过曲线 $t_1^{(1)}$, 两个周期 1 的定点在 $t_1^{(1)}$ 上碰撞成为一个, 在 $t_1^{(1)}$ 的上方消失. 其中一个不动点在 $t_1^{(1)}$ 和 $r^{(1)}$ 之间是鞍点, 在 $r^{(1)}$ 下方, 这个不动点变成稳定的, 但它的坐标变为负值, 没有生物学意义. 另外一个定点在区域 ① 中是稳定的, 从区域 ① 到 ② 穿过 $h_1^{(1)}$, 它失去稳定性, 并且分支出一个稳定的闭不变曲线; 从上往下穿过 $h_2^{(1)}$ 或 $h_3^{(1)}$, 它再一次变成稳定的, 并且分支出一个不稳定的闭不变曲线; 穿过 $f^{(1)}$ 到 $f^{(1)}$ 和 $\varepsilon = 1$ 围成的区域中, 它变成一个鞍点. 在由 $t_2^{(1)}$ 围成的三角形区域中, Poincaré 映射有三个周期 1 的定点, 一个鞍点, 另外两个分别在穿过 $h_2^{(1)}$ 和 $h_3^{(1)}$ 时改变稳定性.

从左往右穿过 $t_1^{(2)}$, 出现两对周期 2 的定点, 两个鞍点, 两个稳定点. 这两个鞍点往右穿过 $f^{(1)}$ (A_3 左边) 或 $t_2^{(2)}$ (A_3 右边) 消失; 两个稳定点在由 $f_1^{(2)}$ 和 $\varepsilon = 1$ 围成的区域中变成鞍点, 穿过 $h_2^{(2)}$ 变成不稳定点, 从下往上穿过 $f^{(1)}$ 到区域 ① 后消失. 从区域 ③ 向上穿过 $f^{(1)}$ (B_2 下方部分), 两个稳定点出现, 它们穿过 $h_1^{(2)}$ 后失去稳定性, 在 $f_2^{(2)}$ 和 $\varepsilon = 1$ 围成的区域中变成鞍点, 穿过 $f^{(1)}$ (A_3 和 B_2 之间部分) 或 $t_2^{(2)}$ 消失.

改变 r 的值, 保持其他参数如图 4.10(d) 所示, 扰动系统的动力学与图 4.14 中不同. 这是因为改变 r 的值后, 无扰动系统的极限环的渐近周期也发生了改变. 在图 4.15 中, 无扰动系统的不稳定 (稳定) 极限环的渐近周期在 2 和 3 之间 (大于 3).

d_0 轴上的点 T 对应于无扰动系统平衡点的折分支, 曲线 $t^{(1)}$ 从 T 发出. 点 H_1 (H_2) 对应于无扰动系统的超临界 (次临界) Hopf 分支, NS 分支曲线 $h_1^{(1)}$ ($h_2^{(1)}$) 由 H_1 (H_2) 发出, 点 D 是 $h_1^{(1)}$ 上的 1:4 共振, $h_2^{(1)}$ 在 1:2 共振 B 停止, 周期 2 的 NS 分支曲线 $h^{(2)}$ 由 B 发出, 倍周期分支曲线 $f^{(1)}$ 通过点 B.

从下往上穿过曲线 $t^{(1)}$, 两个周期 1 的定点在 $t^{(1)}$ 上碰撞成为一个, 在 $t^{(1)}$ 的上方消失. 其中一个不动点在 $t^{(1)}$ 和 $r^{(1)}$ 之间是鞍点, 在 $r^{(1)}$ 下方, 这个不动点变成稳定的, 但它的坐标变为负值, 没有生物学意义. 另外一个定点在区域 ① 中是稳定的, 从区域 ① 到 ② 穿过 $h_1^{(1)}$, 它失去稳定性, 并且分支出一个稳定的闭不变曲线; 从上往下穿过 $h_2^{(1)}$, 它再一次变成稳定的, 并且分支出一个不稳定的闭不变曲线; 穿过 $f^{(1)}$ 到 $f^{(1)}$ 和 $\varepsilon = 1$ 围成的区域中, 它变成一个鞍点.

穿过 $f^{(1)}$ 从区域 ③ 到 ④, 一对稳定的周期 2 点出现; 穿过 $h^{(2)}$ 从区域 ④ 到 ⑤, 它们变成不稳定的; 从区域 ⑤ 往上穿过 $f^{(1)}$, 它们消失.

下面, 我们给出当无扰动系统发生两次超临界的 Hopf 分支时, 扰动系统的三个不同的分支图, 如图 4.16—图 4.18 所示. 这三个图中, 除 r 外, 其他参数都如图 4.10(e) 中所示. r 值的不同导致无扰动系统极限环的周期不同, 从而扰动系统也具有不同的动力学.

在图 4.16 中, 当 d_0 趋于 H_1 和 H_2 处的值时, 无扰动系统的极限环的渐近周期都在 2 到 3 之间.

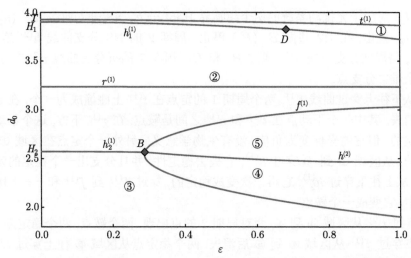

图 4.15　系统 (4.24) 在 $a = 4, b = 0, c = 1, K = 0.95, m = 5\pi, r = 1.9\pi$ 时的分支图. $t^{(1)}$ 和 $r^{(1)}$ 之间有一个鞍形周期 1 解, 这个解在 $r^{(1)}$ 下方变成稳定的, 并且不再是正解. 其他解在各区域的情况如下, 区域 ①: 稳定的周期 1 解; 区域 ②: 不稳定周期 1 解和稳定的拟周期解或者混沌; 区域 ③: 稳定的周期 1 解和不稳定的拟周期解或者混沌; 区域 ④: 鞍形周期 1 解和稳定的周期 2 解; 区域 ⑤: 鞍形周期 1 解和不稳定周期 2 解

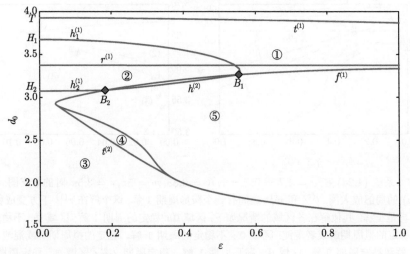

图 4.16　系统 (4.24) 在 $a = 4, b = 0, c = 1, K = 0.88, m = 5\pi, r = 2.15\pi$ 时的分支图. $t^{(1)}$ 和 $r^{(1)}$ 之间有一个鞍形周期 1 解, 这个解在 $r^{(1)}$ 下方变成稳定的, 并且不再是正解. 其他解在各区域的情况如下, 区域 ①: 稳定的周期 1 解; 区域 ②: 不稳定周期 1 解和稳定的拟周期解或者混沌; 区域 ③: 稳定的周期 1 解; 区域 ④: 稳定的周期 1 解、鞍形周期 2 解和稳定的周期 2 解; 区域 ⑤: 鞍形周期 1 解和稳定周期 2 解

d_0 轴上的点 T 对应于无扰动系统平衡点的折分支, 曲线 $t^{(1)}$ 从 T 发出. 点

H_1 (H_2) 对应于无扰动系统的两个超临界 Hopf 分支, NS 分支曲线 $h_1^{(1)}$ ($h_2^{(1)}$) 由 H_1 (H_2) 发出, 在 1:2 共振 B_1 (B_2) 停止. 周期 2 的 NS 分支曲线 $h^{(2)}$ 连接 B_1 和 B_2, 倍周期分支曲线 $f^{(1)}$ 通过 B_1 和 B_2. 周期 2 的折分支曲线 $t^{(2)}$ 交 $f^{(1)}$ 于两个余维二分支点.

从下往上穿过曲线 $t^{(1)}$, 两个周期 1 的定点在 $t^{(1)}$ 上碰撞成为一个, 在 $t^{(1)}$ 的上方消失. 其中一个不动点在 $t^{(1)}$ 和 $r^{(1)}$ 之间是鞍点, 在 $r^{(1)}$ 下方, 这个不动点变成稳定的, 但它的坐标变为负值, 没有生物学意义. 另外一个定点在区域 ① 中是稳定的, 从区域 ① 到 ② 穿过 $h_1^{(1)}$, 它失去稳定性, 并且分支出一个稳定的闭不变曲线; 从上往下穿过 $h_2^{(1)}$, 它再一次变成稳定的; 穿过 $f^{(1)}$ 到 $f^{(1)}$ 和 $\varepsilon = 1$ 围成的区域中, 它变成一个鞍点.

穿过 $t^{(2)}$ 从区域 ③ 到 ④, 两对周期 2 的点出现, 两个鞍点, 两个稳定点. 这两个鞍点穿过 $f^{(1)}$ 从区域 ④ 到 ⑤ 后消失; 两个稳定点从区域 ⑤ 往上穿过 $h^{(2)}$, 失去稳定性, 在区域 ①、②、③中消失.

当 r 取不同值, 其他参数不变时, 无扰动系统的分支图仍然如图 4.10(e) 所示, 扰动系统由于极限环渐近周期的不同出现不同的动力学. 在图 4.17 中, 这个周期当 d 趋于点 H_1 (H_2) 处的值时, 在 2 到 3 之间 (1 到 2 之间).

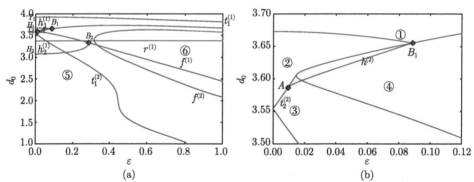

图 4.17　系统 (4.24) 在 $a = 4, b = 0, c = 1, K = 0.88, m = 5\pi, r = 3.5\pi$ 时的分支图. 图 (b) 是图 (a) 的局部放大图. $t^{(1)}$ 和 $r^{(1)}$ 之间有一个鞍形周期 1 解, 这个解在 $r^{(1)}$ 下方变成稳定的, 并且不再是正解. 其他解在各区域的情况如下, 区域 ①: 稳定的周期 1 解; 区域 ②: 不稳定周期 1 解和稳定的拟周期解或者混沌; 区域 ③: 不稳定的周期 1 解、稳定的拟周期解或混沌、鞍形周期 2 解和稳定周期 2 解; 区域 ④: 鞍形周期 1 解、稳定周期 2 解; 区域 ⑤: 稳定周期 1 解; 区域 ⑥: 鞍形周期 1 解、鞍形周期 2 解、稳定或鞍形周期 4 解和混沌 (某子区域)

d_0 轴上的点 T_1 对应于无扰动系统平衡点的折分支, 曲线 $t_1^{(1)}$ 从 T_1 发出. 点 H_1 (H_2) 对应于无扰动系统的两个超临界 Hopf 分支, NS 分支曲线 $h_1^{(1)}$ ($h_2^{(1)}$) 由 H_1 (H_2) 发出, 在 1:2 共振 B_1 (B_2) 停止, 倍周期分支曲线 $f^{(1)}$ 通过 B_1 和 B_2. 由 d_0 轴上的点 T_2 发出周期 2 的折分支曲线 $t_1^{(2)}$ 和 $t_2^{(2)}$, 在 T_2 处, 无扰动系统的

稳定极限环周期为 2, $t_2^{(2)}$ 交 $f^{(1)}$ 于一余维二分支点, $t_2^{(2)}$ 上有 1:1 共振 A, NS 分支曲线 $h^{(2)}$ 连接 A 和 B_1.

周期 1 的定点的行为变化与图 4.16 中相同, 这里不再赘述. 从区域 ② 往右穿过 $t_2^{(2)}$, 出现两对周期 2 的定点, 其中两个是鞍点, 它们在穿过 $f^{(1)}$ 从区域 ③ 到 ④ 后消失, 另外两个在 $h^{(2)}$ 下方稳定, 在 $h^{(2)}$ 上方不稳定, 在由 $f^{(2)}$ 和 $\varepsilon = 1$ 围成的区域中是鞍点, 在穿过 $f^{(1)}$ 到区域 ① 和 ② 或穿过 $t_1^{(2)}$ 到区域 ⑤ 后消失.

令 $r = 5\pi$, 其他参数保持不变, 无扰动系统分支图仍然如图 4.10(e) 所示, 当 d_0 趋于 H_1 (H_2) 处的值时, 极限环的渐近周期在 1 到 2 之间. 相应的扰动系统的分支图如图 4.18 所示.

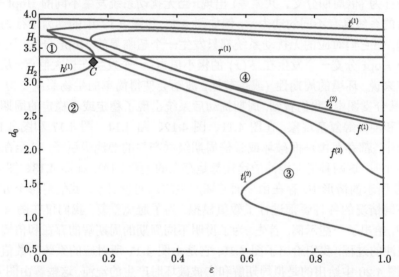

图 4.18 系统 (4.24) 在 $a = 4, b = 0, c = 1, K = 0.88, m = 5\pi, r = 5\pi$ 时的分支图. $t^{(1)}$ 和 $r^{(1)}$ 之间有一个鞍形周期 1 解, 这个解在 $r^{(1)}$ 下方变成稳定的, 并且不再是正解. 其他解在各区域的情况如下, 区域 ①: 不稳定周期 1 解和稳定的拟周期解或者混沌; 区域 ②: 稳定周期 1 解; 区域 ③: 稳定的周期 1 解、鞍形周期 2 解和稳定周期 2 解; 区域 ④: 鞍形周期 1 解、鞍形周期 2 解、稳定或鞍形周期 4 解和混沌 (某子区域)

d_0 轴上的点 T 对应于无扰动系统平衡点的折分支, 曲线 $t^{(1)}$ 从 T 发出. 点 H_1 (H_2) 对应于无扰动系统的两个超临界 Hopf 分支, NS 分支曲线 $h^{(1)}$ 连接 H_1 和 H_2, 与 d_0 轴形成封闭的区域 ①, C 是 $h^{(1)}$ 上的 1:3 共振. 周期 2 的折分支曲线 $t_1^{(2)}$ 和 $t_2^{(2)}$ 交 $f^{(1)}$ 于余维二的分支点.

从下往上穿过曲线 $t^{(1)}$, 两个周期 1 的定点在 $t^{(1)}$ 上碰撞成为一个, 在 $t^{(1)}$ 的上方消失. 其中一个不动点在 $t^{(1)}$ 和 $r^{(1)}$ 之间是鞍点, 在 $r^{(1)}$ 下方, 这个不动点变成稳定的, 但它的坐标变为负值, 没有生物学意义. 另外一个定点在区域 ② 中是稳定的, 从区域 ② 到 ① 穿过 $h^{(1)}$, 它失去稳定性, 并且分支出一个稳定的闭不变曲线; 穿过 $f^{(1)}$ 到 $f^{(1)}$ 和 $\varepsilon = 1$ 围成的区域中, 它变成一个鞍点.

从左往右穿过 $t_1^{(2)}$ (从区域 ② 到 ③), 出现两对周期 2 的定点: 两个鞍点, 两个稳定点. 这两个鞍点在 $f^{(1)}$ 和 $t_2^{(2)}$ 的交点的左边穿过 $f^{(1)}$ 消失, 在这个交点的右边穿过 $t_2^{(2)}$ 消失. 两个稳定点在由 $f^{(2)}$ 和 $\varepsilon = 1$ 围成的区域中变成鞍点, 往上穿过 $f^{(1)}$ 的上半支后消失. 从区域 ④ 往下穿过 $t_2^{(2)}$, 还有另外一对稳定的定点, 它们只在 $t_2^{(2)}$ 和 $f^{(1)}$ 之间存在.

从以上的分析中我们看到, 在某些参数区域, 原无扰动系统的分支 (Hopf 分支、折分支等) 可以延拓到扰动系统, 在另一些区域, 这些分支可能不再存在, 新的复杂行为 (倍周期分支、共振等) 出现. 当无扰动系统发生不同的 Hopf 分支时, 扰动后的系统具有不同的动力学, 例如图 4.11 和图 4.12 中的动力学行为有明显的差别, 但它们对应的无扰动系统都只发生一个超临界的 Hopf 分支, 区别在于, 这两个 Hopf 分支一个发生在 $F(x)$ 的极小值点, 一个发生在极大值点. 从生物系统角度来说, 环境的周期性 (或季节性) 波动会使得简单的生物系统变得更复杂. 另外, 从分支图中, 我们看到, 周期扰动后系统出现了稳定或不稳定的周期解、拟周期解和混沌等复杂现象. 在图 4.11、图 4.12、图 4.14、图 4.17 和图 4.18 所示的情形中, 都存在由环面破坏或者倍周期级联产生的混沌吸引子, 甚至在扰动参数 ε 很小时, 这两种通向混沌的途径都是存在的 (图 4.14). 在图 4.13、图 4.15 和图 4.16 所示的情形中, 存在由环面破坏产生的混沌吸引子. 我们对每个分支图对应的不同情况的各种解都进行了数值模拟, 为了避免重复, 我们仅在图 4.19—图 4.22 中, 给出了一些示例. 首先, 为了说明不同周期的周期解的存在和倍周期级联产生混沌的过程, 我们给出了图 4.19, 它是由图 4.11 所对应的系统的数值模拟得到的. 图 4.20 中给出的是拟周期解和它被破坏时产生的混沌, 这些解由图 4.15 对应系统的模拟得到. 图 4.21 中给出了一种有趣的情况: 一个非局部的环面和这个环面被同宿结构破坏后产生的混沌, 这些解由图 4.13 对应系统的模拟得到. 另外, 其他具有不同结构的混沌吸引子如图 4.22 所示.

4.2.1.2　环境承载量呈周期变化

本节中, 我们分别对捕食者死亡率和环境承载量加上周期扰动, 比较这两个周期扰动对系统的影响是否相同, 进一步确定 "一致" 分支图是否存在. 需要注意的是, 本节中对捕食者死亡率周期扰动的情况与上节中不同, 因为经过比较, 我们发现, 当无扰动系统的极限环的渐近周期在 1 和 2 之间并且十分靠近 2 的时候, 系统更可能出现各种复杂动力学, 因此在本节中, 我们选取参数值时, 特意保证了这一条件. 根据无扰动系统分支的情况, 综合参数 d 和 K 对分支情况的影响, 我们考虑无扰动系统有如下 6 种 Hopf 分支的情况.

情况 1 当 d 变化时, 无扰动系统发生两次超临界 Hopf 分支; 当 K 变化时, 发生一次超临界 Hopf 分支, 参考图 4.23(a).

情况 2 当 d 变化时, 无扰动系统发生一次超临界 Hopf 分支和一次次临界 Hopf 分支; 当 K 变化时, 发生一次超临界 Hopf 分支, 参考图 4.23(a).

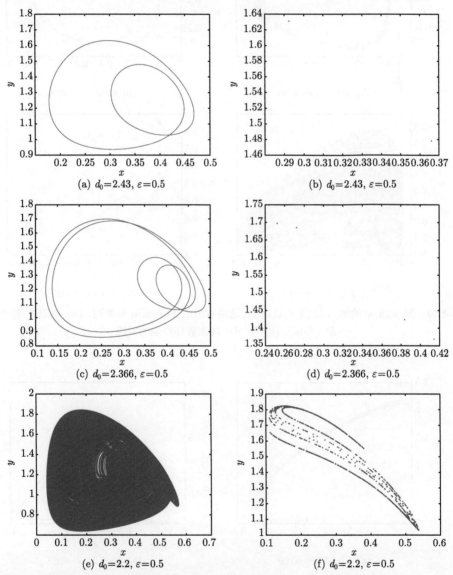

(a) $d_0=2.43$, $\varepsilon=0.5$ (b) $d_0=2.43$, $\varepsilon=0.5$

(c) $d_0=2.366$, $\varepsilon=0.5$ (d) $d_0=2.366$, $\varepsilon=0.5$

(e) $d_0=2.2$, $\varepsilon=0.5$ (f) $d_0=2.2$, $\varepsilon=0.5$

图 4.19 图 4.11 中的解, 左边是解的相轨道, 右边是对应的 Poincaré 截面图. (a) 和 (b): 周期 2 解; (c) 和 (d): 周期 4 解; (e) 和 (f): 倍周期级联产生的混沌

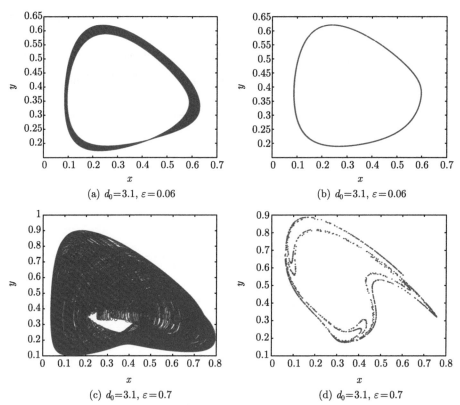

(a) $d_0 = 3.1$, $\varepsilon = 0.06$ (b) $d_0 = 3.1$, $\varepsilon = 0.06$

(c) $d_0 = 3.1$, $\varepsilon = 0.7$ (d) $d_0 = 3.1$, $\varepsilon = 0.7$

图 4.20   图 4.15 中的解, 左边是相轨道, 右边是对应的 Poincaré 截面图. (a) 和 (b): 拟周期
解 (环面); (c) 和 (d): 环面破坏产生的混沌

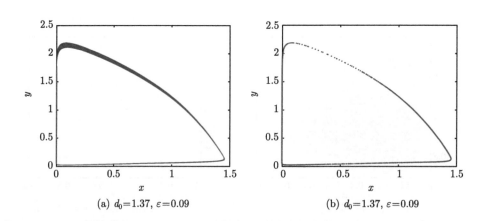

(a) $d_0 = 1.37$, $\varepsilon = 0.09$ (b) $d_0 = 1.37$, $\varepsilon = 0.09$

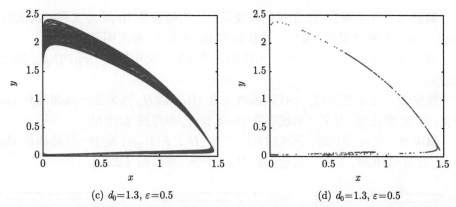

(c) $d_0=1.3, \varepsilon=0.5$　　　　(d) $d_0=1.3, \varepsilon=0.5$

图 4.21　图 4.15 中的解. (a): 非局部环面; (b): (a) 的 Poincaré 截面; (c): 环面破坏产生的混沌; (d): (c) 的 Poincaré 截面

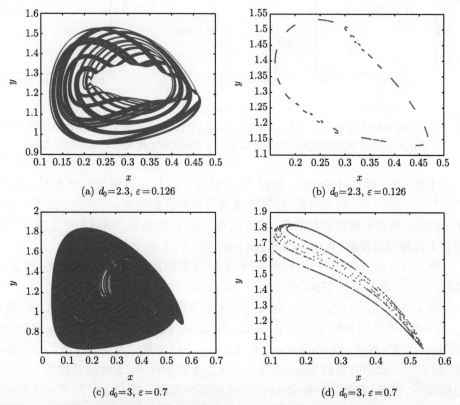

(a) $d_0=2.3, \varepsilon=0.126$　　　　(b) $d_0=2.3, \varepsilon=0.126$

(c) $d_0=3, \varepsilon=0.7$　　　　(d) $d_0=3, \varepsilon=0.7$

图 4.22　不同结构的混沌吸引子, 左边是相轨道, 右边是对应的 Poincaré 截面. (a) 和 (b): 图 4.11 中由环面破坏产生的混沌; (c) 和 (d): 图 4.12 中由倍周期级联产生的混沌

情况 3　当 d 变化时, 无扰动系统发生一次超临界 Hopf 分支和一次次临界 Hopf 分支; 当 K 变化时, 发生一次次临界 Hopf 分支, 参考图 4.23(a).

情况 4　当 d 或 K 变化时, 无扰动系统发生一次次临界 Hopf 分支, 参考图 4.23(a).

情况 5　当 d 变化时, 无扰动系统在点 $(H_m, F(H_m))$ 发生一次超临界 Hopf 分支; 当 K 变化时, 发生一次超临界 Hopf 分支, 参考图 4.23(b).

情况 6　当 d 变化时, 无扰动系统在点 $(H_M, F(H_M))$ 发生一次超临界 Hopf 分支; 当 K 变化时, 发生一次超临界 Hopf 分支, 参考图 4.23(c).

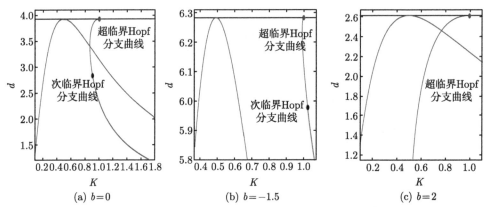

图 4.23　固定参数值 $a = 4$, $c = 1$, $m = 5\pi$, $r = 5\pi$. (a) $b = 0$ 时无周期扰动系统的分支图; (b) $b = -1.5$ 无周期扰动系统的分支图; (c) $b = 2$ 时无周期扰动系统的分支图

下面, 我们给出 Poincaré 映射 $\mathcal{P}$ 的对应于以上 6 种情况的分支图, 并对它们进行详细的分析. 与上节相同, 鞍点或鞍形周期解指的是, 它有一个大于 1 的乘子; 不稳定点或不稳定解指的是, 它有两个大于 1 的乘子. 同样在下文的分析中, 我们不再特别提及解 $(0, 0, \sin 2\pi t, \cos 2\pi t)$ 和 $(K, 0, \sin 2\pi t, \cos 2\pi t)$.

情况 1　当 d 变化时, 无扰动系统 (4.4) 发生两次超临界 Hopf 分支; 当 K 变化时, 发生一次超临界 Hopf 分支.

令 $a = 4$, $b = 0$, $c = 1$, $m = 5\pi$, $r = 4.8\pi$, $K_0 = 0.89$, $d_0 = 1.1\pi$, 随着 d_0 的变化, 无扰动系统分别在 $d_0 = d_+$ 和 $d_0 = d_-$ $(d_+ > d_-)$ 时发生两次超临界 Hopf 分支; 随着 K_0 的变化, 它在 $K_0 = K_h$ (K_h 表示发生该分支的参数临界值) 时发生一次超临界的 Hopf 分支. 在这组参数条件下, 无扰动系统有一个稳定的极限环, 当 d_0 趋于 d_+ 和 d_- 时, 这个极限环的渐近周期分别为 $T = 1.839$ 和 $T = 1.269$, 当 K_0 趋于 K_h 时, 这个周期是 $T = 1.528$. 扰动系统在 (ε, d_0) 平面和 (ε, K_0) 平面的分支图如图 4.24 所示.

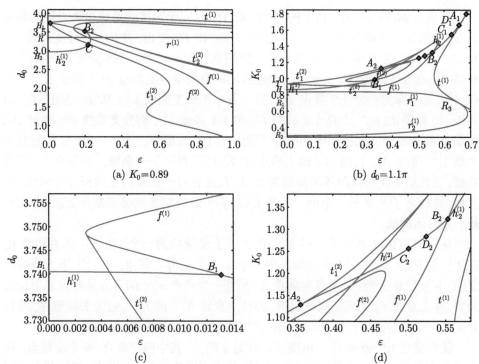

(a) $K_0 = 0.89$

(b) $d_0 = 1.1\pi$

(c)

(d)

图 4.24 扰动系统在 $a = 4$, $b = 0$, $c = 1$, $m = 5\pi$, $r = 4.8\pi$ 时的分支图, 图 (c) 和图 (d) 分别是图 (a) 和图 (b) 的局部放大图

在图 4.24(a) 中, d_0 轴上的点 H_1 和 H_2 对应于无扰动系统的两个超临界 Hopf 分支, NS 分支曲线 $h_1^{(1)}$ 和 $h_2^{(1)}$ 分别由 H_1 和 H_2 发出. 点 C 是 $h_2^{(1)}$ 上的 1:3 共振. $t_1^{(2)}$ 和 $t_2^{(2)}$ 是周期 2 的折分支曲线, $t_2^{(2)}$ 与 $f^{(1)}$ 相交于一个余维二的分支点. 点 T 对应于无扰动系统平衡点的折分支, 曲线 $t^{(1)}$ 由 T 发出; 点 R 对应于无扰动系统平衡点的跨临界分支, 曲线 $r^{(1)}$ 由 R 发出.

从下往上穿过曲线 $t^{(1)}$, 两个周期 1 的定点在 $t^{(1)}$ 上碰撞成为一个, 在 $t^{(1)}$ 的上方消失. 其中一个不动点在 $t^{(1)}$ 和 $r^{(1)}$ 之间是鞍点, 在 $r^{(1)}$ 下方, 这个不动点变成稳定的, 但它的坐标变为负值, 没有生物学意义. 另一个不动点在 $h_1^{(1)}$, $f^{(1)}$, $h_2^{(1)}$ 和 $\varepsilon = 0$ 围成的区域中是不稳定的, 并且分支出一个稳定的不变曲线; 它在 $f^{(1)}$ 和 $\varepsilon = 1$ 围成的区域中变成鞍点.

从左到右穿过曲线 $t_1^{(2)}$, 出现两对周期 2 的定点, 其中两个鞍点、两个稳定点; 在 $f^{(1)}$ 和 $t_2^{(2)}$ 的交点的左边, 两个鞍点往上穿过 $f^{(1)}$ 消失, 在这个交点的右边, 它们穿过 $t_2^{(2)}$ 后消失; 两个稳定点, 在 $f^{(2)}$ 和 $\varepsilon = 1$ 围成的区域中变为鞍点, 从下往上穿过 $f^{(1)}$ 的上半支后消失. 另外, 在 $t_2^{(2)}$ 和它下方的 $f^{(1)}$ 之间存在另外一对稳定的周期 2 点.

在图 4.24(b) 中, K_0 轴上的点 R_1 和 R_2 对应于无扰动系统平衡点的跨临界分支, 跨临界分支曲线 $r_1^{(1)}$ 和 $r_2^{(1)}$ 分别由 R_1 和 R_2 发出, 并且与折分支曲线 $t^{(1)}$ 相切于点 R_3. 点 H 对应于无扰动系统的超临界 Hopf 分支, NS 分支曲线 $h_1^{(1)}$ 由 H 发出, 在 1:2 共振 B_1 处停止. 一条封闭的倍周期分支曲线 $f^{(1)}$ 通过 B_1, 并且在 $f^{(1)}$ 上还有另一个 1:2 共振 B_2. 另一条 NS 分支曲线 $h_2^{(1)}$ 从 B_2 发出, 在 1:1 共振 A_1 处停止, $h_2^{(1)}$ 上有 1:3 共振 C_1 和 1:4 共振 D_1, 折分支曲线 $t^{(1)}$ 通过 A_1. 周期 2 的 NS 分支曲线 $h^{(2)}$ 由 B_2 发出, 在 1:1 共振 A_2 停止. 周期 2 的折分支曲线 $t_1^{(2)}$ 通过 A_2, 它由 K_0 轴上的点 T 发出交 $f^{(1)}$ 于一余维二的分支点; 在点 T 处, 无扰动系统的极限环的周期为 2, 由 T 还有另一条周期 2 的折分支曲线 $t_2^{(2)}$ 发出, 并且交 $f^{(1)}$ 于另一余维二的分支点. $f^{(2)}$ 是周期 2 的倍周期分支曲线, 它也是一条封闭曲线.

从左向右穿过 $t^{(1)}$, 两个不动点在 $t^{(1)}$ 上碰撞成为一个, 在 $t^{(1)}$ 的右边消失. 在 $t^{(1)}$ 的左边, 这两个不动点的其中一个在 $r_1^{(1)}$ 上方是鞍点, 在 $r_1^{(1)}$ 下方变成稳定的, 并且坐标值为负, 没有实际意义; 另外一个点在 $r_2^{(1)}$ 的下方是鞍点且坐标值为负, 往上穿过 $r_2^{(1)}$, 它变成稳定的, 再往上穿过 $h_1^{(1)}$ 或 $h_2^{(1)}$, 它失去稳定性, 并且分支出一个稳定的闭不变曲线, 在由 $f^{(1)}$ 围成的闭区域中, 它是鞍点.

往右穿过 $t_1^{(2)}$ 或者 $t_2^{(2)}$, 出现两对周期 2 的点, 其中两个鞍点, 两个非鞍点. 两个鞍点往右穿过 $f^{(1)}$ ($f^{(1)}$ 与 $t_1^{(2)}$ 和 $t_2^{(2)}$ 的交点左边的部分) 消失; 另外两个点在 $h^{(2)}$ 下方稳定, 在 $h^{(2)}$ 上方不稳定, 往右穿过 $f^{(1)}$ ($f^{(1)}$ 与 $t_1^{(2)}$ 和 $t_2^{(2)}$ 的交点右边的部分) 消失.

情况 2　当 d 变化时, 无扰动系统 (4.4) 发生一次超临界 Hopf 分支, 一次次临界 Hopf 分支; 当 K 变化时, 发生一次超临界 Hopf 分支.

令 $a=4$, $b=0$, $c=1$, $m=5\pi$, $K_0=0.92$, $d_0=1.2\pi$, $r=8\pi$, 随着 d_0 的变化, 无扰动系统在 $d_0=d_+$ 发生超临界 Hopf 分支, 在 $d_0=d_-$ $(d_+>d_-)$ 发生次临界 Hopf 分支; 随着 K_0 的变化, 它在 $K_0=K_h$ 时发生超临界的 Hopf 分支. 在这组参数条件下, 无扰动系统有一个稳定的极限环, 当 d_0 趋于 d_+ 时, 这个极限环的渐近周期为 $T=1.94$, 当 K_0 趋于 K_h 时, 周期是 $T=1.6$. 扰动系统在 (ε, d_0) 平面和 (ε, K_0) 平面的分支图如图 4.25(a) 和图 4.25(b) 所示, 一些局部放大图参考图 4.26(a)—图 4.26(c).

在图 4.25(a) 中, d_0 轴上的点 R 对应于无扰动系统平衡点的跨临界分支, 曲线 $r^{(1)}$ 由 R 发出. 点 T 对应于无扰动系统平衡点的折分支, 曲线 $t^{(1)}$ 由 T 发出. 点 H_1 和 H_2 分别对应于无扰动系统的超临界和次临界 Hopf 分支, NS 分支曲线 $h_1^{(1)}$ 和 $h_2^{(1)}$ 分别由 H_1 和 H_2 发出, 在 1:2 共振 B_1 和 B_2 停止, 倍周期分支曲线 $f^{(1)}$ 通过 B_1 和 B_2. $t_1^{(2)}$ 和 $t_2^{(2)}$ 是周期 2 的折分支曲线, 分别与 $f^{(1)}$ 相交于两个余维二的分支点.

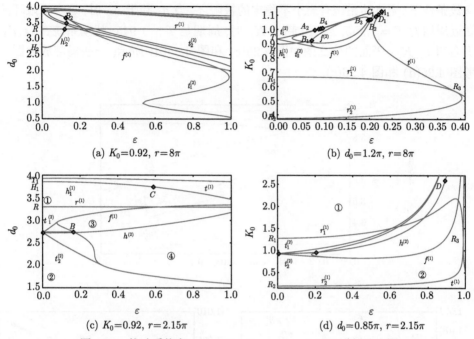

图 4.25　扰动系统在 $a=4$, $b=0$, $c=1$, $m=5\pi$ 时的分支图

　　从下往上穿过曲线 $t^{(1)}$, 两个周期 1 的定点在 $t^{(1)}$ 上碰撞成为一个, 在 $t^{(1)}$ 的上方消失. 其中一个不动点在 $t^{(1)}$ 和 $r^{(1)}$ 之间是鞍点, 在 $r^{(1)}$ 下方, 这个不动点变成稳定的, 但它的坐标变为负值, 没有实际意义. 从上向下穿过 $h_1^{(1)}$, 另一个不动点失去稳定性, 并且分支出一个稳定的闭不变曲线, 再往下穿过 $h_2^{(1)}$, 它又变成稳定的, 并且分支出一个不稳定的闭不变曲线, 穿过 $f^{(1)}$, 它在 $f^{(1)}$ 和 $\varepsilon=1$ 围成的区域中变成鞍点.

　　从左到右穿过曲线 $t_1^{(2)}$, 出现两对周期 2 的定点, 其中两个鞍点、两个稳定点; 在 $t_1^{(2)}$ 和 $t_2^{(2)}$ 与 $f^{(1)}$ 的两个交点之间, 两个鞍点往上穿过 $f^{(1)}$ 消失, 在 $t_2^{(2)}$ 与 $f^{(1)}$ 的交点的右边, 它们穿过 $t_2^{(2)}$ 后消失; 两个稳定点, 在 $f^{(2)}$ 和 $\varepsilon=1$ 围成的区域中变为鞍点, 从下往上穿过 $f^{(1)}$ 的上半支后消失. 另外, 在 $t_2^{(2)}$ 和它下方的 $f^{(1)}$ 之间存在另外一对稳定的周期 2 点.

　　图 4.25(b) 中所示的系统行为与图 4.24(b) 中类似, 我们不再赘述.

　　情况 3　当 d 变化时, 无扰动系统 (4.4) 发生一次超临界 Hopf 分支, 一次次临界 Hopf 分支; 当 K 变化时, 发生一次次临界 Hopf 分支.

　　令 $a=4$, $b=0$, $c=1$, $m=5\pi$, $K_0=0.92$, $d_0=0.85\pi$, $r=2.15\pi$, 随着 d_0 的变化, 无扰动系统在 $d_0=d_+$ 发生超临界 Hopf 分支, 在 $d_0=d_-$ 发生次临界 Hopf 分支; 随着 K_0 的变化, 它在 $K_0=K_h$ 时发生次临界的 Hopf 分支. 在这组

参数条件下, 无扰动系统有一个不稳定的极限环, 当 d_0 趋于 d_- 时, 这个极限环的渐近周期为 $T = 1.955$, 当 K_0 趋于 K_h 时, 周期是 $T = 1.945$. 扰动系统在 (ε, d_0) 平面和 (ε, K_0) 平面的分支图如图 4.25(c) 和图 4.25(d) 所示, 一些局部放大图参考图 4.26(d) 和图 4.26(e).

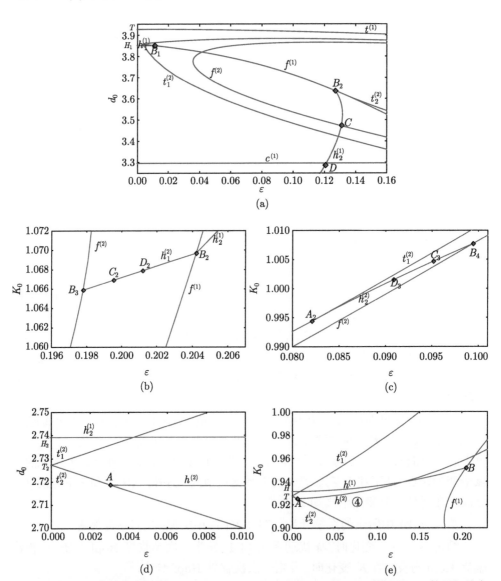

图 4.26　图 4.25 的局部放大图, (a): 图 4.25(a) 的放大图; (b) 和 (c): 图 4.25(b) 的局部放大图; (d): 图 4.25(c) 的局部放大图; (e): 图 4.25(d) 的局部放大图

在图 4.25(c) 中, d_0 轴上的点 R 对应于无扰动系统平衡点的跨临界分支, 曲线 $r^{(1)}$ 由 R 发出. 点 T_1 对应于无扰动系统平衡点的折分支, 曲线 $t^{(1)}$ 由 T_1 发出. 点 H_1 和 H_2 分别对应于无扰动系统的超临界和次临界 Hopf 分支, NS 分支曲线 $h_1^{(1)}$ 和 $h_2^{(1)}$ 分别由 H_1 和 H_2 发出, 倍周期分支曲线 $f^{(1)}$ 通过在 1:2 共振 B. $t_1^{(2)}$ 和 $t_2^{(2)}$ 是周期 2 的折分支曲线, 由 d_0 轴上的点 T_2 发出, 分别交 $f^{(1)}$ 于两个余维二分支点.

从下往上穿过曲线 $t^{(1)}$, 两个周期 1 的定点在 $t^{(1)}$ 上碰撞成为一个, 在 $t^{(1)}$ 的上方消失. 其中一个不动点在 $t^{(1)}$ 和 $r^{(1)}$ 之间是鞍点, 在 $r^{(1)}$ 下方, 这个不动点变成稳定的, 但它的坐标变为负值, 没有实际意义. 从上向下穿过 $h_1^{(1)}$, 另一个不动点失去稳定性, 并且分支出一个稳定的闭不变曲线, 再往下穿过 $h_2^{(1)}$, 它又变成稳定的, 并且分支出一个不稳定的闭不变曲线, 穿过 $f^{(1)}$, 它在 $f^{(1)}$ 和 $\varepsilon = 1$ 围成的区域中变成鞍点.

从左到右穿过曲线 $t_1^{(2)}$ 或 $t_2^{(2)}$, 出现两对周期 2 的定点, 其中两个鞍点、两个非鞍点. 两个鞍点只存在于由 $t_1^{(2)}, t_2^{(2)}$ 和 $f^{(1)}$ 围成的闭区域中; 两个非鞍点在 $h^{(2)}$ 上方 (区域 ③) 是不稳定的, 在 $h^{(2)}$ 下方 (区域 ④) 是稳定的, 穿过 $f^{(1)}$, 从区域 ③ 到 ① 或从区域 ④ 到 ② 后消失.

在图 4.25(d) 中, K_0 轴上的点 R_1 和 R_2 对应于无扰动系统平衡点的跨临界分支, 跨临界分支曲线 $r_1^{(1)}$ 和 $r_2^{(1)}$ 分别由 R_1 和 R_2 发出, 并且与折分支曲线 $t^{(1)}$ 相切于点 R_3. 点 H 对应于无扰动系统的次临界 Hopf 分支, NS 分支曲线 $h^{(1)}$ 由 H 发出, 在 1:2 共振 B 处停止. 一条不封闭的倍周期分支曲线 $f^{(1)}$ 通过 B, 在 K_0 轴上的点 T 处, 无扰动系统的不稳定极限环的周期为 2, 两支周期 2 的折分支曲线 $t_1^{(2)}$ 和 $t_2^{(2)}$ 由 T 发出, A 是 $t_2^{(2)}$ 上的 1:1 共振, 周期 2 的 Hopf 分支曲线 $h^{(2)}$ 由 A 发出, D 是 $h^{(2)}$ 上的 1:4 共振.

从左向右穿过 $t^{(1)}$, 两个不动点在 $t^{(1)}$ 上碰撞成为一个, 在 $t^{(1)}$ 的右边消失. 在 $t^{(1)}$ 的左边, 这两个不动点的其中一个在 $r_1^{(1)}$ 上方是鞍点, 在 $r_1^{(1)}$ 下方变成稳定的, 并且坐标值为负, 没有实际意义; 另外一个点只在 $r_2^{(1)}$ 的上方是有意义的, 因为在 $r_2^{(1)}$ 的下方它的坐标值为负, 在 $h^{(1)}$ 的上方, 它是不稳定的, 往下穿过 $h^{(1)}$, 它变成稳定的并且分支出一个不稳定的闭不变曲线, 在由 $f^{(1)}$ 形成的区域中, 它是鞍点.

往右穿过 $t_1^{(2)}$ 或者 $t_2^{(2)}$, 出现两对周期 2 的点, 其中两个鞍点, 两个非鞍点. 两个鞍点只存在于由 $t_1^{(2)}, t_2^{(2)}$ 和 $f^{(1)}$ 围成的区域中; 两个非鞍点在 $h^{(2)}$ 上方是不稳定的, 在 $h^{(2)}$ 下方 (区域 ④) 是稳定的, 并且在区域 ① ($t_1^{(2)}$ 上方) 和区域 ② ($t_2^{(2)}$ 和 $f^{(1)}$ 下方) 消失.

情况 4 当 d 或 K 变化时, 无扰动系统 (4.4) 发生一次次临界 Hopf 分支.

令 $a = 4$, $b = 0$, $c = 1$, $m = 5\pi$, $K_0 = 1.5$, $d_0 = 0.4\pi$, $r = 3\pi$, 随着 d_0 (K_0)

的变化, 无扰动系统在 $d_0 = d_-$ ($K_0 = K_h$) 发生次临界 Hopf 分支. 在这组参数条件下, 无扰动系统有一个不稳定的极限环, 当 d_0 趋于 d_- 时, 这个极限环的渐近周期为 $T = 1.85$, 当 K_0 趋于 K_h 时, 周期是 $T = 1.924$. 扰动系统在 (ε, d_0) 平面和 (ε, K_0) 平面的分支图如图 4.27(a) 和图 4.27(b) 所示.

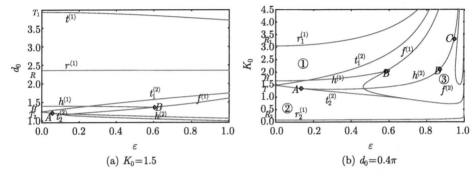

(a) $K_0 = 1.5$　　　　　　　　　　(b) $d_0 = 0.4\pi$

图 4.27　扰动系统在 $a = 4$, $b = 0$, $c = 1$, $m = 5\pi$, $r = 3\pi$ 时的分支图

在图 4.27(a) 中, d_0 轴上的点 T_1 对应于无扰动系统平衡点的折分支, 曲线 $t^{(1)}$ 由 T_1 发出. R 对应于无扰动系统平衡点的跨临界分支, 曲线 $r^{(1)}$ 由 R 发出. 点 H 对应于无扰动系统的次临界 Hopf 分支, NS 分支曲线 $h^{(1)}$ 由 H 发出, 在 1:2 共振 B 停止, 倍周期分支曲线 $f^{(1)}$ 通过 B. $t_1^{(2)}$ 和 $t_2^{(2)}$ 是周期 2 的折分支曲线, 由 d_0 轴上的点 T_2 发出, $t_2^{(2)}$ 交 $f^{(1)}$ 于一个余维二分支点.

从下往上穿过曲线 $t^{(1)}$, 两个周期 1 的定点在 $t^{(1)}$ 上碰撞成为一个, 在 $t^{(1)}$ 的上方消失. 其中一个不动点在 $t^{(1)}$ 和 $r^{(1)}$ 之间是鞍点, 在 $r^{(1)}$ 下方, 这个不动点变成稳定的, 但它的坐标变为负值, 没有实际意义. 另一个不动点在 $h^{(1)}$ 的上方是不稳定的, 往下穿过 $h^{(1)}$, 它变成稳定的, 并且分支出一个不稳定的闭不变曲线, 穿过 $f^{(1)}$, 它在 $f^{(1)}$ 和 $\varepsilon = 1$ 围成的区域中变成鞍点.

从左到右穿过曲线 $t_1^{(2)}$, 出现两对周期 2 的定点, 其中两个鞍点、两个不稳定点. 两个鞍点只存在于由 $t_1^{(2)}$, $t_2^{(2)}$, $f^{(1)}$ 和 $\varepsilon = 1$ 围成的区域中; 两个不稳定点在 $h^{(2)}$ 的下方变成是稳定的, 往下穿过 $t_2^{(2)}$ 或 $f^{(1)}$ 后消失.

图 4.27(b) 与图 4.25(d) 类似, 除了有一条周期 2 的倍周期分支 $f^{(2)}$, 与 $\varepsilon = 1$ 非常接近但不相交, 因此, 我们不再赘述其解的行为.

情况 5　当 d 变化时, 无扰动系统 (4.4) 在点 $(H_m, F(H_m))$ 发生一次超临界 Hopf 分支; 当 K 变化时, 发生一次超临界 Hopf 分支.

令 $a = 4$, $b = -1.5$, $c = 1$, $m = 5\pi$, $K_0 = 1.01$, $d_0 = 1.95\pi$, $r = 4\pi$, 随着 d_0 (K_0) 的变化, 无扰动系统在 $d_0 = d_-$ ($K_0 = K_h$) 发生超临界 Hopf 分支. 在这组参数条件下, 无扰动系统有一个稳定的极限环, 当 d_0 趋于 d_- 时, 这个极限环的渐近周期为 $T = 1.596$, 当 K_0 趋于 K_h 时, 周期是 $T = 1.773$. 扰动系统在 (ε, d_0)

平面和 (ε, K_0) 平面的分支图如图 4.28(a) 和图 4.28(b) 所示, 图 4.28(a) 的局部放大图和其中的某些分支曲线见图 4.28(c) 和图 4.28(d).

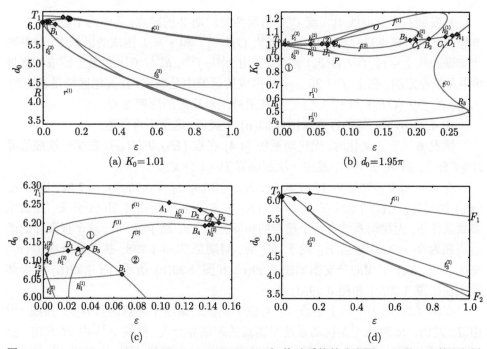

(a) $K_0 = 1.01$

(b) $d_0 = 1.95\pi$

(c)

(d)

图 4.28 $a = 4, b = -1.5, c = 1, m = 5\pi, r = 4\pi$ 时, 扰动系统的分支图. (c) 是 (a) 的局部放大图, (d) 中展示的是 (a) 中的某些分支曲线

在图 4.28(a) 中, d_0 轴上的点 T_1 对应于无扰动系统平衡点的折分支, 曲线 $t^{(1)}$ 由 T_1 发出. R 对应于无扰动系统平衡点的跨临界分支, 曲线 $r^{(1)}$ 由 R 发出. 点 H 对应于无扰动系统的超临界 Hopf 分支, NS 分支曲线 $h_1^{(1)}$ 由 H 发出, 在 1:2 共振 B_1 停止, 倍周期分支曲线 $f^{(1)}$ 通过 B_1, $f^{(1)}$ 上有另一个 1:2 共振 B_2, $h_2^{(1)}$ 由 B_2 发出, 在 $t^{(1)}$ 上的 1:1 共振 A_1 停止, C_2 和 D_2 是 $h_2^{(1)}$ 上的 1:3 和 1:4 共振. 在 d_0 轴上的点 T_2 处, 无扰动系统的稳定极限环的周期是 2, $t_1^{(2)}$ 和 $t_2^{(2)}$ 由 T_2 发出, $t_1^{(2)}$ 交 $f^{(1)}$ 于点 P, 在 $t_1^{(2)}$ 上, 有 1:1 共振 A_2, NS 分支曲线 $h_1^{(2)}$ 由 A_2 发出, 在 1:2 共振 B_3 停止, 倍周期分支曲线 $f^{(2)}$ 通过 B_3, B_4 是 $f^{(2)}$ 上的 1:2 共振, NS 分支曲线 $h_2^{(2)}$ 连接 B_4 和 B_2, C_3 和 D_3 是 $h_2^{(2)}$ 上的 1:3 和 1:4 共振. 在图 4.28(d) 中, F_1 和 F_2 是 $f^{(1)}$ 与 $\varepsilon = 1$ 的两个交点.

从下往上穿过曲线 $t^{(1)}$, 两个周期 1 的定点在 $t^{(1)}$ 上碰撞成为一个, 在 $t^{(1)}$ 的上方消失. 其中一个不动点在 $t^{(1)}$ 和 $r^{(1)}$ 之间是鞍点, 在 $r^{(1)}$ 下方, 这个不动点变成稳定的, 但它的坐标变为负值, 没有实际意义. 另一个不动点在 $h_1^{(1)}$ 的下方是稳定的, 往上穿过 $h_1^{(1)}$, 它失去稳定性, 并且分支出一个稳定的闭不变曲线, 往右穿过 $h_2^{(1)}$, 它又一次变成稳定的, 穿过 $f^{(1)}$, 在 $f^{(1)}$ 和 $\varepsilon = 1$ 围成的区域中, 它变成鞍点.

从左到右穿过曲线 $t_1^{(2)}$ 或 $t_2^{(2)}$, 出现两对周期 2 的定点, 其中两个鞍点、两个非鞍点. 两个鞍点只存在于由 $t_1^{(2)}$, $t_2^{(2)}$, OP, $t_3^{(2)}$ 和 $\varepsilon = 1$ 围成的区域中; 另外两个非鞍点往上穿过 $f^{(1)}$ (PF_1) 消失, 在由 $h_1^{(2)}$, $f^{(2)}$, $h_2^{(2)}$, $f^{(1)}$ 和 $t_1^{(2)}$ 围成的区域①中是不稳定的, 在由 $f^{(2)}$ 和 $\varepsilon = 1$ 围成的区域中是鞍点, 在其他区域是稳定的. 另外, 在 $f^{(1)}$ (OF_2) 和 $t_3^{(2)}$ 之间, 存在另外一对稳定的周期 2 点.

图 4.28(b) 中, 解的行为与图 4.24(b) 中类似, 这里不再赘述.

情况 6　当 d 变化时, 无扰动系统 (4.4) 在点 $(H_M, F(H_M))$ 发生一次超临界 Hopf 分支; 当 K 变化时, 发生一次超临界 Hopf 分支.

令 $a = 4$, $b = 2$, $c = 1$, $m = 5\pi$, $K_0 = 0.75$, $d_0 = 0.75\pi$, $r = 7.5\pi$, 随着 d_0 (K_0) 的变化, 无扰动系统在 $d_0 = d_+$ ($K_0 = K_h$) 发生超临界 Hopf 分支. 在这组参数条件下, 无扰动系统有一个稳定的极限环, 当 d_0 趋于 d_+ 时, 这个极限环的渐近周期为 $T = 1.912$, 当 K_0 趋于 K_h 时, 周期是 $T = 1.798$. 扰动系统在 (ε, d_0) 平面和 (ε, K_0) 平面的分支图如图 4.29(a) 和图 4.29(b) 所示, 图 4.29(b) 的局部放大图如图 4.29(c) 和图 4.29(d) 所示.

在图 4.29(a) 中, 轴上的点 T_1 对应于无扰动系统平衡点的折分支, 曲线 $t^{(1)}$ 由 T_1 发出. R 对应于无扰动系统平衡点的跨临界分支, 曲线 $r^{(1)}$ 由 R 发出. 点 H 对应于无扰动系统的超临界 Hopf 分支, NS 分支曲线 $h^{(1)}$ 由 H 发出, 在 1:2 共振 B 停止, 倍周期分支曲线 $f^{(1)}$ 通过 B. 在 d_0 轴上的点 T_2 处, 无扰动系统的稳定极限环的周期是 2, $t_1^{(2)}$ 和 $t_2^{(2)}$ 由 T_2 发出, $t_1^{(2)}$ 与 $f^{(1)}$ 相交. $f^{(2)}$, $f^{(4)}$, $f^{(8)}$, $\cdots$ 是倍周期分支曲线.

从下往上穿过曲线 $t^{(1)}$, 两个周期 1 的定点在 $t^{(1)}$ 上碰撞成为一个, 在 $t^{(1)}$ 的上方消失. 其中一个不动点在 $t^{(1)}$ 和 $r^{(1)}$ 之间是鞍点, 在 $r^{(1)}$ 下方, 这个不动点变成稳定的, 但它的坐标变为负值, 没有实际意义. 另一个不动点在 $h_1^{(1)}$ 的上方是稳定的, 往下穿过 $h_1^{(1)}$, 它失去稳定性, 并且分支出一个稳定的闭不变曲线, 在 $f^{(1)}$ 和 $\varepsilon = 1$ 围成的区域中, 它变成鞍点.

从左到右穿过曲线 $t_1^{(2)}$ 或 $t_2^{(2)}$, 出现两对周期 2 的定点, 其中两个鞍点、两个非鞍点. 两个鞍点穿过 $f^{(1)}$, 从区域 ① 到 ② 后消失; 另外两个非鞍点从区域 ②, 往上穿过 $f^{(1)}$ 消失, 在由 $f^{(2)}$ 和 $\varepsilon = 1$ 围成的区域中, 它们变成是鞍点, 并且出现稳定的周期 4 解. 穿过 $f^{(4)}$ ($f^{(8)}$) 到由 $f^{(4)}$ 和 $\varepsilon = 1$ ($f^{(8)}$ 和 $\varepsilon = 1$) 围成的区域, 周期 8(16) 定点出现, 周期 4(8) 的点变成鞍点.

图 4.29(b) 中, 解的行为与图 4.24(b) 中类似, 这里不再赘述.

除了以上讨论的 6 种情况, 还可能有其他更为复杂的情形. 比如当无扰动系统发生退化的 Hopf 分支、余维二或三的 BT 分支时, 扰动系统有怎样的动力学行为. 在本节中, 我们讨论一致分支图的存在性问题, 对于这些更复杂的情形, 暂不作研究.

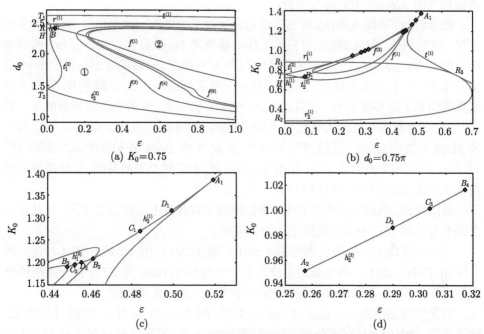

图 4.29 $a = 4$, $b = 2$, $c = 1$, $m = 5\pi$, $r = 7.5\pi$ 时, 扰动系统的分支图. (c) 和 (d) 是 (b) 的局部放大图

下面, 我们首先对 (ε, d_0) 分支图和 (ε, K_0) 分支图分别进行分析, 然后对它们进行比较, 来确定在这两种不同的周期扰动机制下, "一致" 分支图是否存在.

当周期扰动捕食者死亡率 d 时, 对应于无扰动系统的不同分支情况, 扰动系统的分支图如图 4.24(a), 图 4.25(a), 图 4.25(c), 图 4.27(a), 图 4.28(a) 和图 4.29(a) 所示. 我们看到, 图 4.24(a) 中的分支图与图 4.25(a) 中的十分相似, 但是它们并不是等价的, 因为图 4.24(a) 对应的无扰动系统发生的是两个超临界的 Hopf 分支, 而图 4.25(a) 中的 Hopf 分支, 一个是超临界的, 一个是次临界的.

图 4.25(a) 和图 4.25(c) 都对应于无扰动系统发生一次超临界 Hopf 分支、一次次临界 Hopf 分支的情形, 两个图之所以不同在于初始参数的选择, 在得到图 4.25(a) 时, 我们选定的初始参数保证了无扰动系统有一个稳定的极限环, 并且它的渐近周期在 1 和 2 之间, 接近 2. 而在得到图 4.25(c) 时, 初始参数保证了无扰动系统有一个渐近周期为 $T_- = 1.955$ 的不稳定的极限环, 而且在得到的图 4.25(c) 中, 稳定极限环的渐近周期为 $T_+ = 3.743$, 这时候, 可以看到 $h_1^{(1)}$ 不与 $f^{(1)}$ 相连

接. 如果我们取一个稍大的 r 值, 使得 T_+ 更靠近 2, 例如, 令 $r = 2.5$, $h_1^{(1)}$ 将会与 $f^{(1)}$ 相交于 1:2 共振 B_1, 为了将次临界 Hopf 分支附近的分支图结构与图 4.27(a) 相比较, 这里我们选择呈现图 4.25(c). 显然, 图 4.27(a) 的次临界 Hopf 分支附近的结构与图 4.25(c) 中的部分等价.

图 4.28(a) 和图 4.29(a) 对应的都是无扰动系统发生一次超临界 Hopf 分支的情况. 区别在于, 图 4.28(a) 对应的无扰动系统的 Hopf 分支发生在 $F(x)$ 的局部极小值点 $(H_m, F(H_m))$, 稳定极限环出现在 $h^{(1)}$ 的上方; 而图 4.29(a) 的 Hopf 分支发生在 $F(x)$ 的极大值点 $(H_M, F(H_M))$, 极限环出现在 $h^{(1)}$ 的下方. 这两个分支图在结构上是不等价的, 在图 4.28(a) 中, 在 $f^{(1)}$ 上, 有两种不同类型的 1:2 共振, 它们所对应的规范形的系数 s 不同, 在 B_1 处, $s = 1$, 在 B_2 处, $s = -1$, 另一条 Hopf 分支曲线 $h_2^{(1)}$ 连接 $f^{(1)}$ 和 $t^{(1)}$, 周期 2 的 Hopf 分支曲线 $h_1^{(2)}$ 连接 $t_1^{(2)}$ 和 $f^{(2)}$, $h_2^{(2)}$ 连接 $f^{(2)}$ 和 $f^{(1)}$. 在图 4.28(a) 中, 有各种类型的共振, 包括两种不同的 1:2 共振, 而在图 4.29(a) 中只有一种 1:2 共振.

总的来说, 当对 d 周期扰动时, 我们得到了六种互不等价的分支图, 并且这六个图都与文献 [30] 中的一致图 (图 3) 不等价.

当周期扰动 K 时, 分支图如图 4.24(b), 图 4.25(b), 图 4.25(d), 图 4.27(b), 图 4.28(b) 和图 4.29(b). 当无扰动系统发生一个超临界 Hopf 分支时, 扰动系统的分支图, 图 4.24(b), 图 4.25(b), 图 4.28(b) 和图 4.29(b) 是等价的.

当无扰动系统发生次临界 Hopf 分支时, 图 4.25(d) 和图 4.27(b) 十分相似, 除了在图 4.25(d) 中, 有折分支 $t^{(1)}$, 在图 4.27(b) 中, 有倍周期分支 $f^{(2)}$ 和 1:3 共振 C; 在某种程度上, 我们可以说它们是等价的, 因为它们都有不封闭的并且非常靠近 $\varepsilon = 1$ 的倍周期分支曲线 $f^{(1)}$.

总而言之, 当周期扰动 K 时, 我们得到了两种不等价的分支图, 一个对应于超临界 Hopf 分支的情形, 具有封闭的 $f^{(1)}$, $f^{(2)}$ 和各种类型的共振; 一个对应于次临界 Hopf 分支的情形, 具有不封闭的 $f^{(1)}$. 它们也和具有 Holling II 型功能反应的捕食系统的一致分支图不同.

这些分支图也进一步说明了, 周期扰动可以产生非常复杂的动力学, 我们以图 4.28(b) 为例来说明. 首先, 周期性使得系统产生了多种不同类型的吸引子, 在区域 ①, 系统有稳定的周期 1 的周期解, 保持 ε 的值在 A_2 的右边不变, 增大 K_0 的值, 当穿过 $t_2^{(2)}$ 往上时, 稳定的周期 2 的周期解出现, 在 $h_1^{(1)}$ 的下方与稳定的周期 1 解共存, 再往上, 在 $h_1^{(1)}$ 和 $h_2^{(2)}$ 之间, 稳定的周期 2 解与稳定的拟周期解共存, 然后在某子区域与环面破坏产生的混沌共存. 另外, 即使非常小的参数改变也可能导致系统的行为发生彻底的变化. 在区域 ① 中, 系统有一个稳定的周期 1 解, 如果保持 K_0 不变, 缓慢增大 ε, 当穿过 PB_1 时, 周期 1 解变成鞍形的, 系统趋向于另一个吸引子: 稳定的周期 2 解. 这时, 我们再缓慢减小 ε 从右往左穿过 $f^{(1)}$

系统仍然趋向于稳定的周期 2 解, 接着减小 ε, 穿过 $t_2^{(2)}$, 系统又一次发生破坏性的变化, 再一次趋向于稳定的周期 1 解.

上文中已经提到过, 对于具有单调的 Holling II 型功能反应的捕食系统来说, 不同的周期扰动机制产生的现象相同, 也就是说, 不论对哪一个参数进行周期扰动, 得到的分支图都等价于一个一致图. 本文中我们研究的具有不单调的 Holling IV 型功能反应的捕食系统, 这样的一致图是不存在的, 即不同的周期参数对系统有不同的影响.

首先, 对于文献 [33] 中的具有 Holling II 型功能反应的系统, 六种周期机制相似的一个主要原因是无扰动系统分支图的相似性. 早在 1972 年, May[34] 就指出, 对于正的 c 和 m, 如果 d 满足 $d < mc$, 具有 Holling II 型功能反应的系统有一个唯一的正平衡点, 随着 $K > 0$ 的增大, 有唯一一个超临界的 Hopf 分支发生在

$$K_h = b\frac{cm + d}{cm - d}.\tag{4.25}$$

并且稳定的极限环在 $K > K_h$ 时一直存在. 有一个跨临界分支发生在

$$K_T = \frac{bd}{cm - d}.\tag{4.26}$$

我们看到, 满足分支条件的参数式 (4.25) 和 (4.26) 中的任两个参数都是一一对应的, 也就是说任一个参数都可以由其他参数唯一表示. 因此, 六种不同机制的分支图有相似的结构也是很自然的结果. 而在我们研究的系统中, 由于广义 Holling IV 型功能反应的非单调性, 这样的一一对应不再成立, 这也就导致了 (ε, d_0) 分支图和 (ε, K_0) 分支图的本质不同. 当 d 变化时, 无扰动系统发生一次折分支、一次跨临界分支、一次或两次 Hopf 分支, 而当 K 变化时, 有一个 Hopf 分支和两个跨临界分支. 另外, 当系统有一个稳定的极限环时, 对 K 进行周期扰动, 分支图中有封闭的倍周期曲线 $f^{(1)}$ 和 $f^{(2)}$, 而对 d 进行周期扰动后没有这样的封闭曲线. 当系统有一个不稳定的极限环时, 从上述原因和 $f^{(1)}$ 是否无限靠近 $\varepsilon = 1$ 来看, 不同的周期机制下得到的分支图也是不同的.

在图 4.30 和图 4.31 中, 我们给出了扰动系统出现的不同吸引子的数值模拟. 图 4.30 中给出了拟周期解和由环面破坏和倍周期级联产生的混沌, 与图 4.25(a) 中所示情形所对应. 图 4.31 给出了一个非局部环面和这个环面破坏产生的混沌, 它们是由图 4.27(a) 对应的情况得到的.

4.2.2 双参数呈周期变化

本节中, 我们考虑系统 (4.4) 中, 捕食者死亡率和环境承载量同时但不同步周期扰动时的情形. 为了更完整地分析这些分支图, 我们不对 ε_1 和 ε_2 的值加以限制, 这样就导致参数 d 和 K 可能取负值, 系统就失去了生物学意义, 如果要考虑

实际意义, 我们只需截取分支图在 $\varepsilon_1 \in [0,1]$ 和 $\varepsilon_2 \in [0,1]$ 的部分即可. 考虑两种不同的周期机制, 对每种机制, 分两种情况讨论, 分别是无扰动系统具有稳定和不稳定极限环时的情况.

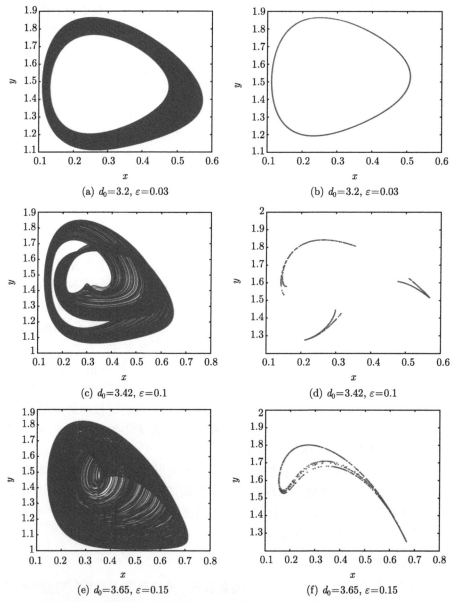

图 4.30　图 4.25(a) 对应的解, 左边是相空间中的轨道, 右边是对应的 Poincaré 截面. (a) 和 (b): 拟周期解; (c) 和 (d): 环面破坏产生的混沌; (e) 和 (f): 倍周期级联产生的混沌

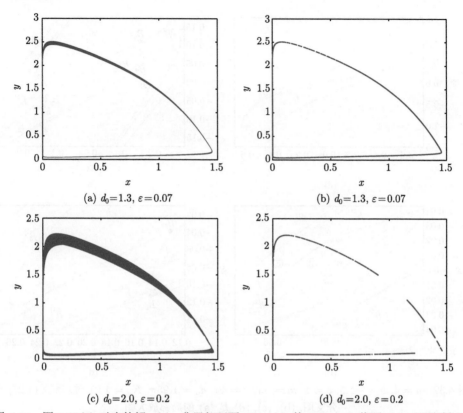

图 4.31 图 4.27(a) 对应的解. (a): 非局部环面; (b): (a) 的 Poincaré 截面; (c): 环面破坏产生的混沌; (d): (c) 的 Poincaré 截面

4.2.2.1 死亡率和环境承载量同时同步变化

当 $d = d_0(1 + \varepsilon_2 \cos 2\pi t)$, $K = K_0(1 + \varepsilon_1 \sin 2\pi t)$, 所需要考虑的高维系统是

$$\begin{cases} \dot{x} = r\left(1 - \dfrac{x}{K_0(1 + \varepsilon_1 v)}\right)x - y\dfrac{mx}{ax^2 + bx + 1}, \\ \dot{y} = y\left(c\dfrac{mx}{ax^2 + bx + 1} - d_0(1 + \varepsilon_2 w)\right), \\ \dot{v} = v + 2\pi w - v(v^2 + w^2), \\ \dot{w} = -2\pi v + w - w(v^2 + w^2). \end{cases} \tag{4.27}$$

令 $a = 4$, $b = -1.5$, $c = 1$, $m = 5\pi$, $r = 4\pi$, $d_0 = 1.95\pi$, $K_0 = 1.01$, 这组参数与上节的第 5 种情况中选取的相同, 在这组参数条件下, 无扰动系统有一个稳定的极限环, 系统 (4.27) 的分支图如图 4.32 所示.

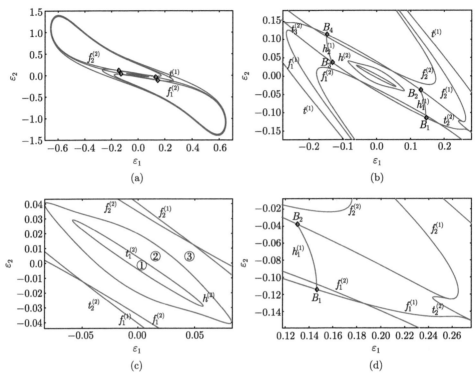

图 4.32　$a = 4$, $b = -1.5$, $c = 1$, $m = 5\pi$, $r = 4\pi$, $d_0 = 1.95\pi$, $K_0 = 1.01$ 时, 系统 (4.27) 的
分支图, (b), (c), (d) 是 (a) 的局部放大图

在整个 $(\varepsilon_1, \varepsilon_2)$ 平面上, 系统 (4.27) 都有鞍形周期解 $(0, 0, \sin 2\pi t, \cos 2\pi t)$ 和
稳定周期解 $(K_0(1 + \varepsilon_1 \sin 2\pi t), 0, \sin 2\pi t, \cos 2\pi t)$. 而它的另外两个非平凡的周期
1 解只在封闭的折分支曲线 $t^{(1)}$ 围成的区域中存在. 其中一个解是鞍形的, 另外一
个在由 $h_1^{(1)}$, $h_2^{(1)}$, $f_1^{(1)}$ 和 $f_2^{(1)}$ 围成的区域中 (区域 ①, ②,③) 是不稳定的, 这时, 当
$(\varepsilon_1, \varepsilon_2) \neq (0, 0)$ 时, 系统 (4.27) 还有稳定的拟周期解或者混沌存在, 穿过 $h_1^{(1)}$ 或
$h_2^{(1)}$, 它变成稳定的, 在由 $f_1^{(1)}$ 或 $f_2^{(1)}$ 围成的区域中, 它是鞍形的; 另外, 从区域
① 中穿过 $t_1^{(2)}$, 系统有两个周期 2 解出现, 一个是鞍形的, 只在由 $t_1^{(2)}$, $f_1^{(1)}$, $f_2^{(1)}$,
$t_2^{(2)}$ 和 $t_3^{(2)}$ 围成的区域中存在; 另一个在区域 ②中是不稳定的, 在区域 ③ 中是稳
定的, 在由 $f_1^{(2)}$ 或 $f_2^{(2)}$ 所围区域中是鞍形的, 并且在这个区域中, 系统还有周期 4
解出现.

令 $a = 4$, $b = 0$, $c = 1$, $m = 5\pi$, $r = 2.15\pi$, $d_0 = 0.85\pi$, $K_0 = 0.92$, 这组参数
与上节的第 3 种情况中选取的相同, 在这组参数条件下, 无扰动系统有一个不稳
定的极限环, 系统 (4.27) 的分支图如图 4.33 所示.

在折分支曲线 $t_1^{(1)}$ 的右边和 $t_2^{(1)}$ 的左边, 分别有两条跨临界分支曲线 $r_1^{(1)}$

和 $r_2^{(1)}$, 它们与 $t_1^{(1)}$, $t_2^{(1)}$ 非常靠近, 为了增加分支图的可读性, 我们没有给出这两条跨临界分支曲线. 系统 (4.27) 在整个 $(\varepsilon_1, \varepsilon_2)$ 平面上都存在的解 $(0, 0, \sin 2\pi t,$ $\cos 2\pi t)$ 是鞍形的, 解 $(K_0(1 + \varepsilon_1 \sin 2\pi t), 0, \sin 2\pi t, \cos 2\pi t)$ 在 $r_1^{(1)}$ 和 $r_2^{(1)}$ 之间是鞍形的, 穿过 $r_1^{(1)}$, $r_2^{(1)}$, 在 $t_1^{(1)}$ 和 $r_1^{(1)}$ 之间、$t_2^{(1)}$ 和 $r_2^{(1)}$ 之间是稳定的. 另外两个非平凡的周期 1 解只 $t_1^{(1)}$ 和 $t_2^{(1)}$ 之间存在. 其中一个解是稳定的 (坐标为负值, 没有实际意义), 另外一个在区域 ① 和 ② 中是稳定的, 在区域 ③, ④, ⑤ 中是鞍形的, 在区域 ⑥ 和 ⑦ 中, 它在 $t_1^{(1)}$, $r_1^{(1)}$ 之间和 $t_2^{(1)}$, $r_2^{(1)}$ 之间是鞍形的, 在 $r_1^{(1)}$ 的右边和 $r_2^{(1)}$ 的左边, 是稳定的. 另外, 在区域 ② 中, 系统有两个周期 2 解, 一个鞍形的, 一个稳定的. 在区域 ③, ④, ⑤ 中, 只有一个周期 2 解, 它在区域 ③ 中是稳定的, 在区域 ④ 和 ⑤ 中, 是鞍形的.

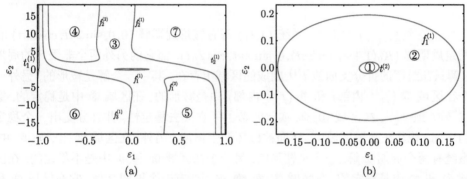

图 4.33　$a = 4$, $b = 0$, $c = 1$, $m = 5\pi$, $r = 2.15\pi$, $d_0 = 0.85\pi$, $K_0 = 0.92$ 时, 系统 (4.27) 的
分支图, (b) 是 (a) 的局部放大

4.2.2.2　死亡率和环境承载量同时不同步变化

令 $d = d_0(1 + \varepsilon_2 \sin 4\pi t)$, $K = K_0(1 + \varepsilon_1 \sin 2\pi t)$, 我们研究高维系统

$$
\begin{cases}
\dot{x} = r\left(1 - \dfrac{x}{K_0(1 + \varepsilon_1 v)}\right)x - y\dfrac{mx}{ax^2 + bx + 1}, \\
\dot{y} = y\left(c\dfrac{mx}{ax^2 + bx + 1} - d_0(1 + 2\varepsilon_2 vw)\right), \\
\dot{v} = v + 2\pi w - v(v^2 + w^2), \\
\dot{w} = -2\pi v + w - w(v^2 + w^2).
\end{cases}
\tag{4.28}
$$

令 $a = 4$, $b = -1.5$, $c = 1$, $m = 5\pi$, $r = 4\pi$, $d_0 = 1.95\pi$, $K_0 = 1.01$, 这组参数与上节的第 5 种情况中选取的相同, 在这组参数条件下, 无扰动系统有一个稳定的极限环, 系统 (4.28) 在 $(\varepsilon_1, \varepsilon_2)$ 平面的分支图如图 4.34 所示.

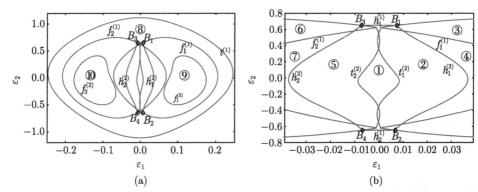

图 4.34　$a = 4$, $b = -1.5$, $c = 1$, $m = 5\pi$, $r = 4\pi$, $d_0 = 1.95\pi$, $K_0 = 1.01$ 时, 系统 (4.28) 的
分支图, (b) 是 (a) 的局部放大

在整个 $(\varepsilon_1, \varepsilon_2)$ 平面上, 系统 (4.27) 都有鞍形周期解 $(0, 0, \sin 2\pi t, \cos 2\pi t)$ 和
稳定周期解 $(K_0(1 + \varepsilon_1 \sin 2\pi t), 0, \sin 2\pi t, \cos 2\pi t)$. 而它的另外两个非平凡的周期
1 解只在封闭的折分支曲线 $t^{(1)}$ 围成的区域中存在. 其中一个解是鞍形的, 另外一
个在区域 ③ ($f_1^{(1)}$ 内部) 和 ⑥ ($f_2^{(1)}$ 内部) 中是鞍形的, 在区域 ⑧ 中是稳定的, 穿
过 $h_1^{(1)}$ 或 $h_2^{(1)}$, 在区域 ①、②、④、⑤、⑦ 中, 它失去稳定性, 并且分支出一个稳定
的环面, 并且在某子区域中, 环面被破坏产生混沌. 另外, 在区域 ②、④、⑤、⑦ 中,
系统有两个周期 2 解, 一个是鞍形的, 另一个在区域 ② 和 ⑤ 中是不稳定的, 在区
域 ④ 和 ⑦ 中是稳定的; 在区域 ③、⑥、⑨、⑩ 中, 有一个周期 2 解, 它在区域 ③ 和
⑥ 中是稳定的, 在区域 ⑨ 和 ⑩ 中是鞍形的, 并且在区域 ⑨ 和 ⑩ 中, 有周期 4 解
存在.

令 $a = 4$, $b = 0$, $c = 1$, $m = 5\pi$, $r = 2.15\pi$, $d_0 = 0.85\pi$, $K_0 = 0.92$, 这组参数
与上节的第 3 种情况中选取的相同, 在这组参数条件下, 无扰动系统有一个不稳
定的极限环, 系统 (4.28) 的分支图如图 4.35 所示.

在折分支曲线 $t_1^{(1)}$ 的左边和 $t_2^{(1)}$ 的右边, 分别有两条跨临界分支曲线 $r_1^{(1)}$ 和
$r_2^{(1)}$, 它们几乎与 $t_1^{(1)}$, $t_2^{(1)}$ 重合, 为了增加分支图的可读性, 我们没有给出这两条
跨临界分支曲线. 系统 (4.28) 的在整个 $(\varepsilon_1, \varepsilon_2)$ 平面上都存在的解 $(0, 0, \sin 2\pi t,$
$\cos 2\pi t)$ 是鞍形的, 解 $(K_0(1 + \varepsilon_1 \sin 2\pi t), 0, \sin 2\pi t, \cos 2\pi t)$ 在 $r_1^{(1)}$ 和 $r_2^{(1)}$ 之间是
鞍形的, 穿过 $r_1^{(1)}$, $r_2^{(1)}$, 在 $t_1^{(1)}$ 和 $r_1^{(1)}$ 之间, $t_2^{(1)}$ 和 $r_2^{(1)}$ 之间是稳定的. 另外两个
非平凡的周期 1 解只在 $t_1^{(1)}$ 和 $t_2^{(1)}$ 之间存在. 其中一个解是稳定的 (坐标为负值,
没有实际意义), 另外一个在区域 ① 和 ② 中是稳定的, 在区域 ③ 和 ④ 中是鞍形
的, 在区域 ⑤ 和 ⑥ 中, 它在 $t_1^{(1)}$, $r_1^{(1)}$ 之间和 $t_2^{(1)}$, $r_2^{(1)}$ 之间是鞍形的, 且坐标为负
值, 没有实际意义, 在 $r_1^{(1)}$ 的左边和 $r_2^{(1)}$ 的右边, 是稳定的. 另外, 在区域 ① 和 ②
中, 系统有两个周期 2 解, 一个鞍形的, 一个稳定的. 在区域 ③ 和 ④中, 只有一个

稳定的周期 2 解.

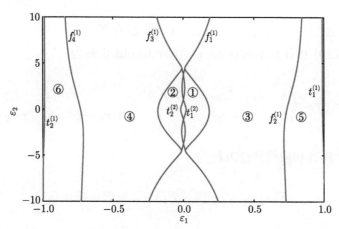

图 4.35 $a = 4$, $b = 0$, $c = 1$, $m = 5\pi$, $r = 2.15\pi$, $d_0 = 0.85\pi$, $K_0 = 0.92$ 时, 系统 (4.28) 的
分支图

以上, 我们考虑了两种周期扰动机制, 分别是: d 和 K 以相同的周期发生不同步的周期变化, 或者 K 的变化周期是 d 的两倍. 比较图 4.32 和图 4.34, 图 4.33 和图 4.35, 我们看到, 当无扰动系统有一个稳定极限环时, 图 4.32 和图 4.34 中的 1:2 共振是不同的, 它们对应的规范形的系数有相反的符号; 当无扰动系统有一个不稳定极限环时, 系统 (4.28) 没有倍周期级联产生的混沌, 而系统 (4.27) 有. 也就是说, 在相同的初始条件下, 当周期扰动机制不同时, 会导致系统产生不同的动力学行为. 由此, 我们想到, 当 d 和 K 同时周期变化, 并且周期 ω_1 和 ω_2 是变化的参数时, 系统可能会出现更为复杂的行为, 这个可留作以后研究.

4.3 网络信息中的传播动力学

考虑离散时间系统 (4.1), 即

$$\begin{cases} x(n+1) = x(n) + r_1 x(n)(1 - a_1 x(n) - b_1 y(n)), \\ y(n+1) = y(n) + r_2 y(n)(1 - a_2 y(n) - b_2 x(n)). \end{cases} \tag{4.29}$$

若看作信息传播系统, 我们关注的是非平凡不动点的动力学行为. 若 $(a_2 - b_1) \cdot (a_2 a_1 - b_2 b_1) > 0$ 且 $(a_1 - b_2)(a_2 a_1 - b_2 b_1) > 0$, 则映射 (4.29) 存在一个正不动点 $E(x^*, y^*) = \left(\dfrac{a_2 - b_1}{a_2 a_1 - b_2 b_1}, \dfrac{a_1 - b_2}{a_2 a_1 - b_2 b_1} \right)$, 从而易得

1. 在反转型中, 若 $a_1 > b_2$, 则 E 存在;

2. 在竞争型中, 若 $(a_2 - b_1)(a_2a_1 - b_2b_1) > 0$ 且 $(a_1 - b_2)(a_2a_1 - b_2b_1) > 0$, 则 E 存在;

3. 在促进型中, 若 $(a_2a_1 - b_2b_1) > 0$, 则 E 存在.

映射 (4.29) 在任意不动点 (x, y) 处的 Jacobi 矩阵为

$$J(x, y) = \begin{pmatrix} 1 + r_1 - 2r_1a_1x - r_1b_1y & -r_1b_1x \\ -r_2b_2y & 1 + r_2 - 2r_2a_2y - r_2b_2x \end{pmatrix}.$$

故在不动点 E 处相应的特征方程为

$$F(\lambda) := \lambda^2 - (2 - P)\lambda + 1 - P + Q = 0, \tag{4.30}$$

其中 $P = r_2a_2y^* + r_1a_1x^*$, $Q = r_1r_2x^*y^*(a_1a_2 - b_1b_2)$. 通过分析特征方程根的大小, 可得不动点 E 的稳定性结果如下:

1. 若 $a_1a_2 - b_1b_2 > 0$ 且 $2(r_2a_2y^* + r_1a_1x^* - 2) < r_1r_2x^*y^*(a_1a_2 - b_1b_2) < r_2a_2y^* + r_1a_1x^*$, 则 E 是一个汇点.

2. 若 $a_1a_2 - b_1b_2 > 0$ 且 $r_1r_2x^*y^*(a_1a_2 - b_1b_2) > \max\{2(r_2a_2y^* + r_1a_1x^* - 2), r_2a_2y^* + r_1a_1x^*\}$, 则 E 是一个源点.

3. 若 $a_1a_2 - b_1b_2 > 0$ 且 $2(r_2a_2y^* + r_1a_1x^* - 2) > r_1r_2x^*y^*(a_1a_2 - b_1b_2)$, 则 E 是一个鞍点.

E 是非双曲不动点, 若满足下列条件之一:

(1) $2(r_2a_2y^* + r_1a_1x^* - 2) = r_1r_2x^*y^*(a_1a_2 - b_1b_2)$, 且 $(r_2a_2y^* + r_1a_1x^*) \neq 2, 4$;

(2) $r_2a_2y^* + r_1a_1x^* = r_1r_2x^*y^*(a_1a_2 - b_1b_2)$ 且 $(r_2a_2y^* + r_1a_1x^*)^2 < 4r_1r_2x^*y^* \cdot (a_1a_2 - b_1b_2)$.

下面我们主要讨论 E 为非双曲不动点时映射的动力学行为, 若 $r_1 > \dfrac{a_2}{a_2 - b_1}$, P, Q 取不同值时, 映射 (4.29) 在 E 处可以发生 1:2, 1:3 和 1:4 共振. 接下来, 我们选取 a_1, r_2 作为分支参数来讨论映射 (4.29) 的余维二分支. 方便起见我们定义 1:2, 1:3 和 1:4 共振的集合为

$$F_j = \left\{ (r_1, r_2, a_1, a_2, b_1, b_2) : r_2a_2y^* + r_1a_1x^* = r_1r_2x^*y^*(a_1a_2 - b_1b_2) \right.$$

$$\left. = 6 - j, r_1 > \frac{a_2}{(a_2 - b_1)}, j = 2, 3, 4 \right\}.$$

4.3.1 余维二分支

(一) 1:2 共振: 首先计算映射 (4.29) 在 1:2 共振点处的规范形. 任意取参数 $(r_1, \widetilde{r}_2, \widetilde{a}_1, a_2, b_1, b_2) \in F_2$, 考虑以下映射

$$\begin{cases} x(n+1) = x(n) + r_1 x(n)(1 - \widetilde{a}_1 x(n) - b_1 y(n)), \\ y(n+1) = y(n) + \widetilde{r}_2 y(n)(1 - a_2 y(n) - b_2 x(n)). \end{cases} \tag{4.31}$$

映射 (4.31) 有唯一一个正不动点 $E(x^*, y^*)$, 相应的特征值 $\lambda_1 = \lambda_2 = -1$.

接下来, 我们考虑映射 (4.31) 的扰动映射

$$\begin{cases} x(n+1) = x(n) + r_1 x(n)(1 - (\widetilde{a}_1 + a_1^*)x(n) - b_1 y(n)), \\ y(n+1) = y(n) + (\widetilde{r}_2 + r_2^*)y(n)(1 - a_2 y(n) - b_2 x(n)), \end{cases} \tag{4.32}$$

其中 $|r_2^*|, |a_1^*| \ll 1$ 为小摄动参数.

令 $u(n) = x(n) - x^*$, $v(n) = y(n) - y^*$, $r_2 = \widetilde{r}_2 + r_2^*$, $a_1 = \widetilde{a}_1 + a_1^*$. 映射 (4.32) 可变为

$$\begin{cases} u(n+1) = (1 - r_1 x^* a_1)u(n) - r_1 x^* a_1 u(n)^2 - r_1 b_1 u(n)v(n) - r_1 b_1 v(n)x^*, \\ v(n+1) = (1 - r_2 y^* a_2)v(n) - r_2 x^* a_2 v(n)^2 - r_2 b_2 u(n)v(n) - r_2 b_2 u(n)y^*. \end{cases} \tag{4.33}$$

令

$$\begin{pmatrix} u \\ v \end{pmatrix} = T \begin{pmatrix} \widetilde{x} \\ \widetilde{y} \end{pmatrix}, \quad T = \begin{pmatrix} \dfrac{r_1 b_1 x^*}{2 - r_1 a_1 x^*} & \dfrac{r_1 b_1 x^*}{[2 - r_1 a_1 x^*]^2} \\ 1 & 0 \end{pmatrix}$$

则映射 (4.33) 可变为

$$\begin{pmatrix} \widetilde{x} \\ \widetilde{y} \end{pmatrix} \mapsto \begin{pmatrix} -1 + a_{10}(r_2, a_1) & 1 + a_{01}(r_2, a_1) \\ b_{10}(r_2, a_1) & -1 + b_{01}(r_2, a_1) \end{pmatrix} \begin{pmatrix} \widetilde{x} \\ \widetilde{y} \end{pmatrix} + \begin{pmatrix} \widetilde{g}(\widetilde{x}, \widetilde{y}, r_2, a_1) \\ \widetilde{h}(\widetilde{x}, \widetilde{y}, r_2, a_1) \end{pmatrix}, \tag{4.34}$$

其中

$$\widetilde{g}(\widetilde{x}, \widetilde{y}, r_2, a_1) = \sum_{2 \leqslant j+k \leqslant 3} \widetilde{g}_{jk}(r_2, a_1)\widetilde{x}^j \widetilde{y}^k,$$

$$\widetilde{h}(\widetilde{x}, \widetilde{y}, r_2, a_1) = \sum_{2 \leqslant j+k \leqslant 3} \widetilde{h}_{jk}(r_2, a_1)\widetilde{x}^j \widetilde{y}^k,$$

$$a_{10}(r_2, a_1) = 2 - r_2 a_2 y^* - \frac{r_1 r_2 b_1 b_2 y^* x^*}{2 - r_1 a_1 x^*},$$

$$a_{01}(r_2, a_1) = -1 - \frac{r_1 r_2 b_1 b_2 y^* x^*}{[2 - r_1 a_1 x^*]^2},$$

$$b_{10}(r_2, a_1) = r_1 r_2 b_1 b_2 y^* x^* + (2 - r_1 a_1 x^*)(r_2 a_2 y^* - 2),$$

$$b_{01}(r_2, a_1) = 2 - r_1 a_1 x^* + \frac{r_1 r_2 b_1 b_2 y^* x^*}{2 - r_1 a_1 x^*},$$

$$\widetilde{g}_{20} = -r_2 a_2 - \frac{r_1 r_2 b_1 b_2 x^*}{2 - r_1 a_1 x^*}, \quad \widetilde{g}_{11} = -\frac{r_1 r_2 b_1 b_2 x^*}{[2 - 2 - r_1 a_1 x^*]^2},$$

$$\widetilde{h}_{20} = r_1 b_1 x^* (r_2 b_2 - r_1 a_1) + (2 - r_1 a_1 x^*)(r_2 a_2 - r_1 b_1),$$

$$\widetilde{h}_{11} = \frac{r_1 b_1 [r_2 b_2 x^* - r_1 a_1 x^* - 2]}{2 - r_1 a_1 x^*}, \quad \widetilde{h}_{02} = \frac{-r_1^2 b_1 a_1 x^*}{[2 - r_1 b_1 x^*]^2},$$

$$\widetilde{g}_{30} = \widetilde{g}_{02} = \widetilde{g}_{21} = \widetilde{g}_{12} = \widetilde{g}_{03} = \widetilde{h}_{30} = \widetilde{h}_{21} = \widetilde{h}_{12} = \widetilde{h}_{30} = 0.$$

对上述映射, 引入非奇异的线性变换

$$\begin{pmatrix} \widetilde{x} \\ \widetilde{y} \end{pmatrix} = \begin{pmatrix} -1 + a_{01}(r_2, a_1) & 0 \\ -a_{10}(r_2, a_1) & 1 \end{pmatrix} \begin{pmatrix} \widehat{x} \\ \widehat{y} \end{pmatrix},$$

则 (4.34) 可变为

$$\begin{pmatrix} \widehat{x} \\ \widehat{y} \end{pmatrix} \mapsto \begin{pmatrix} -1 & 1 \\ \theta_1(r_2, a_1) & -1 + \theta_2(r_2, a_1) \end{pmatrix} \begin{pmatrix} \widehat{x} \\ \widehat{y} \end{pmatrix} + \begin{pmatrix} \widehat{g}(\widehat{x}, \widehat{y}, r_2, a_1) \\ \widehat{h}(\widehat{x}, \widehat{y}, r_2, a_1) \end{pmatrix}, \qquad (4.35)$$

其中

$$\theta_1 = b_{10} + a_{01} b_{10} - a_{10} b_{01} = r_1 r_2 b_1 b_2 y^* x^* - (2 - r_1 a_1 x^*)(2 - r_2 a_2 y^*),$$

$$\theta_2 = a_{10} + b_{01} = 4 - r_1 a_1 x^* - r_2 a_2 y^*,$$

$$\widehat{g} = \frac{1}{1 + a_{01}} \widetilde{g}(\widetilde{x}, \widetilde{y}, \widetilde{r}_2, \widetilde{a}_1) = \sum_{2 \leqslant j + k \leqslant 3} \widehat{g}_{jk}(\widetilde{r}_2, \widetilde{a}_1) \widetilde{x}^j \widetilde{y}^k,$$

$$\widehat{h} = \frac{a_{10}}{1 + a_{01}} \widetilde{g}(\widetilde{x}, \widetilde{y}, \widetilde{r}_2, \widetilde{a}_1) + \widetilde{h}(\widetilde{x}, \widetilde{y}, r, a_1) = \sum_{2 \leqslant j + k \leqslant 3} \widehat{h}_{jk}(\widetilde{r}_2, \widetilde{a}_1) \widetilde{x}^j \widetilde{y}^k,$$

$$\widehat{g}_{20} = \frac{2 r_1 r_2 b_1 b_2 y^* x^*}{[2 - r_1 a_1 x^*]^2}, \quad \widehat{g}_{11} = -\frac{r_1 r_2 b_1 b_2 x^*}{[2 - r_1 a_1 x^*]^2}, \quad \widehat{g}_{02} = 0,$$

$$\widehat{h}_{20} = \frac{S M^2}{N} - \frac{r_1^2 a_1 b_1 x^* M^2}{N^2} - \frac{S^2 (2(r_1 b_1 - r_2 a_2) + Q)}{N^4}$$

$$+ \frac{r_1 b_1 SM(r_1 a_1 x^* - r_2 b_2 x^* + 2)}{N^3} - \frac{M(2a_2 r_2 - Q)}{N^3},$$

$$\widehat{h}_{11} = \frac{h(kr^2 x^* y^* - 2krx^* - 4rv^* + hkrx^* y^* + 8)}{[2 - a_1 x^*]^2} - \frac{2h^2 k^2 r^2 (x^*)^2 y^*}{[a_1 x^* - 2]^3},$$

$$\widehat{h}_{02} = (2 - ry^*)\frac{a_1 h x^*}{khrx^* y^*} - \frac{a_1 h x^*}{2 - a_1 x^*},$$

$$\widehat{g}_{30} = \widehat{g}_{21} = \widehat{g}_{12} = \widehat{g}_{03} = \widehat{h}_{30} = \widehat{h}_{21} = \widehat{h}_{12} = \widehat{h}_{30} = 0,$$

$$M = \frac{r_1 r_2 b_1 b_2 y^* x^*}{r_1 a_1 x^* - 2} - r_2 a_2 y^* + 2, \quad N = r_1 a_1 x^* - 2,$$

$$S = r_1 r_2 b_1 b_2 y^* x^*, \quad Q = r_1 r_2 x^* (a_1 a_2 - b_1 b_2).$$

下面我们取

$$\begin{cases} \widehat{x} = \xi + \sum_{2 \leqslant j+k \leqslant 3} \varphi_{jk}(\widetilde{r}_2, \widetilde{a}_1)\xi^j \eta^k, \\ \widehat{y} = \eta + \sum_{2 \leqslant j+k \leqslant 3} \psi_{jk}(\widetilde{r}_2, \widetilde{a}_1)\xi^j \eta^k, \end{cases} \quad (4.36)$$

其中系数 φ_{jk} 和 ψ_{jk} 可由接下来的计算中得到. 对映射 (4.35), 利用变换 (4.36) 及其逆变换可得

$$\begin{pmatrix} \xi \\ \eta \end{pmatrix} \mapsto \begin{pmatrix} -1 & 1 \\ \theta_1(r_2, a_1) & -1 + \theta_2(r_2, a_1) \end{pmatrix} \begin{pmatrix} \xi \\ \eta \end{pmatrix} + \begin{pmatrix} \Gamma(r_2, a_1) \\ \Sigma(r_2, a_1) \end{pmatrix}, \quad (4.37)$$

其中

$$\Gamma(r_2, a_1) = \sum_{2 \leqslant j+k \leqslant 3} \gamma_{jk}(r_2, a_1)\xi^j \eta^k + O((|\xi| + |\eta|)^4),$$

$$\Sigma(r_2, a_1) = \sum_{2 \leqslant j+k \leqslant 3} \sigma_{jk}(r_2, a_1)\xi^j \eta^k + O((|\xi| + |\eta|)^4),$$

$$\gamma_{20}(r_2, a_1) = \widehat{g}_{20} + \psi_{20} - 2\varphi_{20} - \varphi_{02}\theta_1^2 + \varphi_{11}\theta_1,$$

$$\gamma_{11}(r_2, a_1) = \widehat{g}_{11} + \psi_{11} - 2\varphi_{02}\theta_1(1 + \theta_2) + \varphi_{11}(\theta_2 - \theta_1) + 2\varphi_{20},$$

$$\gamma_{02}(r_2, a_1) = \widehat{g}_{02} + \psi_{02} - \varphi_{02}(1 + (1 + \theta_2)^2) + \varphi_{11}(\theta_2 + 1) - \varphi_{20},$$

$$\sigma_{20}(r_2, a_1) = \widehat{h}_{20} - \psi_{02}\theta_1^2 + \psi_{11}\theta_1 + \theta_2\psi_{20} + \theta_1\psi_{20},$$

$$\sigma_{11}(r_2, a_1) = \widehat{h}_{11} - 2\psi_{02}\theta_1(\theta_2 + 1) + (2 - \theta_1 + 2\theta_2)\psi_{11} + 2\psi_{20} + \varphi_{11}\theta_1,$$

$$\sigma_{02}(r_2, a_1) = \widehat{h}_{20} - \theta_2(1 + \theta_2)\psi_{02} - (1 + \theta_2)\psi_{11} - \psi_{20} + \theta_1\varphi_{02}.$$

γ_{30}, γ_{21}, γ_{12}, γ_{02}, σ_{30}, σ_{21}, σ_{12}, σ_{03} 的表达式相对冗长, 这里我们就不再给出, 具体的表达式可见文献 [1]. 令

$$\gamma_{20} = \gamma_{02} = \gamma_{11} = \sigma_{20} = \sigma_{02} = \sigma_{11} = 0,$$

则上述映射中所有二次项被消除, 从而我们可得对于所有 $j + k = 2$, 系数 φ_{jk} 和 ψ_{jk} 的表达式. 此外为消除映射中除共振项以外所有的三次项, 我们取

$$\gamma_{30} = \gamma_{12} = \gamma_{21} = \gamma_{03} = \sigma_{12} = \sigma_{03} = 0,$$

从而可得 φ_{jk}, ψ_{jk}, $j + k = 3$ 的表达式. 经过上述变换, 映射 (4.37) 可变为以下标准形

$$\begin{pmatrix} \xi \\ \eta \end{pmatrix} \mapsto \begin{pmatrix} -\xi + \eta \\ \theta_1(r_2, a_1)\xi + [-1 + \theta_2(r_2, a_1)]\eta + C(r_2, a_1)\xi^3 + D(r_2, a_1)\xi^2\eta \end{pmatrix} \\ + O((|\xi| + |\eta|)^4), \tag{4.38}$$

其中 $C(r_2, a_1) = \sigma_{30}$, $D(r_2, a_1) = \sigma_{21}$. 如果 $(\widetilde{r}_2, \widetilde{a}_1) = (r_2, a_1)$, 则有 $\theta_1 = \theta_2 = 0$ 且

$$C(\widetilde{r}_2, \widetilde{a}_1) = \widehat{h}_{30} + \widehat{g}_{20}\widehat{h}_{20} + \frac{1}{2}\widehat{h}_{20}^2 + \frac{1}{2}\widehat{h}_{20}\widehat{h}_{11},$$

$$D(\widetilde{r}_2, \widetilde{a}_1) = \widehat{h}_{21} + 3\widehat{g}_{30} + \frac{1}{2}\widehat{g}_{20}\widehat{h}_{11} + \frac{5}{4}\widehat{h}_{20}\widehat{h}_{11} + \widehat{h}_{20}\widehat{h}_{02} + 3\widehat{g}_{20} \\ + \frac{5}{2}\widehat{g}_{20}\widehat{h}_{20} + \frac{5}{2}\widehat{g}_{11}\widehat{h}_{20} + \widehat{h}_{20}^2 + \frac{1}{2}\widehat{h}_{11}^2.$$

定理 4.3.1　若 $C(\widetilde{r}_2, \widetilde{a}_1) < 0$, 则临界点是鞍点; 若 $C(\widetilde{r}_2, \widetilde{a}_1) > 0$, 则临界点是椭圆的. $D(\widetilde{r}_2, \widetilde{a}_1) + 3C(\widetilde{r}_2, \widetilde{a}_1) \neq 0$ 的符号决定 1:2 共振点的分支情况. 若 $C(\widetilde{r}_2, \widetilde{a}_1) < 0$, 则

　　• 存在 Pitchfork 分支曲线 $F = \{(\theta_1, \theta_2) : \theta_1 = 0\}$, 且若 $\theta_1 < 0$ 映射存在非平凡不动点;

　　• 存在非退化的 Neimark-Sacker 分支曲线 $H = \{(\theta_1, \theta_2) : \theta_1 = -\theta_2 + O(|\theta_1| + |\theta_2|)^2, \theta_1 < 0\}$;

　　• 存在异宿轨曲线 $HL = \left\{(\theta_1, \theta_2) : \theta_1 = -\frac{5}{3}\theta_2 + O(|\theta_1| + |\theta_2|)^2, \theta_1 < 0\right\}$.

证明　由文献 [1] 中引理 9.10 和定理 9.3, 可得映射 (4.38) 等价于以下映射

$$\begin{pmatrix} \dot{\eta}_1 \\ \dot{\eta}_2 \end{pmatrix} \mapsto \begin{pmatrix} 0 & 1 \\ \gamma_1 & \gamma_2 \end{pmatrix} \begin{pmatrix} \eta_1(\theta) \\ \eta_2(\theta) \end{pmatrix} + \begin{pmatrix} 0 \\ C(\theta)\eta_1^3 + D(\theta)\eta_1^2\eta_2 \end{pmatrix},$$

其中

$$
\begin{cases}
\gamma_1(\theta) = 4\theta_1 + O(\|\theta\|^2), \\
\gamma_2(\theta) = -2\theta_1 - 2\theta_2 + O(\|\theta\|^2),
\end{cases}
$$

且 $\theta = (\theta_1, \theta_2)$, $C_1(0) = 4C_0$, $D_1(0) = -2D(0) - 6(0)$. 假设 $C_1(0) \neq 0, D_1(0) \neq 0$, 不失一般性, 令 $C_1(0) > 0, D_1(0) < 0$, 若相反我们可对上述映射作相应的时间变换. 取

$$
\xi_1 = \frac{D_1}{\sqrt{C_1}}\eta_1, \quad \xi_2 = \frac{D_1^2}{C_1\sqrt{C_1}}, \quad \tau = -\frac{C_1}{D_1},
$$

可得

$$
\begin{cases}
\dot{\xi}_1 = \xi_2, \\
\dot{\xi}_2 = \varepsilon_1\xi_1 + \varepsilon_2\xi_2 + \xi_1^3 - \xi_1^2\xi_2,
\end{cases}
\tag{4.39}
$$

其中

$$
\varepsilon_1 = \frac{D_1^2}{C_1^2}\gamma_1, \quad \varepsilon_2 = -\frac{D_1}{C_1}\gamma_2.
$$

对于系统 (4.39), 存在 Pitchfork 分支曲线 $F^{(1)} = \{(\varepsilon_1, \varepsilon_2) : \varepsilon_1 = 0\}$, 同时产生一对对称的鞍点. 对于 $\varepsilon_1 = 0$, 易得 $\gamma_1 = 0$, 即 $\theta_1 = 0$, 进而得证. 类似可证非退化的 Hopf 分支曲线

$$
H^{(1)} = \{(\varepsilon_1, \varepsilon_2) : \varepsilon_2 = 0, \varepsilon_1 < 0\}
$$

等价于

$$
H = \{(\theta_1, \theta_2) : \theta_1 = -\theta_2 + O(|\theta_1| + |\theta_2|)^2, \ \theta_1 < 0\},
$$

异宿轨分支曲线

$$
C = \left\{ (\varepsilon_1, \varepsilon_2) : \varepsilon_2 = -\frac{1}{5}\varepsilon_1 + o(\varepsilon_1), \varepsilon_1 < 0 \right\}
$$

等价于

$$
HL = \left\{ (\theta_1, \theta_2) : \theta_1 = -\frac{5}{3}\theta_2 + O(|\theta_1| + |\theta_2|)^2, \ \theta_1 < 0 \right\}. \qquad \square
$$

(二) 1:3 共振: 首先计算映射 (4.29) 在 1:3 共振点处的规范形. 任取参数 $(r_1, \widehat{r_2}, \widehat{a_1}, a_2, b_1, b_2) \in F_3$, 映射 (4.29) 可写为

$$
\begin{cases}
x(n+1) = x(n) + r_1 x(n)(1 - \widehat{a_1}x(n) - b_1 y(n)), \\
y(n+1) = y(n) + \widehat{r_2} y(n)(1 - a_2 y(n) - b_2 x(n)).
\end{cases}
$$

考虑以下映射

$$
\begin{cases}
x(n+1) = x(n) + r_1 x(n)(1 - a_1 x(n) - b_1 y(n)), \\
y(n+1) = y(n) + r_2 y(n)(1 - a_2 y(n) - b_2 x(n)).
\end{cases}
\tag{4.40}
$$

其中 $|r_2 - \widehat{r_2}|, |a_1 - \widehat{a_1}| \ll 1.$

令 $\widehat{x(n)} = x(n) - x^*, \widehat{y(n)} = y(n) - y^*$, 则上述映射 (4.40) 可变为

$$
\begin{cases}
\widehat{x(n+1)} = (1 - r_1 x^* a_1)\widehat{x(n)} - r_1 x^* a_1 \widehat{x(n)}^2 - r_1 b_1 \widehat{x(n)}\widehat{y(n)} - r_1 b_1 \widehat{y(n)} x^*, \\
\widehat{y(n+1)} = (1 - r_2 y^* a_2)\widehat{y(n)} - r_2 x^* a_2 \widehat{y(n)}^2 - r_2 b_2 \widehat{x(n)}\widehat{y(n)} - r_2 b_2 \widehat{x(n)} y^*.
\end{cases}
\tag{4.41}
$$

映射 (4.41) 在 E 处的 Jacobi 矩阵为

$$
A(r_2, a_1) = \begin{pmatrix} 1 - r_1 a_1 x^* & -r_1 b_1 x^* \\ -r_2 b_2 y^* & 1 - r_2 a_2 y^* \end{pmatrix},
$$

相应的特征值为 $\lambda_{1,2} = (\pm\sqrt{3}i - 1)/2$, 且相应的特征向量 $q(r, a_1) \in \mathbb{C}^2$ 和伴随向量 $p(r, a_1) \in \mathbb{C}^2$ 满足

$$
A(\widehat{r_2}, \widehat{a_1})q(\widehat{r_2}, \widehat{a_1}) = \frac{\sqrt{3}i - 1}{2}q(\widehat{r_2}, \widehat{a_1}),
$$

$$
A^{\mathrm{T}}(\widehat{r_2}, \widehat{a_1})p(\widehat{r_2}, \widehat{a_1}) = -\frac{\sqrt{3}i + 1}{2}p(\widehat{r_2}, \widehat{a_1}),
$$

$$
\langle p(r, a_1), q(r, a_1) \rangle = 1.
$$

取

$$
q(\widehat{r_2}, \widehat{a_1}) = \begin{pmatrix} r_1 b_1 x^* \\ \dfrac{3 - \sqrt{3}i}{2} - r_1 a_1 x^* \end{pmatrix}, \quad p(\widehat{r_2}, \widehat{a_1}) = \begin{pmatrix} \dfrac{3 - \sqrt{3}i(3 - 2r_2 a_2 y^*)}{6 r_1 b_1 x^*} \\ \dfrac{-\sqrt{3}i}{3} \end{pmatrix},
$$

则可得任意向量 $X = (\widehat{x}, \widehat{y})^{\mathrm{T}} \in \mathbb{R}^2$ 可被表示为如下形式

$$
X = zq(\widehat{r_2}, \widehat{a_1}) + \overline{zq(\widehat{r_2}, \widehat{a_1})}, \quad z \in \mathbb{C}.
$$

故 (4.41) 可写为如下形式

$$
z \mapsto \frac{\sqrt{3}i - 1}{2}z + \sum_{2 \leqslant l+k \leqslant 3} \frac{1}{k!l!} g_{kl} z^k \overline{z}^l,
\tag{4.42}
$$

其中

$$g_{20} = -\frac{\sqrt{3}i}{3r_1 b_1 x^*} \left\{ -(3-\sqrt{3}i)r_1^2 b_1 x^* \left(\frac{\sqrt{3}i+3}{2} - r_1 a_1 x^* \right) + 2r_1 b_1 x^* r_2 \right.$$
$$\left. \times \left(\frac{-\sqrt{3}i+3}{2} - r_1 a_1 x^* \right) \left(a_2 \left(\frac{-\sqrt{3}i+3}{2} - r_1 a_1 x^* \right) + r_1 b_1 b_2 x^* \right) \right\},$$

$$g_{11} = -\frac{\sqrt{3}i}{3r_1 b_1 x^*} \left\{ -3r_1^2 b_1^2 x^* \left(\frac{\sqrt{3}i+3}{2} - r_1 a_1 x^* \right) + 2r_1 b_1 x^* r_2 \right.$$
$$\times \left(a_2 \left(\frac{-\sqrt{3}i+3}{2} - r_1 a_1 x^* \right) \left(\frac{\sqrt{3}i+3}{2} - r_1 a_1 x^* \right) \right.$$
$$\left. \left. + r_1 b_1 b_2 x^* \left(\frac{3}{2} - r_1 a_1 x^* \right) \right) \right\},$$

$$g_{02} = -\frac{\sqrt{3}i}{3r_1 b_1 x^*} \left\{ -(3+\sqrt{3}i)r_1^2 b_1 x^* \left(\frac{\sqrt{3}i+3}{2} - r_1 a_1 x^* \right) + 2r_1 b_1 x^* r_2 \right.$$
$$\left. \times \left(\frac{\sqrt{3}i+3}{2} - r_1 a_1 x^* \right) \left(a_2 \left(\frac{+\sqrt{3}i+3}{2} - r_1 a_1 x^* \right) + r_1 b_1 b_2 x^* \right) \right\},$$

$$g_{21} = g_{30} = g_{12} = g_{03} = 0.$$

为消除二次项, 引进如下变换

$$z = \omega + \frac{1}{2} h_{20} w^2 + h_{11} \omega \overline{\omega} + \frac{1}{2} h_{02} \overline{w}^2, \tag{4.43}$$

其中系数 h_{kl}, $k+l=2$ 可由下面的计算中给出. 利用变换 (4.43) 和它的逆变换, (4.42) 可变为

$$\omega \mapsto \frac{\sqrt{3}i-1}{2}\omega + \sum_{2 \leqslant l+k \leqslant 3} \frac{1}{k!l!} \varrho_{kl} \omega^k \overline{\omega}^l + O(|\omega|^4), \tag{4.44}$$

其中

$$\varrho_{20} = g_{20} + \sqrt{3} h_{20} i, \quad \varrho_{11} = 2g_{11} + (\sqrt{3}i - 3)h_{11}, \quad \varrho_{02} = g_{02}.$$

取

$$h_{20} = \frac{\sqrt{3}i}{3} g_{20}, \quad h_{11} = \frac{3+\sqrt{3}i}{6} g_{11}, \quad h_{02} = 0,$$

可得 $\varrho_{20} = \varrho_{11} = 0$, 且 ϱ_{30}, ϱ_{21}, ϱ_{12}, ϱ_{03} 被简化为如下形式

$$\varrho_{30} = \frac{3 - \sqrt{3}i}{2}g_{11}\bar{g}_{02} + \sqrt{3}ig_{20}^2 + g_{30},$$

$$\varrho_{21} = \frac{3 + 2\sqrt{3}i}{3}g_{11}g_{20} + \frac{3 - \sqrt{3}i}{3}|g_{11}|^2 + g_{21},$$

$$\varrho_{12} = \frac{3 + \sqrt{3}i}{6}g_{20}g_{02} + \frac{3 - \sqrt{3}i}{3}\overline{g_{11}}g_{02} + \frac{3 + \sqrt{3}i}{3}g_{11}^2 - \frac{\sqrt{3}i}{3}\overline{g}_{20}g_{11},$$

$$\varrho_{03} = \sqrt{3}ig_{11}g_{02} - \sqrt{3}i\overline{g_{20}}g_{02} + g_{03}.$$

为消除一些三次项, 令

$$\omega = \zeta + \frac{1}{6}h_{30}\zeta^3 + \frac{1}{2}h_{12}\zeta^2\overline{\zeta} + \frac{1}{2}h_{21}\overline{\zeta}^2\zeta + \frac{1}{6}\overline{\zeta}^3. \tag{4.45}$$

利用变换 (4.45) 及其逆变换, 映射 (4.44) 变为

$$\zeta = \frac{\sqrt{3}i - 1}{2}\zeta + \frac{1}{2}g_{02}\overline{\zeta}^2 + \sum_{l+k=3}\frac{1}{k!l!}\widetilde{\varrho}_{kl}\zeta^k\overline{\zeta}^l + O(|\zeta|^4), \tag{4.46}$$

其中

$$\widetilde{\varrho}_{30} = \varrho_{30} + \frac{\sqrt{3}i - 3}{2}h_{30}, \quad \widetilde{\varrho}_{21} = \varrho_{21},$$

$$\widetilde{\varrho}_{12} = \varrho_{12} + \sqrt{3}ih_{12}, \quad \widetilde{\varrho}_{03} = \varrho_{03} + \frac{\sqrt{3}i - 3}{2}h_{03}.$$

令

$$h_{30} = \frac{3 + \sqrt{3}i}{6}\varrho_{30}, \quad h_{12} = \frac{\sqrt{3}i}{3}\varrho_{12}, \quad h_{03} = \frac{3 + \sqrt{3}i}{6}\varrho_{03}, \quad h_{21} = 0,$$

我们可得 $\widetilde{\varrho}_{30} = \widetilde{\varrho}_{21} = \widetilde{\varrho}_{03} = 0$. 基于上述变换, 映射 (4.46) 可变为如下标准形

$$\zeta \mapsto \frac{\sqrt{3}i - 1}{2}\zeta + B(\widehat{r_2}, \widehat{a_1})\overline{\zeta}^2 + C(\widehat{r_2}, \widehat{a_1})\zeta|\zeta|^2 + O(|\zeta|^4), \tag{4.47}$$

其中

$$B(\widehat{r_2}, \widehat{a_1}) = \frac{1}{2}g_{02}(r_2, a_1), \quad C(\widehat{r_2}, \widehat{a_1}) = \frac{g_{20}g_{11}(3 + 2\sqrt{3}i)}{6} + \frac{(3 - \sqrt{3}i)|g_{11}|^2}{6} + \frac{1}{2}g_{21}.$$

令

$$B_1(\widehat{r_2}, \widehat{a_1}) = -\frac{3}{2}(\sqrt{3}i + 1)B(\widehat{r_2}, \widehat{a_1}),$$

$$C_1(\widehat{r_2}, \widehat{a_1}) = -3|B(\widehat{r_2}, \widehat{a_1})|^2 - \frac{3}{2}(\sqrt{3}i + 1)C(\widehat{r_2}, \widehat{a_1}).$$

由文献 [1] 中引理 9.12, 可得

定理 4.3.2 取 $(\widehat{r_2}, \widehat{a_1}) \in F_3$, 假设 $B_1(\widehat{r_2}, \widehat{a_1}) \neq 0$ 且 $\mathrm{Re}(C_1(\widehat{r_2}, \widehat{a_1})) \neq 0$, 则映射 (4.29) 在 E 附近有如下动力学行为:

• 如果 $\mathrm{Re}(C_1(\widehat{r_2}, \widehat{a_1})) > 0$, 则 1:3 共振点附近出现的不变曲线是不稳定的; 如果 $\mathrm{Re}(C_1(\widehat{r_2}, \widehat{a_1})) < 0$, 则不变曲线是稳定的.

• 映射 (4.47) 的平凡不动点处存在非退化的 Neimark-Sacker 分支.

• 存在一个周期 3 的鞍点环对应于映射 (4.47) 的三个鞍点.

• 在参数邻域内存在由周期 3 环的稳定流形和不稳定流形横截相交形成的同宿轨结构.

(三) 1:4 共振: 首先计算映射 (4.29) 在 1:4 共振点处的规范形. 任意取参数 $(r_1, \overline{r_2}, \overline{a_1}, a_2, b_1, b_2) \in F_4$, 代入映射 (4.29) 可得

$$\begin{cases} x(n+1) = x(n) + r_1 x(n)(1 - \overline{a_1} x(n) - b_1 y(n)), \\ y(n+1) = y(n) + \overline{r_2} y(n)(1 - a_2 y(n) - b_2 x(n)). \end{cases}$$

考虑以下映射

$$\begin{cases} x(n+1) = x(n) + r_1 x(n)(1 - a_1 x(n) - b_1 y(n)), \\ y(n+1) = y(n) + r_2 y(n)(1 - a_2 y(n) - b_2 x(n)). \end{cases} \tag{4.48}$$

其中 $|r_2 - \overline{r_2}|, |a_1 - \overline{a_1}| \ll 1$. 令 $\widehat{x} = x - x^*, \widehat{y} = y - y^*$, 映射 (4.48) 可变为

$$\begin{cases} \widehat{x(n+1)} = (1 - r_1 x^* a_1)\widehat{x(n)} - r_1 x^* a_1 \widehat{x(n)}^2 - r_1 b_1 \widehat{x(n)}\widehat{y(n)} - r_1 b_1 \widehat{y(n)}x^*, \\ \widehat{y(n+1)} = (1 - r_2 y^* a_2)\widehat{y(n)} - r_2 x^* a_2 \widehat{y(n)}^2 - r_2 b_2 \widehat{x(n)}\widehat{y(n)} - r_2 b_2 \widehat{x(n)}y^*. \end{cases} \tag{4.49}$$

映射 (4.49) 在 E 处相应的 Jacobi 矩阵为

$$A(r_2, a_1) = \begin{pmatrix} 1 - r_1 a_1 x^* & -r_1 b_1 x^* \\ -r_2 b_2 y^* & 1 - r_2 a_2 y^* \end{pmatrix},$$

相应特征值为 $\lambda_{1,2} = \pm i$. 令

$$q(r_2, a_1) = \begin{pmatrix} r_1 b_1 x^* \\ 1 - r_1 a_1 x^* - i \end{pmatrix}, \quad p(r_2, a_1) = \begin{pmatrix} \dfrac{1 - i(1 - r_2 a_2 y^*)}{2r_1 b_1 x^*} \\ \dfrac{-i}{2} \end{pmatrix}$$

作为相应的特征向量和伴随向量.

对于任意向量 $X = (\widehat{x}, \widehat{y})^{\mathrm{T}} \in \mathbb{R}^2$ 可表示为以下形式

$$X = z q(\overline{r_2}, \overline{a_1}) + \overline{z} \overline{q(\overline{r_2}, \overline{a_1})}, \quad z \in \mathbb{C}.$$

因此映射 (4.49) 可变为如下形式

$$z \mapsto iz + \sum_{2 \leqslant l+k \leqslant 3} \frac{1}{k!l!} g_{kl} z^k \overline{z}^l, \tag{4.50}$$

其中

$$\begin{aligned} g_{20} = &-\frac{i}{r_1 b_1 x^*} \{ -r_1^2 b_1^2 x^* (1-i)(1 - r_1 a_1 x^*) + r_1 r_2 b_1 x^* (1 - r_1 a_1 x^* - i) \\ &\times (a_2(1 - r_1 a_1 x^* - i) + r_1 b_1 b_2 x^*) \}, \\ g_{11} = &-\frac{i}{r_1 b_1 x^*} \{ -r_1^2 b_1^2 x^* (1 - r_1 a_1 x^*) + r_1 r_2 b_1 x^* (a_2(1 - r_1 a_1 x^* - i) \\ &\times (1 - r_1 a_1 x^* + i) + r_1 b_1 b_2 x^* (1 - r_1 a_1 x^*)) \}, \\ g_{02} = &-\frac{i}{r_1 b_1 x^*} \{ -r_1^2 b_1^2 x^* (1 - r_1 a_1 x^*)(1-i) + r_1 r_2 b_1 x^* (1 - r_1 a_1 x^* + i) \\ &\times (a_2(1 - r_1 a_1 x^* + i) + r_1 b_1 b_2 x^*) \}, \end{aligned}$$

$$g_{21} = g_{30} = g_{12} = g_{03} = 0.$$

引入变换

$$z = \omega + \frac{1}{2} h_{20} w^2 + h_{11} \omega \overline{\omega} + \frac{1}{2} h_{02} \overline{w}^2 \tag{4.51}$$

来消除一些二次项, 其中系数 $h_{kl}, k + l = 2$ 由下面的计算中给出

利用 (4.51) 及其逆变换, 映射 (4.50) 变为

$$\omega \mapsto i\omega + \sum_{2 \leqslant l+k \leqslant 3} \frac{1}{k!l!} \varrho_{kl} \omega^k \overline{\omega}^l + O(|\omega|^4),$$

其中

$$\varrho_{20} = g_{20} + h_{20}i + h_{20}, \quad \varrho_{11} = g_{11} + ih_{11} - h_{11}, \quad \varrho_{02} = g_{02} + ih_{02} - h_{02}.$$

令

$$h_{20} = \frac{1}{2}g_{20}(i-1), \quad h_{11} = \frac{1}{2}g_{11}(i+1), \quad h_{02} = \frac{1}{2}g_{02}(i+1),$$

可得 $\varrho_{20} = \varrho_{11} = \varrho_{02} = 0$. 同时 ϱ_{30}, ϱ_{21}, ϱ_{12}, ϱ_{03} 可被简化为

$$\varrho_{30} = g_{30} - \frac{3}{2}ig_{20}^2 - \frac{3}{2}i\overline{g_{02}}g_{11} - \frac{3}{2}ig_{11}g_{02}(i+1),$$

$$\varrho_{21} = \frac{1}{4}g_{20}g_{11}(3i+1) + \frac{1-i}{2}|g_{11}|^2 + \frac{1+i}{4}|g_{02}|^2 + \frac{1}{2}g_{21},$$

$$\varrho_{12} = g_{12} + ig_{11}^2 - \frac{1}{2}g_{11}\overline{g_{20}}(i+1) + \overline{g_{11}}g_{02} + g_{02}g_{11}(i-1) - \frac{1}{2}g_{11}g_{20}(1-2i),$$

$$\varrho_{03} = \frac{1}{6}g_{03} + \frac{i-1}{4}g_{02}g_{11} - \frac{i+1}{4}g_{20}g_{11} + \frac{1}{6}g_{03}.$$

为消除一些三次项, 引入另一变换

$$\omega = \zeta + \frac{1}{6}h_{30}\zeta^3 + \frac{1}{2}h_{12}\zeta^2\overline{\zeta} + \frac{1}{2}h_{21}\overline{\zeta}^2\zeta + \frac{1}{6}\overline{\zeta}^3, \tag{4.52}$$

利用 (4.52) 及其逆变换, 可得

$$\zeta = i\zeta + \sum_{l+k=3}\frac{1}{k!l!}\widetilde{\varrho}_{kl}\zeta^k\overline{\zeta}^l + O(|\zeta|^4), \tag{4.53}$$

其中

$$\widetilde{\varrho}_{30} = \varrho_{30} + 2ih_{30}, \quad \widetilde{\varrho}_{21} = \varrho_{21}, \quad \widetilde{\varrho}_{12} = \varrho_{12} + 2ih_{12}, \quad \widetilde{\varrho}_{03} = \varrho_{03}.$$

取

$$h_{30} = \frac{i}{2}\varrho_{30}, \quad h_{12} = \frac{i}{2}\varrho_{12}, \quad h_{03} = 0, \quad h_{21} = 0,$$

可得 $\widetilde{\varrho}_{30} = \widetilde{\varrho}_{12} = 0$. 因此在 1:4 共振点, 映射 (4.53)可变为以下标准形

$$\zeta \mapsto i\zeta + C(\overline{r_2}, \overline{a_1})\zeta|\zeta|^2 + D(\overline{r_2}, \overline{a_1})\overline{\zeta}^3 + O(|\zeta|^4), \tag{4.54}$$

其中

$$C(\overline{r_2}, \overline{a_1}) = \frac{1}{4}g_{20}g_{11}(3i+1) + \frac{1-i}{2}|g_{11}|^2 + \frac{1+i}{4}|g_{02}|^2 + \frac{1}{2}g_{21},$$

$$D(\overline{r_2}, \overline{a_1}) = \frac{i-1}{4} g_{02} g_{11} - \frac{i+1}{4} g_{20} g_{11} + \frac{1}{6} g_{03}.$$

令

$$C_1(\overline{r_2}, \overline{a_1}) = -4iC(\overline{r_2}, \overline{a_1}), \quad D_1(\overline{r_2}, \overline{a_1}) = -4iD(\overline{r_2}, \overline{a_1}).$$

若 $D_1 \neq 0$, 定义 $A(\overline{r_2}, \overline{a_1}) = \dfrac{C_1(\overline{r_2}, \overline{a_1})}{|D_1(\overline{r_2}, \overline{a_1})|}$, 由上述分析, 可得以下定理.

定理 4.3.3 令 $(\overline{r_2}, \overline{a_1}) \in F_{14}$, 如果 $\mathrm{Re}A(\overline{r_2}, \overline{a_1}) \neq 0$ 且 $\mathrm{Im}A(\overline{r_2}, \overline{a_1}) \neq 0$, 则映射 (4.29) 在 1:4 共振点附近有如下动力学行为

- $A(\overline{r_2}, \overline{a_1}) = \dfrac{C_1(\overline{r_2}, \overline{a_1})}{|D_1(\overline{r_2}, \overline{a_1})|}$ 决定 1:4 共振点附近分支情况.

- 在平凡不动点 $(0,0)$ 存在 Neimark-Sacker 分支曲线. 此外, 若 $\lambda = -i$, 出现一条不变曲线; 若 $\lambda = i$, 不变曲线消失.

- 如果 $|A| > 1$, 映射 (4.54) 存在八个非平凡不动点 S_k, $E_k(k = 1, 2, 3, 4)$. 这八个非平凡不动点在相应的参数值处通过折分支成对出现或消失.

- 在点 $E_k(k = 1, 2, 3, 4)$ 处出现 Neimark-Sacker 分支. 此外会出现四个不变环, 最后因同宿轨的出现而消失.

证明 第一条, 第三条以及第四条结论可直接从文献 [1] 中引理 9.14 推出, 这里我们主要给出结论第二条的证明. 假设特征值为 $\lambda(\xi) = e^{\varepsilon(\xi) + i\theta(\xi)}$, 其中 $\xi = (\overline{r_2}, \overline{a_1})$, 在 1:4 共振点附近, 有 $\lambda^4(0) = 1$. 令 $\lambda^4(\xi) = e^{\omega(\xi)}$, 其中 $\omega(\xi) = \beta_1(\xi) + i\beta_2(\xi)$, 则

$$\begin{cases} \beta_1(\xi) = 4\varepsilon(\xi), \\ \beta_2(\xi) = 4\theta(\xi) (\mathrm{mod}\ 2\pi). \end{cases}$$

选取 (β_1, β_2) 为新的开折参数, 我们沿着 (β_1, β_2) 平面的单位圆来探索分支点, 等价于 $\beta_1 + i\beta_2 = e^{i\alpha}, \alpha \in [0, 2\pi)$. $\beta_1 = 0$ 处, 映射出现 Neimark-Sacker 分支, 且当 α 穿过 $\alpha = 3\pi/2$ 不变曲线出现, 这条不变曲线在 $\alpha = \pi/2$ 时消失. 且若 $\beta_1 = 0, \beta_2 = -1$, 则 $\varepsilon = 0$, $\theta = -\pi/2$, 进而可得 $\lambda = -i$, 不变曲线出现. 类似地可得若 $\alpha = \pi/2$, 则 $\lambda = i$, 此时不变曲线消失, 结论得证. □

下面是数值模拟结果. 选取 r_1, a_2 为分支参数, 图中 $H^{(n)}$ 代表周期 n 的 Neimark-Sacker 分支, $F^{(n)}$ 代表周期 n 的倍周期分支, $T^{(n)}$ 代表周期 n 的折分支. R_i $(i = 1, 2, 3, 4)$ 为 1:1, 1:2, 1:3, 1:4 共振点.

(1) 固定 $r_1 = 1$, $a_2 = 1$, $b_1 = -0.5$, $b_2 = 0.5$, 如图 4.36 (a) 所示, 对应于图 (a) 的局部放大图见图 4.36 (b). 从图中我们可以观察到 Neimark-Sacker 分支曲线 $H^{(1)}$ 终止于共振点 R2, 同时曲线 $F^{(1)}$ 也经过上述共振点. 周期 2 的 Neimark-Sacker 分支曲线 $H^{(2)}$ 从共振点 R2 发出. 这条周期 2 的曲线 $H^{(2)}$ 同时穿过共振

点 $R4$, $R3$ 以及另外一个共振点 $R2$. 在 $r_2 = 11.7$, $a_1 = 0.88$ 处, 周期 2 的倍周期曲线穿过 $R2$ 共振点. 同时周期 2 的倍周期曲线附近发现周期 4 的倍周期曲线.

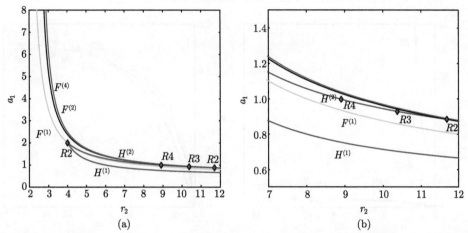

图 4.36 (a) 固定 $b_1 = -1/2$, $b_2 = 1/2, r_1 = 1$, $a_2 = 1$, 映射 (4.29) 的分支图. (b) 对应于图 (a) 的局部放大图

(2) 1:3 共振点附近的分支图: 固定 $r_1 = 1$, $a_2 = 1$, $b_1 = -1$, $b_2 = 1$, 相关的模拟, 如图 4.37 (a) 和图 4.37 (b) 所示.

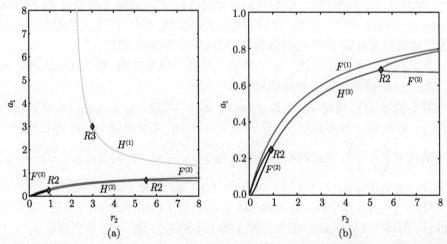

图 4.37 (a) 固定 $b_1 = -1$, $b_2 = 1, r_1 = 1$, $a_2 = 1$, 映射 (4.29) 的分支图. (b) 对应于图 (a) 的局部放大图

从图中我们看到, 周期 1 的 Neimark-Sacker 分支曲线 $H^{(1)}$ 穿过共振点 $R3$.

此外周期 2 的曲线 $H^{(2)}$ 连接两条从共振点 $R2$ 发出的周期 2 的倍周期分支曲线 $F^{(2)}$.

(3) 1:4 共振点附近的分支图: 如图 4.38(a) 和图 4.38(b) 所示.

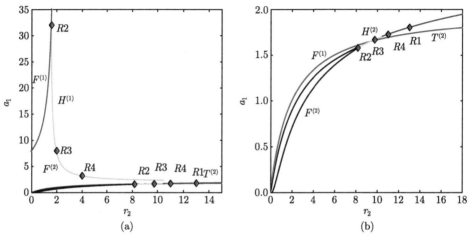

图 4.38　(a) 固定 $b_1 = -2$, $b_2 = 2, r_1 = 1$, $a_2 = 1$, 映射 (4.29) 的分支图. (b) 对应于图 (a) 的局部放大图

从图中我们观察到共振点 $R4$, $R3$, $R2$ 同时存在于周期 1 的曲线 $H^{(1)}$ 和周期 2 的曲线 $H^{(2)}$. 在 1:2 共振点处, 正如上述定理而言, 同时存在倍周期曲线 $F^{(1)}$, $F^{(2)}$. 此外在 1:1 共振点处, 我们找到折分支曲线 $T^{(2)}$ 连接于周期 2 的 Neimark-Sacker 分支曲线 $H^{(2)}$. 另外, 我们知道倍周期曲线 $F^{(4)}$, $F^{(8)}$, $\cdots$ 存在于在周期 2 的倍周期分支曲线 $F^{(2)}$ 的附近邻域, 可以导致混沌的发生.

下面我们分别给出上述三种情形的二维和三维分支图, 最大 Lyapunov 指数图, Lyapunov 维数图以及相应的相图.

对于情形 (1), 固定 $r_1 = 1$, $a_2 = 1$, $b_1 = -1/2$, $b_2 = 1/2$, $3.6 \leqslant r_2 \leqslant 4.4$, $1.8 \leqslant a_1 \leqslant 3$. 在上述参数值下, 若 $r_2 = 4$, $a_1 = 2$, 可得映射 (4.29) 存在唯一一个正不动点 $E\left(\dfrac{2}{3}, \dfrac{2}{3}\right)$, 且此时相应特征值为 $\lambda_1 = \lambda_2 = -1$, 同时 $C(r_2, a_1) = -8.25$, $D(r_2, a_1) + 3C(r_2, a_1) = -17.72$. 由定理 4.3.1 知 E 是 1:2 共振点.

以 (r_2, a_1, y) 为坐标, 图 4.39 (a) 给出映射 (4.29) 的三维分支图, 对应于图 4.39 (a) 的最大 Lyapunov 指数见图 4.39 (b) 和 (c). 进一步, 分别固定 $r_2 = 4$ 和 $r_2 = 3.8$, 图 4.40 和图 4.41 分别给出映射在 (a_1, x) 平面和 (a_1, y) 平面上的二维分支图. 对应于图 4.40 和图 4.41 的最大 Lyapunov 指数验证混沌与周期轨道的存在性. 从图 4.41 (c) 中可看出, 在混沌区域中一些最大 Lyapunov 指数大于 0, 一些小于 0, 从而验证了混沌区域中稳定点和稳定周期窗口的存在性.

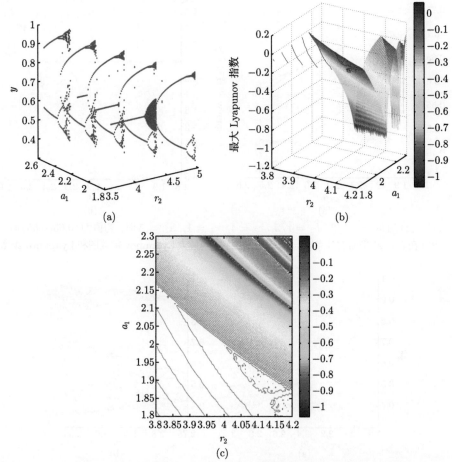

图 4.39 $b_1 = -1/2$, $b_2 = 1/2$, $r_1 = 1$, $a_2 = 1$, 初值为 $(0.65, 0.65)$. (a) 映射 (4.29) 在 (r_2, a_1, y) 空间内的分支图. (b) 对应于图 (a) 的最大 Lyapunov 指数图. (c) 图 (b) 在平面 (r_2, a_1) 上的投影

对应于图 4.40 和图 4.41 的相图, 如图 4.42 所示. 从图 4.42 我们可观察到在 $r_2 = 4$, $a_1 = 1.999$ 处由 Neimark-Sacker 分支曲线引起的不变曲线从不动点 E 处发出. 同时相图也证明了在 1:2 共振点附近周期 2, 4, 6, 8, 12, 16, 20, 30 轨道, 拟周期轨道和混沌吸引子的存在性.

对于情形 (2), 固定 $r_1 = 1$, $b_1 = -1$, $b_2 = 1$, $a_2 = 1$, $2 \leqslant r_2 \leqslant 4$, $2.5 \leqslant a_1 \leqslant 3.6$. 在上述参数值下, 如果 $r_2 = 3$, $a_1 = 3$, 我们可得映射 (4.29) 存在一个正的不动点 $E(0.5, 0.5)$, 且此时相应的特征值为 $\lambda_{1,2} = (\pm\sqrt{3}i - 1)/2$, 经过计算可得 $B_1(r_2, a_1) = -\sqrt{3}i/2 + 5/4$, $\mathrm{Re}C_1(r_2, a_1) = -26.25$. 由定理 4.3.2 可知 E 是 1:3 共振点.

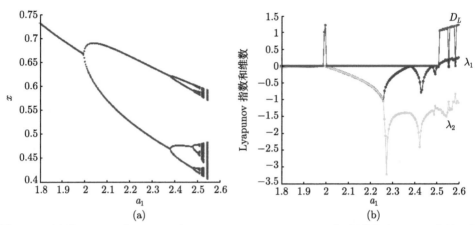

图 4.40　(a) 当 $b_1 = -1/2$, $b_2 = 1/2$, $r_2 = 4$, $r_1 = 1$, $a_2 = 1$ 时, 初值为 $(0.65, 0.65)$ 时, 映射 (4.29) 在 (a_1, x) 平面的分支图. (b) 对应于图 (a) 的最大 Lyapunov 指数图和 Lyapunov 维数图

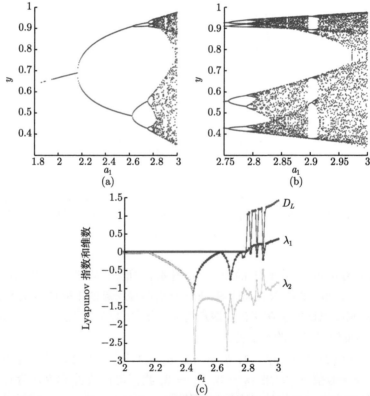

图 4.41　(a) 当 $b_1 = -1/2$, $b_2 = 1/2$, $r_2 = 3.8$, $r_1 = 1$, $a_2 = 1$ 时, 初值为 $(0.6, 0.6)$ 时, 映射 (4.29) 在 (a_1, y) 平面上的分支图. (b) 图 (a) 的局部放大图. (c) 对应于图 (a) 的最大 Lyapunov 指数图和 Lyapunov 维数图

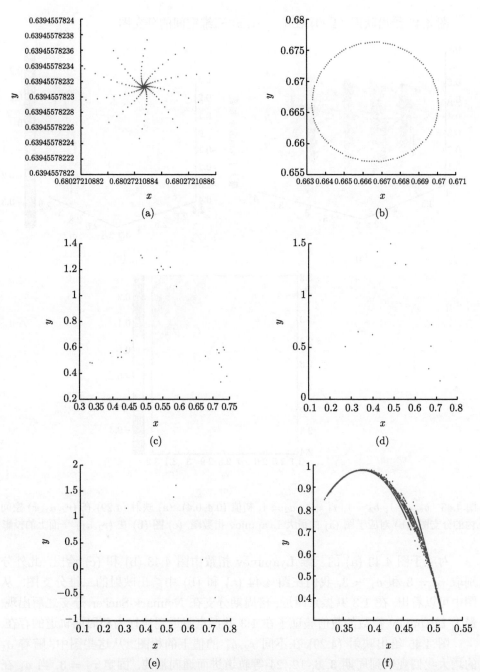

图 4.42 对应于图 4.40 和图 4.41 的相图. (a) $r_2 = 4$, $a_1 = 1.94$, 稳定点. (b) $r_2 = 4$, $a_1 = 2$, Neimark-Sacker 分支引起的不变曲线. (c) $r_2 = 4$, $a_1 = 2.35$, 周期 36 轨道. (d) $r_2 = 3.8$, $a_1 = 2.82$, 周期 12 轨道. (e) $r_2 = 3.8$, $a_1 = 2.9$, 周期 6 轨道. (f) $r_2 = 3.8$, $a_1 = 3$, 混沌

图 4.43 给出映射 (4.29) 在 (r_2, a_1, x) 三维空间的分支图.

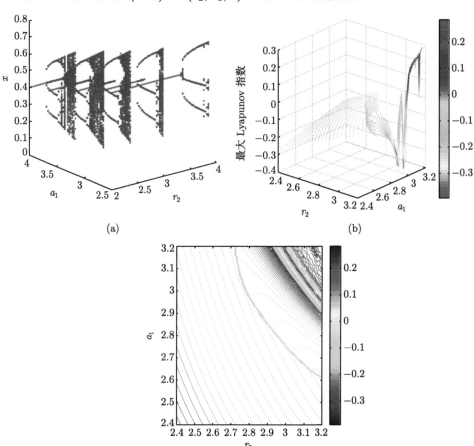

(a)　　　　　　　　　　　　　　　(b)

(c)

图 4.43　$b_1 = -1$, $b_2 = 1$, $r_1 = 1$, $a_2 = 1$, 初值 $(0.4, 0.4)$. (a) 映射 (4.29) 在 (r_2, a_1, x) 空间内的分支图. (b) 对应于图 (a) 的最大 Lyapunov 指数图. (c) 图 (b) 在 (r_2, a_1) 平面上的投影

　　对应于图 4.43 (a) 的三维 Lyapunov 指数由图 4.43 (b) 和 (c) 给出. 此外分别取 $r_2 = 3$ 和 $a_1 = 3$, 我们在图 4.44 (a) 和 (b) 中给出映射的二维分支图. 从图中可以看出, 在 1:3 共振点附近, 倍周期分支在 Neimark-Sacker 分支之后出现. 最大 Lyapunov 指数的数值验证了在 1:3 共振点附近混沌行为和周期轨道的存在.

　　图 4.45 给出映射 (4.29) 在不同 r_2, a_1 的值下的相图. 从这些图中, 随着 a_1 的增大我们观察到周期 3, 6, 12, 24 等轨道进而通向混沌. 固定 $r_2 = 3$, 当 a_1 在区间 $(3, 4)$ 内变化时, 可看到 1:3 共振点附近存在一条不变曲线. 从图 4.45 和图 4.46 (d), (e) 中, 我们可看到存在一个连接三个鞍点的不动点, 此外从相图中还可观察到 1:3 共振点附近的一个同宿轨结构. 固定 $r_2 = 2.6$, 当 a_1 在 $(3.3, 4.5)$ 邻域

内变化时, 从相图中可以看到一个稳定的不变曲线连接三个鞍点环. 事实上, 不变曲线的存在也证明了两条信息传播中的共存性.

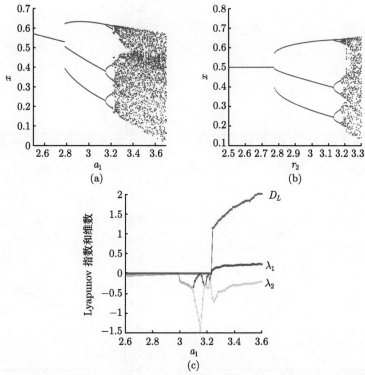

图 4.44 $b_1 = -1$, $b_2 = 1$, $r_1 = 1$, $a_2 = 1$, 初值为 $(0.4, 0.4)$. (a) 当 $r_2 = 3$ 映射 (4.29) 在 (a_1, x) 平面的分支图. (b) 当 $a_1 = 3$, 映射在 (r_2, x) 平面的映射图. (c) 对应于图 (a) 的最大 Lyapunov 指数和 Lyapunov 维数图

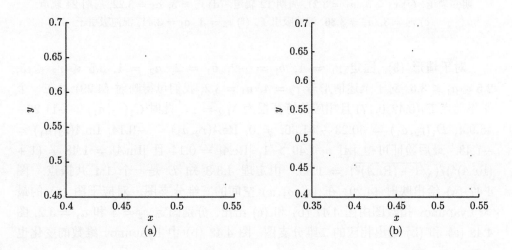

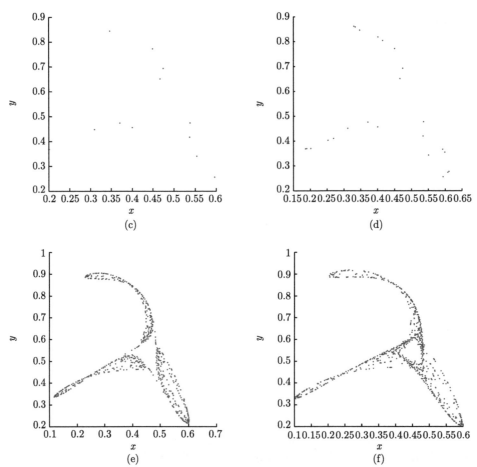

图 4.45　对应于图 4.44 的相图. (a) $r_2 = 3$, $a_1 = 3.19$, 周期 3 轨道. (b) $r_2 = 3$, $a_1 = 3.2$, 周期 6 轨道. (c) $r_2 = 3$, $a_1 = 3.21$, 周期 12 轨道. (d) $r_2 = 3$, $a_1 = 3.22$, 周期 24 轨道. (e) $r_2 = 3$, $a_1 = 3.36$, 混沌吸引子. (f) $r_2 = 3$, $a_1 = 3.41$, 混沌吸引子

对于情形 (3), 固定 $r_1 = 1$, $b_1 = -2$, $b_2 = 2$, $a_2 = 1$, $3.5 \leqslant r_2 \leqslant 5$, $2.5 \leqslant a_1 \leqslant 3.6$. 对于上述情形若 $r_2 = 4$, $a_1 = 3.2$, 我们可得映射 (4.29) 存在一个正不动点 $E_4(0.42, 0.17)$ 且相应的特征根为 $\lambda_{1,2} = \pm i$. 此时 $C_1(r_2, a_1) = -11.26 - 46.99i$, $D_1(r_2, a_1) = 60.23 - 51.36i \neq 0$, $\mathrm{Re}A(r_2, a_1) = -0.14$, $\mathrm{Im}A(r_2, a_1) = -1.48$. 最后验证可得 $|A| = 1.49 > 1$, $|\mathrm{Re}A| = 0.14$ 且 $|\mathrm{Im}A| = 1.48 \neq (1 + (\mathrm{Re}A)^2)/(\sqrt{1 - (\mathrm{Re}A)^2}) = 1.03$. 由定理 4.3.3 知 E 是一个 1:4 共振点. 图 4.47 (a) 给出映射 (4.29) 在 (r_2, a_1, x) 空间的三维分支图. 对应于图 (a) 的最大 Lyapunov 指数图由图 4.47 (b) 和 (c) 给出. 分别固定 $r_2 = 4$ 和 $a_1 = 3.2$, 图 4.48 (a) 和 (b) 给出相应的二维分支图. 图 4.48 (b) 中 Lyapunov 维数的变化也

验证在 1:4 共振点附近周期轨道和混沌的存在性.

对应于图 4.48 的相图如图 4.49 所示, 从图中我们可看到若 $r_2 = 4$, $a_1 = 3.21$, 映射存在 Neimark-Sacker 分支以及四个非平凡的不动点 E_k, $k = 1, 2, 3, 4$. 此外相图 4.49 (c) 和 (d) 证明映射存在周期 17, 34 轨道, 即在 1:4 共振点附近存在倍周期分支. 当 $r_2 = 3.6$, a_1 在 3.6 左右变化时, E_k, $k = 1, 2, 3, 4$ 点处出现 Neimark-Sacker 分支, 且四条不变曲线因同宿分支破坏而消失最后出现一条由周期 4 轨道产生的不变闭曲线.

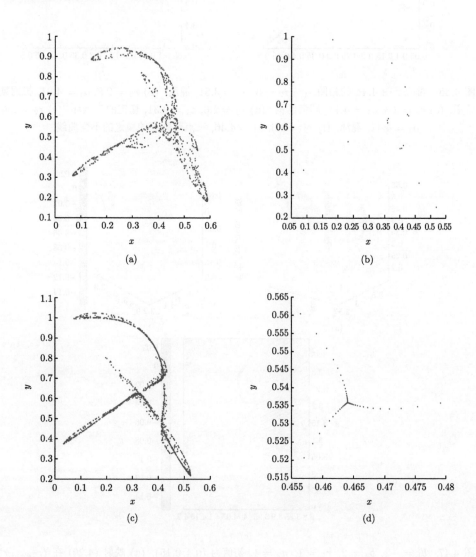

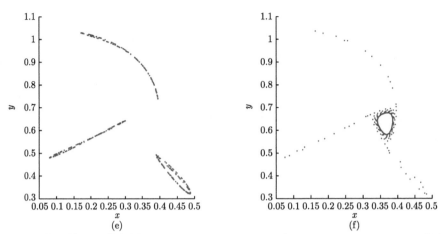

图 4.46 对应于图 4.44 的相图. (a) $r_2 = 3$, $a_1 = 3.51$, 混沌. (b) $r_2 = 2.8$, $a_1 = 4.01$, 拟周期轨道. (c) $r_2 = 2.8$, $a_1 = 4.11$, 同宿结构. (d) $r_2 = 2.6$, $a_1 = 3.31$, 稳定的三点环. (e) $r_2 = 2.6$, $a_1 = 4.41$, 混沌. (f) $r_2 = 2.6$, $a_1 = 4.46$, 三点环共存的稳定的不变曲线

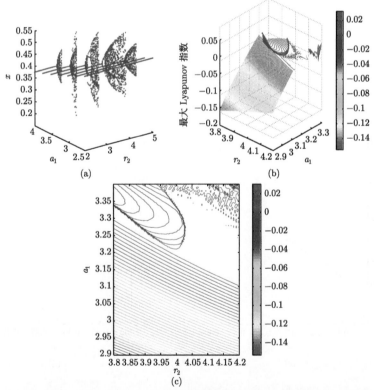

图 4.47 $b_1 = -2$, $b_2 = 2$, $r_1 = 1$, $a_2 = 1$, 初值为 $(0.4, 0.15)$. (a) 映射 (4.29) 在 (r_2, a_1, x) 空间的分支图. (b) 对应于图 (a) 的最大 Lyapunov 指数图. (c) 图 (b) 在 (r_2, a_1) 平面上的投影

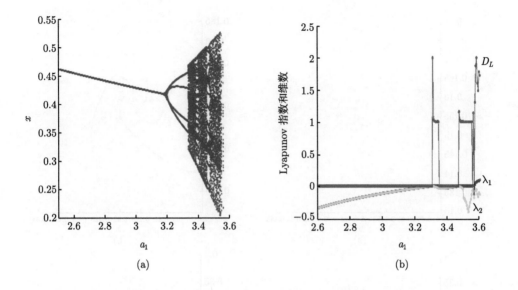

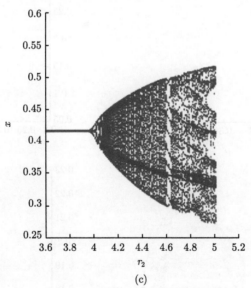

图 4.48 $b_1 = -2$, $b_2 = 2$, $r_1 = 1$, $a_2 = 1$, 初值为 $(0.4, 0.15)$ 时. (a) $r_2 = 4$ 时, 映射 (4.29) 在 (a_1, x) 平面上的分支图. (b) 映射 (4.29) 的最大 Lyapunov 指数和 Lyapunov 维数图. (c) $a_1 = 3.2$ 时, 映射 (4.29) 在 (r_2, x) 平面的分支图

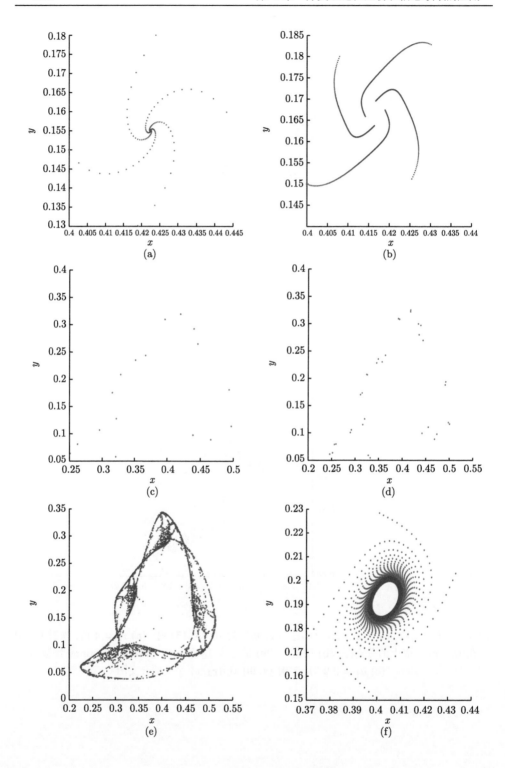

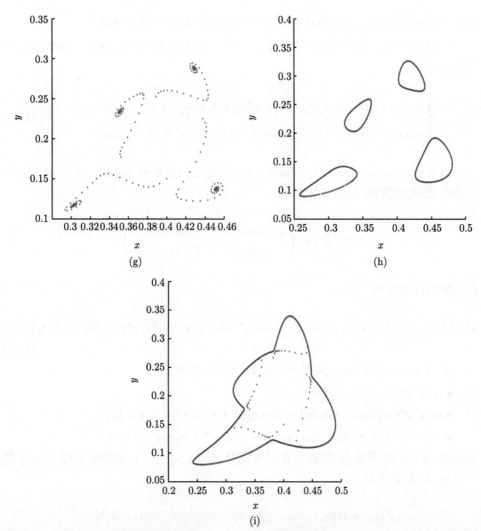

图 4.49　图 4.48 相应的相图. (a) $r_2 = 4$, $a_1 = 3.1$, 稳定点. (b) $r_2 = 4$, $a_1 = 3.21$, 不变曲线. (c) $r_2 = 4$, $a_1 = 3.46$, 周期 17 轨道. (d) $r_2 = 4$, $a_1 = 3.47$, 周期 34 轨道. (e) $r_2 = 4$, $a_1 = 3.5$, 混沌. (f) $r_2 = 3.6$, $a_1 = 3.43$, 不变曲线. (g) $r_2 = 3.6$, $a_1 = 3.55$, 四个不动点. (h) $r_2 = 3.6$, $a_1 = 3.57$, 由 Neimark-Sacker 引起的四条不变曲线. (i) $r_2 = 3.6$, $a_1 = 3.62$, 不变曲线

4.3.2　混沌控制

由于系统对初始状态的敏感依赖, 使得混沌运动在长期内不可预测, 由于这种不可测性, 人们提出了相关的控制策略来调控系统混沌行为. 目前人们对混沌的控制主要利用外部调控 (OGY 方法 [35], 延迟反馈控制 [36], 静态调控 [37] 等),

使之有效地被调整到需要的状态从而避免混沌带来的一系列问题.

1. 混合控制: 我们借助于混沌控制 [38] 来调控映射 (4.29) 的倍周期分支, 调控映射如下

$$\begin{cases} x_{n+1} = \alpha((r_1+1)x_n - r_1 a_1 x_n^2 - r_1 b_1 x_n y_n) + (1-\alpha)x_n, \\ y_{n+1} = \alpha((r_2+1)y_n - r_2 a_2 y_n^2 - r_2 b_2 x_n y_n) + (1-\alpha)y_n, \end{cases} \tag{4.55}$$

其中 $0 < \alpha < 1$, 若 $\alpha = 1$, 控制映射 (4.55) 则变为原映射 (4.29). 映射 (4.55) 在不动点 E 处相应的 Jacobi 矩阵为

$$J(x^*, y^*) = \begin{pmatrix} 1 - \alpha r_1 a_1 x^* & -\alpha r_1 b_1 x^* \\ -r_2 b_2 \alpha y^* & 1 - \alpha r_2 a_2 y^* \end{pmatrix},$$

相应的特征方程为

$$\lambda^2 - (2 - \alpha r_2 a_2 y^* - \alpha r_1 a_1 x^*)\lambda + 1 - \alpha r_2 a_2 y^* - \alpha r_1 a_1 x^* + \alpha^2 x^* y^* r_1 r_2 (a_1 a_2 - b_1 b_2) = 0. \tag{4.56}$$

由 Schur-Cohn-Jury 判据 [39], E 渐近稳定当且仅当

- $\alpha^2 x^* y^* r_1 r_2 (a_1 a_2 - b_1 b_2) > 0$;
- $\alpha^2 x^* y^* r_1 r_2 (a_1 a_2 - b_1 b_2) - 2(r_2 a_2 y^* + r_1 a_1 x^*)\alpha + 4 > 0$;
- $-2 < \alpha^2 x^* y^* r_1 r_2 (a_1 a_2 - b_1 b_2) - (r_2 a_2 y^* + r_1 a_1 x^*)\alpha < 0$.

若映射 (4.29) 在不动点 E 处存在倍周期分支, 则 $\lambda_1 = -1$ 是特征方程 (4.30) 的一个根, 即参数满足

$$F_{\text{Flip}} = \{(r_1, r_2, a_1, a_2, b_1, b_2) : x^* y^* r_1 r_2 (a_1 a_2 - b_1 b_2)$$
$$- 2(r_2 a_2 y^* + r_1 a_1 x^*) + 4 = 0\}.$$

假设 $b_1 = -0.5$, $b_2 = 0.5$, $r_2 = 3$, $r_1 = 1$, $a_2 = 1$, 当 $a_1 = 3.5$ 时, 映射 (4.29) 在 E_4 $(2/5, 4/5)$ 处另外一个特征根为 -0.8, 故存在倍周期分支. 取 $3 < a_1 < 7$, 映射的分支图, 如图 4.50 (a) 所示.

对于映射 (4.55), 如果 $\lambda_1 = -1$ 是相应特征方程 (4.56) 的一个根, 则 $\alpha = 0.9129$, 此时另外一个特征根为 -0.54. 相对于映射 (4.29) 在 $a_1 = 3.5$ 处出现倍周期分支, 利用交叉控制, 我们将分支滞后为 $a_1 = 4$. 相关调控结果, 如图 4.50 (b) 所示. 从分支图中我们看到倍周期分支延迟到 $a_1 = 4$. 此外我们还可看到调控后映射稳定到周期 2 轨道且混沌消失.

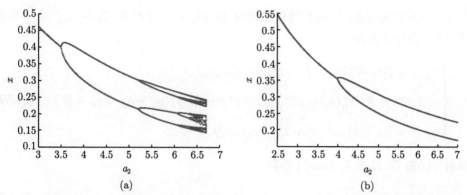

图 4.50 固定 $b_1 = -0.5$, $b_2 = 0.5$, $r_2 = 3$, $r_1 = 1$, $a_2 = 1$. (a) 映射 (4.29) 在初值 $(0.35, 0.75)$ 下的分支图. (b) 控制映射 (4.55) 在 $\alpha = 0.9129$ 时的分支图

另外一方面, 我们调控映射 (4.29)的混沌行为. 固定 $b_1 = -0.5$, $b_2 = 0.5$, $r_2 = 3$, $r_1 = 1$, $a_2 = 1$, 令 $2 < a_1 < 7$, 我们可得映射 (4.29) 在 $a_1 = 6.5$ 时存在混沌吸引子, 相关的模拟, 如图 4.51 (a) 所示. 将相关参数代入 Schur-Cohn-Jury 判据, 可得若 $0 < \alpha < 0.79$, 对于映射 (4.55), E 在 $a_1 = 6.5$ 处稳定. 我们取 $\alpha = 0.5$, 对应的调控结果, 如图 4.51 (b) 所示. 从图中可看出调控之后映射是稳定的, 不存在周期轨道且混沌被消除.

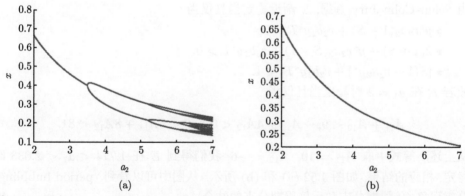

图 4.51 固定 $b_1 = -0.5$, $b_2 = 0.5$, $r_2 = 3$, $r_1 = 1$, $a_2 = 1$. (a) 映射 (4.29) 在初值 $(0.22, 0.88)$ 下的分支图. (b) 映射 (4.55) 在 $\alpha = 0.5$ 时的分支图

2. 多项式函数控制是静态调控的一种方式, 下面我们通过利用多项式函数来调控 1:2, 1:3 和 1:4 共振, 其中控制器为

$$k_n = A_{11}x_n^2 \left(x_n - \frac{1}{a_1}\right)(x_n - x^*) + A_{12}y_n^2 \left(y_n - \frac{1}{a_2}\right)(y_n - y^*).$$

从 k_n 的表达式可看出, 控制器保持映射 (4.29) 不动点不变, 其中 A_{11}, A_{12} 为调控参数. 调控映射为

$$
\begin{cases}
x_{n+1} = ((r_1 + 1)x_n - r_1 a_1 x_n^2 - r_1 b_1 x_n y_n) \\
\qquad + A_{11} x_n^2 (x_n - a_1^{-1})(x_n - x^*) + A_{12} y_n^2 (y_n - a_2^{-1})(y_n - y^*), \quad (4.57) \\
y_{n+1} = (r_2 + 1)x_n - r_2 a_1 x_n^2 - r_2 b_2 x_n y_n.
\end{cases}
$$

映射 (4.57) 在 E 处的 Jacobi 矩阵为

$$
J(x^*, y^*) = \begin{pmatrix} S & T \\ -r_2 b_2 y^* & 1 - r_2 a_2 y^* \end{pmatrix},
$$

其中

$$
S = 1 - r_1 a_1 x^* + A_{11} x^{*2}\left(x^* - \frac{1}{a_1}\right), \quad T = -r_1 b_1 x^* + A_{12} y^{*2}\left(y^* - \frac{1}{a_2}\right).
$$

相应的特征方程为

$$
\lambda^2 - (1 - r_2 a_2 y^* + S)\lambda + S(1 - r_2 a_2 y^*) + r_2 b_2 y^* T = 0. \quad (4.58)
$$

由 Schur-Cohn-Jury 判据, E 渐近稳定当且仅当

- $y^* r_2 a_2 (1 - S) + r_2 b_2 y^* T > 0$;
- $2(1 + S) - y^* r_2 a_2 (S + 1) + r_2 b_2 y^* T > 0$;
- $|S(1 - r_2 a_2 y^*) + r_2 b_2 y^* T| < 1$.

故若 E 在 $a_1 = 2$ 时稳定当且仅当

$$
A_{11} + A_{12} < 9, \quad A_{11} + 4A_{12} < 0, \quad 0 < 5A_{11} + 8A_{12} < 81.
$$

从上述不等式中取 $A_{11} = 10$, $A_{12} = -6$, 我们得到 E 在 $1.714 < a_1 < 2.033$ 时稳定, 相应的结果, 如图 4.52 (a) 和 (b) 所示. 从图中可以看到 "period bubbling" 分支现象 (倍周期分支和反倍周期分支的结合).

若映射 (4.57) 存在 1:2 共振点, 方程 (4.58) 的根满足 $\lambda_1 = \lambda_2 = -1$, 则

$$
r_2 a_2 y^* - r_1 a_1 x^* + A_{11} x_n^2 \left(x_n - \frac{1}{a_1}\right) = 4,
$$

且

$$
(1 - r_1 a_1 x^* + A_{11} x_n^2 (x_n - a_1^{-1}))(1 - r_2 a_2 y^*) + r_2 b_2 y^* (A_{12} y_n^2 (y_n - a_2^{-1}) - r_1 b_1 x^*) = 1.
$$

固定 $r_2 = 4$, $b_1 = -1$, $b_2 = 0.5$, $r_1 = 1$, $a_2 = 1$ 不变, 相对于原映射在 $a_1 = 2$ 处存在 1:2 共振, 在调控映射 (4.57) 中, 我们将 1:2 共振提前至 $a_1 = 1$. 经过计算可得 $A_{11} = -25/6$, $A_{12} = 25/6$, 在初值 $(0.85, 0.35)$ 下, 我们给出相关数值模拟, 如图 4.52 (c) 和 (d) 所示. 从图中可看到在 $a_1 = 1.01$ 处, 存在一条由 Neimark-Sacker 分支引起的不变曲线, 此外可观察到分支图中出现倍周期分支.

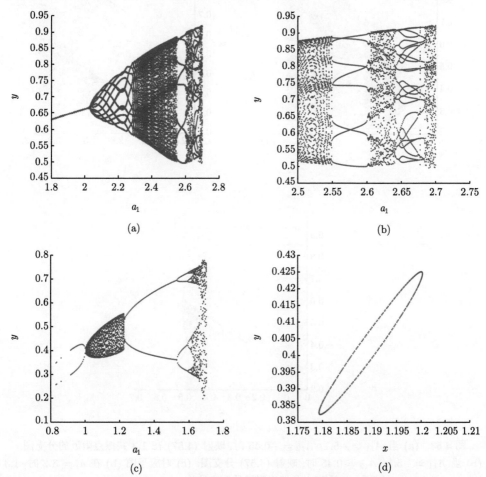

(a)   (b)

(c)   (d)

图 4.52   (a) $A_{11} = 10$, $A_{12} = -6$, 初值为 $(0.65, 0.65)$ 时, 调控映射 (4.57) 的分支图. (b) 图 (a) 的局部放大图. (c) $A_{11} = -25/6$, $A_{12} = 25/6$, 调控映射 (4.57) 在 1:2 共振点附近的分支图. (d) $a_1 = 1.01$, 图 (c) 相应的相图

固定 $r_2 = 3$, $b_1 = -1$, $b_2 = 1$, $r_1 = 1$, $a_2 = 1$, 相对于原映射 (4.29) 在 $a_1 = 3$ 存在 1:3 共振点, 我们在调控中, 将 1:3 共振提前至 $a_1 = 2.5$. 经过计算取 $A_{11} = -5.1$, $A_{12} = -0.45$, 相关模拟见图 4.53 (a). 从图形中可看到倍周期分支

和反倍周期分支. 此外若取 $A_{11} = -5.1, A_{12} = 0.45$, 可得到另外一个分支图 (图 4.53 (b) 和 (c)), 其中 $a_1 = 3.2$ 时的相图显示了 1:3 共振点附近的同宿结构.

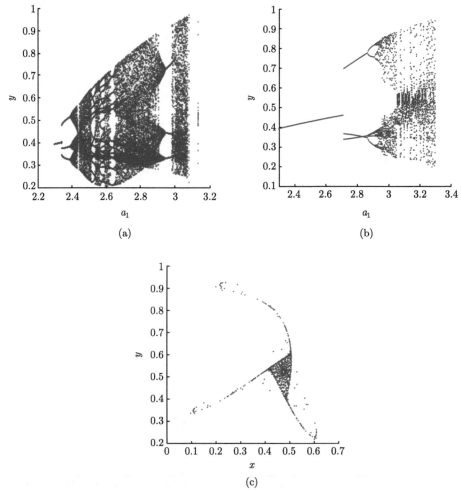

图 4.53　(a) 当 $A_{11} = -5.1$, $A_{12} = -0.45$ 时, 映射 (4.57) 在 1:3 共振点附近的分支图. (b) 当 $A_{11} = -5.1$, $A_{12} = 0.45$ 时, 映射 (4.57) 分支图. (c) 对应于图 (b) 在 $a_1 = 3.2$ 时, 1:3 共振点附近的同宿结构

　　固定 $r_2 = 4$, $b_2 = 2$, $r_1 = 1$, $a_2 = 1$, 相对于原映射 (4.29) 在 $a_1 = 3$, $b_1 = -2$ 处存在 1:4 共振点, 在调控中, 我们将 1:4 共振延迟至 $a_1 = 3.5$, $b_1 = -11/4$ 处. 经过计算取 $A_{11} = 5.4982, A_{12} = 13.5$, 相关结果如图 4.54 所示. 相对于之前的分支图 4.48, 图 4.54 (a) 看起来比较简单, 然而从相图 (图 4.54 (b)—(f)) 中可看到 1:4 共振点附近由周期 4 轨道分支产生的不变曲线.

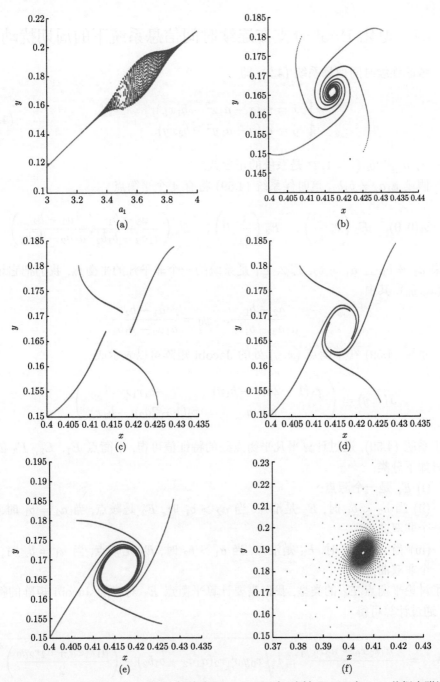

图 4.54 (a) A_{11}=5.4982, A_{12}=13.5, 初值为 (0.4, 0.15) 时, 映射 (4.57) 在 1:4 共振点附近分支图. (b)—(f) 对应于图 (a) 在 a_1 分别为 3.49, 3.502, 3.505, 3.51, 3.74 处的相图

4.4 退化 Hopf 分支在连续时间信息系统下的周期扰动

考虑连续时间信息系统 (4.2), 即

$$
\begin{cases}
\dot{x} = r_1(x - a_1 x^2 - b_1 xy), \\
\dot{y} = r_2(y - a_2 y^2 - b_2 xy),
\end{cases}
\tag{4.59}
$$

其中 r_i, a_i 和 b_i $(i = 1, 2)$ 是系统的正参数.

假设 $a_1 a_2 \neq b_1 b_2$, 这时候系统 (4.59) 将有 4 个平衡点

$$
E_1(0, 0), \quad E_2\left(0, \frac{1}{a_2}\right), \quad E_3\left(\frac{1}{a_1}, 0\right), \quad E_4\left(\frac{a_2 - b_1}{a_1 a_2 - b_1 b_2}, \frac{a_1 - b_2}{a_1 a_2 - b_1 b_2}\right).
$$

如果 $a_2 \neq b_1$ 且 $a_1 \neq b_2$, 那么 E_4 是系统的一个非平凡的平衡点, 我们把它记为 $E_4(x_0, y_0)$, 其中

$$
x_0 = \frac{a_2 - b_1}{a_1 a_2 - b_1 b_2}, \quad y_0 = \frac{a_1 - b_2}{a_1 a_2 - b_1 b_2}.
$$

系统 (4.59) 在平衡点 (x, y) 处的 Jacobi 矩阵可以表示成

$$
J(x, y) = \begin{pmatrix} r_1(1 - 2a_1 x - b_1 y) & -b_1 r_1 x \\ -b_2 r_2 y & r_2(1 - 2a_2 y - b_2 x) \end{pmatrix}.
$$

对于系统 (4.59), 通过计算平凡平衡点处的特征值可得, 平衡点 E_1, E_2, E_3 的类型有如下分类:

(i) E_1 是一个源点;

(ii) 当 $a_2 < b_1$ 时, E_2 是汇点, 当 $a_2 > b_1$ 时, E_2 是鞍点, 当 $a_2 = b_1$ 时, E_2 是一个非双曲点;

(iii) 当 $a_1 < b_2$ 时, E_3 是汇点, 当 $a_1 > b_2$ 时, E_3 是鞍点, 当 $a_1 = b_2$ 时, E_3 是一个非双曲点.

为了讨论平衡点 E_4 的类型, 我们需要计算平衡点 E_4 对应的 Jacobi 矩阵的特征值, 通过计算可得

$$
\lambda_{1,2} = -\frac{a_1 r_1 x_0 + a_2 r_2 y_0}{2} \pm i\sqrt{x_0 y_0 r_1 r_2 (a_1 a_2 - b_1 b_2) - \left(\frac{a_1 r_1 x_0 + a_2 r_2 y_0}{2}\right)^2},
$$

记特征值 λ_1 的实部和虚部为 $\mathrm{Re}(\lambda)$, $\mathrm{Im}(\lambda)$, 那么系统 (4.59) 的平衡点 E_4 是

(i) 一个双曲点, 如果满足 $a_1 r_1 x_0 + a_2 r_2 y_0 \neq 0$;

(ii) 一个 Hopf 分支点如果满足 $a_1 r_1 x_0 + a_2 r_2 y_0 = 0$ 且 $x_0 y_0 (a_1 a_2 - b_1 b_2) > 0$.

事实上, 如果 $a_1 r_1 x_0 + a_2 r_2 y_0 \neq 0$, 可知 $\mathrm{Re}(\lambda) \neq 0$, 因此 E_4 是一个双曲平衡点. 反之, 如果 $a_1 r_1 x_0 + a_2 r_2 y_0 = 0$ (即 $\mathrm{Re}(\lambda) = 0$) 且 $x_0 y_0 (a_1 a_2 - b_1 b_2) > 0$, 此时 (4.59) 将会发生 Hopf 分支. 为了证明 Hopf 分支的存在性, 我们还需要验证系统在临界点处的横截性条件. 选取 a_1 为系统的分支参数, 系统的横截性条件可以由以下式子给出

$$\frac{\partial \mathrm{Re}(\lambda)}{\partial a_1} = -\frac{r_1 x_0}{2} \neq 0 \quad (r_1 \neq 0, x_0 \neq 0).$$

因此系统在 E_4 处发生 Hopf 分支, 同时可以得到所产生的周期解的频率为

$$\omega_c = \sqrt{x_0 y_0 r_1 r_2 (a_1 a_2 - b_1 b_2)}.$$

为了研究 Hopf 分支产生的周期解的方向和稳定性 [40], 需要计算系统在分支点处的第一 Lyapunov 系数 l_1, 其表达式如下:

$$l_1 = \frac{3\pi}{2 r_1 b_1} [a_2 b_1 b_2^3 r_2^2 + a_1 b_1^2 b_2^2 r_1 r_2 + a_1^2 b_2 (b_1^2 r_1^2 - a_2 b_1 r_1 (r_1 + 3 r_2) + 2 a_2^2 r_2 (r_1 + r_2))$$

$$+ a_1 (a_2^2 (b_1 r_1 - 2 b_2^2 r_2^2) - a_2 b_1 (b_2^2 r_2^2 + b_1 r_1))] \sqrt{\frac{a_1 a_2 - b_1 b_2}{r_1 r_2 (a_2 - b_1)^3 (a_1 - b_2)^3}}.$$

图 4.55(a) 和图 4.55(b) 是系统 (4.59) 分别在两组不同的参数下发生退化 Hopf 分支时的相图 (这里我们选取合适的参数使 $l_1 = 0$, 从而找到退化 Hopf 分支), 在这两个相图中, 我们可以看到系统均有两个周期解.

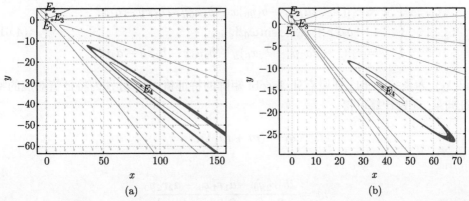

图 4.55 (a) 参数 $r_1 = 0.3$, $r_2 = 0.6$, $a_1 = 0.42$, $a_2 = 0.6$, $b_1 = 1.0857$, $b_2 = 0.25$, 系统在平衡点 E_4 发生退化 Hopf 分支的相图. (b) 参数 $r_1 = 0.3$, $r_2 = 0.6$, $a_1 = 0.447$, $a_2 = 0.6$, $b_1 = 1.13$, $b_2 = 0.25$, 系统在平衡点 E_4 发生退化 Hopf 分支的相图

以系统 (4.59) 的相图 4.55(a) 为例, 此时系统的参数为 $r_1 = 0.3$, $r_2 = 0.6$, $a_1 = 0.42$, $a_2 = 0.6$, $b_1 = 1.0857$, $b_2 = 0.25$. 其中系统平衡点的坐标分别是 $E_1(0,0)$, $E_2(0, 1.667)$, $E_3(2.38, 0)$, $E_4(25, -8.75)$, 它们分别是不稳定的结点、稳定的结点、鞍点和退化的 Hopf 分支点. 可以发现在平衡点 E_4 附近系统有两个极限环. 在较大极限环的外部系统的轨线看起来很 "粗", 事实上这些轨线沿着同一方向趋于外部极限环, 并且同一轨线的距离很近总体看起来 "胖". 这也说明系统具有很强的退化性, 系统可能会有其他极限环存在.

4.4.1 平均系统的转化与分析

本节我们用平均理论来处理周期扰动系统并且研究系统的动力学行为. 选取 $a_1(t) = a_1(1 + \varepsilon \sin \omega_0 t)$, 模型转化为

$$\begin{cases} \dot{x} = r_1(x - a_1(1 + \varepsilon \sin \omega_0 t)x^2 - b_1 xy), \\ \dot{y} = r_2(y - a_2 y^2 - b_2 xy), \end{cases} \tag{4.60}$$

这里外部周期扰动的周期为 $2\pi/\omega_0$.

为了得到系统 (4.60) 在平衡点 E_4 处的规范形, 我们需要对系统进行适当的变换. 为了简化计算, 通过如下平移变换可将 E_4 平移到原点处

$$\begin{cases} x = \hat{x} + x_0, \\ y = \hat{y} + y_0. \end{cases}$$

为了避免使用过多记号, 我们在平移过后的系统中将 $\hat{x}, \hat{y}$ 分别记为 x, y, 系统 (4.60) 转化为

$$\begin{cases} \dot{x} = r_1[(1 - 2a_1 x_0 - b_1 y_0)x - b_1 x_0 y - b_1 xy - a_1 x^2 \\ \quad - a_1(x + x_0)^2 \varepsilon \sin \omega_0 t], \\ \dot{y} = r_2[(1 - 2a_2 y_0 - b_2 x_0)y - b_2 y_0 x - b_2 xy - a_2 y^2]. \end{cases} \tag{4.61}$$

记 $\lambda_{1,2}$ 为系统 (4.61) 在原点处 Jacobi 矩阵的特征值, $q_{1,2}$ 分别为特征值对应的特征向量, 通过计算可得

$$q_1 = (m + ni, 1),$$

其中

$$m = \frac{2b_2 r_2 y_0 - a_1 r_1 x_0 - a_2 r_2 y_0}{2r_2(1 - 2a_2 y_0 - b_2 x_0)},$$

$$n = \frac{\sqrt{4x_0 y_0 r_1 r_2(a_1 a_2 - b_1 b_2) - (a_1 r_1 x_0 + a_2 r_2 y_0)^2}}{2r_2(1 - 2a_2 y_0 - b_2 x_0)}.$$

记矩阵 $C = \begin{pmatrix} m \\ 1 \end{pmatrix}$ 和 $D = \begin{pmatrix} -n \\ 0 \end{pmatrix}$. 通过如下变换

$$\begin{pmatrix} x \\ y \end{pmatrix} = 2 \begin{pmatrix} C & D \end{pmatrix} \begin{pmatrix} \bar{x} \\ \bar{y} \end{pmatrix} \tag{4.62}$$

可将系统 (4.61) 的线性部分偏对角化. 把方程 (4.62) 代入 (4.61), 并将 $\bar{x}, \bar{y}$ 写为 x, y, 可以得到如下系统

$$\begin{cases} \dot{x} = \mathrm{Re}(\lambda)x - \mathrm{Im}(\lambda)y + A_{11}x^2 + A_{12}xy, \\ \dot{y} = \mathrm{Im}(\lambda)x + \mathrm{Re}(\lambda)y + B_{11}x^2 + B_{12}xy + B_{22}y^2 + \varepsilon B(x,y)\sin\omega_0 t, \end{cases} \tag{4.63}$$

其中

$$A_{11} = -(2mr_2b_2 + 2r_2a_2), \quad A_{12} = 2nb_2r_2,$$

$$B_{11} = \frac{2m}{n}(r_1b_1 + mr_1a_1 - mr_2b_2 - r_2a_2),$$

$$B_{12} = 2mr_2b_2 - 2r_1b_1 - 4mr_1a_1, \quad B_{22} = 2nr_1a_1,$$

$$B(x,y) = \frac{r_1a_1}{2n}(2mx - 2ny + x_0)^2.$$

引入新的变量 ρ 和 ϕ $(\rho \geqslant 0, 0 \leqslant \phi \leqslant 2\pi)$, 通过极坐标变换

$$x = \rho\cos\phi, \quad y = \rho\sin\phi$$

可得

$$\begin{cases} \dot{\rho} = \dot{x}\cos\phi + \dot{y}\sin\phi, \\ \rho\dot{\phi} = \dot{y}\cos\phi - \dot{x}\sin\phi. \end{cases} \tag{4.64}$$

把方程 (4.64) 代入 (4.63), 可得

$$\begin{cases} \dot{\rho} = \mathrm{Re}(\lambda)\rho + A_{11}\rho^2\cos^3\phi + (A_{12} + B_{11})\rho^2\cos^2\phi\sin\phi + B_{12}\rho^2\sin^2\phi\cos\phi \\ \qquad + B_{22}\rho^2\sin^3\phi + \varepsilon B(\rho\cos\phi, \rho\sin\phi)\sin\phi\sin\omega_0 t, \\ \rho\dot{\phi} = \mathrm{Im}(\lambda)\rho + B_{11}\rho^2\cos^3\phi + (B_{12} - A_{11})\rho^2\sin\phi\cos^2\phi + (B_{22} - A_{12}) \\ \qquad \times \rho^2\sin^2\phi\cos\phi + \varepsilon B(\rho\cos\phi, \rho\sin\phi)\cos\phi\sin\omega_0 t. \end{cases}$$

如果 E_4 是一个 Hopf 分支点, 那么 $\mathrm{Re}(\lambda) = 0$ 且 $\mathrm{Im}(\lambda) = \omega_c$. 因此我们可以得到系统 (4.60) 在 Hopf 分支点处的规范形:

$$\begin{cases} \dot{\rho} = A_{11}\rho^2 \cos^3\phi + (A_{12} + B_{11})\rho^2 \cos^2\phi \sin\phi + B_{22}\rho^2 \sin^3\phi \\[2mm] \qquad + B_{12}\rho^2 \sin^2\phi \cos\phi + \varepsilon\dfrac{r_1 a_1 x_0^2}{2n} \sin\phi \sin\omega_0 t, \\[3mm] \rho\dot{\phi} = \omega_c\rho + B_{11}\rho^2 \cos^3\phi + (B_{12} - A_{11})\rho^2 \sin\phi \cos^2\phi \\[2mm] \qquad + (B_{22} - A_{12})\rho^2 \sin^2\phi \cos\phi + \varepsilon\dfrac{r_1 a_1 x_0^2}{2n} \cos\phi \sin\omega_0 t. \end{cases} \tag{4.65}$$

接下来我们将利用平均理论来讨论系统 (4.65) 的稳态解的稳定性和分支情况. 在此之前, 对 ϕ 做变换 $\phi = \theta + \Omega t$, 代入系统 (4.65) 可得

$$\dot{\theta} = \omega_c - \Omega + B_{11}\rho\cos^3\phi + (B_{12} - A_{11})\rho\sin\phi\cos^2\phi$$
$$+ (B_{22} - A_{12})\rho\sin^2\phi\cos\phi + \frac{\varepsilon}{\rho}\frac{r_1 a_1 x_0}{2n}\cos\phi\sin\omega_0 t.$$

为了保证系统 (4.65) 的动力学特征在进行平均之后尽可能多地保留到平均系统中, 我们需要选择合适的变换尺度, 取

$$\rho = \sigma^{\frac{1}{3}}\bar{\rho}, \tag{4.66}$$

其中 σ 是小参数. 这里假设 ε 足够小, 取

$$\varepsilon = \sigma\bar{\varepsilon}. \tag{4.67}$$

接下来选取 Ω 使得当 $\dot{\theta}$ 变小时 σ 也变得足够小. 基于文献 [41] 里的假设, 我们选取

$$\Omega = k\omega_0 + \sigma^{\frac{2}{3}}\alpha, \tag{4.68}$$

其中 $k > 0$ 且 $\alpha \neq 0$.

经过尺度变换 (4.66)—(4.68), 可得

$$\begin{cases} \dot{\bar{\rho}} = \sigma^{\frac{1}{3}}\{A_{11}\bar{\rho}^2 \cos^3\phi + (A_{12} + B_{11})\bar{\rho}^2 \cos^2\phi\sin\phi + B_{22}\bar{\rho}^2 \sin^3\phi \\[2mm] \qquad + B_{12}\bar{\rho}^2 \sin^2\bar{\phi}\cos\phi\} + \sigma^{\frac{2}{3}}\dfrac{\bar{\varepsilon}r_1 a_1 x_0}{2n}\sin\phi\sin\omega_0 t, \\[3mm] \dot{\theta} = \omega_c - k\omega_0 + \sigma^{\frac{1}{3}}\{B_{11}\bar{\rho}\cos^3\phi + (B_{12} - A_{11})\bar{\rho}\sin\phi\cos^2\phi \\[2mm] \qquad + (B_{22} - A_{12})\bar{\rho}\sin^2\phi\cos\phi\} + \sigma^{\frac{2}{3}}\left(-\alpha + \dfrac{\bar{\varepsilon}r_1 a_1 x_0}{2n\bar{\rho}}\cos\phi\sin\omega_0 t\right), \end{cases} \tag{4.69}$$

其中系统 (4.69) 的系数可以通过直接计算得到.

假设由 Hopf 分支产生的周期解的频率 ω_c 和外部周期扰动的频率满足 $\omega_c = k\omega_0, k > 0$, 那么可以对系统 (4.69) 进行积分平均运算. 此外, 如果满足 $k = N$ ($N \in \mathbb{N}^+$), 那么我们称外部扰动是调和共振的, 如果满足 $k = 1/N$ ($N \in \mathbb{N}^+$), 那么外部扰动是次调和共振的. 显然如果对系统 (4.69) 右端进行积分平均, 系统右端将会等于 0. 因此我们用二次积分平均算子 [42] 作用于系统 (4.69) 右端, 经过计算和时间尺度变换后, 将新系统中 $\bar{\rho}, \bar{\varepsilon}$ 记为 ρ, ε 可得平均系统为

$$\begin{cases} \dot{\rho} = \mu\rho^3 + \beta\cos\theta, \\ \dot{\theta} = \nu\rho^2 - \alpha - \dfrac{\beta}{\rho}\sin\theta, \end{cases} \tag{4.70}$$

其中

$$\mu = \frac{A_{11}(A_{12} - B_{22}) - B_{12}(B_{11} + B_{22})}{16}, \quad \beta = \frac{r_1 a_1 \varepsilon x_0^2}{4n},$$

$$48\nu = 5B_{11}^2 - 2(A_{11}^2 + A_{12}^2 + B_{12}^2 + B_{22}^2) - A_{12}B_{11}$$

$$+ 5(B_{11}B_{22} - A_{11}B_{12} - A_{12}B_{22}).$$

注意到系统 (4.60) 是非自治的, 因此不存在非平凡的平衡点. 事实上, 由变换 $x = \rho\cos\phi$ 和 $\phi = \theta + \Omega t$ 可知, 平均系统 (4.70) 中的平衡点——对应于周期扰动系统 (4.60) 的周期解, 并且它们有相同的稳定性. 因此, 系统 (4.70) 中平衡点的分支对应于系统 (4.60) 中周期解的分支.

平均系统 (4.70) 的平衡点可由以方程计算得到

$$\begin{cases} \mu\rho^3 + \beta\cos\theta = 0, \\ \nu\rho^2 - \alpha - \dfrac{\beta}{\rho}\sin\theta = 0. \end{cases} \tag{4.71}$$

对系统 (4.71) 中的两个方程分别平方然后相加可以消去 θ, 可得

$$(\mu^2 + \nu^2)\rho^6 - 2\alpha\nu\rho^4 + \alpha^2\rho^2 - \beta^2 = 0. \tag{4.72}$$

显然, 系统的平衡点的个数由方程 (4.72) 的实数根的个数决定. 为了方便起见, 记 $\rho^2 = \eta$, 可得

$$F(\eta) = (\mu^2 + \nu^2)\eta^3 - 2\alpha\nu\eta^2 + \alpha^2\eta - \beta^2 = 0. \tag{4.73}$$

注意到 $\rho^2 \geqslant 0$ 且 $\eta \geqslant 0$, 系统 (4.72) 的正根的个数和系统 (4.73) 是相同的. 对系统 (4.73) 求关于 η 的导数可得

$$F'(\eta) = 3(\mu^2 + \nu^2)\eta^2 - 4\alpha\nu\eta + \alpha^2.$$

如果 $\nu^2 - 3\mu^2 \geqslant 0$, 我们记 $\eta_\pm = \dfrac{2\alpha\nu \pm \sqrt{\alpha^2(\nu^2 - 3\mu^2)}}{3(\mu^2 + \nu^2)}$ 分别为 $F'(\eta) = 0$ 的两个根. 对于平均系统中平衡点的情况有如下引理.

　　引理 4.4.1　由于方程 (4.73) 满足 $\beta^2 > 0$, 因此平均系统 (4.70) 至少有一个正的平衡点, 并且系统在区域 $\{(\rho, \phi) \mid \rho \geqslant 0, 0 \leqslant \phi \leqslant 2\pi\}$ 最多有三个正平衡点.

　　(i) 当满足条件 (1) $F(\eta_-) = 0$, $F(\eta_+) < 0$ 或者 (2) $F(\eta_+) = 0$, $F(\eta_-) > 0$ 时, 系统 (4.70) 有两个正的平衡点;

　　(ii) 当且仅当满足 $\nu^2 - 3\mu^2 \geqslant 0$, $F(\eta_-) > 0$, $F(\eta_+) < 0$ 时, 系统 (4.70) 有三个正的平衡点.

　　接下来我们讨论平均系统的平衡点的局部稳定性. 记系统的平衡点为 $E_*(\rho_*, \theta_*)$, 可得系统在平衡点 E_* 处的 Jacobi 矩阵为

$$J(E_*) = \begin{pmatrix} 3\mu\rho_*^2 & -\beta\sin\theta_* \\ 2\nu\rho_* + \dfrac{\beta\sin\theta_*}{\rho_*^2} & -\dfrac{\beta\cos\theta_*}{\rho_*} \end{pmatrix}.$$

将方程 (4.71) 代入 E_* 的 Jacobi 矩阵消去 θ 可得

$$J(E_*) = \begin{pmatrix} 3\mu\rho_*^2 & \alpha\nu - \nu\rho_*^3 \\ 2\nu\rho_* + \dfrac{\nu\rho_*^2 - \alpha}{\rho_*} & \mu\rho_*^2 \end{pmatrix}.$$

让 $\rho_*^2 = \eta_*$, 可以得到 Jacobi 矩阵对应的特征方程

$$\lambda^2 - 4\mu\eta_*\lambda + 3(\mu^2 + \nu^2)\eta_*^2 - 4\alpha\nu\eta_* + \alpha^2 = 0.$$

对于平均系统 (4.70) 可得如下定理.

　　定理 4.4.1　平均系统 (4.70) 的平衡点 E_* 是

　　(i) 双曲平衡点如果满足条件 $\mu \neq 0$ 且 $F'(\eta_*) \neq 0$;

　　(ii) 余维一的分支点如果满足 $\mu \neq 0$ 且 $F'(\eta_*) = 0$, 更进一步, 如果满足引理 4.4.1 中情况 (i) 任意一个条件, E_* 是一个余维一的折分支点;

　　(iii) Hopf 分支点如果满足 $\mu = 0$ 且 $F'(\eta_*) > 0$.

　　定理 4.4.1 的结论可以根据平均系统的特征值情况来证明, 这里不再一一详述. 将 μ, ν, α, β 当作系统 (4.70) 的参数. 当考虑平均系统的 Hopf 分支的时候, 可以选取 μ 为系统的分支参数来验证发生 Hopf 分支的横截性条件. 图 4.56 是平均系统 (4.70) 分别在两组不同参数下的相图.

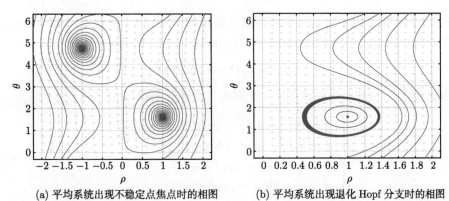

(a) 平均系统出现不稳定点焦点时的相图   (b) 平均系统出现退化 Hopf 分支时的相图

图 4.56 平均系统 (4.70) 的相图. (a) 当 $\mu = 0.06$, $\nu = 3$, $\alpha = 1$, $\beta = 2$ 时, 平均系统出现不稳定的焦点. (b) 当 $\mu = 0$, $\nu = 3$, $\alpha = 1$, $\beta = 2$ 时, 平均系统出现退化 Hopf 分支

从图 4.56(a) 可知当参数 $\mu = 0.06$, $\nu = 3$, $\alpha = 1$, $\beta = 2$ 时, 系统至少会出现两个不稳定的焦点. 并且, 当参数为 $\mu = 0$, $\nu = 3$, $\alpha = 1$, $\beta = 2$ 时, 平均系统会发生退化的 Hopf 分支, 见图 4.56(b), 数值结果显示此时系统的第一 Lyapunov 系数等于 0. 此时系统的 Hopf 分支具有退化性, 我们可以发现系统至少存在两个极限环.

4.4.2 四种周期扰动机制下系统的分支图

在本节, 通过研究周期扰动系统的 Poincaré 映射来研究系统的分支情况. 我们采用数值连续延拓方法, 利用 AUTO[43] 软件包得到了系统在几种不同的周期扰动系数下的分支图.

具体来讲, 我们分析以下四种不同周期扰动机制对系统 (4.59) 的影响

$$
\begin{aligned}
&1: a_1(t) = a_1(1 + \varepsilon \sin \omega_0 t),\\
&2: b_1(t) = b_1(1 + \varepsilon \sin \omega_0 t),\\
&3: a_2(t) = a_2(1 + \varepsilon \sin \omega_0 t),\\
&4: b_2(t) = b_2(1 + \varepsilon \sin \omega_0 t).
\end{aligned}
$$

与自治微分系统不同的是, 周期扰动系统的右端会随着时间 t 变化出现非线性的变化, 这使得扰动系统比一般的非线性系统更加复杂. 在这里我们通过给扰动系统耦合一对非线性振子方程, 将系统转化为一个方便研究的高维自治系统. 根据外部周期扰动的频率, 可以选择合适的振子频率, 这里我们选取如下形式的振子方程

$$
\begin{cases}
\dot{v} = v + \omega_0 w - v(v^2 + w^2),\\
\dot{w} = w - \omega_0 v - w(v^2 + w^2),
\end{cases}
\tag{4.74}
$$

方程 (4.74) 有一组和扰动频率相同渐近稳定的周期解 $v = \sin\omega_0 t, w = \cos\omega_0 t$.
接下来为了研究方便, 假设在系统 (4.74) 中 $\omega_0 = 2\pi$. 对于扰动情形 1,

$$a_1(t) = a_1(1 + \varepsilon\sin 2\pi t),$$

周期扰动系统 (4.60) 可以转化为一个四维自治微分系统

$$\begin{cases} \dot{x} = r_1(x - a_1(1 + \varepsilon v)x^2 - b_1 xy), \\ \dot{y} = r_2(y - a_2 y^2 - b_2 xy), \\ \dot{v} = v + 2\pi w - v(v^2 + w^2), \\ \dot{w} = w - 2\pi v - w(v^2 + w^2). \end{cases} \tag{4.75}$$

一般地, 如果未扰动系统有非零平衡点 (x^*, y^*), 那么扰动系统 (4.60) 就会有周期解 $(x^*(t), y^*(t), \sin 2\pi t, \cos 2\pi t)$. 对于 $\varepsilon \neq 0$, 我们利用 Poincaré 映射来研究转化后的系统 (4.75). 那么四维连续系统的第一次时间回复映射可以写为

$$\mathcal{P} : (x(0), y(0), v(0), w(0)) \longmapsto (x(1), y(1), v(1), w(1)).$$

第 k 次回复映射的稳定 (不稳定) 的不动点 (称为 k 周期不动点) 对应于原周期扰动系统中稳定 (不稳定) 的周期为 k 的周期解, 我们称之为稳定 (不稳定) k 周期解. 对于系统的回复映射我们分别用记号 $h^{(k)}$, $f^{(k)}$, $t^{(k)}$ 代表系统的第 k 次回复映射的 Hopf (Neimark-Sacker) 分支曲线、倍周期分支曲线和折分支曲线. 记号 A, B, C, D 分别用来表示回复映射的 1:1 强共振点、1:2 强共振点、1:3 强共振点和 1:4 强共振点.

需要注意的是下文中分支图是由研究系统 (4.75) 的 Poincaré 映射得到的, 由于 (4.75) 是一个四维系统, 因此系统的 Poincaré 映射有四个对应的乘子. 一般来说当参数发生变化时, 系统的乘子会发生变化并且产生分支现象. 由于耦合的振子方程 (4.74) 有一对渐近稳定的周期解, 当参数发生变化时系统有两个乘子保持不变. 记这两个乘子为 $|\mu_3| = c_1$, $|\mu_4| = c_2$, 其中 c_1 和 c_2 分别是两个常数. 为了描述系统的动力学行为, 我们关注系统的另外两个乘子 μ_1 和 μ_2 随着参数变化的情况.

图 4.57(a) 是当参数 $r_1 = 0.3, b_1 = 1.13, r_2 = 0.6, a_2 = 0.6, b_2 = 0.25$ 时周期扰动系统 (4.74) 在 (ε, a_1) 平面的分支曲线图. 在这组参数下未扰动系统 (4.59) 发生退化的 Hopf 分支. 为了方便解释我们给出图 4.57(a) 的局部放大图, 见图 4.57(b) 和图 4.57(c). 在分支图 4.57(a) 的 a_1 轴上, 此时 $\varepsilon = 0$, 点 H 代表未扰动系统 (4.59) 发生的退化的 Hopf 分支点, 此时未扰动系统的相图见图 4.55(b). 且点 H 是扰动系统的分支曲线 $h^{(1)}$ 的起始点. a_1 轴上点 T 代表未扰动系统的跨临界分支点, 并且它是扰动系统的跨临界分支曲线的起始点. 这两个点也说明当 $\varepsilon = 0$ 时, 在上述参数下未扰动系统发生平衡点的跨临界分支和退化的 Hopf 分支.

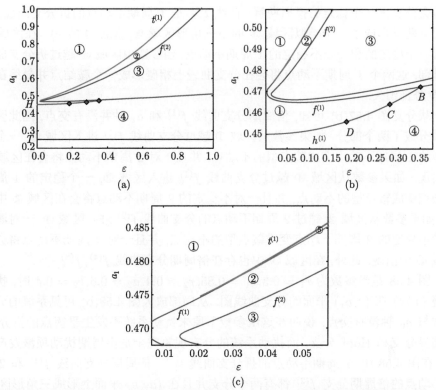

图 4.57 (a) 当 $r_1 = 0.3, b_1 = 1.13, r_2 = 0.6, a_2 = 0.6, b_2 = 0.25$ 时扰动系统 (4.74) 在 (ε, a_1) 平面分支图. 图 (b) 和 (c) 分别是图 (a) 的局部放大图. 扰动系统 (4.74) 周期解的分布情况如下, 区域 ①: 不稳定的 1 周期解和稳定的拟周期解; 区域 ②: 不稳定的 1 周期解和不稳定的 2 周期解; 区域 ③: 不稳定的 1 周期解和不稳定的 2 周期解, 4 周期解; 区域 ④: 稳定和不稳定的 1 周期解; 区域 ⑤: 稳定和不稳定的 1 周期解

在分支曲线图 4.57(a) 给出的参数平面中, 如果系统参数 a_1 或者 ε 从区域 ④ 越过跨临界分支曲线 $t^{(1)}$ 进入下方区域, 一对 1 周期不动点将会同时转变稳定性, 即稳定的 1 周期不动点变成不稳定的, 同时不稳定的 1 周期不动点将会变成稳定的. 曲线 $h^{(1)}$ 是通过连续延拓系统 (4.75) 的 Poincaré 映射的 Neimark-Sacker 分支点得到的. 在这条曲线上有三个余维二的强共振分支点, 它们分别是 1:2 共振点 B、1:3 共振点 C 和 1:4 共振点 D. 当参数变化时, 沿着曲线 $h^{(1)}$ 向右, 系统的乘子 $\mu_{1,2}^{(1)}$ 的变化是连续的. 此外 1:2 强共振点 B 是曲线 $h^{(1)}$ 和曲线 $f^{(1)}$ 交点, 这是因为在强共振点 B 处系统的乘子为 $\mu_{1,2}^{(1)} = -1$. 当参数 a_1 从区域 ④ 越过曲线 $h^{(1)}$ 进入区域 ① 时, 稳定的 1 周期不动点将会变成一个不稳定的并且一个稳定的闭不变曲线将会出现, 见图 4.57(a). 换句话说, 扰动系统 (4.60) 的稳定的 1 周期

解将会分支出一个稳定的拟周期解. 曲线 $t^{(1)}$ 是 1 周期不动点的折分支曲线, 它的上下两支形成了一个类似区域 ③ 的小三角形区域 ⑤, 见图 4.57(c). 在区域 ⑤ 中有一个稳定的和一个不稳定的 1 周期不动点, 当参数由区域 ⑤ 越过折分支曲线到外部, 这两个 1 周期不动点将会在分支曲线上相碰形成一个鞍结点并最终在区域 ⑤ 外部消失.

从分支图 4.57(b) 可知, 倍周期分支曲线 $f^{(1)}$ 和 a_1 轴并没有交点, 因此区域 ① 被分成了两个部分. 如果参数从区域 ① 越过分支曲线 $f^{(1)}$ 进入区域 ②, 一个源点型的 1 周期不动点变成鞍点型的不动点, 并且一对 2 周期不动点将会在区域 ② 中出现. 如果参数从区域 ④ 越过分支曲线 $f^{(1)}$ 进入区域 ②, 一个稳定的 1 周期不动点变成鞍点型的不动点, 并且一对不稳定的 2 周期不动点将会在区域 ② 中出现. 如果参数从区域 ② 越过 2 周期不动点的分支曲线 $f^{(2)}$ 进入区域 ③, 一对源点型的不稳定的 2 周期不动点变成鞍点型的不动点, 并且一对 4 周期不动点将会在区域 ③ 中出现. 此外, 在区域 ③ 中也存在倍周期分支曲线 $f^{(4)}, f^{(8)}, \cdots$.

图 4.58 是当参数为 $r_1 = 0.3, b_1 = 0.85, r_2 = 0.4, a_2 = 0.6, b_2 = 0.4$ 时, 扰动系统 (4.74) 在 (ε, a_1) 平面的分支曲线图. 从局部放大图 4.58(b) 可见系统的分支曲线与 a_0 轴没有交点, 说明在这组参数下原未扰动系统不发生平衡点的折分支, 跨临界分支和 Hopf 分支, 而扰动系统的分支现象完全是由周期扰动项激发产生的. 在图 4.58 中, 1 周期不动点的折分支曲线 $t_1^{(1)}$、倍周期分支曲线 $f^{(1)}$ 和 2 周期不动点的倍周期分支 $f^{(2)}$ 都有两个分支并且在 (a_1, ε) 平面上形成三角形区域, 见图 4.58(b). 1 周期不动点的倍周期分支曲线 $f^{(1)}$ 经过一个余维二的 1:2 强共振点. 1 周期不动点的 Hopf 分支曲线连接共振点 B 和 1:1 强共振点 A, 并且经过 1:3 强共振点 C 和 1:4 强共振点 D. 当参数越过 Hopf 分支曲线 $h^{(1)}$, 由区域 ② 进入区域 ③ 时, 一个吸引型的 1 周期不动点变成一个不稳定的排斥型的 1 周期不动点, 并且一个稳定的闭不变曲线随之出现. 曲线 $t_1^{(1)}$ 是 1 周期不动点的折分支曲线, 经过 1:1 强共振点 A, 如果参数越过 $t_1^{(1)}$ 由区域 ② 或区域 ③ 进入区域 ④ 时, 两个 1 周期不动点将会相碰然后在区域 ④ 中消失. 如果参数由区域 ③ (区域 ②) 越过曲线 $f^{(1)}$ 进入区域 ⑤, 一个源点型 (汇点型) 的 1 周期不动点将会变成鞍点型并且一对 2 周期不动点将会在区域 ⑤ 中产生. 如果参数由区域 ⑤ 跨过 2 周期不动点的倍周期分支曲线 $f^{(2)}$ 进入区域 ①, 一对鞍点型 2 周期不动点将会变成一对源点型的 2 周期不动点并且一对 4 周期不动点将会出现. 在分支图 4.58(a) 中, 区域 ⑥ 中有另外一支折分支曲线 $t_2^{(1)}$ 也形成了一个小的三角形区域, 见局部放大图 4.58(c). 系统存在另外一个稳定和一个不稳定的 1 周期不动点, 如果参数从区域 ⑥ 穿越曲线 $t_2^{(1)}$ 到三角形区域外部, 这对 1 周期不动点将会相碰随后消失.

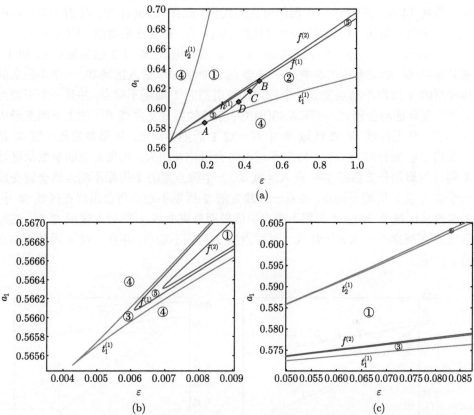

图 4.58　(a) 当 $r_1 = 0.3, b_1 = 0.85, r_2 = 0.4, a_2 = 0.6, b_2 = 0.4$ 时扰动系统 (4.74) 在 (ε, a_1) 平面分支图. 图 (b), (c) 分别是图 (a) 的局部放大图. 周期扰动系统 (4.74) 周期解的分布情况如下, 区域 ①: 不稳定的 1 周期解, 不稳定的 2 周期解和 4 周期解; 区域 ②: 稳定和不稳定的 1 周期解; 区域 ③: 不稳定的周期 1 解和稳定的拟周期解; 区域 ④: 无周期解; 区域 ⑤: 不稳定的 1 周期解和稳定的 2 周期解; 区域 ⑥: 稳定和不稳定的 1 周期解

接下来, 我们讨论情形 2, 即对参数 b_1 周期扰动

$$\begin{cases} \dot{x} = r_1(x - a_1 x^2 - b_1(t)xy), \\ \dot{y} = r_2(y - a_2 y^2 - b_2 xy), \end{cases} \tag{4.76}$$

其中

$$b_1(t) = b_1(1 + \varepsilon \sin 2\pi t),$$

这里假设外部周期扰动的周期仍然为 1, 振幅 $0 < \varepsilon < 1$. 因此我们可以用振子方程 (4.74) 耦合方程 (4.76), 并研究耦合方程的 Poincaré 映射.

图 4.59 是当参数为 $r_1 = 0.3, a_1 = 0.2, r_2 = 0.4, a_2 = 0.4, b_2 = 0.162$ 时, 周期

扰动系统 (4.76) 在 (ε, b_1) 平面的分支曲线图. 在图 4.59(a) 中, 点 H (即 $\varepsilon = 0$) 代表原未扰动系统 (4.59) 的一个退化的 Hopf 点, 并且它是曲线 $h^{(1)}$ 的起点. 曲线 $h^{(1)}$ 经过 3 个余维二的强共振点, 即 1:2 强共振点 B、1:3 强共振点 C 和 1:4 强共振点 D. 如果系统的参数从区域 ② 越过曲线 $h^{(1)}$ 进入区域 ①, 一个不稳定的排斥型的 1 周期不动点变成一个稳定的吸引型的 1 周期不动点, 并且一个不稳点的闭不变环面将会出现. 在图 4.59(b) 中, 系统的折分支曲线 $t^{(1)}$ 的上下两支形成了小的三角形区域 ⑤, 在区域 ⑤ 中有一对 1 周期不动点. 如果参数从区域 ⑤ 越过曲线 $t^{(1)}$ 到外部, 这对 1 周期不动点将会退化并消失. 如果系统的参数从区域 ② 越过倍周期分支曲线 $f^{(1)}$ 进入区域 ④, 一个源点型的 1 周期不动点将会转变成一个鞍点型 1 周期不动点, 并且一对稳定的 2 周期不动点将会出现在区域 ② 中. 当参数从区域 ④ 越过 2 周期不动点的倍周期分支曲线 $f^{(2)}$ 进入区域 ③ 时, 这对稳定的 2 周期不动点将转化成一对鞍点型 2 周期不动点, 并且一对 4 周期不动点将会产生.

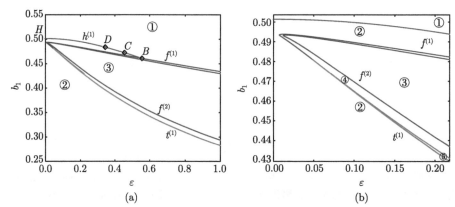

图 4.59　(a) 当 $r_1 = 0.3, a_1 = 0.2, r_2 = 0.4, a_2 = 0.4, b_2 = 0.162$ 时扰动系统 (4.76) 在 (ε, b_1) 平面的分支曲线图. 图 (b) 为图 (a) 的局部放大图. 周期扰动系统 (4.75) 周期解的分布情况如下, 区域 ①: 稳定和不稳定的 1 周期解, 不稳定的拟周期解; 区域 ②: 不稳定的 1 周期解; 区域 ③: 不稳定的 1 周期解, 不稳定的 2 周期解和 4 周期解; 区域 ④: 不稳定的 1 周期解和稳定的 2 周期解; 区域 ⑤: 稳定和不稳定的 1 周期解

图 4.60 是当参数为 $r_1 = 0.3, b_1 = 0.6, r_2 = 0.4, a_2 = 0.6, b_2 = 0.4$ 时, 扰动系统 (4.76) 在 (ε, b_1) 平面的分支曲线图. 在图 4.60(a) 中, 点 T 是未扰动系统 (4.59) 的跨临界分支点, 并且它是扰动系统的跨临界分支曲线的起点. 事实上, 扰动系统的跨临界分支曲线和折分支曲线 $t_1^{(1)}$ 以及倍周期分支曲线没有交点, 因为它们分别是周期扰动系统的不同不动点的分支曲线. 因此, 在图 4.60(b) 中, 我们单独给出系统其中一个 1 周期不动点对应的分支曲线. 当系统参数从区域 ① 越

过跨临界分支曲线到曲线下方, 区域 ① 中的一个稳定的 1 周期不动点和一个鞍点型的 1 周期不动点将会交换稳定性.

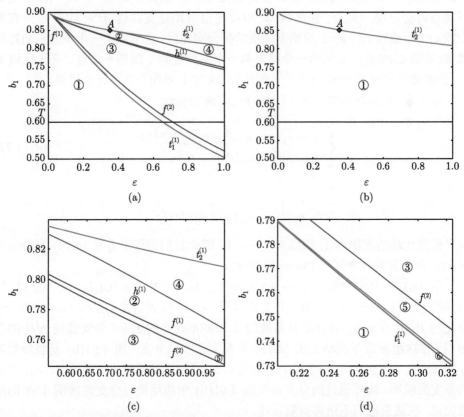

图 4.60 当 $r_1 = 0.3, b_1 = 0.6, r_2 = 0.4, a_2 = 0.6, b_2 = 0.4$ 时扰动系统 (4.76) 在 (ε, b_1) 平面的分支曲线图. 图 (b) 为系统 1 周期解的分支曲线图. 图 (c),(d) 为图 (a) 的局部放大图. 周期扰动系统 (4.76) 周期解的分布情况如下, 区域 ①: 稳定和不稳定的 1 周期解; 区域 ②: 不稳定的 1 周期解和稳定的拟周期解; 区域 ③: 不稳定的 1 周期解, 不稳定的 2 周期解和 4 周期解; 区域 ④: 稳定的 1 周期解和稳定的 2 周期解; 区域 ⑤: 不稳定 1 周期解和不稳定的 2 周期解; 区域 ⑥: 稳定和不稳定的 1 周期解

如果参数从区域 ① 越过曲线 $t_2^{(1)}$ 到曲线上方, 这对 1 周期不动点将会在曲线上相碰形成一个退化的不动点随后在曲线上方消失. 此外, 1 周期不动点的折分支曲线 $t_2^{(1)}$ 经过一个余维二的 1:1 强共振点 A, 点 A 连接系统的 1 周期不动点的 Hopf 分支. 当系统的参数从区域 ④ 越过曲线 $h^{(1)}$ 进入区域 ② 时, 一个吸引型的 1 周期不动点将会变成排斥型的 1 周期不动点, 并且一个稳定的闭不变曲线将会出现. 当参数由区域 ② 越过曲线 $f^{(1)}$ 进入区域 ⑤ 时, 一个源点型的 1 周期不动

点将变成鞍点型, 并且一对汇点型的 2 周期解将会出现, 见图 4.60(c).

当参数从区域 ⑤ 越过 2-周不动点的倍周期分支曲线 $f^{(2)}$ 进入区域 ③ 时, 这对汇点型的 2 周期不动点将会转变为鞍点型的 2 周期不动点, 并且一对 4 周期不动点将会出现. 此外, 在区域 ③ 中存在倍周期分支曲线 $f^{(4)}, f^{(8)}, \cdots$. 在图 4.60(a) 中, 曲线 $t_1^{(1)}$ 是 1 周期不动点的折分支曲线, 它形成了一个小的三角形区域 ⑥(见图 4.60(d)). 系统的一个稳定和一个不稳定的 1 周期不动点存在于区域 ⑥ 中, 当参数从区域 6 越过曲线 $t_1^{(1)}$ 到外部, 这对 1 周期不动点将会消失.

接下来, 我们讨论情形 3, 即对参数 a_2 周期扰动

$$\begin{cases} \dot{x} = r_1(x - a_1 x^2 - b_1 xy), \\ \dot{y} = r_2(y - a_2(t)y^2 - b_2 xy), \end{cases} \tag{4.77}$$

其中

$$a_2(t) = a_2(1 + \varepsilon \sin 2\pi t).$$

这里外部扰动的周期为 1, 振幅 $0 < \varepsilon < 1$. 因此我们用振子方程 (4.74) 耦合方程 (4.77), 并研究耦合方程的 Poincaré 映射.

图 4.61(a) 是当参数为 $r_1 = 0.3, a_1 = 0.2, b_1 = 0.5, r_2 = 0.4, b_2 = 0.162$ 时, 扰动系统 (4.77) 在 (ε, a_2) 平面的分支曲线图. 点 H 代表未扰动系统 (4.59) 的一个退化的 Hopf 分支点, 并且它是系统的 1 周期不动点的 Hopf 分支曲线 $h^{(1)}$ 的起始点. 在这组参数下扰动系统 (4.77) 不发生跨临界分支. 图 4.61(b) 是当参数为 $r_1 = 0.3, a_1 = 0.6, b_1 = 0.83, r_2 = 0.4, b_2 = 0.4$ 时, 扰动系统 (4.77) 在 (ε, a_2) 平面的分支曲线图. 此外系统的分支曲线图 4.61(b) 中的结果与分支曲线图 4.58 的结果类似. 在这里我们不用再重复描述.

接下来, 我们讨论情形 4, 即对参数 b_2 周期扰动

$$\begin{cases} \dot{x} = r_1(x - a_1 x^2 - b_1 xy), \\ \dot{y} = r_2(y - a_2 y^2 - b_2(t)xy), \end{cases} \tag{4.78}$$

其中

$$b_2(t) = b_2(1 + \varepsilon \sin 2\pi t).$$

这里外部扰动的周期为 1, 振幅 $0 < \varepsilon < 1$. 因此我们用振子方程 (4.74) 耦合方程 (4.78), 并研究耦合方程的 Poincaré 映射.

图 4.62 是当扰动系统 (4.78) 的参数为 $r_1 = 0.3, a_1 = 0.2, b_1 = 0.83, r_2 = 0.4, a_2 = 0.4$ 时系统在 (ε, b_2) 平面的分支曲线图. 此时系统的分支结果与图 4.59 中类似.

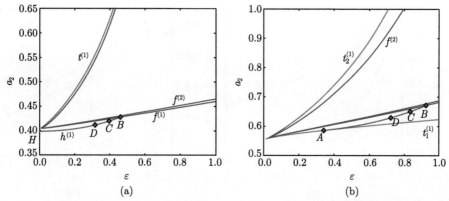

图 4.61 (a) 当 $r_1 = 0.3, a_1 = 0.2, b_1 = 0.5, r_2 = 0.4, b_2 = 0.162$ 时扰动系统 (4.77) 在 (ε, a_2) 平面的分支曲线图. (b) 当 $r_1 = 0.3, a_1 = 0.6, b_1 = 0.83, r_2 = 0.4, b_2 = 0.4$ 时扰动系统 (4.77) 在 (ε, a_2) 平面的分支曲线图

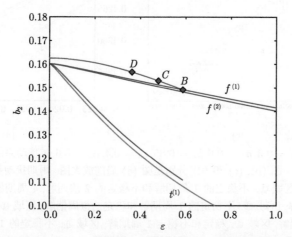

图 4.62 当 $r_1 = 0.3, a_1 = 0.2, b_1 = 0.83, r_2 = 0.4, a_2 = 0.4$ 时扰动系统 (4.78) 在 (ε, b_2) 平面的分支曲线图

图 4.63 是当扰动系统 (4.78) 的参数为 $r_1 = 0.3, a_1 = 0.6, b_1 = 0.85, r_2 = 0.4, a_2 = 0.6$ 时系统在 (ε, b_2) 平面的分支曲线图. 在这组参数下, 原未扰动系统 (4.59) 里不发生平衡点的折分支、跨临界分支和 Hopf 分支. 周期扰动系统 (4.78) 里的折分支曲线 $t_2^{(1)}$, 倍周期分支曲线 $f^{(1)}$, $f_1^{(2)}$ 和 $f_2^{(2)}$ 均有上下两支并且在参数 (b_2, ε) 平面形成一个小的三角形区域, 见图 4.63(c). 在 1 周期不动点的倍周期分支曲线 $f^{(1)}$ 上有一个余维二的 1:2 的强共振点 B. 从 1:2 强共振点 B 出发, 系统的 1 周期不动点的 Hopf 分支曲线 $h^{(1)}$ 连接点 B 和点 A, 其中点 A 是一个 1:1 强共振点. 自然地, 系统的 1 周期不动点的折分支曲线 $t_1^{(1)}$ 经过点 A.

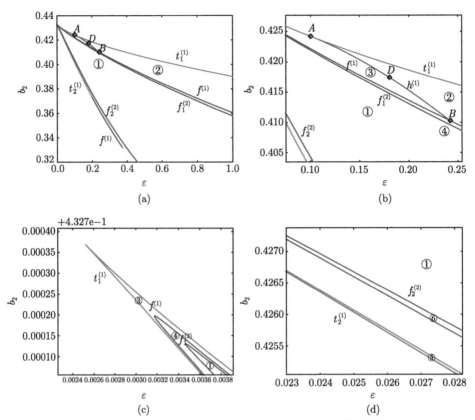

图 4.63　(a) 当 $r_1 = 0.3, a_1 = 0.6, b_1 = 0.85, r_2 = 0.4, a_2 = 0.6$ 时扰动系统 (4.78) 在 (ε, b_2) 平面的分支曲线图. 图 (b), (c) 和 (d) 分别是图 (a) 局部放大图. 周期扰动系统 (4.78) 周期解的分布情况如下, 区域 ①: 不稳定的 1 周期解和不稳定的 2 周期解, 4 周期解; 区域 ②: 稳定和不稳定的 1 周期解; 区域 ③: 不稳定的 1 周期解和稳定的拟周期解; 区域 ④: 不稳定的 1 周期解和稳定的 2 周期解; 区域 ⑤: 稳定和不稳定 1 周期解; 区域 ⑥: 不稳定的 1 周期解, 不稳定的 2 周期解和 4 周期解

　　此外, 在曲线 $h^{(1)}$ 上还有一个余维二的 1:4 强共振点 D. 当参数由区域 ② 越过曲线 $h^{(1)}$ 进入区域 ③ 时, 一个吸引型的 1 周期不动点将会变成一个排斥型的, 并且一个稳定的闭不变曲线将会出现. 当参数由区域 ② 或者区域 ③ 越过 1 周期不动点的折分支曲线 $t_1^{(1)}$ 进入区域 ④ 时, 两个 1 周期不动点将会相碰并且在区域 4 消失, 见图 4.63(b). 当参数由区域 ③ (区域 ②) 越过倍周期分支曲线 $f^{(1)}$ 进入区域 ④, 一个源点 (汇点) 型的 1 周期不动点变成一个鞍点型, 并且一对 2 周期不动点在区域 ④ 中出现. 如果参数越过 2 周期不动点的倍周期分支曲线 $f_1^{(2)}$ 由区域 ④ 进入区域 ①, 一对源点型的 2 周期不动点变成鞍点型的, 并且一对周期 4 解将会出现, 见图 4.63(b) 或图 4.63(c).

在局部放大图 4.63(d) 中, 折分支曲线 $t_2^{(1)}$ 和倍周期分支曲线 $f_2^{(2)}$ 分别形成三角形区域 ⑤ 和区域 ⑥. 在区域 ⑤ 中, 有系统的另外一对 1 周期不动点, 一个稳定一个不稳定, 如果参数越过分支曲线到区域 ⑤ 外部, 这对 1 周期不动点将会消失. 当参数越过曲线 $f_2^{(2)}$ 进入区域 ⑥, 系统将会出现另外一对鞍点型的 2 周期不动点和一对 4 周期不动点.

在耦合系统中, 原来未扰动系统 (4.59) 中的平衡点变成了周期为 $T = 1$ 的周期解, 因为在上述四种情形中外部周期扰动频率为 $\omega = 2\pi$. 一方面, 在考虑周期扰动以后, 原系统的平衡点的分支会延拓到周期系统中变成周期解的分支. 另一方面, 在原系统的平衡点不发生分支现象时, 外部周期扰动会诱导系统产生周期解的分支, 并使得系统出现不同类型和稳定性的周期解, 见图 4.64.

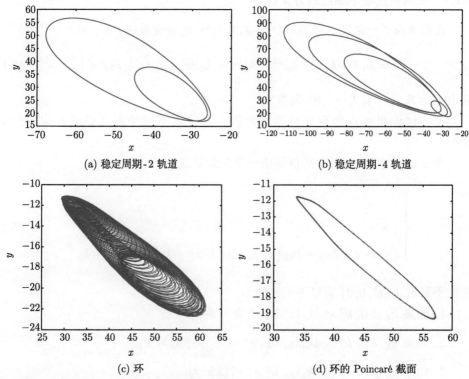

(a) 稳定周期-2 轨道

(b) 稳定周期-4 轨道

(c) 环

(d) 环的 Poincaré 截面

图 4.64 周期扰动系统的解的相图以及对应的 Poincaré 截面图. (a) 当参数为 $r_1 = 0.3$, $r_2 = 0.4$, $a_1 = 0.6$, $a_2 = 0.4$, $b_1 = 0.83$, $b_2 = 0.4$, $\varepsilon = 0.337$ 时扰动系统 (4.77) 的一个稳定的 2 周期解. (b) 当参数为 $r_1 = 0.3$, $r_2 = 0.4$, $a_1 = 0.6$, $a_2 = 0.4$, $b_1 = 0.83$, $b_2 = 0.4$, $\varepsilon = 0.277$ 时扰动系统 (4.77) 的一个稳定的 4 周期解. (c) 当参数为 $r_1 = 0.3$, $r_2 = 0.6$, $a_1 = 0.45183$, $a_2 = 0.6$, $b_1 = 1.13$, $b_2 = 0.25$, $\varepsilon = 0.277$ 时扰动系统 (4.76) 的一个拟周期解. (d) 拟周期解的 Poincaré 截面图

第 5 章　分支理论在物理领域的应用

5.1　猝 变 系 统

本节针对一类猝变系统, 分析其在无随机扰动下的分支行为, 并在其发生 Hopf 分支的基础上加入随机扰动, 研究其平均系统的稳定性与随机分支.

5.1.1　无随机扰动下系统的分支行为

我们考虑了一类可以涵盖 JD_1—JD_7[44,45] 的猝变系统

$$\dddot{x} = k_1\ddot{x} + k_2\dot{x} + k_3\dot{x}^2 + k_4x^2 + k_5x\ddot{x} + k_6x\dot{x} + k_7x + k_8, \tag{5.1}$$

其中 $k_i \in \mathbb{R}\ (i = 1, 2, \cdots, 8)$ 为参数.

首先讨论平衡点的存在性和稳定性, 并探索不同平衡点处所发生的分支情况.

令 $\dot{x} = y, \dot{y} = z$, (5.1) 可以写成一个三维系统

$$\begin{cases} \dot{x} = y, \\ \dot{y} = z, \\ \dot{z} = k_1z + k_2y + k_3y^2 + k_4x^2 + k_5xz + k_6xy + k_7x + k_8. \end{cases} \tag{5.2}$$

它的平衡点 $E(x^*, 0, 0)$ 有以下五种情形:

1. 如果 $k_4 \neq 0,\ k_7^2 < 4k_4k_8$, 则 x^* 不存在;

2. 如果 $k_4 \neq 0,\ k_7^2 = 4k_4k_8$, 则 $x^* = -\dfrac{k_7}{2k_4}$, 记为 x_1;

3. 如果 $k_4 \neq 0,\ k_7^2 > 4k_4k_8$, 则 x^* 可以记为

$$x_{21} = \frac{-k_7 - \vartheta}{2k_4} \text{ 或者 } x_{22} = \frac{-k_7 + \vartheta}{2k_4}, \text{其中 } \vartheta = \sqrt{k_7^2 - 4k_4k_8};$$

4. 如果 $k_4 = 0,\ k_7 \neq 0$, 则 $x^* = -\dfrac{k_8}{k_7}$, 记为 x_3;

5. 如果 $k_4,\ k_7,\ k_8 = 0$, 则 x^* 可以是任意实数, 记为 x_4.

然后将平衡点平移至原点, 变量仍记为 x, y, z, 则 (5.2) 变成

$$
\begin{cases}
\dot{x} = y, \\
\dot{y} = z, \\
\dot{z} = (2k_4x^* + k_7)x + (k_2 + k_6x^*)y + (k_1 + k_5x^*)z + k_3y^2 + k_4x^2 + k_5xz + k_6xy.
\end{cases}
\tag{5.3}
$$

根据 Routh-Hurwitz 判定法则 [46], 有下述引理成立.

引理 5.1.1 系统 (5.3) 的平衡点 $E(0,0,0)$ 是渐近稳定的当且仅当 $k_1 + k_5x^* < 0$, $2k_4x^* + k_7 < 0$, $k_5k_6(x^*)^2 + (k_1k_6 + k_2k_5 + 2k_4)x^* + k_1k_2 + k_7 > 0$.

证明 记平衡点 $E(0,0,0)$ 处所对应的特征方程为

$$
a_0\lambda^3 + a_1\lambda^2 + a_2\lambda + a_3 = 0,
$$

其中 $a_0 = 1$, $a_1 = -(k_1 + k_5x^*)$, $a_2 = -(k_2 + k_6x^*)$, $a_3 = -(2k_4x^* + k_7)$. 则所有特征根实部为负的充要条件是

$$
|a_1| > 0, \quad
\begin{vmatrix} a_1 & a_0 \\ a_3 & a_2 \end{vmatrix} > 0, \quad
\begin{vmatrix} a_1 & a_0 & 0 \\ a_3 & a_2 & a_1 \\ 0 & 0 & a_3 \end{vmatrix} > 0.
$$

即可得平衡点 $E(0,0,0)$ 渐近稳定的参数条件. $\qquad\square$

5.1.1.1 折分支

当 $x^* = x_1$ 时, 系统 (5.3) 在平衡点 $E(0,0,0)$ 处的特征方程为

$$
\lambda[\lambda^2 - (k_1 + k_5x_1)\lambda - (k_2 + k_6x_1)] = 0.
$$

如果 $k_7^2 = 4k_4k_8$, $2k_2k_4 - k_6k_7 \neq 0$, $(2k_1k_4 - k_5k_7)^2 + 8k_4(2k_2k_4 - k_6k_7) > 0$, 则特征方程仅有一个零特征根和另外两个不为零的实特征根 λ_2, λ_3. 记 v_1, v_2 和 v_3 分别是特征值 0, λ_2 和 λ_3 所对应的特征向量, 其中 $v_1 = (1,0,0)^{\mathrm{T}}$, $v_2 = (1,\lambda_2,\lambda_2^2)^{\mathrm{T}}$, $v_3 = (1,\lambda_3,\lambda_3^2)^{\mathrm{T}}$. 令 $(x,y,z)^{\mathrm{T}} = Q(\bar{x},\bar{y},\bar{z})^{\mathrm{T}}$, $Q = (v_1, v_2, v_3)$, 则系统 (5.3) 化为

$$
\begin{cases}
\dot{\bar{x}} = \left(1 - \dfrac{\lambda_3}{\lambda_2}\right) F(\bar{x}, \bar{y}, \bar{z}), \\
\dot{\bar{y}} = \lambda_2\bar{y} + \dfrac{\lambda_3}{\lambda_2} F(\bar{x}, \bar{y}, \bar{z}), \\
\dot{\bar{z}} = \lambda_3\bar{z} - F(\bar{x}, \bar{y}, \bar{z}),
\end{cases}
$$

其中

$$F(\bar{x}, \bar{y}, \bar{z})$$
$$= \frac{k_3(\lambda_2\bar{y} + \lambda_3\bar{z})^2 + (\bar{x} + \bar{y} + \bar{z})(k_4(\bar{x} + \bar{y} + \bar{z}) + k_5(\lambda_2^2\bar{y} + \lambda_3^2\bar{z}) + k_6(\lambda_2\bar{y} + \lambda_3\bar{z}))}{\lambda_2\lambda_3 - \lambda_3^2}.$$

进一步展开可得

$$\begin{cases} \dot{\bar{x}} = \dfrac{k_4}{\lambda_2\lambda_3}\bar{x}^2 + O(|\bar{x}|^3), \\[2mm] \dot{\bar{y}} = \lambda_2\bar{y} + \dfrac{\lambda_3}{\lambda_2}F(\bar{x}, \bar{y}, \bar{z}), \\[2mm] \dot{\bar{z}} = \lambda_3\bar{z} - F(\bar{x}, \bar{y}, \bar{z}). \end{cases}$$

由于二次项的系数为 $\dfrac{k_4}{\lambda_2\lambda_3} \neq 0$, 故系统 (5.3) 在 $E(0,0,0)$ 处发生非退化的折分支.

5.1.1.2 Hopf 分支

当 $x^* = x_{21}$ 时, 系统 (5.3) 在平衡点 $E(0,0,0)$ 处的 Jacobi 矩阵的特征方程为

$$\lambda^3 - (k_1 + k_5x_{21})\lambda^2 - (k_2 + k_6x_{21})\lambda - 2k_4x_{21} - k_7 = 0.$$

如果 $k_7^2 > 4k_4k_8, k_8 \neq 0, k_4(2k_2k_4 - k_6k_7 - k_6\vartheta) < 0, (2k_2k_4 - k_6k_7 - k_6\vartheta)(2k_1k_4 - k_5k_7 - k_5\vartheta) = 4k_4^2\vartheta$, 则特征值为一对纯虚根 $\lambda_{1,2} = \pm i\omega$ $(\omega > 0)$ 和 $\lambda_3 = k_1 + k_5x_{21}$, 其中 $\omega^2 = -(k_2 + k_6x_{21})$.

当 $x^* = x_{22}, x_3, x_4$ 时, 系统所对应 Jacobi 矩阵的特征方程出现一对纯虚根时分别满足下列参数条件:

(i) $k_7^2 > 4k_4k_8, k_8 \neq 0, k_4(2k_2k_4 - k_6k_7 + k_6\vartheta) < 0, (k_6k_7 - k_6\vartheta - 2k_2k_4)(2k_1k_4 - k_5k_7 + k_5\vartheta) = 4k_4^2\vartheta$;

(ii) $k_4 = 0, k_7(k_6k_8 - k_2k_7) > 0, (k_6k_8 - k_2k_7)(k_1k_7 - k_5k_8) = k_7^2$;

(iii) $k_1, k_4, k_7, k_8 = 0, k_2 < 0$ (这里令 $x_4 = 0$).

下面当 $x^* = x_{21}$ 时以 k_5 为分支参数, 固定其他参数, 由特征方程可以得到

$$\frac{\partial\lambda}{\partial k_5} = -\frac{\lambda^2 x_{21}}{3\lambda^2 - 2(k_1 + k_5x_{21})\lambda - (k_2 + k_6x_{21})}.$$

横截性条件为

$$\left(\frac{\partial}{\partial k_5}\mathrm{Re}\lambda\right) = -\frac{\omega^2 x_{21}}{2(\omega^2 + \lambda_3^2)} \neq 0.$$

因此, 系统 (5.3) 在 $E(0,0,0)$ 处发生 Hopf 分支. 类似地, 可以选取其他参数作为分支参数得到系统发生 Hopf 分支的横截性条件.

下面计算第一 Lyapunov 系数 l_1 来判断 Hopf 分支的方向. 令 u_1+iu_2 和 u_3 为特征值 $i\omega$ 和 λ_3 对应的特征向量, 其中 $u_1 = (1,0,-\omega^2)^{\mathrm{T}}$, $u_2 = (0,\omega,0)^{\mathrm{T}}$, $u_3 = (1,\lambda_3,\lambda_3^2)^{\mathrm{T}}$. 定义 $P = (u_1,u_2,u_3)$, 作变换 $(x,y,z)^{\mathrm{T}} = P(\tilde{x},\tilde{y},\tilde{z})^{\mathrm{T}}$, 则系统 (5.3) 变成

$$\begin{cases} \dot{\tilde{x}} = \omega\tilde{y} - F(\tilde{x},\tilde{y},\tilde{z}), \\ \dot{\tilde{y}} = -\omega\tilde{x} - \dfrac{\lambda_3}{\omega}F(\tilde{x},\tilde{y},\tilde{z}), \\ \dot{\tilde{z}} = \lambda_3\tilde{z} + F(\tilde{x},\tilde{y},\tilde{z}), \end{cases} \tag{5.4}$$

其中

$$F(\tilde{x},\tilde{y},\tilde{z}) = \frac{k_3(\omega\tilde{y}+\lambda_3\tilde{z})^2 + k_4(\tilde{x}+\tilde{z})^2 + (\tilde{x}+\tilde{z})(k_5(\lambda_3^2\tilde{z}-\omega^2\tilde{x})+k_6(\omega\tilde{y}+\lambda_3\tilde{z}))}{\omega^2+\lambda_3^2}.$$

令 $\tilde{x} = v+u$, $\tilde{y} = i(v-u)$, (5.4) 中前两个方程可写成

$$\begin{cases} \dot{v} = i\omega v - \dfrac{1}{2}F(u,v,\tilde{z}) + \dfrac{i}{2}\dfrac{\lambda_3}{\omega}F(u,v,\tilde{z}), \\ \dot{u} = -i\omega u - \dfrac{1}{2}F(u,v,\tilde{z}) - \dfrac{i}{2}\dfrac{\lambda_3}{\omega}F(u,v,\tilde{z}). \end{cases}$$

结合中心流形定理和约化原理, 有 $\tilde{z} = n_1v^2 + n_2vu + n_3u^2 + O(|v|^3)$. 则

$$\dot{\tilde{z}} = 2in_1\omega v^2 - 2in_3\omega u^2 + O(|v|^3), \tag{5.5}$$

记 $m = (\omega^2+\lambda_3^2)^{-1}$, 由 (5.4) 可得

$$\dot{\tilde{z}} = \lambda_3(n_1v^2 + n_2vu + n_3u^2) + mk_3\Gamma^2 + mk_4\Upsilon^2 + m\Upsilon(k_5\Psi + k_6\Gamma), \tag{5.6}$$

其中

$$\Gamma = i\omega(v-u) + \lambda_3(n_1v^2 + n_2vu + n_3u^2),$$
$$\Upsilon = v + u + n_1v^2 + n_2vu + n_3u^2,$$
$$\Psi = -\omega^2(v+u) + \lambda_3^2(n_1v^2 + n_2vu + n_3u^2).$$

比较 (5.5) 和 (5.6) 中 v^2, vu, u^2 的系数, 有

$$n_1 = m\frac{k_3\omega^2 + k_5\omega^2 - k_4 - ik_6\omega}{\lambda_3 - 2i\omega},$$

$$n_2 = m\frac{2k_5\omega^2 - 2k_3\omega^2 - 2k_4}{\lambda_3},$$

$$n_3 = m\frac{k_3\omega^2 + k_5\omega^2 - k_4 + ik_6\omega}{\lambda_3 + 2i\omega}.$$

由 $\dot{v} = i\omega v + \frac{1}{2}g_{20}v^2 + \frac{1}{2}g_{02}u^2 + g_{11}vu + \frac{1}{2}g_{21}v^2u + O(|v|^3)$ 可得

$$g_{20} = \frac{(2i\omega - \lambda_3)(i\lambda_3 - \omega)n_1}{2\omega}, \quad g_{02} = \frac{(2i\omega + \lambda_3)(\omega - i\lambda_3)n_1}{2\omega},$$

$$g_{11} = \frac{\lambda_3(\omega - i\lambda_3)n_2}{2\omega},$$

$$g_{21} = \frac{m}{2\omega}[(i\lambda_3 - \omega)(2k_4 + k_5\lambda_3^2 - k_5\omega^2 + k_6\lambda_3)(n_1 + n_2)$$

$$- (\lambda_3 + i\omega)(2k_3\lambda_3\omega + k_6\omega)(n_2 - n_1)].$$

那么第一 Lyapunov 系数 l_1 为

$$l_1 = \mathrm{Re}\left\{ \frac{i}{2\omega^2}\left(g_{20}g_{11} - 2\mid g_{11} \mid^2 - \frac{1}{3}\mid g_{02} \mid^2 \right) + \frac{1}{2\omega}g_{21} \right\}$$

$$= -\frac{m}{2\omega}(2k_4 + k_5\lambda_3^2 - k_5\omega^2 + k_6\lambda_3)(\lambda_3\mathrm{Im}(n_1) + \omega(\mathrm{Re}(n_1) + n_2))$$

$$- \frac{m}{2\omega}(2k_3\lambda_3\omega + k_6\omega)((n_2 - \mathrm{Re}(n_1))\lambda_3 + \omega\mathrm{Im}(n_1))$$

$$+ \frac{n_2\lambda_3}{8\omega^4}(2\omega^3\mathrm{Re}(n_1) + \Im(n_1)(\lambda_3^3 + 3\omega^2\lambda_3)),$$

其中

$$\mathrm{Re}(n_1) = mn(\lambda_3 q + 2k_6\omega^2), \quad \mathrm{Im}(n_1) = mn\omega(2q - k_6\lambda_3),$$

$$n = (\lambda_3^2 + 4\omega^2)^{-1}, \quad q = (k_3 + k_5)\omega^2 - k_4.$$

基于第一 Lyapunov 系数 l_1 的符号, Hopf 分支有下述三种情形

1. 如果 $l_1 < 0$, 系统 (5.3) 发生超临界 Hopf 分支;

2. 如果 $l_1 > 0$, 系统 (5.3) 发生亚临界 Hopf 分支;

3. 如果 $l_1 = 0$, 系统 (5.3) 发生退化的 Hopf 分支, 进一步, 如果第二 Lyapunov 系数不为零, 则发生余维二的 Bautin 分支.

5.1.1.3 Zero-Hopf 分支

下面采用另一种方法证明当 $x^* = x_1$ 时 $E(0,0,0)$ 处发生 Zero-Hopf 分支. 记系统 (5.3) 为

$$\begin{pmatrix} \dot{x} \\ \dot{y} \\ \dot{z} \end{pmatrix} = A \begin{pmatrix} x \\ y \\ z \end{pmatrix} + F(x,y,z,k_i),$$

其中

$$A = \begin{pmatrix} 0 & 1 & 0 \\ 0 & 0 & 1 \\ 0 & k_2 + k_6 x_1 & k_1 + k_5 x_1 \end{pmatrix},$$

$$F(x,y,z,k_i) = \begin{pmatrix} 0 \\ 0 \\ k_3 y^2 + k_4 x^2 + k_5 xz + k_6 xy \end{pmatrix}.$$

如果 $k_7^2 = 4k_4 k_8$, $k_4(2k_2 k_4 - k_6 k_7) < 0$, $2k_1 k_4 = k_5 k_7$, 则在 $E(0,0,0)$ 处的特征方程有一个零根和一对纯虚根. 令 q_0, q_1 为 $\lambda_1 = 0$ 和 $\lambda_2 = i\omega$ 所对应的特征向量, 满足 $Aq_0 = 0$, $Aq_1 = i\omega q_1$. 令 p_0, p_1 为 $\lambda_1 = 0$ 和 $\lambda_2 = i\omega$ 所对应的伴随特征向量, 满足 $A^{\mathrm{T}} p_0 = 0$, $A^{\mathrm{T}} p_1 = -i\omega p_1$, 其中 $\omega^2 = -(k_2 + k_6 x_1)$. q_0, q_1, p_0, p_1 分别满足 $\langle p_0, q_0 \rangle = 1$, $\langle p_1, q_1 \rangle = 1$, $\langle p_0, q_1 \rangle = 0$, $\langle p_1, q_0 \rangle = 0$. 计算可得 $q_0 = (1,0,0)^{\mathrm{T}}$, $q_1 = \dfrac{1}{2i\omega}(1, i\omega, -\omega^2)^{\mathrm{T}}$, $p_0 = \left(1, 0, \dfrac{1}{\omega^2}\right)^{\mathrm{T}}$, $p_1 = \left(0, 1, \dfrac{i}{\omega}\right)^{\mathrm{T}}$.

令 $(x,y,z)^{\mathrm{T}} = uq_0 + zq_1 + \bar{z}\bar{q}_1$, $u \in \mathbb{R}$, $z \in \mathbb{C}$, 有

$$\begin{pmatrix} x \\ y \\ z \end{pmatrix} = \begin{pmatrix} u + \dfrac{1}{2i\omega}z - \dfrac{1}{2i\omega}\bar{z} \\ \dfrac{1}{2}z + \dfrac{1}{2}\bar{z} \\ -\dfrac{\omega}{2i}z + \dfrac{\omega}{2i}\bar{z} \end{pmatrix}.$$

系统 (5.3) 写为

$$
\begin{cases}
\dot{u} = g(u, z, \bar{z}, k_i), \\
\dot{z} = i\omega z + h(u, z, \bar{z}, k_i),
\end{cases}
\tag{5.7}
$$

其中

$$
g(u, z, \bar{z}, k_i) = \sum_{j+k+l \geqslant 2} \frac{1}{j!k!l!} g_{jkl}(k_i) u^j z^k \bar{z}^l = \langle p_0, F(uq_0 + zq_1 + \bar{z}\bar{q}_1, k_i) \rangle,
$$

$$
h(u, z, \bar{z}, k_i) = \sum_{j+k+l \geqslant 2} \frac{1}{j!k!l!} h_{jkl}(k_i) u^j z^k \bar{z}^l = \langle p_1, F(uq_0 + zq_1 + \bar{z}\bar{q}_1, k_i) \rangle.
$$

将 $(x, y, z)^{\mathrm{T}} = uq_0 + zq_1 + \bar{z}\bar{q}_1$ 代入 $F(x, y, z, k_i)$ 可得

$$
F(uq_0 + zq_1 + \bar{z}\bar{q}_1, k_i)
$$

$$
= \begin{pmatrix}
0 \\
0 \\
k_3 \left(\frac{1}{2}z + \frac{1}{2}\bar{z} \right)^2 + k_4 \left(u + \frac{1}{2i\omega}z - \frac{1}{2i\omega}\bar{z} \right)^2 + k_5 \left(u + \frac{1}{2i\omega}z - \frac{1}{2i\omega}\bar{z} \right) \left(\frac{\omega}{2i}z + \frac{\omega}{2i}\bar{z} \right) \\
+ k_6 \left(u + \frac{1}{2i\omega}z - \frac{1}{2i\omega}\bar{z} \right) \left(\frac{1}{2}z + \frac{1}{2}\bar{z} \right)
\end{pmatrix}.
$$

通过计算 $\langle p_0, F(uq_0 + zq_1 + \bar{z}\bar{q}_1, k_i) \rangle$ 和 $\langle p_1, F(uq_0 + zq_1 + \bar{z}\bar{q}_1, k_i) \rangle$, 可得

$$
g_{200} = \frac{2k_4}{\omega^2}, \quad g_{020} = \frac{k_3\omega^2 + k_5\omega^2 - k_4 - ik_6\omega}{2\omega^4},
$$

$$
g_{002} = \frac{k_3\omega^2 + k_5\omega^2 - k_4 + ik_6\omega}{2\omega^4}, \quad g_{011} = \frac{k_3\omega^2 + k_4 - k_5\omega^2}{2\omega^4},
$$

$$
g_{110} = \frac{k_6\omega + (k_5\omega^2 - 2k_4)i}{2\omega^3}, \quad g_{101} = \frac{k_6\omega - (k_5\omega^2 - 2k_4)i}{2\omega^3},
$$

$$
h_{002} = \frac{k_6\omega + ik_4 - ik_3\omega^2 - ik_5\omega^2}{2\omega^3},
$$

$$
h_{020} = \frac{ik_4 - k_6\omega - ik_3\omega^2 - ik_5\omega^2}{2\omega^3},
$$

$$
h_{200} = -\frac{2ik_4}{\omega}, \quad h_{011} = \frac{ik_5\omega^2 - ik_3\omega^2 - ik_4}{2\omega^3},
$$

$$h_{101} = \frac{2k_4 - k_5\omega^2 - ik_6\omega}{2\omega^2}, \quad h_{110} = \frac{k_5\omega^2 - 2k_4 - ik_6\omega}{2\omega^2}.$$

令

$$\begin{cases} v = u - \dfrac{g_{020}}{4i\omega}z^2 + \dfrac{g_{002}}{4i\omega}\bar{z}^2 - \dfrac{g_{110}}{i\omega}uz + \dfrac{g_{101}}{i\omega}u\bar{z}, \\[2mm] w = z + \dfrac{h_{200}}{2i\omega}u^2 - \dfrac{h_{020}}{2i\omega}z^2 + \dfrac{h_{002}}{6i\omega}\bar{z}^2 + \dfrac{h_{101}}{2i\omega}uz + \dfrac{h_{011}}{i\omega}z\bar{z}, \end{cases}$$

则系统 (5.7) 在新坐标 (v, w) 下有形式

$$\begin{cases} \dot{v} = \tilde{g}_{200}v^2 + \tilde{g}_{011}|w|^2 + \tilde{g}_{300}v^3 + \tilde{g}_{111}v|w|^2 + O(\|v, w, \bar{w}\|^4), \\[2mm] \dot{w} = i\omega w + \tilde{h}_{110}vw + \tilde{h}_{210}v^2 w + \tilde{h}_{021}w|w|^2 + O(\|v, w, \bar{w}\|^4), \end{cases} \tag{5.8}$$

其中 $v \in \mathbb{R}$, $w \in \mathbb{C}$, $\|v, w, \bar{w}\|^2 = v^2 + |w|^2$,

$$\tilde{g}_{200} = \frac{k_4}{\omega^2}, \quad \tilde{g}_{011} = \frac{k_4 + k_3\omega^2 - k_5\omega^2}{2\omega^4}, \quad \tilde{g}_{300} = \frac{k_4 k_6}{\omega^4},$$

$$\tilde{h}_{110} = \frac{k_5\omega^2 - 2k_4 - ik_6\omega}{2\omega^2}, \quad \tilde{g}_{111} = \frac{k_6(3k_3\omega^2 - 2k_5\omega^2 + 3k_4)}{4\omega^6},$$

$$\tilde{h}_{210} = \frac{(8k_4^2 + k_5^2\omega^4 + k_6^2\omega^2 + 4k_3k_4\omega^2 + 12k_4k_6\omega - 8k_4k_5\omega^2)i}{4\omega^5}$$

$$- \frac{3k_4^2 + k_3k_4\omega^2 + 3k_4k_5\omega^2}{\omega^5},$$

$$\tilde{h}_{021} = \frac{(10k_4^2 + 7k_5^2\omega^4 + 16k_3^2\omega^4 + k_6^2\omega^2 + 22k_3k_4\omega^2 - 25k_3k_5\omega^4 - 17k_4k_5\omega^2)i}{24\omega^7}$$

$$+ \frac{k_6(k_4 - k_5\omega^2 + k_3\omega^2)}{8\omega^6}.$$

如果 $k_4 + k_3\omega^2 - k_5\omega^2 \neq 0$, 即 $\tilde{g}_{011} \neq 0$, 仍使用 u 和 z 为新的变量符号, 作下述变换:

$$\begin{cases} u = v + \left(\dfrac{\tilde{g}_{300}}{6\tilde{g}_{200}} - \dfrac{\tilde{g}_{111}}{2\tilde{g}_{011}} - \operatorname{Re}\dfrac{\tilde{h}_{021}}{\tilde{g}_{011}} \right) v^2, \\[3mm] z = w - \dfrac{2i\omega e + \tilde{h}_{021}}{2\tilde{g}_{011}}vw. \end{cases}$$

同时进行时间重尺度化变换 $dt = \left(1 - \dfrac{k_6}{3\omega^2}v + e|w|^2\right)d\tau$, 其中通过调整 $e \in \mathbb{R}$ 来消除 u^2z 项的系数的虚部, 则系统 (5.8) 化为

$$
\begin{cases}
\dot{u} = \tilde{g}_{200}u^2 + \tilde{g}_{011}|z|^2 + O(\|u,z,\bar{z}\|^4), \\
\dot{z} = i\omega z + \left(\tilde{h}_{110} - i\omega\dfrac{\tilde{g}_{300}}{3\tilde{g}_{200}}\right)uz + \hat{h}_{210}u^2z + O(\|u,z,\bar{z}\|^4),
\end{cases}
$$

其中

$$
\hat{h}_{210} = \frac{1}{2}\mathrm{Re}\left\{\tilde{h}_{210} + \tilde{h}_{110}\left(\frac{\mathrm{Re}\tilde{h}_{021}}{\tilde{g}_{011}} - \frac{\tilde{g}_{300}}{\tilde{g}_{200}} + \frac{\tilde{g}_{111}}{\tilde{g}_{011}}\right) - \frac{\tilde{h}_{021}\tilde{g}_{200}}{2\tilde{g}_{011}}\right\}.
$$

如果 $\hat{h}_{210} \neq 0$, 则 (5.3) 在 $E(0,0,0)$ 处发生 Zero-Hopf 分支.

5.1.1.4　Bogdanov-Takens 分支

当 $x^* = x_1$ 时, 如果 $k_7^2 = 4k_4k_8$, $2k_1k_4 \neq k_5k_7$, $2k_2k_4 = k_6k_7$, 在 $E(0,0,0)$ 处的特征方程仅有两个零根. 通过对角化变换, 得到新的系统如下:

$$
\begin{cases}
\dot{\hat{x}} = \hat{y} - (1+\lambda_3)F(\hat{x},\hat{y},\hat{z}), \\
\dot{\hat{y}} = -\lambda_3 F(\hat{x},\hat{y},\hat{z}), \\
\dot{\hat{z}} = \lambda_3\hat{z} + F(\hat{x},\hat{y},\hat{z}),
\end{cases}
\tag{5.9}
$$

其中

$$
F(\hat{x},\hat{y},\hat{z}) = \frac{k_3(\hat{y}+\lambda_3\hat{z})^2 + k_4(\hat{x}-\hat{y}+\hat{z})^2}{\lambda_3^2} + k_5\hat{z}(\hat{x}-\hat{y}+\hat{z}) + \frac{k_6(\hat{x}-\hat{y}+\hat{z})(\hat{y}+\lambda_3\hat{z})}{\lambda_3^2}.
$$

令 $\hat{z} = n_1\hat{x}^2 + n_2\hat{x}\hat{y} + n_3\hat{y}^2$, 其中

$$
n_1 = \frac{-k_4}{\lambda_3^3}, \quad n_2 = \frac{2k_4}{\lambda_3^3} - \frac{2k_4}{\lambda_3^4} - \frac{k_6}{\lambda_3^3}, \quad n_3 = \frac{n_2}{\lambda_3} - \frac{k_3}{\lambda_3^3} - \frac{k_4}{\lambda_3^3} + \frac{k_6}{\lambda_3^3},
$$

则系统 (5.9) 可以写为

$$
\begin{cases}
\begin{aligned}
\dot{\hat{x}} = &\ \hat{y} - \frac{1+\lambda_3}{\lambda_3^2}[k_3(\hat{y}+\lambda_3\hat{z})^2 + k_4(\hat{x}-\hat{y}+\hat{z})^2 + k_6(\hat{x}-\hat{y}+\hat{z})(\hat{y}+\lambda_3\hat{z}) \\
&+ k_5\lambda_3^2(\hat{x}-\hat{y}+\hat{z})(n_1\hat{x}^2 + n_2\hat{x}\hat{y} + n_3\hat{y}^2)],
\end{aligned} \\
\begin{aligned}
\dot{\hat{y}} = &\ -\frac{1}{\lambda_3}[k_3(\hat{y}+\lambda_3\hat{z})^2 + k_4(\hat{x}-\hat{y}+\hat{z})^2 + k_5\lambda_3^2(\hat{x}-\hat{y}+\hat{z})(n_1\hat{x}^2 + n_2\hat{x}\hat{y} + n_3\hat{y}^2) \\
&+ k_6(\hat{x}-\hat{y}+\hat{z})(\hat{y}+\lambda_3\hat{z})].
\end{aligned}
\end{cases}
\tag{5.10}
$$

系统 (5.10) 中的第一个方程中 $\hat{x}^2$, $\hat{x}\hat{y}$, $\hat{y}^2$ 的系数记为

$$a_{20} = \frac{2k_4^2(k_5k_7 - 2k_4 - 2k_1k_4)}{(k_5k_7 - 2k_1k_4)^2},$$

$$a_{11} = \frac{2k_4(k_6 - 2k_4)(k_5k_7 - 2k_4 - 2k_1k_4)}{(k_5k_7 - 2k_1k_4)^2},$$

$$a_{02} = \frac{2k_4(k_3 + k_4 - k_6)(k_5k_7 - 2k_4 - 2k_1k_4)}{(k_5k_7 - 2k_1k_4)^2}.$$

第二个方程中 $\hat{x}^2$, $\hat{x}\hat{y}$, $\hat{y}^2$ 的系数记为

$$b_{20} = \frac{2k_4^2}{k_5k_7 - 2k_1k_4}, \quad b_{11} = \frac{2k_4(k_6 - 2k_4)}{k_5k_7 - 2k_1k_4}, \quad b_{02} = \frac{2k_4(k_3 + k_4 - k_6)}{k_5k_7 - 2k_1k_4}.$$

令 $u = \hat{x}$, $v = \hat{y} + \frac{1}{2}a_{20}\hat{x}^2 + a_{11}\hat{x}\hat{y} + \frac{1}{2}a_{02}\hat{y}^2 + O(\|\hat{x}, \hat{y}\|^3)$, 则 (5.10) 化为

$$\begin{cases} \dot{u} = v, \\ \dot{v} = \frac{1}{2}d_{20}u^2 + d_{11}uv + \frac{1}{2}d_{02}v^2 + O(\|u, v\|^3), \end{cases}$$

其中 $d_{20} = b_{20}$, $d_{11} = a_{20} + b_{11}$, $d_{02} = b_{02} + 2a_{11}$. 下面令 $dt = \left(1 - \frac{d_{02}}{2}u\right)d\tau$, $\varepsilon = u$, $\epsilon = v - \frac{d_{02}}{2}uv$, 则有

$$\begin{cases} \dot{\varepsilon} = \epsilon, \\ \dot{\epsilon} = \frac{1}{2}d_{20}\varepsilon^2 + d_{11}\varepsilon\epsilon + O(\|\varepsilon, \epsilon\|^3). \end{cases}$$

最后, 如果参数满足 $(k_6 - k_4)(k_5k_7 - 2k_1k_4) - 2k_4^2 \neq 0$, 且 $d_{20} = \frac{2k_4^2}{k_5k_7 - 2k_1k_4} \neq 0$, 引入新的时间变量 $t = \left|\frac{2d_{11}}{d_{20}}\right|\tau$, 同时引入新变量的尺度变换

$$\rho = \frac{d_{20}}{2d_{11}^2}\varepsilon, \quad \varrho = \text{sign}\left(\frac{2d_{11}}{d_{20}}\right)\frac{d_{20}^2}{4d_{11}^3}\epsilon,$$

则新系统在临界值的形式为

$$\begin{cases} \dot{\rho} = \varrho, \\ \dot{\varrho} = \rho^2 + s\rho\varrho + O(\|\rho, \varrho\|^3), \end{cases}$$

其中 $s = \text{sign}\,[b_{20}(a_{20} + b_{11})]$. 因此, 系统 (5.3) 在 $E(0,0,0)$ 处发生 Bogdanov-Takens 分支.

下面对系统 (5.2) 进行数值模拟, 给出其分支图、相图和时间序列图.

图 5.1(a) 是以 k_8 为分支参数的单参数分支图, 其他参数取值为 $k_1 = 1$, $k_2 = -2$, $k_3 = 0.1$, $k_4 = 0.5$, $k_5 = 1$, $k_6 = 1$, $k_7 = 1.75$. 图 5.1(b) 是以 k_7 和 k_8 为分支参数的双参数分支图, 其他参数取值为 $k_1 = 1$, $k_2 = -2$, $k_3 = 0.1$, $k_4 = 0.5$, $k_5 = 1$, $k_6 = 1$. $H(L,\ BT,\ ZH,\ GH)$ 分别表示 Hopf (折, Bogdanov-Takens, Zero-Hopf, 退化 Hopf) 分支点. 图 5.1(a) 中 L 是 $k_8 = 1.53125$ 时鞍点与其他非平凡平衡点重合时的折分支点. 图中下方的 H 是当 $k_8 = 0.75$ 时在点 $(-0.5, 0, 0)$ 处发生的 Hopf 分支. 图中上方的 H 是当 $k_8 = -0.99963$ 时在点 $(0.499984, 0, 0)$ 处发生的 Hopf 分支. 图 5.1(b) 给出了折分支曲线和 Hopf 分支曲线. 在 BT 分支点处的三个特征值为 $\lambda_{1,2} = 0, \lambda_3 = 2.99289$. ZH 分支是折分支曲线与 Hopf 分支曲线的交点, 此时三个特征值为 $\lambda_1 = 0, \lambda_{2,3} = \pm 1.73205i$.

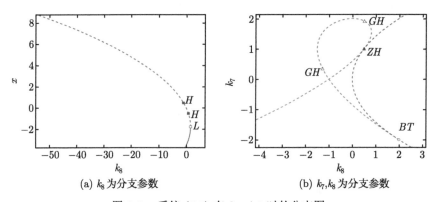

(a) k_8 为分支参数　　　　　　　　　　(b) k_7, k_8 为分支参数

图 5.1　系统 (5.2) 在 $k_4 \neq 0$ 时的分支图

图 5.2(a) 是 $k_8 = 0.9273381$ 时极限环的折分支. 它是由极限环相碰而产生的. 图 5.2(b) 给出了极限环的折分支在三维空间下的轨道图.

图 5.3 给出了 Zero-Hopf 分支点处的相关相图. 图 5.3(a) 和图 5.3(c) 为时间序列图, 图 5.3(b) 和图 5.3(d) 是 Zero-Hopf 分支点附近不同初值下的相图. 可以看到系统 (5.2) 有像苹果形的周期轨道. 螺旋结构的周期性由虚根产生的极限环和零根所导致轨道在原点附近作前后周期运动. 三个特别的特征值构造了一个苹果形的吸引域, 这是 Zero-Hopf 分支的独特之处.

图 5.4(a) 是以 k_5 为分支参数的单参数分支图, 对应平衡点 $E(x_{21}, 0, 0)$ 处的分支点, 其他参数取值为 $k_1 = 1$, $k_2 = -2$, $k_3 = 0.1$, $k_4 = 0.5$, $k_6 = 1$, $k_7 = 1.75$, $k_8 = -1.75$. H 是当 $k_5 = -0.32608$ 时在点 $(-4.31174, 0, 0)$ 处发生的 Hopf 分支. 此外, 由这个超临界 Hopf 分支分支出的稳定极限环对应的时间序列图和相图

见图 5.5(a) 和图 5.5(b).

图 5.4(b) 是选取 k_5, k_6 为分支参数的双参数分支图, 这里存在两个退化的 Hopf 分支点.

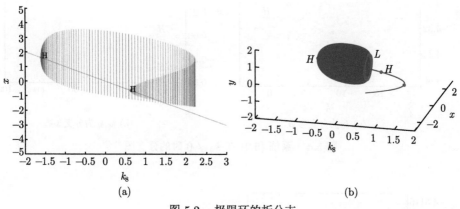

(a)   (b)

图 5.2   极限环的折分支

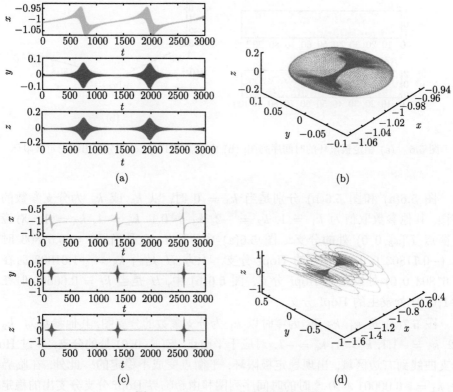

图 5.3   Zero-Hopf 分支附近的相图

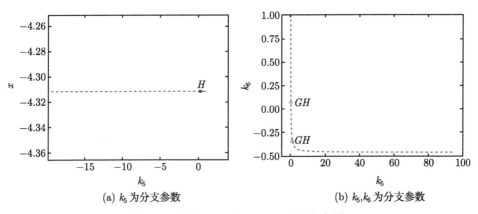

(a) k_5 为分支参数   (b) k_5, k_6 为分支参数

图 5.4   系统 (5.2) 在 $k_4 \neq 0$ 时的分支图

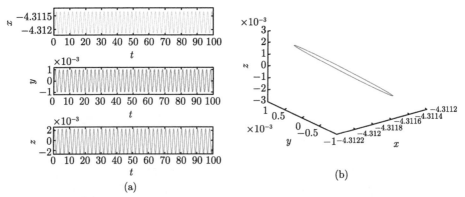

(a)   (b)

图 5.5   (a) 稳定极限环的时间序列图; (b) 由超临界 Hopf 分支分支出的稳定极限环

图 5.6(a) 和图 5.6(b) 分别是当 $k_4 = 0$ 时, 以 k_5 或 k_8 为分支参数的分支图, 其他参数取值为 $k_1 = 1$, $k_2 = -2$, $k_3 = 0.1$, $k_6 = 1$, $k_7 = 1$. 对应于平衡点 $E(x_3, 0, 0)$ 处的分支. 图 5.6(a) 中, 下方 H 是当 $k_8 = 0.61803$ 时在点 $(-0.11803, 0, 0)$ 处发生的 Hopf 分支. 上方 H 是当 $k_8 = -1.61803$ 时在点 $(1.61803, 0, 0)$ 处发生的 Hopf 分支. 图 5.6(b) 中, H 是当 $k_5 = 0.66665$ 时在点 $(-1, 0, 0)$ 处发生的 Hopf 分支.

图 5.7(a) 是 k_4, k_7, k_8 为零时以 k_1 为分支参数的分支图, 其他参数为 $k_2 = -2$, $k_3 = -1.1$, $k_5 = 1$, $k_6 = -1$. 对应于平衡点 $E(x_4, 0, 0)$ 处的分支. 穿过 Hopf 分支曲线到右边区域, 出现稳定极限环, 平衡点变成不稳定的. 此外, 在临界值为 $k_1 = -6.00001 \times 10^{-9}$ 时的时间序列图和由超临界 Hopf 分支分支出的稳定极限环, 见图 5.8(a) 和图 5.8(b).

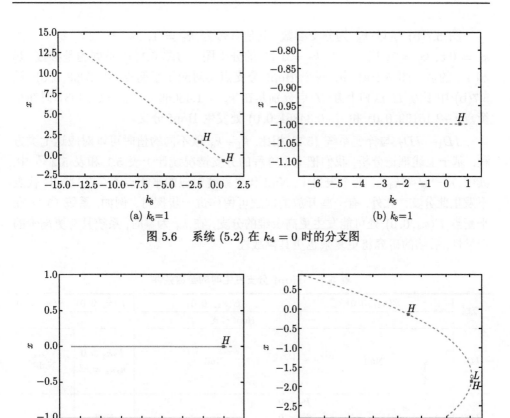

(a) $k_5=1$　　　　　　　　　　　　　　(b) $k_8=1$

图 5.6　系统 (5.2) 在 $k_4 = 0$ 时的分支图

(a)　　　　　　　　　　　　　　(b)

图 5.7　系统 (5.2) 在 k_4, k_7, k_8 均为 0 时的分支图

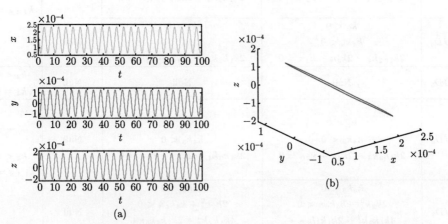

(a)　　　　　　　　　　　　　　(b)

图 5.8　(a) 稳定极限环的时间序列图; (b) 由超临界 Hopf 分支分支出的稳定极限环

　　图 5.7(b) 是以 k_8 为分支参数, 其他参数为 $k_1 = 1$, $k_2 = -2.5$, $k_3 = 0.1$, $k_4 = 0.5$, $k_5 = 1$, $k_6 = -1$, $k_7 = 1.75$ 的分支图. 与图 5.1(a) 不同的是参数 k_2 和 k_6 的值. 图 5.1(a) 中, 两个 Hopf 分支点均对应于平衡点 $(0.49998, 0, 0)$; 图 5.7(b) 中下方 H 点和上方 H 点分别是在 $k_8 = 1.45069$ 和 $k_8 = 0.54931$ 时在平衡点 $(-2.15139, 0, 0)$ 和 $(-0.34861, 0, 0)$ 处发生 Hopf 分支.

　　JD_1—JD_7 与猝变系统 (5.1) 相比, k_1—k_8 取不同的值时可以对应这七类方程. 基于上述理论分析, 我们把七个方程的分支情况统计于表 5.1 和表 5.2[47] 中, 其中 $\kappa = \sqrt{-4k_4k_8}$. 两个表格中, Null 代表系统对应的平衡点不存在; Null* 代表不发生此分支. 此外, 有一些开放的问题可留作进一步探讨. 例如, 系统 (5.1) 在平衡点 $E(x_4, 0, 0)$ 处可能发生更高余维的分支. 在 k_4 为零时, 系统具有更高阶的奇异性, 后续的研究将更复杂也更具挑战性.

表 5.1　Hopf 分支发生时的参数条件

方程	$E(x_{21}, 0, 0)$	$E(x_{22}, 0, 0)$	$E(x_3, 0, 0)$	$E(x_4, 0, 0)$
	Hopf 分支			
JD_1	Null	Null	$k_7k_8 > 0$ $k_1k_8 = k_7^2$	Null*
JD_2	$k_2 < 0$ $k_8 < 0$ $k_1^2 k_2^2 = -4k_8$		Null	Null
JD_3	$k_4k_8 < 0$ $2k_2k_4^2 - k_4\kappa < 0$ $2k_1k_2k_4 - 2k_4\kappa - k_1\kappa = 0$	$k_4k_8 < 0$ $2k_2k_4^2 + k_4\kappa < 0$ $2k_1k_2k_4 + 2k_4\kappa + k_1\kappa = 0$	Null	$k_2 < 0$ $k_{1,4,8} = 0$
JD_4	$k_2 < 0$ $k_4k_8 < 0$ $2k_1k_2k_4 - 2k_4\kappa - k_2\kappa = 0$	$k_2 < 0$ $k_4k_8 < 0$ $2k_1k_2k_4 + 2k_4\kappa + k_2\kappa = 0$	Null	
JD_5	Null	Null	Null	$k_2 < 0$ $k_4 = 0$
JD_6	$k_2 < 0$ $k_4k_8 < 0$ $2k_1k_2k_4 - 2k_4\kappa - k_2\kappa = 0$	$k_2 < 0$ $k_4k_8 < 0$ $2k_1k_2k_4 + 2k_4\kappa + k_2\kappa = 0$	Null	$k_2 < 0$ $k_{1,4,8} = 0$
JD_7	$k_4k_8 < 0$ $2k_2k_4^2 - k_4k_6\kappa < 0$ $4k_1k_2k_4^2 - 2k_1k_4k_6\kappa -$ $2k_2k_4\kappa + k_6\kappa^2 - 4k_4^2\kappa = 0$	$k_4k_8 < 0$ $2k_2k_4^2 + k_4k_6\kappa < 0$ $4k_1k_2k_4^2 + 2k_1k_4k_6\kappa +$ $2k_2k_4\kappa + k_6\kappa^2 + 4k_4^2\kappa = 0$	Null	

表 5.2　折, Zero-Hopf, Bogdanov-Takens 分支发生时的参数条件

方程	$E(x_1, 0, 0))$		
	折分支	ZH 分支	BT 分支
JD_1	Null	Null	Null
JD_2	$k_8 = 0$ $k_{1,2} \neq 0$	$k_2 < 0$ $k_{1,8} = 0$	$k_{2,8} = 0$ $k_1 \neq 0, k_1 \neq 1$
JD_3	$k_8 = 0$ $k_{1,2,4} \neq 0$	$Null^*$	$k_{2,8} = 0$ $k_{1,4} \neq 0$ $k_1 k_4 - k_1 \neq 1$
JD_4		$k_2 < 0$ $k_4 \neq 0$ $k_{1,8} = 0$ $2k_4^2 + 3k_2 k_4 + k_2^2 \neq 0$	$k_{2,8} = 0$ $k_{1,4} \neq 0$ $k_1 k_4 \neq 1$
JD_5	$Null^*$	$k_4 \neq 0$ $k_8 = 0$ $2k_4 + k_2 \neq 0$ $k_4 - k_2 k_3 + k_2 \neq 0$ $15k_4 - 16k_2 k_3 + 15k_2 \neq 0$	$Null^*$
JD_6	$k_8 = 0$ $k_{1,2,4} \neq 0$	$k_{1,8} = 0$ $2k_4 + k_2 \neq 0$ $k_2 < 0, k_4 \neq 0$ $k_4 - k_2 k_3 + k_2 \neq 0$ $15k_4 - 16k_2 k_3 + 15k_2 \neq 0$	$k_{2,8} = 0$ $k_{1,4} \neq 0$ $k_1 k_4 \neq 1$
JD_7		$k_{1,6,8} = 0$ $2k_4 + k_2 \neq 0$ $k_2 < 0, k_4 \neq 0$ $k_4 - k_2 k_3 + k_2 \neq 0$ $15k_4 - 16k_2 k_3 + 15k_2 \neq 0$	$k_{2,8} = 0$ $k_{1,4} \neq 0$ $k_1 k_4 - k_1 k_6 \neq 1$

5.1.2　随机扰动下系统的动力学结果

由表 5.1 可知, JD_1—JD_7 均发生 Hopf 分支, 下面按照 3.1 节的方法建立猝变系统发生 Hopf 分支时的随机模型, 通过利用随机平均法, 将模型近似为一个扩散的 Markov 过程, 然后结合奇异边界理论, 分析随机平均后模型的随机稳定性和随机分支.

首先利用中心流形定理对系统 (5.1) 进行降维, 易知 (5.1) 的平衡点 $(0,0,0)$ 处的 Jacobi 矩阵为

$$A_1 = \begin{pmatrix} 0 & 1 & 0 \\ 0 & 0 & 1 \\ -\gamma & -\beta & -\alpha \end{pmatrix}.$$

它的特征方程为 $\lambda^3 + \alpha\lambda^2 + \beta\lambda + \gamma = 0$, 其中 $\alpha = -(k_5 x^* + k_1)$, $\beta = -(k_6 x^* + k_2)$,

$\gamma = -(2k_4 x^* + k_7)$. 如果特征方程有一对纯虚根 $\lambda_{1,2} = \pm i\mu$, 其中 $\mu > 0$. 将 $\lambda = i\mu$ 代入特征方程, 可得 α, β, γ 有如下关系:

$$\beta = \frac{\gamma}{\alpha}, \quad \beta = \mu^2,$$

假设 $\alpha > 0$, 则另一个特征根为 $\lambda_3 = -\alpha < 0$. 下面计算系统在平衡点 $(0,0,0)$ 处的局部中心流形. 令 $q, p \in \mathbb{C}^3$ 是复向量且满足

$$A_1 q = i\mu q, \quad A_1^{\mathrm{T}} p = -i\mu p, \quad \langle p, q \rangle = 1,$$

可得

$$q = \begin{pmatrix} q_1 \\ q_2 \\ q_3 \end{pmatrix} = \begin{pmatrix} 1 \\ i\mu \\ -\mu^2 \end{pmatrix}, \quad p = \begin{pmatrix} p_1 \\ p_2 \\ p_3 \end{pmatrix} = \frac{1}{2\mu(\mu^3 + i\gamma)} \begin{pmatrix} i\gamma\mu \\ i\mu^3 - \gamma \\ -\mu^2 \end{pmatrix},$$

令 $X = (x, y, z)^{\mathrm{T}} = Zq + \bar{Z}\bar{q} + Y$, 则

$$\begin{cases} Z = \langle p, X \rangle, \\ Y = X - \langle p, X \rangle q - \langle \bar{p}, X \rangle \bar{q}, \end{cases}$$

其中 $Z \in \mathbb{C}^1$, $Y \in \mathbb{R}^3$. 由约化原理可得 $Y = \frac{1}{2}h_{20}Z^2 + h_{11}Z\bar{Z} + \frac{1}{2}h_{02}\bar{Z}^2$, 其中 $h_{20}, h_{11}, h_{02} \in \mathbb{R}^3$.

在化简 $\dot{Z}$ 之前, 需要计算系数 h_{20}, h_{11}, h_{02}. 比较原方程和中心流形方程所导出的 $\dot{Y}$, 可得

$$\begin{cases} (2i\mu I - A_1)h_{20} = H_{20}, \\ -A_1 h_{11} = H_{11}, \\ (-2i\mu I - A_1)h_{02} = \bar{H}_{20}, \end{cases}$$

其中 I 是 3×3 的单位矩阵. 另一方面有

$$F_2(m, n) = \begin{pmatrix} 0 \\ 0 \\ 2k_4 m_1 n_1 + 2k_3 m_2 n_2 + k_6 m_1 n_2 + k_6 m_2 n_1 + k_5 m_1 n_3 + k_5 m_3 n_1 \end{pmatrix},$$

其中 $m = (m_1, m_2, m_3)^{\mathrm{T}}, n = (n_1, n_2, n_3)^{\mathrm{T}} \in \mathbb{R}^3$. 因此, 记 $h_{20} = (h_{201}, h_{202}, h_{203})^{\mathrm{T}}$, $h_{11} = (h_{111}, h_{112}, h_{113})^{\mathrm{T}}$, $h_{02} = (h_{021}, h_{022}, h_{023})^{\mathrm{T}}$, 具体如下:

$$h_{201} = \frac{3\gamma q_2 \bar{p}_3 + \gamma p_3 \bar{q}_3 - 2q_3 q_2^2 \bar{p}_3 - 2p_3 q_3 q_2 \bar{q}_2 - 4q_3^2 \bar{p}_3 + 2\gamma p_3 q_2 - 4p_3 q_3^2 + q_3}{3q_3(2q_2 q_3 - \gamma)}\Theta_1,$$

$$h_{202} = \frac{2\gamma q_2^2 \bar{p}_3 + 2\gamma p_3 q_2 \bar{q}_2 + \gamma q_3 \bar{p}_3 - 6q_3^2 q_2 \bar{p}_3 - 4p_3 q_3^2 \bar{q}_2 + \gamma p_3 q_3 - 2p_3 q_3^2 q_2 + 2q_3 q_2}{3q_3(2q_2 q_3 - \gamma)}\Theta_1,$$

$$h_{203} = \frac{-\gamma q_2 \bar{p}_3 + \gamma p_3 \bar{q}_2 - 2q_3 q_2^2 \bar{p}_3 - 2p_3 q_3 q_2 \bar{q}_2 - 4q_3^2 \bar{p}_3 - 2\gamma p_3 q_2 - 4p_3 q_3^2 + 4q_3}{3(2q_2 q_3 - \gamma)}\Theta_1,$$

$$h_{111} = \frac{\bar{p}_3 q_2 + p_3 \bar{q}_2}{q_3}\Theta_2, \quad h_{112} = (\bar{p}_3 + p_3)\Theta_2, \quad h_{113} = (\bar{p}_3 q_2 + p_3 \bar{q}_2)\Theta_2,$$

$$h_{021} = -\frac{\gamma q_2 \bar{p}_3 - \gamma p_3 \bar{q}_2 - 2q_3 q_2^2 \bar{p}_3 - 2p_3 q_3 q_2 \bar{q}_2 + 4q_3^2 \bar{p}_3 + 2\gamma p_3 q_2 + 4p_3 q_3^2 - q_3}{3q_3(2q_2 q_3 + \gamma)}\bar{\Theta}_1,$$

$$h_{022} = -\frac{2\gamma q_2^2 \bar{p}_3 + 2\gamma p_3 q_2 \bar{q}_2 - \gamma q_3 \bar{p}_3 + 2q_3^2 q_2 \bar{p}_3 + 4p_3 q_3^2 \bar{q}_2 - \gamma p_3 q_3 - 2p_3 q_3^2 q_2 + 2q_3 q_2}{3q_3(2q_2 q_3 + \gamma)}\bar{\Theta}_1,$$

$$h_{023} = -\frac{\gamma q_2 \bar{p}_3 - \gamma p_3 \bar{q}_2 - 2q_3 q_2^2 \bar{p}_3 - 2p_3 q_3 q_2 \bar{q}_2 - 4q_3^2 \bar{p}_3 + 2\gamma p_3 q_2 - 4p_3 q_3^2 + 4q_3}{3(2q_2 q_3 + \gamma)}\bar{\Theta}_1,$$

$$\Theta_1 = 2k_4 + 2k_3 q_2^2 + 2k_6 q_2 + 2k_5 q_3, \quad \Theta_2 = 2k_4 + 2k_3 q_2 \bar{q}_2 + 2k_5 q_3.$$

最后, (5.1) 可化为下述系统

$$\dot{Z} = i\mu Z + p_3(k_4 x^2 + k_3 y^2 + k_5 xz + k_6 xy)$$

$$= i\mu Z + g_{20}Z^2 + g_{11}Z\bar{Z} + g_{02}\bar{Z}^2 + g_{30}Z^3 + g_{21}Z^2\bar{Z} + g_{12}Z\bar{Z}^2 + g_{03}\bar{Z}^3 + g_{40}Z^4$$

$$+ g_{31}Z^3\bar{Z} + g_{22}Z^2\bar{Z}^2 + g_{13}Z\bar{Z}^3 + g_{04}\bar{Z}^4,$$

其中

$$g_{20} = k_4 + k_6 q_2 + k_5 q_3 + k_3 q_2^2,$$

$$g_{11} = 2k_4 + k_6 q_2 + k_5 q_3 + 2k_3 q_2 \bar{q}_2 + k_6 \bar{q}_2 + k_5 \bar{q}_3,$$

$$g_{02} = k_4 + k_6 \bar{q}_2 + k_5 \bar{q}_3 + k_3 \bar{q}_2^2,$$

$$g_{30} = k_4 h_{201} + k_3 h_{202} q_2 + \frac{1}{2}k_6 h_{202} + \frac{1}{2}k_6 h_{201} q_2 + \frac{1}{2}k_5 h_{203} + \frac{1}{2}k_5 h_{201} q_3,$$

$$g_{21} = k_4 h_{201} + \frac{1}{2}k_6 h_{202} + \frac{1}{2}k_5 h_{203} + k_3 h_{202} \bar{q}_2 + \frac{1}{2}k_6 h_{201} \bar{q}_2 + \frac{1}{2}k_5 h_{201} \bar{q}_3$$

$$+ 2k_4 h_{111} + 2k_3 h_{112} q_2 + k_6 h_{112} + k_6 h_{111} q_2 + k_5 h_{113} + k_5 h_{111} q_3,$$

$$g_{12} = 2k_4 h_{111} + k_6 h_{112} + k_5 h_{113} + 2k_3 h_{112} \bar{q}_2 + k_6 h_{111} \bar{q}_2 + k_5 h_{111} \bar{q}_3 + k_4 h_{021}$$

$$+ k_3 h_{022} q_2 + \frac{1}{2}k_6 h_{022} + \frac{1}{2}k_6 h_{021} q_2 + \frac{1}{2}k_5 h_{023} + \frac{1}{2}k_5 h_{021} q_3,$$

$$g_{03} = k_4 h_{021} + \frac{1}{2}k_6 h_{022} + \frac{1}{2}k_5 h_{023} + k_3 h_{022}\bar{q}_2 + \frac{1}{2}k_6 h_{021}\bar{q}_2 + \frac{1}{2}k_5 h_{021}\bar{q}_3,$$

$$g_{40} = \frac{1}{4}k_4 h_{201}^2 + \frac{1}{4}k_3 h_{202}^2 + \frac{1}{4}k_6 h_{201}h_{202} + \frac{1}{4}k_5 h_{201}h_{203},$$

$$g_{31} = k_4 h_{111}h_{201} + k_3 h_{112}h_{202} + \frac{1}{2}k_6 h_{112}h_{201} + \frac{1}{2}k_6 h_{111}h_{202}$$
$$+ \frac{1}{2}k_5 h_{113}h_{201} + \frac{1}{2}k_5 h_{111}h_{203},$$

$$g_{22} = k_4 h_{111}^2 + k_6 h_{112}h_{111} + k_5 h_{113}h_{111} + \frac{1}{2}k_4 h_{021}h_{201} + k_3 h_{112}^2 + \frac{1}{2}k_3 h_{022}h_{202}$$
$$+ \frac{1}{4}k_6 h_{022}h_{201} + \frac{1}{4}k_6 h_{021}h_{202} + \frac{1}{4}k_5 h_{023}h_{201} + \frac{1}{4}k_5 h_{021}h_{203},$$

$$g_{13} = k_4 h_{21}h_{111} + k_3 h_{22}h_{112} + \frac{1}{2}k_6 h_{22}h_{111} + \frac{1}{2}k_6 h_{21}h_{112}$$
$$+ \frac{1}{2}k_5 h_{23}h_{111} + \frac{1}{2}k_5 h_{21}h_{113},$$

$$g_{04} = \frac{1}{4}k_4 h_{021}^2 + \frac{1}{4}k_3 h_{022}^2 + \frac{1}{4}k_6 h_{021}h_{022} + \frac{1}{4}k_5 h_{021}h_{023}.$$

令 $Z = z_1 + iz_2$，则有

$$\begin{cases} \dot{z}_1 = -\mu z_2 + \sum_{i,j} m_{ij} z_1^i z_2^j, & 2 \leqslant i+j \leqslant 4, \\ \dot{z}_2 = \mu z_1 + \sum_{i,j} n_{ij} z_1^i z_2^j, & 2 \leqslant i+j \leqslant 4, \end{cases} \tag{5.11}$$

其中

$$m_{20} = \mathrm{Re}\{g_{02} + g_{11} + g_{20}\}, \quad m_{11} = \mathrm{Im}\{2g_{02} - 2g_{20}\},$$

$$m_{02} = \mathrm{Re}\{g_{11} - g_{02} - g_{20}\}, \quad m_{30} = \mathrm{Re}\{g_{03} + g_{12} + g_{21} + g_{30}\},$$

$$m_{21} = \mathrm{Im}\{3g_{03} + g_{12} - g_{21} - 3g_{30}\}, \quad m_{12} = \mathrm{Re}\{g_{12} + g_{21} - 3g_{30} - 3g_{03}\},$$

$$m_{03} = \mathrm{Im}\{g_{12} - g_{21} - g_{03} + g_{30}\}, \quad m_{40} = \mathrm{Re}\{g_{04} + g_{13} + g_{22} + g_{31} + g_{40}\},$$

$$m_{31} = \mathrm{Im}\{4g_{04} + 2g_{13} - 2g_{31} - 4g_{40}\}, \quad m_{22} = \mathrm{Re}\{2g_{22} - 6g_{04} - 6g_{40}\},$$

$$m_{13} = \mathrm{Im}\{4g_{40} + 2g_{13} - 2g_{31} - 4g_{04}\}, \quad m_{04} = \mathrm{Re}\{g_{04} - g_{13} + g_{22} - g_{31} + g_{40}\},$$

$$n_{20} = \mathrm{Im}\{g_{02} + g_{11} + g_{20}\}, \quad n_{11} = \mathrm{Re}\{2g_{20} - 2g_{02}\},$$

$$n_{02} = \mathrm{Im}\{g_{11} - g_{02} - g_{20}\}, \quad n_{30} = \mathrm{Im}\{g_{03} + g_{12} + g_{21} + g_{30}\},$$

$n_{21} = \mathrm{Re}\{3g_{30} + g_{21} - g_{12} - 3g_{03}\}, \quad n_{12} = \mathrm{Im}\{g_{12} + g_{21} - 3g_{30} - 3g_{03}\},$

$n_{03} = \mathrm{Re}\{g_{21} - g_{12} - g_{30} + g_{03}\}, \quad n_{40} = \mathrm{Im}\{g_{04} + g_{13} + g_{22} + g_{31} + g_{40}\},$

$n_{31} = \mathrm{Re}\{4g_{40} + 2g_{31} - 2g_{13} - 4g_{04}\}, \quad n_{22} = \mathrm{Im}\{2g_{22} - 6g_{04} - 6g_{40}\},$

$n_{13} = \mathrm{Re}\{4g_{04} + 2g_{31} - 2g_{13} - 4g_{40}\}, \quad n_{04} = \mathrm{Im}\{g_{04} - g_{13} + g_{22} - g_{31} + g_{40}\}.$

下面对系统 (5.11) 的参数 μ 加入随机激励以及外部激励, 即乘性噪声和加性噪声, 则 (5.11) 有下述形式

$$\begin{cases} \dot{z}_1 = -\mu z_2 + \sum_{i,j} m_{ij} z_1^i z_2^j + \varepsilon^{\frac{1}{2}} \xi_1(t) z_2 + \varepsilon \xi_2(t), & 2 \leqslant i+j \leqslant 4, \\ \dot{z}_2 = \mu z_1 + \sum_{i,j} n_{ij} z_1^i z_2^j + \varepsilon^{\frac{1}{2}} \xi_3(t) z_1 + \varepsilon \xi_4(t), & 2 \leqslant i+j \leqslant 4, \end{cases} \tag{5.12}$$

其中 ε, $\xi_i(t) = \xi_i(\omega, t), i = 1, 2, 3, 4$ 与 3.4 节定义相同. 令 $z_1 = \varepsilon^{\frac{1}{2}} r \sin\varphi$, $z_2 = \varepsilon^{\frac{1}{2}} r \cos\varphi$, 其中 $\varphi = \mu t - \phi$, 则 (5.12) 化为

$$\begin{cases} \dot{r} = \varepsilon^{\frac{1}{2}} \left(\sum_{i,j} m_{ij} \varepsilon^{\frac{i+j-2}{2}} r^{i+j} \sin^{i+1}\varphi \cos^j\varphi + \sum_{i,j} n_{ij} \varepsilon^{\frac{i+j-2}{2}} r^{i+j} \sin^i\varphi \cos^{j+1}\varphi \right. \\ \qquad \left. + (\xi_1(t) + \xi_3(t)) r \sin\varphi \cos\varphi + \xi_2(t) \sin\varphi + \xi_4(t) \cos\varphi \right), \quad 2 \leqslant i+j \leqslant 4, \\ \dot{\phi} = \varepsilon^{\frac{1}{2}} \left(\sum_{i,j} m_{ij} \varepsilon^{\frac{i+j-2}{2}} r^{i+j-1} \sin^i\varphi \cos^{j+1}\varphi - \sum_{i,j} n_{ij} \varepsilon^{\frac{i+j-2}{2}} r^{i+j-1} \sin^{i+1}\varphi \cos^j\varphi \right. \\ \qquad \left. + \xi_1(t) \cos^2\varphi - \xi_3(t) \sin^2\varphi + \xi_2(t) \frac{\cos\varphi}{r} - \xi_4(t) \frac{\sin\varphi}{r} \right), \quad 2 \leqslant i+j \leqslant 4. \end{cases} \tag{5.13}$$

定理 5.1.1 系统 (5.13) 可以写成

$$\frac{dX}{dt} = \varepsilon^{\frac{1}{2}} \Psi(X, t, \xi(t), \varepsilon), \quad X(0) = X_0, \tag{5.14}$$

其中 $X = (r, \phi)^{\mathrm{T}}$, $X_0 = (r_0, \phi_0)^{\mathrm{T}}$, $\xi(t) = (\xi_1, \xi_2, \xi_3, \xi_4)^{\mathrm{T}}$ 满足强混合条件, 则当 $\varepsilon \to 0$, 在 ε^{-1} 量级的时间区间上, (5.14) 的解弱收敛于一个扩散的 Markov 过程 $\bar{X} = (\bar{r}, \bar{\phi})^{\mathrm{T}}$, 该过程满足下述随机微分方程

$$d\bar{X} = m(\bar{X})dt + \sigma(\bar{X})dW_t,$$

其中 $m(\bar{X}) = (m_1, m_2)^{\mathrm{T}}$, $\sigma(\bar{X}) = \begin{pmatrix} \sigma_{11} & \sigma_{12} \\ \sigma_{21} & \sigma_{22} \end{pmatrix}$,

$$m_i = \mathcal{M}\left\{ \int_{-\infty}^{0} E\left\{ \frac{\partial F_i^0(X, t, \xi_t)}{\partial X_j} F_j^0(X, t+\tau, \xi_{t+\tau}) \right\} d\tau \right.$$

$$\left. + G_i^1(X, t) + \frac{\partial G_i^0(X, t)}{\partial X_j} G_j^0(X, t) \right\},$$

$$(\sigma\sigma^{\mathrm{T}})_{kj} = \mathcal{M}\left\{ \int_{-\infty}^{\infty} E\{F_k^0(X, t, \xi_t) F_j^0(X, t+\tau, \xi_{t+\tau})\} d\tau \right\},$$

$W_t = (W_{\bar{r}}, W_{\bar{\phi}})^{\mathrm{T}}$ 是一个二维的维纳过程, $\mathcal{M}$ 表示平均算子 $\mathcal{M}(\cdot) = \dfrac{1}{T} \displaystyle\int_{t_0}^{t_0+T} (\cdot) dt$.

$\Psi(X, t, \xi(t), \varepsilon) = (\Psi_1(X, t, \xi(t), \varepsilon),\ \Psi_2(X, t, \xi(t), \varepsilon))^{\mathrm{T}}$ 具体如下:

$\Psi_i(X, t, \xi(t), \varepsilon) = F_i^0(X, t, \xi_t) + G_i^0(X, t) + \varepsilon^{\frac{1}{2}} G_i^1(X, t),\quad i = 1, 2,$

$F_1^0(X, t, \xi_t) = (\xi_1(t) + \xi_3(t)) r \sin\varphi\cos\varphi + \xi_2(t)\sin\varphi + \xi_4(t)\cos\varphi,$

$G_1^0(X, t) = m_{20} r^2 \sin^3\varphi + m_{11} r^2 \sin^2\varphi\cos\varphi + m_{02} r^2 \sin\varphi\cos^2\varphi$

$$+ n_{20} r^2 \sin^2\varphi\cos\varphi + n_{11} r^2 \sin\varphi\cos^2\varphi + n_{02} r^2 \cos^3\varphi,$$

$G_1^1(X, t) = \displaystyle\sum_{i+j=3} m_{ij} r^3 \sin^{i+1}\varphi\cos^j\varphi + \sum_{i+j=3} n_{ij} r^3 \sin^i\varphi\cos^{j+1}\varphi$

$$+ \varepsilon^{\frac{1}{2}} \left(\sum_{i+j=4} m_{ij} r^4 \sin^{i+1}\varphi\cos^j\varphi + \sum_{i+j=4} n_{ij} r^4 \sin^i\varphi\cos^{j+1}\varphi \right),$$

$F_2^0(X, t, \xi_t) = \xi_1(t)\cos^2\varphi - \xi_3(t)\sin^2\varphi + \xi_2(t)\dfrac{\cos\varphi}{r} - \xi_4(t)\dfrac{\sin\varphi}{r},$

$G_2^0(X, t) = m_{20} r \sin^2\varphi\cos\varphi + m_{11} r \sin\varphi\cos^2\varphi + m_{02} r \cos^3\varphi$

$$- n_{20} r \sin^3\varphi - n_{11} r \sin^2\varphi\cos\varphi - n_{02} r \sin\varphi\cos^2\varphi,$$

$G_2^1(X, t) = \displaystyle\sum_{i+j=3} m_{ij} r^2 \sin^i\varphi\cos^{j+1}\varphi - \sum_{i+j=3} n_{ij} r^2 \sin^{i+1}\varphi\cos^j\varphi$

$$+ \varepsilon^{\frac{1}{2}} \left(\sum_{i+j=4} m_{ij} r^3 \sin^i\varphi\cos^{j+1}\varphi - \sum_{i+j=4} n_{ij} r^3 \sin^{i+1}\varphi\cos^j\varphi \right).$$

证明　由定理 3.2.1, 可得 (5.14) 的解弱收敛于一个扩散的 Markov 过程

$\bar{X} = (\bar{r}, \bar{\phi})^{\mathrm{T}}$, 该过程满足下述方程

$$\begin{cases} d\bar{r} = m_1 dt + \sigma_{11} dW_{\bar{r}} + \sigma_{12} dW_{\bar{\phi}}, \\ d\bar{\phi} = m_2 dt + \sigma_{21} dW_{\bar{r}} + \sigma_{22} dW_{\bar{\phi}}, \end{cases}$$

其中

$$m_1 = \frac{d_1}{\bar{r}} + \frac{d_2}{8}\bar{r} + \frac{d_3}{8}\bar{r}^3, \quad \sigma_{11}^2 = d_4 + \frac{d_5}{8}\bar{r}^2,$$

$$m_2 = d_6 + \frac{d_7}{\bar{r}^2} + \frac{d_8}{8}\bar{r}^2, \quad \sigma_{22}^2 = d_9 + \frac{d_{10}}{\bar{r}^2}, \quad \sigma_{12} = \sigma_{21} = 0,$$

$$d_1 = \frac{1}{2}(\mathcal{S}_2(\mu) + \mathcal{S}_4(\mu)), \quad d_2 = 3\mathcal{S}_1(2\mu) - \mathcal{S}_3(2\mu),$$

$$d_3 = \frac{1}{2}(6m_{30} + 6n_{03} + 2n_{21} + 2n_{12} + 13(m_{20}^2 + m_{02}^2) + 3(m_{11}^2 + n_{11}^2) + 5(m_{02}^2$$
$$+ n_{20}^2) + 6(m_{02}m_{20} + n_{02}n_{20}) + 4(m_{11}n_{20} + m_{02}n_{11} - m_{20}n_{11} - m_{11}n_{02})),$$

$$d_4 = 2d_1, \quad d_5 = 2(\mathcal{S}_1(2\mu) + \mathcal{S}_3(2\mu)),$$

$$d_6 = -\frac{1}{4}(\mathcal{H}_1(2\mu) + \mathcal{H}_3(2\mu)), \quad d_7 = \mathcal{S}_4(\mu) - \mathcal{H}_2(\mu),$$

$$d_8 = 6m_{03} + 2m_{21} - 2n_{12} - 6n_{30} + 3m_{11}(m_{20} - m_{02} - n_{11})$$
$$+ 4(m_{02}n_{02} - n_{20}n_{11} - m_{20}n_{20}),$$

$$d_9 = \frac{1}{2}(\mathcal{S}_1(0) + \mathcal{S}_3(0)) + \frac{1}{4}(\mathcal{S}_1(2\mu) + \mathcal{S}_3(2\mu)), \quad d_{10} = \mathcal{S}_2(\mu) + \mathcal{S}_4(\mu).$$

这里 $\mathcal{S}_i(\zeta)$, $\mathcal{H}_i(\zeta)$ 与 3.4 节定义相同. □

接下来研究 $\bar{r}$ 的随机动力学, $\bar{r}$ 满足下述方程

$$d\bar{r} = \left(\frac{d_1}{\bar{r}} + \frac{d_2}{8}\bar{r} + \frac{d_3}{8}\bar{r}^3\right) dt + \left(d_4 + \frac{d_5}{8}\bar{r}^2\right)^{\frac{1}{2}} dW_{\bar{r}}. \tag{5.15}$$

根据奇异边界理论, 我们记规则边界、越出边界、进入边界、吸引自然边界、排斥自然边界、严格自然边界分别为 RB、EB、AB、ANB、RNB、SNB. (5.15) 可以写成

$$d\bar{r} = m(\bar{r})dt + \sigma(\bar{r})dW_{\bar{r}},$$

边界为 0 和 $+\infty$, 其中

$$m(\bar{r}) = \frac{d_1}{\bar{r}} + \frac{d_2}{8}\bar{r} + \frac{d_3}{8}\bar{r}^3, \quad \sigma(\bar{r}) = \left(d_4 + \frac{d_5}{8}\bar{r}^2\right)^{\frac{1}{2}}.$$

下面分三种情形进行讨论.

1. 如果 $d_1 = 0$, $d_3 = 0$, $d_4 = 0$, (5.15) 变为一个线性的随机微分方程

$$d\bar{r} = \left(\frac{d_2}{8}\bar{r}\right) dt + \left(\frac{d_5}{8}\bar{r}^2\right)^{\frac{1}{2}} dW_{\bar{r}}. \tag{5.16}$$

边界分类情形见表 5.3[12].

表 5.3　(5.16) 对应的边界分类情况

$\bar{r}$	扩散指数 ρ_1	漂移指数 ρ_2	特征指标 ρ_3	条件	类型
∞	2	3	$-\dfrac{2d_2}{d_5}$	$2d_2 > d_5$	ANB
				$2d_2 < d_5$	RNB
				$2d_2 = d_5$	SNB
0	2	1	$\dfrac{2d_2}{d_5}$	$2d_2 > d_5$	RNB
				$2d_2 < d_5$	ANB
				$2d_2 = d_5$	SNB

定理 5.1.2　如果 $2d_2 < d_5$, (5.16) 的平凡解是概率为 1 稳定的; 如果 $2d_2 > d_5$, (5.16) 的平凡解是概率为 1 不稳定的.

由定理 5.1.2 和随机稳定性的定义可知, 如果 $2d_2 > d_5$, (5.16) 的平凡解不是概率为 1 渐近稳定的. 下面通过 Lyapunov 方法得到 $2d_2 < d_5$ 时 (5.16) 的平凡解是概率为 1 渐近稳定的, 定理如下.

定理 5.1.3　如果 $2d_2 < d_5$, 则 (5.16) 的平凡解是概率为 1 渐近稳定的.

证明　令 $F(\bar{r}, t) = \ln(\bar{r}(t))$, 应用 Itô 公式可得

$$dF(\bar{r}, t) = \left(\frac{d_2}{8} - \frac{d_5}{16}\right) dt + \left(\frac{d_5}{8}\right)^{\frac{1}{2}} dW_{\bar{r}}.$$

从 0 到 t 积分可得

$$\ln\left(\frac{\bar{r}(t)}{\bar{r}(0)}\right) = \left(\frac{d_2}{8} - \frac{d_5}{16}\right) t + \left(\frac{d_5}{8}\right)^{\frac{1}{2}} W_{\bar{r}},$$

故方程 (5.16) 的解为

$$\bar{r}(t) = \bar{r}(0) \exp\left(\left(\frac{d_2}{8} - \frac{d_5}{16}\right) t + \left(\frac{d_5}{8}\right)^{\frac{1}{2}} W_{\bar{r}}\right).$$

定义范数 $||\bar{r}(t)|| = (\bar{r}(t))^{\frac{1}{2}}$, 则 Lyapunov 指数为

$$
\begin{aligned}
\lambda &= \lim_{t \to +\infty} \frac{1}{t} \ln(\bar{r}(t))^{\frac{1}{2}} = \lim_{t \to +\infty} \frac{1}{2t} \ln(\bar{r}(t)) \\
&= \lim_{t \to +\infty} \frac{1}{2t} \left[\ln(\bar{r}(0)) + \left(\frac{d_2}{8} - \frac{d_5}{16} \right) t + \left(\frac{d_5}{8} \right)^{\frac{1}{2}} W_{\bar{r}} \right] \\
&= \frac{d_2}{16} - \frac{d_5}{32}.
\end{aligned}
$$

因此, (5.16) 的平凡解在 $\lambda < 0$ 时是概率为 1 渐近稳定的. $\qquad\square$

2. 如果 $d_1 = d_4 = 0$, $d_3 \neq 0$, (5.15) 变成一个非线性的随机微分方程

$$
d\bar{r} = \left(\frac{d_2}{8} \bar{r} + \frac{d_3}{8} \bar{r}^3 \right) dt + \left(\frac{d_5}{8} \bar{r}^2 \right)^{\frac{1}{2}} dW_{\bar{r}}. \tag{5.17}
$$

边界分类情形见表 5.4[12], 则有下述定理.

表 5.4 (5.17) 对应的边界分类情况

$\bar{r}$	扩散指数 ρ_1	漂移指数 ρ_2	特征指标 ρ_3	条件	类型
∞	2	3	$-\dfrac{2d_3}{d_5}$	$d_3 > 0$	EB
				$d_3 < 0$	AB
0	2	1	$\dfrac{2d_2}{d_5}$	$2d_2 > d_5$	RNB
				$2d_2 < d_5$	ANB
				$2d_2 = d_5$	SNB

定理 5.1.4 如果 $2d_2 < d_5$ 且 $d_3 < 0$, (5.17) 的平凡解是概率为 1 稳定的; 如果 $2d_2 > d_5$ 且 $d_3 > 0$, (5.17) 的平凡解是概率为 1 不稳定的.

接下来分析 (5.17) 的随机分支. 令 $\bar{r} \to \sqrt{-\dfrac{d_3}{8}} \bar{r}$, 由 Itô 公式可得

$$
\begin{aligned}
d\left(\sqrt{-\frac{d_3}{8}} \bar{r} \right) &= \sqrt{-\frac{d_3}{8}} \left(\frac{d_2}{8} \bar{r} + \frac{d_3}{8} \bar{r}^3 \right) dt + \sqrt{-\frac{d_3}{8}} \left(\frac{d_5}{8} \bar{r}^2 \right)^{\frac{1}{2}} dW_{\bar{r}} \\
&= \left(\frac{d_2}{8} \frac{1}{\sqrt{-\frac{d_3}{8}}} \sqrt{-\frac{d_3}{8}} \bar{r} + \frac{d_3}{8} \left(\sqrt{-\frac{d_3}{8}} \right)^3 \frac{1}{\left(\sqrt{-\frac{d_3}{8}} \right)^3} \bar{r}^3 \right) \sqrt{-\frac{d_3}{8}} dt \\
&\quad + \sqrt{-\frac{d_3}{8}} \left(\frac{d_5}{8} \bar{r}^2 \right)^{\frac{1}{2}} dW_{\bar{r}}.
\end{aligned}
$$

仍然记 $\sqrt{-\dfrac{d_3}{8}}\bar{r}$ 为 $\bar{r}$, 则 (5.17) 变为

$$dr = \left(\frac{d_2}{8}\bar{r} - \bar{r}^3\right) dt + \left(\frac{d_5}{8}\bar{r}^2\right)^{\frac{1}{2}} dW_{\bar{r}}.$$

将 Itô 形式的随机微分方程转化为 Stratonovich 形式的随机微分方程 [8], 可得

$$dr = \left(\frac{d_2}{8}\bar{r} - \frac{d_5}{16}\bar{r} - \bar{r}^3\right) dt + \left(\frac{d_5}{8}\bar{r}^2\right)^{\frac{1}{2}} \circ dW_{\bar{r}}. \tag{5.18}$$

定理 5.1.5   (5.18) 的随机分支行为如下:

(i) 系统 (5.18) 在 $2d_2 = d_5$ 时发生随机 D 分支.

(ii) 系统 (5.18) 在 $d_2 = d_5$ 时发生随机 P 分支.

证明   (5.18) 的解为

$$\varphi(t,\omega)\bar{r} = \frac{\bar{r}e^{(\frac{d_2}{8} - \frac{d_5}{16})t + \sqrt{\frac{d_5}{8}}W_{\bar{r}}(t)}}{\left(1 + 2\bar{r}^2 \displaystyle\int_0^t e^{(\frac{d_2}{4} - \frac{d_5}{8})s + \sqrt{\frac{d_5}{2}}W_{\bar{r}}(s)}ds\right)^{\frac{1}{2}}}.$$

$\varphi(t,\omega)$ 的随机域为 $D(t,\omega)$,

$$D(t,\omega) = \begin{cases} \mathbb{R}, & t \geqslant 0, \\ (-\kappa(t,\omega)^{-1}, \kappa(t,\omega)^{-1}), & t < 0, \end{cases}$$

其中 $\kappa(t,\omega) = \sqrt{2\left|\displaystyle\int_0^t e^{(\frac{d_2}{4} - \frac{d_5}{8})s + \sqrt{\frac{d_5}{2}}W_{\bar{r}}(s)}ds\right|}$. 则 $\varphi(t,\omega)$ 的随机像集为 $R(t,\omega)$,

$$R(t,\omega) = \begin{cases} \mathbb{R}, & t \leqslant 0, \\ (-\bar{r}(t,\omega), \bar{r}(t,\omega)), & t > 0, \end{cases}$$

其中 $\bar{r}(t,\omega) = e^{(\frac{d_2}{8} - \frac{d_5}{16})t + \sqrt{\frac{d_5}{8}}W_{\bar{r}}(t)}\kappa(t,\omega)^{-1}$.

(i) 令 $D(\omega) = \bigcap\limits_{t\in\mathbb{R}} D(t,\omega)$, 则

$$D(\omega) = \begin{cases} 0, & 2d_2 \leqslant d_5, \\ [-\kappa(-\infty,\omega)^{-1}, \kappa(-\infty,\omega)^{-1}], & 2d_2 > d_5. \end{cases}$$

如果 $2d_2 \leqslant d_5$, 随机 Dirac 测度 δ_0 是唯一的不变测度. 线性化后的方程为

$$dx = \left(\frac{d_2}{8} - \frac{d_5}{16} - 3\bar{r}^2\right)xdt + \left(\frac{d_5}{8}x^2\right)^{\frac{1}{2}} \circ dW_{\bar{r}}.$$

对于 $\bar{r} = 0$, $\lambda(\delta_0) = \frac{d_2}{8} - \frac{d_5}{16} \leqslant 0$. 如果 $2d_2 > d_5$, 除了随机 Dirac 测度 $\delta_0(\lambda(\delta_0) > 0)$, 还有两个遍历不变测度 $\nu_\pm = \delta_{\pm d(\omega)}$, $\lambda(\nu) = \frac{d_5}{8} - \frac{d_2}{4}$, 其中 $d(\omega) = \kappa(-\infty, \omega)^{-1}$. 因此, 系统 (5.18) 发生随机 D 分支.

(ii) 测度 $\nu_\pm = \delta_{\pm d(\omega)}$ 所对应的平稳概率密度 $\mu_\pm(r)$ 可通过系统 (5.18) 对应的 Fokker-Planck 方程求得, 具体表达式为

$$\mu_+(\bar{r}) = \begin{cases} \dfrac{\left(\dfrac{8}{d_5}\right)^{1-\frac{2d_2}{d_5}}}{\Gamma\left(\dfrac{d_2}{d_5} - \dfrac{1}{2}\right)} \bar{r}^{\frac{2d_2}{d_5}-2} e^{-\frac{8\bar{r}^2}{d_5}}, & \bar{r} > 0, \\ 0, & \bar{r} \leqslant 0, \end{cases} \qquad \mu_-(\bar{r}) = \mu_+(-\bar{r}).$$

由 $\mu_+(\bar{r})$ 可知系统 (5.18) 在 $d_2 = d_5$ 时发生随机 P 分支. $\qquad\square$

3. 如果 d_1, d_3, d_4 均为非零参数, 我们仅可推出在边界 $\bar{r} = \infty$ 处, 扩散指数 ρ_1、漂移指数 ρ_2 和特征指标 ρ_3 分别为 2, 3, $-\dfrac{2d_3}{d_5}$. 如果 $d_3 > 0$, $\bar{r} = \infty$ 是 EB; 如果 $d_3 < 0$, $\bar{r} = \infty$ 是 AB. 然而, 边界 $\bar{r} = 0$ 既不是第一类奇异边界也不是第二类奇异边界. 因此其稳定性无法得到. 但是我们可以从概率密度函数这一角度分析 (5.15) 的渐近性态. 概率密度函数 $p(\bar{r}, t)$ 满足下述 Fokker-Planck 方程

$$\frac{\partial p(\bar{r}, t)}{\partial t} = -\frac{\partial}{\partial \bar{r}}\left(\left(\frac{d_1}{\bar{r}} + \frac{d_2}{8}\bar{r} + \frac{d_3}{8}\bar{r}^3\right)p(\bar{r}, t)\right) + \frac{1}{2}\frac{\partial^2}{\partial \bar{r}^2}\left(\left(d_4 + \frac{d_5}{8}\bar{r}^2\right)p(\bar{r}, t)\right),$$

初值为 $p(\bar{r}, t)_{t \to t_0} = \delta(\bar{r} - \bar{r}_0)$, 其中 δ 是 Dirac 函数. 当 $\dfrac{\partial p(\bar{r}, t)}{\partial t} = 0$ 时, 通过求解下述二阶微分方程得到稳态解.

$$0 = -\frac{\partial}{\partial \bar{r}}\left(\left(\frac{d_1}{\bar{r}} + \frac{d_2}{8}\bar{r} + \frac{d_3}{8}\bar{r}^3\right)p(\bar{r})\right) + \frac{1}{2}\frac{\partial^2}{\partial \bar{r}^2}\left(\left(d_4 + \frac{d_5}{8}\bar{r}^2\right)p(\bar{r})\right). \tag{5.19}$$

首先对方程 (5.19) 进行积分, 可得

$$\int_{\bar{r}_0}^{\bar{r}} \frac{\partial}{\partial \bar{r}} \left(\left(\frac{d_1}{\bar{r}} + \frac{d_2}{8}\bar{r} + \frac{d_3}{8}\bar{r}^3 \right) p(\bar{r}) \right) d\bar{r} = \int_{\bar{r}_0}^{\bar{r}} \frac{1}{2} \frac{\partial^2}{\partial r^2} \left(\left(d_4 + \frac{d_5}{8}\bar{r}^2 \right) p(\bar{r}) \right) d\bar{r},$$

$$\left(\frac{d_1}{\bar{r}} + \frac{d_2}{8}\bar{r} + \frac{d_3}{8}r^3 \right) p(\bar{r}) - C_1 = \frac{1}{2} \frac{\partial}{\partial \bar{r}} \left(\left(d_4 + \frac{d_5}{8}\bar{r}^2 \right) p(\bar{r}) \right) - C_2,$$

其中　$C_1 = \left(\dfrac{d_1}{\bar{r}_0} + \dfrac{d_2}{8}\bar{r}_0 + \dfrac{d_3}{8}\bar{r}_0^3 \right) p(\bar{r}_0)$, $C_2 = \dfrac{1}{2} \dfrac{\partial}{\partial \bar{r}} \left((d_4 + \dfrac{d_5}{8}\bar{r}^2)p(\bar{r}) \right)\Big|_{\bar{r}=\bar{r}_0}$. 将上述方程简写为

$$\frac{\partial p(\bar{r})}{\partial \bar{r}} + P(\bar{r})p(\bar{r}) = Q(\bar{r}), \quad p(\bar{r}_0) = p_0,$$

其中

$$P(\bar{r}) = \frac{-2\left(8\dfrac{d_1}{\bar{r}} + d_2\bar{r} + d_3\bar{r}^3 \right)}{8d_4 + d_5\bar{r}^2}, \quad Q(\bar{r}) = \frac{16(C_2 - C_1)}{8d_4 + d_5\bar{r}^2},$$

则稳态解为

$$p(\bar{r}) = e^{-\int_{r_0}^{\bar{r}} P(x)dx} \left(\int_{\bar{r}_0}^{\bar{r}} Q(s)e^{\int_{\bar{r}_0}^{s} P(x)dx} ds + p_0 \right),$$

$$= (\Xi(\bar{r}) - \Xi(\bar{r}_0)) \left(p_0 + \int_{\bar{r}_0}^{\bar{r}} Q(s)(\Xi^{-1}(s) - \Xi^{-1}(\bar{r}_0))ds \right), \tag{5.20}$$

其中

$$\Xi(\bar{r}) = e^{\frac{d_3\bar{r}^2}{d_5}} \bar{r}^{\frac{2d_1}{d_4}} (8d_4 + d_5\bar{r}^2)^{-1 - \frac{d_1}{d_4} + \frac{d_2 d_5 - 8d_3 d_4}{d_5^2}},$$

$$C_2 = \frac{1}{8}d_5\bar{r}_0 p_0 + \frac{1}{2}\left(d_4 + \frac{d_5}{8}\bar{r}_0^2 \right) \frac{\partial \Xi(\bar{r}_0)}{\partial \bar{r}} p_0.$$

下面给出 $p(\bar{r})$ 的数值模拟来展示参数 $d_1(d_4 = 2d_1)$, d_2, d_5 对系统 (5.15) 的影响, 见图 5.9.

这里没有给出 $p(\bar{r})$ 随 d_3 变化的模拟是因为 d_3 对 $p(\bar{r})$ 的影响非常小. 由 $p(\bar{r})$ 的物理意义可知系统 (5.15) 解的轨道趋势可能大概率与 $p(\bar{r})$ 重合. 在图 5.9(a), 图 5.9(b), 图 5.9(c) 中, $p(\bar{r})$ 的形态分别在参数取值为 $d_1 = 0.0224$, $d_2 = -1.3$, $d_5 = 2.5$ 时发生明显变化, 这表明了系统 (5.15) 的稳定性发生改变, 意味着随机 P 分支的发生.

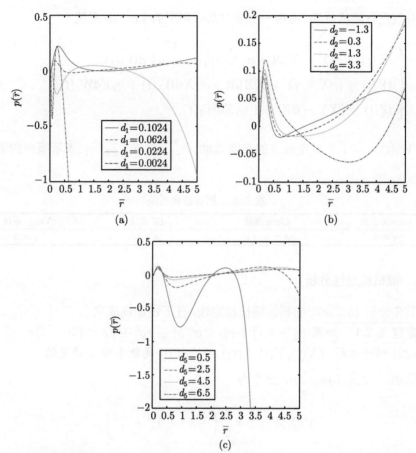

图 5.9 $p(\bar{r})$ 关于参数 $d_1(d_4 = 2d_1)$, d_2, d_5 的变化. (a) $d_2 = -1.2$, $d_3 = -0.25$, $d_5 = 8$; (b) $d_4 = 2d_1 = 0.125$, $d_3 = -0.25$, $d_5 = 8$; (c) $d_4 = 2d_1 = 0.125$, $d_2 = -1.2$, $d_3 = -0.25$

5.2 Lorenz 系 统

我们讨论下述 Lorenz 系统 [48]

$$\begin{cases} \dot{X}(t) = \sigma(Y - X), \\ \dot{Y}(t) = \rho X - \gamma Y - XZ, \\ \dot{Z}(t) = XY - \beta Z, \end{cases} \tag{5.21}$$

其中 $\gamma \in \mathbb{R}$. 该系统在参数取不同的数值时可对应表 5.5 中的四种经典系统.

不同的是, 我们不是对 Lorenz 系统中某一个参数进行随机扰动, 而是同时对

所有参数进行随机扰动, 可得一个非对角噪声下的 Lorenz 系统

$$
\begin{cases}
dX(t) = \sigma(Y - X)dt + \alpha_1 X dW_1(t) + \varrho_1 Y dW_2(t), \\
dY(t) = (\rho X - \gamma Y - XZ)dt + \alpha_2 X dW_1(t) + \varrho_2 Y dW_2(t), \\
dZ(t) = (XY - \beta Z)dt + \gamma_1 Z dW_3(t),
\end{cases}
\tag{5.22}
$$

其中 $W_i(t), i = 1, 2, 3$ 是独立的布朗运动, α_1, α_2, ϱ_1, ϱ_2, γ_1 表示噪声的强度且非负.

表 5.5　四种经典系统

Lorenz 系统	Chen 系统	Lü 系统	Yang 系统
$\gamma = 1$	$\rho = \gamma - \sigma$	$\rho = 0$	$\gamma = 0$

5.2.1　随机稳定性分析

首先分析 (5.22) 平衡解的随机稳定性, 有下述定理成立.

定理 5.2.1　如果 $\alpha_1^2 + \sigma\alpha_2^2 + \sigma\rho < \sigma$, $\varrho_1^2 + \sigma\varrho_2^2 + \sigma\rho < (2\gamma - 1)\sigma$, $\gamma_1^2 < 2\beta$, 则 (5.22) 的平衡解 $(X(t), Y(t), Z(t)) \equiv (0, 0, 0)$ 是概率为 1 稳定的.

证明　定义 Lyapunov 函数为

$$
V(X, Y, Z) = \frac{1}{2}\left(\frac{1}{\sigma}X^2 + Y^2 + Z^2\right).
$$

由稳定性的定义, 可以得到

$$
\begin{aligned}
&LV(X, Y, Z) \\
&= (\sigma(Y - X))\frac{X}{\sigma} + (\rho X - \gamma Y - XZ)Y + (XY - \beta Z)Z + \frac{1}{2\sigma}(\alpha_1^2 X^2 + \varrho_1^2 Y^2) \\
&\quad + \frac{1}{2}(\alpha_2^2 X^2 + \varrho_2^2 Y^2) + \frac{1}{2}\gamma_1^2 Z^2, \\
&= \left(\frac{\alpha_1^2}{2\sigma} + \frac{\alpha_2^2}{2} - 1\right)X^2 + \left(\frac{\varrho_1^2}{2\sigma} + \frac{\varrho_2^2}{2} - \gamma\right)Y^2 + (1 + \rho)XY + \left(\frac{\gamma_1^2}{2} - \beta\right)Z^2, \\
&\leqslant \left(\frac{\alpha_1^2}{2\sigma} + \frac{\alpha_2^2}{2} + \frac{\rho}{2} - \frac{1}{2}\right)X^2 + \left(\frac{\varrho_1^2}{2\sigma} + \frac{\varrho_2^2}{2} + \frac{\rho}{2} + \frac{1}{2} - \gamma\right)Y^2 + \left(\frac{\gamma_1^2}{2} - \beta\right)Z^2,
\end{aligned}
$$

由参数条件 $\alpha_1^2 + \sigma\alpha_2^2 + \sigma\rho < \sigma$, $\varrho_1^2 + \sigma\varrho_2^2 + \sigma\rho < (2\gamma - 1)\sigma$, $\gamma_1^2 < 2\beta$, 可知 $LV(X, Y, Z) \leqslant 0$. 根据定理 3.1.2, 可得 (5.22) 的平衡解是概率为 1 稳定的. □

对于 Lorenz 系统、Chen 系统、Lü 系统、Yang 系统的平衡解的随机稳定性总结如表 5.6.

表 5.6 四种经典系统平衡解的稳定性

模型	参数条件
Lorenz 系统	$\alpha_1^2 + \sigma\alpha_2^2 + \sigma\rho < \sigma$, $\varrho_1^2 + \sigma\varrho_2^2 + \sigma\rho < \sigma$, $\gamma_1^2 < 2\beta$
Chen 系统	$\alpha_1^2 + \sigma\alpha_2^2 < (1-\gamma)\sigma + \sigma^2$, $\varrho_1^2 + \sigma\varrho_2^2 < (\gamma-1)\sigma + \sigma^2$, $\gamma_1^2 < 2\beta$
Lü 系统	$\alpha_1^2 + \sigma\alpha_2 < \sigma$, $\varrho_1^2 + \sigma\varrho_2^2 < (2\gamma-1)\sigma$, $\gamma_1^2 < 2\beta$
Yang 系统	平衡解不是概率为 1 稳定的

下面给出 (5.22) 在不同噪声强度和初值下的数值结果. 图 5.10 和图 5.11 是 (5.22) 的时间序列图和相图, 其中参数取值为 $\sigma = 10$, $\rho = 28$, $\beta = \dfrac{8}{3}$, $\gamma = 1$,

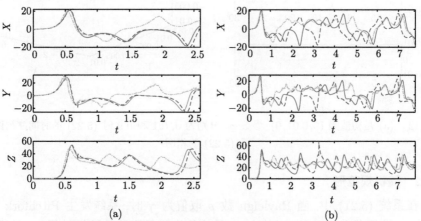

图 5.10 (a) 和 (b) 分别是初值为 (0.1, 0, 0) 和 (0.1, 0.1, 0) 时 (5.22) 的时间序列图, 其中噪声强度 ϱ_2 分别为 0, 0.1 和 0.9

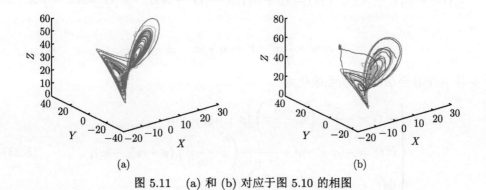

图 5.11 (a) 和 (b) 对应于图 5.10 的相图

$\alpha_1 = 0.02$, $\alpha_2 = 0.21$, $\varrho_1 = 0.1$, $\gamma_1 = 0.12$, 其中 "——" 对应于噪声为 0 的情形, "-----" 表示噪声为 0.1 的情形, "........" 对应于噪声为 0.9 的情形. 图 5.11(a) 和图 5.11(b) 是不同初值下的 Lorenz 吸引子. 图 5.12 是参数 $\sigma = 1$, $\rho = 1$, $\beta = \dfrac{8}{3}$, $\gamma = 2$, $\alpha_1 = 0.02$, $\alpha_2 = 0.21$, $\varrho_1 = 0.1$, $\gamma_1 = 0.12$ 时的时间序列图和相图. X 和 Y 趋于零, Z 呈现无规律的振荡运动. 在 $\varrho_2 = 0.1$ 时, 噪声对系统的干扰较小; 当 $\varrho_2 = 0.9$ 时, 与无噪声情形相比, 破坏了系统的运动规律.

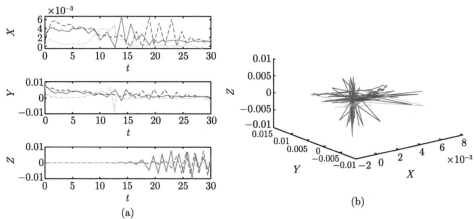

图 5.12　(a) 是初值为 $(0, 0.01, 0)$, 参数 ϱ_2 分别为 0, 0.1 和 0.9 时 (5.22) 的时间序列图, (b) 是 (5.22) 的相图

5.2.2　随机规范形

在系统 (5.21) 中, 当 Rayleigh 数 ρ 取值为 γ 时, 系统发生 Pitchfork 分支. 用 $\rho + \alpha\xi_t$ 取代分支参数 ρ, 其中 ξ_t 是均值为零且平稳的随机过程, α 是噪声强度. 故系统 (5.21) 变为

$$\dot{X}(t) = \sigma(Y - X), \quad \dot{Y}(t) = (\rho + \alpha\xi_t)X - \gamma Y - XZ, \quad \dot{Z}(t) = XY - \beta Z.$$

令

$$X = u - \frac{\sigma}{\gamma}v, \quad Y = u + v, \quad Z = w,$$

并将 ρ 平移至 $\rho - \gamma$. 新系统化为

$$\begin{cases} \dot{u}(t) = \dfrac{\sigma}{\sigma + \gamma}\left(u - \dfrac{\sigma}{\gamma}v\right)(\rho + \alpha\xi_t - w), \\ \dot{v}(t) = -(\sigma + \gamma)v + \dfrac{\gamma}{\sigma + \gamma}\left(u - \dfrac{\sigma}{\gamma}v\right)(\rho + \alpha\xi_t - w), \\ \dot{w}(t) = -\beta w + \left(u - \dfrac{\sigma}{\gamma}v\right)(u + v), \end{cases} \tag{5.23}$$

同时以 ρ 和 α 为参数, 易知 (5.23) 满足定理中的假设条件, 其中

$$A = \begin{pmatrix} 0 & 0 & 0 \\ 0 & -(\sigma + \gamma) & 0 \\ 0 & 0 & -\beta \end{pmatrix}, n_c = 1, n_s = 2. \ \text{令} \ N \geqslant 2, M \geqslant 0, \ \text{作下述变换}$$

$$\begin{pmatrix} u \\ v \\ w \end{pmatrix} \mapsto \begin{pmatrix} u_c \\ u_{s1} \\ u_{s2} \end{pmatrix} + \begin{pmatrix} \Phi_c(\xi_t, u_c, u_{s1}, u_{s2}, \rho, \alpha) \\ \Phi_{s1}(\xi_t, u_c, u_{s1}, u_{s2}, \rho, \alpha) \\ \Phi_{s2}(\xi_t, u_c, u_{s1}, u_{s2}, \rho, \alpha) \end{pmatrix},$$

(5.23) 可化为

$$\dot{u}_c = \Psi_c(\xi_t, u_c, \rho, \alpha) + O((|u_c| + |u_{s1}| + |u_{s2}|)^{N+1} + (|\rho| + |\alpha|)^{M+1}),$$

$$\dot{u}_{s1} = -(\sigma + \gamma)u_{s1} + \Psi_{s1}(\xi_t, u_c, u_{s1}, u_{s2}, \rho, \alpha) + O((|u_c| + |u_{s1}| + |u_{s2}|)^{N+1}$$
$$+ (|\rho| + |\alpha|)^{M+1}),$$

$$\dot{u}_{s2} = -\beta u_{s2} + \Psi_{s2}(\xi_t, u_c, u_{s1}, u_{s2}, \rho, \alpha) + O((|u_c| + |u_{s1}| + |u_{s2}|)^{N+1}$$
$$+ (|\rho| + |\alpha|)^{M+1}),$$

其中

$$\Phi_{c(s1,s2)}(\xi_t, u_c, u_{s1}, u_{s2}, \rho, \alpha) = \sum_{\substack{1 \leqslant i+j+k \leqslant N, \\ 0 \leqslant m+n \leqslant M, \\ (i+j+k, m+n) \neq (1,0)}} \phi_{c(s1,s2),ijkmn} u_c^i u_{s1}^j u_{s2}^k \rho^m \alpha^n,$$

$$\Psi_c(\xi_t, u_c, \rho, \alpha) = \sum_{1 \leqslant i \leqslant N, \ 0 \leqslant m+n \leqslant M, \ (i, m+n) \neq (1,0)} \psi_{c,imn} u_c^i \rho^m \alpha^n,$$

$$\Psi_{s1(s2)}(\xi_t, u_c, u_{s1}, u_{s2}, \rho, \alpha) = \sum_{\substack{1 \leqslant i+j+k \leqslant N, \\ 0 \leqslant m+n \leqslant M, \\ 1 \leqslant j+k, (i, m+n) \neq (0,0)}} \psi_{s1(s2),ijkmn} u_c^i u_{s1}^j u_{s2}^k \rho^m \alpha^n.$$

将 (5.23) 的右端项记为 $F(u, v, w)$, 令 $u = u_c + \Phi_c$, $v = u_{s1} + \Phi_{s1}$, $w = u_{s2} + \Phi_{s2}$, 则

$$F(u_c + \Phi_c, u_{s1} + \Phi_{s1}, u_{s2} + \Phi_{s2}) = \begin{pmatrix} F_1(u_c + \Phi_c, u_{s1} + \Phi_{s1}, u_{s2} + \Phi_{s2}) \\ F_2(u_c + \Phi_c, u_{s1} + \Phi_{s1}, u_{s2} + \Phi_{s2}) \\ F_3(u_c + \Phi_c, u_{s1} + \Phi_{s1}, u_{s2} + \Phi_{s2}) \end{pmatrix},$$

其中

$$F_1 = \frac{\sigma}{\sigma+\gamma}\left(u_c + \Phi_c - \frac{\sigma}{\gamma}(u_{s1}+\Phi_{s1})\right)(\rho + \alpha\xi_t - (u_{s2}+\Phi_{s2})),$$

$$F_2 = -(\sigma+\gamma)(u_{s1}+\Phi_{s1}) + \frac{\gamma}{\sigma+\gamma}\left(u - \frac{\sigma}{\gamma}(u_{s1}+\Phi_{s1})\right)(\rho + \alpha\xi_t - (u_{s2}+\Phi_{s2})),$$

$$F_3 = -\beta(u_{s2}+\Phi_{s2}) + \left(u_c + \Phi_c - \frac{\sigma}{\gamma}(u_{s1}+\Phi_{s1})\right)(u_c + \Phi_c + u_{s1} + \Phi_{s1}).$$

然后可得下面三组方程

$$\dot\Phi_c = F_1(u_c+\Phi_c, u_{s1}+\Phi_{s1}, u_{s2}+\Phi_{s2}) - \Psi_c(\xi_t, u_c, \rho, \alpha) - D_{u_c}\Phi_c\dot u_c - D_{u_{s1}}\Phi_c\dot u_{s1}$$

$$- D_{u_{s2}}\Phi_c\dot u_{s2},$$

$$\dot\Phi_{s1} = F_2(u_c+\Phi_c, u_{s1}+\Phi_{s1}, u_{s2}+\Phi_{s2}) + (\sigma+\gamma)u_{s1} - \Psi_{s1}(\xi_t, u_c, \rho, \alpha)$$

$$- D_{u_c}\Phi_{s1}\dot u_c - D_{u_{s1}}\Phi_{s1}\dot u_{s1} - D_{u_{s2}}\Phi_{s1}\dot u_{s2},$$

$$\dot\Phi_{s2} = F_3(u_c+\Phi_c, u_{s1}+\Phi_{s1}, u_{s2}+\Phi_{s2}) + \beta u_{s2} - \Psi_{s2}(\xi_t, u_c, \rho, \alpha) - D_{u_c}\Phi_{s2}\dot u_c$$

$$- D_{u_{s1}}\Phi_{s2}\dot u_{s1} - D_{u_{s2}}\Phi_{s2}\dot u_{s2}. \tag{5.24}$$

事实上, 由 (5.24) 可得一系列微分方程, 需要按照递推的方式进行计算.

$$\dot\phi_{c,ijkmn}(u_c, u_{s1}, u_{s2}, \rho, \alpha) = \mathcal{R}_{c,ijkmn}(u_c, u_{s1}, u_{s2}, \rho, \alpha),$$

$$\dot\phi_{s1,ijkmn}(u_c, u_{s1}, u_{s2}, \rho, \alpha) = \mathcal{R}_{s1,ijkmn}(u_c, u_{s1}, u_{s2}, \rho, \alpha),$$

$$\dot\phi_{s2,ijkmn}(u_c, u_{s1}, u_{s2}, \rho, \alpha) = \mathcal{R}_{s2,ijkmn}(u_c, u_{s1}, u_{s2}, \rho, \alpha),$$

其中当 $i' \leqslant i$, $j'+k' \leqslant j+k$, $m'+n' \leqslant m+n$, $i'+j'+k'+m'+n' \leqslant i+j+k+m+n-1$ 时, $\mathcal{R}_{c(s1,s2),ijkmn}$ 只依赖于 $\phi_{(i+1)jk(m-1)n}$, $\phi_{(i+1)jkm(n-1)}$, $\phi_{i'j'k'm'n'}$, $\psi_{c,i'm'n'}$, $\psi_{s1,i'j'k'm'n'}$, $\psi_{s2,i'j'k'm'n'}$.

根据随机规范形的计算框架, 对 $N=3$, $M=2$, 假设中心变量 u 的变换为

$$u = u_c + \Phi_c$$

$$= u_c + (\phi_{c,01001}\alpha + \phi_{c,01010}\rho + \phi_{c,01002}\alpha^2 + \phi_{c,01011}\alpha\rho + \phi_{c,01020}\rho^2)u_{s1}$$

$$+ (\phi_{c,10100} + \phi_{c,10101}\alpha$$

$$+ \phi_{c,10110}\rho + \phi_{c,10102}\alpha^2 + \phi_{c,10111}\alpha\rho + \phi_{c,10120}\rho^2)u_c u_{s2}$$

$$+ (\phi_{c,01100} + \phi_{c,01101}\alpha$$

$$+ \phi_{c,01110}\rho + \phi_{c,01102}\alpha^2 + \phi_{c,01111}\alpha\rho + \phi_{c,01120}\rho^2)u_{s1}u_{s2}$$

$$+ (\phi_{c,21000} + \phi_{c,21001}\alpha$$

$$+ \phi_{c,21010}\rho + \phi_{c,21002}\alpha^2 + \phi_{c,21011}\alpha\rho + \phi_{c,21020}\rho^2)u_c^2 u_{s1}$$

$$+ (\phi_{c,12000} + \phi_{c,12001}\alpha$$

$$+ \phi_{c,12010}\rho + \phi_{c,12002}\alpha^2 + \phi_{c,12011}\alpha\rho + \phi_{c,12020}\rho^2)u_c u_{s1}^2$$

$$+ (\phi_{c,10200} + \phi_{c,10201}\alpha$$

$$+ \phi_{c,10210}\rho + \phi_{c,10202}\alpha^2 + \phi_{c,10211}\alpha\rho + \phi_{c,10220}\rho^2)u_c u_{s2}^2$$

$$+ (\phi_{c,03000} + \phi_{c,03001}\alpha$$

$$+ \phi_{c,03010}\rho + \phi_{c,03002}\alpha^2 + \phi_{c,03011}\alpha\rho + \phi_{c,03020}\rho^2)u_{s1}^3$$

$$+ (\phi_{c,01200} + \phi_{c,01201}\alpha$$

$$+ \phi_{c,01210}\rho + \phi_{c,01202}\alpha^2 + \phi_{c,01211}\alpha\rho + \phi_{c,01220}\rho^2)u_{s1}u_{s2}^2. \tag{5.25}$$

假设稳定变量 v 的变换 $u_{s1} + \Phi_{s1}$ 为

$$u_{s1} + \Phi_{s1}$$

$$= u_{s1} + (\phi_{s1,10001}\alpha$$

$$+ \phi_{s1,10010}\rho + \phi_{s1,10002}\alpha^2 + \phi_{s1,10011}\alpha\rho + \phi_{s1,10020}\rho^2)u_c$$

$$+ (\phi_{s1,01100} + \phi_{s1,01101}\alpha$$

$$+ \phi_{s1,01110}\rho + \phi_{s1,01102}\alpha^2 + \phi_{s1,01111}\alpha\rho + \phi_{s1,01120}\rho^2)u_{s1}u_{s2}$$

$$+ (\phi_{s1,30000} + \phi_{s1,30001}\alpha$$

$$+ \phi_{s1,30010}\rho + \phi_{s1,30002}\alpha^2 + \phi_{s1,30011}\alpha\rho + \phi_{s1,30020}\rho^2)u_c^3$$

$$+ (\phi_{s1,03000} + \phi_{s1,03001}\alpha$$

$$+ \phi_{s1,03010}\rho + \phi_{s1,03002}\alpha^2 + \phi_{s1,03011}\alpha\rho + \phi_{s1,03020}\rho^2)u_{s1}^3$$

$$+ (\phi_{s1,01200} + \phi_{s1,01201}\alpha$$

$$+ \phi_{s1,01210}\rho + \phi_{s1,01202}\alpha^2 + \phi_{s1,01211}\alpha\rho + \phi_{s1,01220}\rho^2)u_{s1}u_{s2}^2. \tag{5.26}$$

假设稳定变量 w 的变换 $u_{s2} + \Phi_{s2}$ 为

$$\begin{aligned}
&u_{s2} + \Phi_{s2}\\
&= u_{s2} + (\phi_{s2,20000} + \phi_{s2,20001}\alpha + \phi_{s2,20010}\rho\\
&\qquad + \phi_{s2,20002}\alpha^2 + \phi_{s2,20011}\alpha\rho + \phi_{s2,20020}\rho^2)u_c^2\\
&\qquad + (\phi_{s2,02000} + \phi_{s2,02001}\alpha + \phi_{s2,02010}\rho\\
&\qquad + \phi_{s2,02002}\alpha^2 + \phi_{s2,02011}\alpha\rho + \phi_{s2,02020}\rho^2)u_{s1}^2\\
&\qquad + (\phi_{s2,02100} + \phi_{s2,02101}\alpha + \phi_{s2,02110}\rho\\
&\qquad + \phi_{s2,02102}\alpha^2 + \phi_{s2,02111}\alpha\rho + \phi_{s2,02120}\rho^2)u_{s1}^2u_{s2}. \tag{5.27}
\end{aligned}$$

则得到的截断随机规范形为

$$\begin{aligned}
\dot{u}_c ={}& (\psi_{c,101}\alpha + \psi_{c,110}\rho + \psi_{c,102}\alpha^2 + \psi_{c,111}\alpha\rho + \psi_{c,120}\rho^2)u_c\\
&+ (\psi_{c,300} + \psi_{c,301}\alpha + \psi_{c,310}\rho + \psi_{c,302}\alpha^2 + \psi_{c,311}\alpha\rho + \psi_{c,320}\rho^2)u_c^3,\\
\dot{u}_{s1} ={}& -(\sigma + \gamma)u_{s1} + (\psi_{s1,01001}\alpha + \psi_{s1,01010}\rho\\
&+ \psi_{s1,01002}\alpha^2 + \psi_{s1,01011}\alpha\rho + \psi_{s1,01020}\rho^2)u_{s1}\\
&+ (\psi_{s1,10100} + \psi_{s1,10101}\alpha\\
&+ \psi_{s1,10110}\rho + \psi_{s1,10102}\alpha^2 + \psi_{s1,10111}\alpha\rho + \psi_{s1,10120}\rho^2)u_cu_{s2}\\
&+ (\psi_{s1,21000} + \psi_{s1,21001}\alpha\\
&+ \psi_{s1,21010}\rho + \psi_{s1,21002}\alpha^2 + \psi_{s1,21011}\alpha\rho + \psi_{s1,21020}\rho^2)u_c^2u_{s1}\\
&+ (\psi_{s1,12000} + \psi_{s1,12001}\alpha\\
&+ \psi_{s1,12010}\rho + \psi_{s1,12002}\alpha^2 + \psi_{s1,12011}\alpha\rho + \psi_{s1,12020}\rho^2)u_cu_{s1}^2\\
&+ (\psi_{s1,10200} + \psi_{s1,10201}\alpha\\
&+ \psi_{s1,10210}\rho + \psi_{s1,10202}\alpha^2 + \psi_{s1,10211}\alpha\rho + \psi_{s1,10220}\rho^2)u_cu_{s2}^2\\
\dot{u}_{s2} ={}& (\psi_{s2,11000} + \psi_{s2,11001}\alpha + \psi_{s2,11010}\rho + \psi_{s2,11002}\alpha^2\\
&+ \psi_{s2,11011}\alpha\rho + \psi_{s2,11020}\rho^2)u_cu_{s1} - \beta u_{s2}
\end{aligned}$$

$$+ (\psi_{s2,20100} + \psi_{s2,20101}\alpha$$

$$+ \psi_{s2,20110}\rho + \psi_{s2,20102}\alpha^2 + \psi_{s2,20111}\alpha\rho$$

$$+ \psi_{s2,20120}\rho^2)u_c^2 u_{s2}$$

$$+ (\psi_{s2,11100} + \psi_{s2,11101}\alpha$$

$$+ \psi_{s2,11110}\rho + \psi_{s2,11102}\alpha^2 + \psi_{s2,11111}\alpha\rho + \psi_{s2,11120}\rho^2)u_c u_{s1} u_{s2}. \qquad (5.28)$$

下面分三步求解 (5.25), (5.26), (5.27) 和 (5.28) 中每一项的系数.

第一步: 令 $r = 0$, 即参数 ρ 和 α 次数和为零的情形.

1. $i + j + k = 2$.

(5.25) 中的 $u_c u_{s2}$, $u_{s1} u_{s2}$ 的系数为

$$\phi_{c,10100} = \frac{\sigma}{\beta(\sigma + \gamma)}, \quad \phi_{c,01100} = -\frac{\sigma^2}{\gamma(\sigma + \gamma)(\sigma + \gamma + \beta)}.$$

(5.26) 中的 $u_{s1} u_{s2}$ 的系数为

$$\phi_{s1,01100} = -\frac{\sigma}{\beta(\sigma + \gamma)}.$$

(5.27) 中的 u_c^2, u_{s1}^2 的系数为

$$\phi_{s2,20000} = \frac{1}{\beta}, \quad \phi_{s2,02000} = \frac{\sigma}{\gamma(2\sigma + 2\gamma - \beta)}.$$

(5.28) 中的 $u_c u_{s2}$, $u_c u_{s1}$ 的系数为

$$\psi_{s1,10100} = -\frac{\sigma}{\sigma + \gamma}, \quad \psi_{s2,11000} = 1 - \frac{\sigma}{\gamma}.$$

2. $i + j + k = 3$.

(5.25) 中的 $u_c^2 u_{s1}$, $u_c u_{s1}^2$, $u_c u_{s2}^2$, u_{s1}^3, $u_{s1} u_{s2}^2$ 的系数为

$$\phi_{c,21000} = \frac{1}{\sigma + \gamma}\phi_{c,10100}\psi_{s2,11000} - \frac{\sigma^2}{\gamma(\sigma + \gamma)^2}\phi_{s2,20000},$$

$$\phi_{c,12000} = \frac{\sigma}{2(\sigma + \gamma)^2}\phi_{s2,02000} + \frac{1}{2(\sigma + \gamma)}\phi_{c,01100}\psi_{s2,11000},$$

$$\phi_{c,10200} = \frac{1}{2\beta}\phi_{c,01100}\psi_{s1,10100} + \frac{\sigma}{2\beta(\sigma + \gamma)}\phi_{c,10100},$$

$$\phi_{c,03000} = -\frac{\sigma^2}{3\gamma(\sigma + \gamma)^2}\phi_{s2,02000},$$

$$\phi_{\mathrm{c},01200} = \frac{\sigma}{(\sigma+\gamma)(\sigma+\gamma+2\beta)}\phi_{\mathrm{c},01100} - \frac{\sigma^2}{\gamma(\sigma+\gamma)(\sigma+\gamma+2\beta)}.$$

(5.26) 中的 u_{c}^3, $u_{\mathrm{s}1}^3$, $u_{\mathrm{s}1}u_{\mathrm{s}2}^2$ 的系数为

$$\phi_{\mathrm{s}1,30000} = -\frac{\gamma}{(\sigma+\gamma)^2}\phi_{\mathrm{s}2,02000}, \quad \phi_{\mathrm{s}1,03000} = -\frac{\sigma}{2(\sigma+\gamma)}\phi_{\mathrm{s}2,02000},$$

$$\phi_{\mathrm{s}1,01200} = \frac{\gamma}{2\beta(\sigma+\gamma)}\phi_{\mathrm{c},01100} - \frac{\sigma}{2\beta(\sigma+\gamma)}\phi_{\mathrm{s}1,01100}.$$

(5.27) 中的 $u_{\mathrm{s}1}^2 u_{\mathrm{s}2}$ 的系数为

$$\phi_{\mathrm{s}2,02100} = \frac{\sigma-\gamma}{2\gamma(\sigma+\gamma)}\phi_{\mathrm{c},01100} + \frac{\sigma}{\gamma(\sigma+\gamma)}\phi_{\mathrm{s}1,03000}.$$

(5.28) 中的 u_{c}^3, $u_{\mathrm{c}}^2 u_{\mathrm{s}1}$, $u_{\mathrm{c}}u_{\mathrm{s}1}^2$, $u_{\mathrm{c}}u_{\mathrm{s}2}^2$, $u_{\mathrm{c}}^2 u_{\mathrm{s}2}$, $u_{\mathrm{c}}u_{\mathrm{s}1}u_{\mathrm{s}2}$ 的系数为

$$\psi_{\mathrm{c},300} = -\frac{\sigma}{\sigma+\gamma}\phi_{\mathrm{s}2,20000}, \quad \psi_{\mathrm{s}1,21000} = \frac{\sigma}{\sigma+\gamma}\phi_{\mathrm{s}2,20000},$$

$$\psi_{\mathrm{s}1,12000} = -\frac{\gamma}{\sigma+\gamma}\phi_{\mathrm{s}2,02000} - \phi_{\mathrm{s}1,01100}\psi_{\mathrm{s}2,11000},$$

$$\psi_{\mathrm{s}1,10200} = -\frac{\gamma}{\sigma+\gamma}\phi_{\mathrm{c},10100} - \phi_{\mathrm{s}1,01100}\psi_{\mathrm{s}1,10100}, \quad \psi_{\mathrm{s}2,20100} = 2\phi_{\mathrm{c},10100},$$

$$\psi_{\mathrm{s}2,11100} = \left(1-\frac{\sigma}{\gamma}\right)(\phi_{\mathrm{c},10100}+\phi_{\mathrm{s}1,01100}) + 2\phi_{\mathrm{c},01100} - 2\phi_{\mathrm{s}2,02000}\psi_{\mathrm{s}1,10100}.$$

第二步: 令 $r=1$, 即参数 ρ 和 α 次数和为 1 的情形.

1. $i+j+k=1$.

(5.25) 中的 $u_{\mathrm{s}1}\alpha$, $u_{\mathrm{s}1}\rho$ 的系数为

$$\phi_{\mathrm{c},01001} = \int_0^\infty e^{-(\sigma+\gamma)t}\frac{\sigma^2\xi_t}{\gamma(\sigma+\gamma)}dt, \quad \phi_{\mathrm{c},01010} = \frac{\sigma^2}{\gamma(\sigma+\gamma)^2}.$$

(5.26) 中的 $u_{\mathrm{c}}\alpha$, $u_{\mathrm{c}}\rho$ 的系数为

$$\phi_{\mathrm{s}1,10001} = \int_{-\infty}^0 e^{(\sigma+\gamma)t}\frac{\gamma\xi_t}{\sigma+\gamma}dt, \quad \phi_{\mathrm{s}1,10010} = \frac{\gamma}{(\sigma+\gamma)^2}.$$

(5.28) 中的 $u_{\mathrm{c}}\alpha$, $u_{\mathrm{c}}\rho$, $u_{\mathrm{s}1}\alpha$, $u_{\mathrm{s}1}\rho$ 的系数为

$$\psi_{\mathrm{c},101} = \frac{\sigma\xi_t}{\sigma+\gamma}, \quad \psi_{\mathrm{c},110} = \frac{\sigma}{\sigma+\gamma}, \quad \psi_{\mathrm{s}1,01001} = -\frac{\sigma\xi_t}{\sigma+\gamma}, \quad \psi_{\mathrm{s}1,01010} = -\frac{\sigma}{\sigma+\gamma}.$$

2. $i + j + k = 2$.

(5.25) 中的 $u_c u_{s2}\alpha$, $u_c u_{s2}\rho$, $u_{s1} u_{s2}\alpha$, $u_{s1} u_{s2}\rho$ 的系数为

$$\phi_{c,10101} = -\int_0^\infty e^{-\beta t}\left\{\frac{\sigma}{\sigma+\gamma}(\xi_t\phi_{c,10100} + \sigma\phi_{s1,10001}) - \phi_{c,01001}\psi_{s1,10100}\right.$$

$$\left. - \phi_{c,10100}\psi_{c,101}\right\}dt,$$

$$\phi_{c,10110} = -\frac{\sigma}{\beta(\sigma+\gamma)^2}(\phi_{c,10100} + \sigma\phi_{s1,10010}) + \frac{1}{\sigma+\gamma}(\phi_{c,01010}\psi_{s1,10100}$$

$$+ \phi_{c,10100}\psi_{c,110}),$$

$$\phi_{c,01101} = -\int_0^\infty e^{-(\sigma+\gamma+\beta)t}\left\{\frac{\sigma}{\sigma+\gamma}(\xi_t\phi_{c,01100} - \phi_{c,01001}) - \frac{\sigma^2\xi_t}{\gamma(\sigma+\gamma)}\phi_{s1,01100}\right.$$

$$\left. - \phi_{c,01100}\psi_{s1,01001}\right\}dt,$$

$$\phi_{c,01110} = -\frac{1}{\sigma+\gamma+\beta}\left\{\frac{\sigma}{\sigma+\gamma}(\phi_{c,01100} - \phi_{c,01010}) - \frac{\sigma^2}{\gamma(\sigma+\gamma)}\phi_{s1,01100}\right.$$

$$\left. - \phi_{c,01100}\psi_{s1,01010}\right\}.$$

(5.26) 中的 $u_{s1}u_{s2}\alpha$, $u_{s1}u_{s2}\rho$ 的系数为

$$\phi_{s1,01101} = -\int_0^\infty e^{-\beta t}\left\{\frac{1}{\sigma+\gamma}(\gamma\xi_t\phi_{c,01100} - \gamma\phi_{c,01001} - \sigma\xi_t\phi_{s1,01100})\right.$$

$$\left. - \phi_{s1,01100}\psi_{s1,01001}\right\}dt,$$

$$\phi_{s1,01110} = -\frac{1}{\beta}\left\{\frac{1}{\sigma+\gamma}(\gamma\phi_{c,01100} - \gamma\phi_{c,01010} - \sigma\phi_{s1,01100}) - \phi_{s1,01100}\psi_{s1,01010}\right\}.$$

(5.27) 中的 $u_c^2\alpha$, $u_c^2\rho$, $u_{s1}^2\alpha$, $u_{s1}^2\rho$ 的系数为

$$\phi_{s2,20001} = \int_{-\infty}^0 e^{\beta t}\left(\left(1 - \frac{\sigma}{\gamma}\right)\phi_{s1,10001} - 2\phi_{s1,20000}\psi_{c,101}\right)dt,$$

$$\phi_{s2,20010} = \frac{1}{\beta}\left(\left(1 - \frac{\sigma}{\gamma}\right)\phi_{s1,10010} - 2\phi_{s1,20000}\psi_{c,110}\right),$$

$$\phi_{\text{s}2,02001} = \int_{-\infty}^{0} e^{(2\sigma+2\gamma-\beta)t} \left(\left(1 - \frac{\sigma}{\gamma}\right) \phi_{\text{c},01001} - 2\phi_{\text{s}2,02000}\psi_{\text{s}1,01001} \right) dt,$$

$$\phi_{\text{s}2,02010} = \frac{1}{2\sigma + 2\gamma - \beta} \left(\left(1 - \frac{\sigma}{\gamma}\right) \phi_{\text{c},01010} - 2\phi_{\text{s}2,02000}\psi_{\text{s}1,01010} \right).$$

(5.28) 中的 $u_{\text{c}}u_{\text{s}2}\alpha,\ u_{\text{c}}u_{\text{s}2}\rho,\ u_{\text{c}}u_{\text{s}1}\alpha,\ u_{\text{c}}u_{\text{s}1}\rho$ 的系数为

$$\psi_{\text{s}1,10101} = \frac{1}{\sigma + \gamma}(\gamma\xi_t\phi_{\text{c},10100} + \sigma\phi_{\text{s}1,10001}),$$

$$\psi_{\text{s}1,10110} = \frac{1}{\sigma + \gamma}(\gamma\phi_{\text{c},10100} + \sigma\phi_{\text{s}1,10010}),$$

$$\psi_{\text{s}2,11001} = 2\phi_{\text{c},01001} - 2\frac{\sigma}{\gamma}\phi_{\text{s}1,10001},$$

$$\psi_{\text{s}2,11010} = 2\phi_{\text{c},01010} - 2\frac{\sigma}{\gamma}\phi_{\text{s}1,10010}.$$

3. $i + j + k = 3$.

(5.25) 中的 $u_{\text{c}}^2 u_{\text{s}1}\alpha,\ u_{\text{c}}^2 u_{\text{s}1}\rho$ 的系数为

$$\phi_{\text{c},21001} = -\int_{0}^{\infty} e^{-(\sigma+\gamma)t} \left\{ \frac{\sigma}{\sigma + \gamma}(\xi_t\phi_{\text{c},21000} - \phi_{\text{c},01001}\phi_{\text{s}2,20000}) \right.$$

$$+ \frac{\sigma^2}{\gamma(\sigma + \gamma)}\phi_{\text{s}2,20001} - \phi_{\text{c},21000}\psi_{\text{s}1,01001} - \phi_{\text{c},01001}\psi_{\text{s}1,21000}$$

$$\left. - 2\phi_{\text{c},21000}\psi_{\text{c},101} - \phi_{\text{c},10101}\psi_{\text{s}2,11000} - \phi_{\text{c},10100}\psi_{\text{s}2,11001} \right\} dt,$$

$$\phi_{\text{c},21010} = -\frac{1}{\sigma + \gamma} \left\{ \frac{\sigma}{\sigma + \gamma}(\phi_{\text{c},21000} - \phi_{\text{c},01010}\phi_{\text{s}2,20000}) + \frac{\sigma^2}{\gamma(\sigma + \gamma)}\phi_{\text{s}2,20010} \right.$$

$$- \phi_{\text{c},21000}\psi_{\text{s}1,01010} - \phi_{\text{c},01010}\psi_{\text{s}1,21000} - 2\phi_{\text{c},21000}\psi_{\text{c},110}$$

$$\left. - \phi_{\text{c},10110}\psi_{\text{s}2,11000} - \phi_{\text{c},10100}\psi_{\text{s}2,11010} \right\}.$$

$u_{\text{c}}u_{\text{s}1}^2\alpha,\ u_{\text{c}}u_{\text{s}1}^2\rho$ 的系数为

$$\phi_{\text{c},12001} = -\int_{0}^{\infty} e^{-2(\sigma+\gamma)t} \left\{ \frac{\sigma}{\sigma + \gamma}(\xi_t\phi_{\text{c},12000} - \phi_{\text{s}2,02001}) - 2\phi_{\text{c},12000}\psi_{\text{s}1,01001} \right.$$

$$+ \frac{\sigma^2}{\gamma(\sigma + \gamma)}\phi_{\text{s}1,10001}\phi_{\text{s}2,02000} - \phi_{\text{c},01001}\psi_{\text{s}1,12000} - \phi_{\text{c},12000}\psi_{\text{c},101}$$

$$- \phi_{c,01101}\psi_{s2,11000} - \phi_{c,01100}\psi_{s2,11001} \Big\} dt,$$

$$\phi_{c,12010} = -\frac{1}{2(\sigma+\gamma)}\left\{ \frac{\sigma}{\sigma+\gamma}(\phi_{c,21000} - \phi_{s2,02010}) + \frac{\sigma^2}{\gamma(\sigma+\gamma)}\phi_{s1,10010}\phi_{s2,02000} \right.$$

$$- 2\phi_{c,12000}\psi_{s1,01010} - \phi_{c,01010}\psi_{s1,12000} - \phi_{c,12000}\psi_{c,110}$$

$$\left. - \phi_{c,01110}\psi_{s2,11000} - \phi_{c,01100}\psi_{s2,11010} \right\}.$$

$u_c u_{s2}^2 \alpha$, $u_c u_{s2}^2 \rho$ 的系数为

$$\phi_{c,10201} = -\int_0^\infty e^{-2\beta t}\left\{ \frac{\sigma}{\sigma+\gamma}(\xi_t\phi_{c,10200} - \phi_{c,10101}) - \phi_{c,01101}\psi_{s1,10100} \right.$$

$$\left. - \phi_{c,01100}\psi_{s1,10101} - \phi_{c,01001}\psi_{s1,10200} - \phi_{c,10200}\psi_{c,101} \right\} dt,$$

$$\phi_{c,10210} = -\frac{1}{2\beta}\left\{ \frac{\sigma}{\sigma+\gamma}(\phi_{c,10200} - \phi_{c,10110}) - \phi_{c,01110}\psi_{s1,10100} - \phi_{c,01100}\psi_{s1,10110} \right.$$

$$\left. - \phi_{c,01010}\psi_{s1,10200} - \phi_{c,10200}\psi_{c,110} \right\}.$$

$u_{s1}^3 \alpha$, $u_{s1}^3 \rho$ 的系数为

$$\phi_{c,03001} = -\int_0^\infty e^{-3(\sigma+\gamma)t}\left\{ \frac{\sigma}{\sigma+\gamma}(\xi_t\phi_{c,03000} - \phi_{c,01001}\phi_{s2,02000}) \right.$$

$$\left. + \frac{\sigma^2}{\gamma(\sigma+\gamma)}(\phi_{s2,02001} - \xi_t\phi_{s1,03000}) - 3\phi_{c,03000}\psi_{s1,01001} \right\} dt,$$

$$\phi_{c,03010} = -\frac{1}{3(\sigma+\gamma)}\left\{ \frac{\sigma}{\sigma+\gamma}(\phi_{c,03000} - \phi_{c,01010}\phi_{s2,02000}) \right.$$

$$\left. + \frac{\sigma^2}{\gamma(\sigma+\gamma)}(\phi_{s2,02010} - \phi_{s1,03000}) - 3\phi_{c,03000}\psi_{s1,01010} \right\}.$$

$u_{s1}u_{s2}^2\alpha$, $u_{s1}u_{s2}^2\rho$ 的系数为

$$\phi_{c,01201} = -\int_0^\infty e^{-(\sigma+\gamma+2\beta)t}\left\{ \frac{\sigma}{\sigma+\gamma}(\xi_t\phi_{c,01200} - \phi_{c,01101}) \right.$$

$$+ \frac{\sigma^2}{\gamma(\sigma + \gamma)}(\phi_{s1,01101} - \xi_t \phi_{c,01200}) - \phi_{c,01200}\psi_{s1,01001}\bigg\} dt,$$

$$\phi_{c,01210} = - \frac{1}{\sigma + \gamma + 2\beta}\bigg\{ \frac{\sigma}{\sigma + \gamma}(\phi_{c,01200} - \phi_{c,01110}) - \phi_{c,01200}\psi_{s1,01010}$$

$$+ \frac{\sigma^2}{\gamma(\sigma + \gamma)}(\phi_{s1,01110} - \xi_t \phi_{c,01200})\bigg\}.$$

(5.26) 中的 $u_c^3\alpha$, $u_c^3\rho$ 的系数为

$$\phi_{s1,30001} = \int_{-\infty}^{0} e^{(\sigma+\gamma)t}\bigg\{ \frac{1}{\sigma + \gamma}(\sigma\phi_{s1,10001}\phi_{s2,20000} - \sigma\xi_t\phi_{s1,30000} - \gamma\phi_{s2,20001})$$

$$- 3\phi_{s1,30000}\psi_{c,101} - \phi_{s1,10001}\psi_{c,300}\bigg\} dt,$$

$$\phi_{s1,30010} = \frac{1}{\sigma + \gamma}\bigg\{ \frac{1}{\sigma + \gamma}(\sigma\phi_{s1,10010}\phi_{s2,20000} - \sigma\phi_{s1,30000} - \gamma\phi_{s2,20010})$$

$$- 3\phi_{s1,30000}\psi_{c,110} - \phi_{s1,10010}\psi_{c,300}\bigg\}.$$

$u_{s1}^3\alpha$, $u_{s1}^3\rho$ 的系数为

$$\phi_{s1,03001} = - \int_{0}^{\infty} e^{-2(\sigma+\gamma)t}\bigg\{ \frac{\sigma}{\sigma + \gamma}(\phi_{s2,02001} - \xi_t\phi_{s1,03000}) + \frac{\gamma}{\sigma + \gamma}(\xi_t\phi_{c,03000}$$

$$- \phi_{c,01001}\phi_{s2,02000}) - 3\phi_{s1,03000}\psi_{s1,01001}\bigg\} dt,$$

$$\phi_{s1,03010} = - \frac{1}{2(\sigma + \gamma)}\bigg\{ \frac{\sigma}{\sigma + \gamma}(\phi_{s2,02010} - \phi_{s1,03000}) + \frac{\gamma}{\sigma + \gamma}(\phi_{c,03000}$$

$$- \phi_{c,01010}\phi_{s2,02000}) - 3\phi_{s1,03000}\psi_{s1,01010}\bigg\}.$$

$u_{s1}u_{s2}^2\alpha$, $u_{s1}u_{s2}^2\rho$ 的系数为

$$\phi_{s1,01201} = - \int_{0}^{\infty} e^{-2\beta t}\bigg\{ \frac{\sigma}{\sigma + \gamma}(\phi_{s1,01101} - \xi_t\phi_{s1,01200}) + \frac{\gamma}{\sigma + \gamma}(\xi_t\phi_{c,01200}$$

$$- \phi_{\mathrm{c},01101}) - \phi_{\mathrm{s}1,01200}\psi_{\mathrm{s}1,01001}\Bigg\}dt,$$

$$\phi_{\mathrm{s}1,01210} = -\frac{1}{2\beta}\Bigg\{\frac{\sigma}{\sigma+\gamma}(\phi_{\mathrm{s}1,01110} - \phi_{\mathrm{s}1,01200}) + \frac{\gamma}{\sigma+\gamma}(\phi_{\mathrm{c},01200} - \phi_{\mathrm{c},01110})$$

$$- \phi_{\mathrm{s}1,01200}\psi_{\mathrm{s}1,01010}\Bigg\}.$$

(5.27) 中的 $u_{\mathrm{s}1}^2 u_{\mathrm{s}2}\alpha$, $u_{\mathrm{s}1}^2 u_{\mathrm{s}2}\rho$ 的系数为

$$\phi_{\mathrm{s}2,02101} = -\int_0^\infty e^{-2(\sigma+\gamma)t}\Bigg\{\left(1-\frac{\sigma}{\gamma}\right)(\phi_{\mathrm{c},01101} + \phi_{\mathrm{c},01001}\phi_{\mathrm{s}1,01100}) - \frac{2\sigma}{\gamma}\phi_{\mathrm{s}1,01101}$$

$$+ 2\phi_{\mathrm{c},01001}\phi_{\mathrm{c},01100} - 2\phi_{\mathrm{s}2,02100}\psi_{\mathrm{s}1,01001}\Bigg\}dt,$$

$$\phi_{\mathrm{s}2,02110} = -\frac{1}{2(\sigma+\gamma)}\Bigg\{\left(1-\frac{\sigma}{\gamma}\right)(\phi_{\mathrm{c},01110} + \phi_{\mathrm{c},01010}\phi_{\mathrm{s}1,01100}) - \frac{2\sigma}{\gamma}\phi_{\mathrm{s}1,01110}$$

$$+ 2\phi_{\mathrm{c},01010}\phi_{\mathrm{c},01100} - 2\phi_{\mathrm{s}2,02100}\psi_{\mathrm{s}1,01010}\Bigg\}.$$

对于 (5.28), $\dot{u}_{\mathrm{c}}$ 中 $u_{\mathrm{c}}^3\alpha$, $u_{\mathrm{c}}^3\rho$ 的系数为

$$\psi_{\mathrm{c},301} = -\frac{\sigma}{\gamma(\sigma+\gamma)}(\sigma\xi_t\phi_{\mathrm{s}1,30000} - \sigma\phi_{\mathrm{s}1,10001}\phi_{\mathrm{s}2,20000} + \gamma\phi_{\mathrm{s}2,20001}),$$

$$\psi_{\mathrm{c},310} = -\frac{\sigma}{\gamma(\sigma+\gamma)}(\sigma\phi_{\mathrm{s}1,30000} - \sigma\phi_{\mathrm{s}1,10010}\phi_{\mathrm{s}2,20000} + \gamma\phi_{\mathrm{s}2,20010}).$$

$\dot{u}_{\mathrm{s}1}$ 中 $u_{\mathrm{c}}^2 u_{\mathrm{s}1}\alpha$, $u_{\mathrm{c}}^2 u_{\mathrm{s}1}\rho$ 的系数为

$$\psi_{\mathrm{s}1,21001} = \frac{1}{\sigma+\gamma}(\gamma\xi_t\phi_{\mathrm{c},21000} - \gamma\phi_{\mathrm{c},01001}\phi_{\mathrm{s}2,20000} + \sigma\phi_{\mathrm{s}2,20001}),$$

$$\psi_{\mathrm{s}1,21010} = \frac{1}{\sigma+\gamma}(\gamma\phi_{\mathrm{c},21000} - \gamma\phi_{\mathrm{c},01010}\phi_{\mathrm{s}2,20000} + \sigma\phi_{\mathrm{s}2,20010}).$$

$\dot{u}_{\mathrm{s}1}$ 中 $u_{\mathrm{c}} u_{\mathrm{s}1}^2\alpha$, $u_{\mathrm{c}} u_{\mathrm{s}1}^2\rho$ 的系数为

$$\psi_{\mathrm{s}1,12001} = \frac{1}{\sigma+\gamma}(\gamma\xi_t\phi_{\mathrm{c},12000} + \sigma\phi_{\mathrm{s}1,10001}\phi_{\mathrm{s}2,02000} - \gamma\phi_{\mathrm{s}2,02001})$$

$$- \phi_{\mathrm{s}1,01101}\psi_{\mathrm{s}2,11000} - \phi_{\mathrm{s}1,01100}\psi_{\mathrm{s}2,11001},$$

$$\psi_{s1,12010} = \frac{1}{\sigma + \gamma}(\gamma\phi_{c,12000} + \sigma\phi_{s1,10010}\phi_{s2,02000} - \gamma\phi_{s2,02010})$$

$$- \phi_{s1,01110}\psi_{s2,11000} - \phi_{s1,01100}\psi_{s2,11010}.$$

$\dot{u}_{s1}$ 中 $u_c u_{s2}^2 \alpha,\ u_c u_{s2}^2 \rho$ 的系数为

$$\psi_{s1,10201} = -\frac{\gamma}{\sigma + \gamma}(\phi_{c,10101} - \xi_t\phi_{c,10200}) - \phi_{s1,01101}\psi_{s1,10100} - \phi_{s1,01100}\psi_{s1,10101},$$

$$\psi_{s1,10210} = -\frac{\gamma}{\sigma + \gamma}(\phi_{c,10110} - \phi_{c,10200}) - \phi_{s1,01110}\psi_{s1,10100} - \phi_{s1,01100}\psi_{s1,10110}.$$

$\dot{u}_{s2}$ 中 $u_c^2 u_{s2}\alpha,\ u_c^2 u_{s2}\rho$ 的系数为

$$\psi_{s2,20101} = \left(1 - \frac{\sigma}{\gamma}\right)\phi_{c,10100}\phi_{s1,10001} + 2\phi_{c,10101},$$

$$\psi_{s2,20110} = \left(1 - \frac{\sigma}{\gamma}\right)\phi_{c,10100}\phi_{s1,10010} + 2\phi_{c,10110}.$$

$\dot{u}_{s2}$ 中 $u_c u_{s1} u_{s2}\alpha,\ u_c u_{s1} u_{s2}\rho$ 的系数为

$$\psi_{s2,11101} = \left(1 - \frac{\sigma}{\gamma}\right)(\phi_{c,10101} + \phi_{s1,01101} + \phi_{c,01100}\phi_{s1,10001}) - \frac{2\sigma}{\gamma}\phi_{s1,01100}\phi_{s1,10001}$$

$$+ 2\phi_{c,01101} + 2\phi_{c,01001}\phi_{c,10100} - 2\phi_{s2,02001}\psi_{s1,10100} - 2\phi_{s1,02000}\psi_{s1,10101},$$

$$\psi_{s2,11110} = \left(1 - \frac{\sigma}{\gamma}\right)(\phi_{c,10110} + \phi_{s1,01110} + \phi_{c,01100}\phi_{s1,10010}) - \frac{2\sigma}{\gamma}\phi_{s1,01100}\phi_{s1,10010}$$

$$+ 2\phi_{c,01110} + 2\phi_{c,01010}\phi_{c,10100} - 2\phi_{s2,02010}\psi_{s1,10100} - 2\phi_{s1,02000}\psi_{s1,10110}.$$

第三步: 令 $r = 2$, 即参数 ρ 和 α 次数和为 2 的情形.

1. $i + j + k = 1$.

(5.25) 中的 $u_{s1}\alpha^2,\ u_{s1}\alpha\rho,\ u_{s1}\rho^2$ 的系数为

$$\phi_{c,01002} = -\int_0^\infty e^{-(\sigma+\gamma)t}\left\{\frac{\sigma\xi_t}{\sigma + \gamma}\phi_{c,01001} - \phi_{c,01001}\psi_{s1,01001}\right\}dt,$$

$$\phi_{c,01011} = -\int_0^\infty e^{-(\sigma+\gamma)t}\left\{\frac{\sigma}{\sigma + \gamma}(\phi_{c,01001} + \xi_t\phi_{c,01010}) - \phi_{c,01010}\psi_{s1,01001}\right.$$

$$\left. - \phi_{c,01001}\phi_{c,01010}\right\}dt,$$

$$\phi_{c,01020} = \frac{1}{\sigma+\gamma}\phi_{c,01010}\psi_{s1,01010} - \frac{\sigma}{(\sigma+\gamma)^2}\phi_{c,01010}.$$

(5.26) 中的 $u_c\alpha^2$, $u_c\alpha\rho$, $u_c\rho^2$ 的系数为

$$\phi_{s1,10002} = \int_{-\infty}^{0} e^{(\sigma+\gamma)t}\left\{-\frac{\sigma\xi_t}{\sigma+\gamma}\phi_{s1,10001} - \phi_{s1,10001}\psi_{c,101}\right\}dt,$$

$$\phi_{s1,10011} = \int_{-\infty}^{0} e^{(\sigma+\gamma)t}\left\{-\frac{\sigma}{\sigma+\gamma}(\xi_t\phi_{s1,10010} + \phi_{s1,10001}) - \phi_{s1,10010}\psi_{c,101}\right.$$
$$\left. - \phi_{s1,10001}\psi_{c,110}\right\}dt,$$

$$\phi_{s1,10020} = -\frac{\sigma}{(\sigma+\gamma)^2}\phi_{s1,10010} - \frac{1}{\sigma+\gamma}\phi_{s1,10010}\psi_{c,110}.$$

(5.28) 中的 $u_c\alpha^2$, $u_c\alpha\rho$, $u_c\rho^2$, $u_{s1}\alpha^2$, $u_{s1}\alpha\rho$, $u_{s1}\rho^2$ 的系数为

$$\psi_{c,102} = -\frac{\sigma^2\xi_t}{\gamma(\sigma+\gamma)}\phi_{s1,10001}, \quad \psi_{c,111} = -\frac{\sigma^2}{\gamma(\sigma+\gamma)}\phi_{s1,10010},$$

$$\psi_{c,120} = -\frac{\sigma^2}{\gamma(\sigma+\gamma)}(\phi_{s1,10001} + \phi_{s1,10010}), \quad \psi_{s1,01002} = \frac{\gamma\xi_t}{\sigma+\gamma}\phi_{c,01001},$$

$$\psi_{s1,01011} = \frac{\gamma}{\sigma+\gamma}(\phi_{c,01001} + \xi_t\phi_{c,01010}), \quad \psi_{s1,01020} = \frac{\gamma}{\sigma+\gamma}\phi_{c,01010}.$$

2. $i+j+k=2$.

(5.25) 中的 $u_c u_{s2}\alpha^2$, $u_c u_{s2}\alpha\rho$, $u_c u_{s2}\rho^2$ 的系数为

$$\phi_{c,10102} = -\int_{0}^{\infty} e^{-\beta t}\left\{\frac{\sigma}{\sigma+\gamma}(\xi_t\phi_{c,10101} + \sigma\phi_{s1,10002}) - \phi_{c,01002}\psi_{s1,10100}\right.$$
$$\left. - \phi_{c,01001}\psi_{s1,10101} - \phi_{c,10101}\psi_{c,101} - \phi_{c,10100}\psi_{c,102}\right\}dt,$$

$$\phi_{c,10111} = -\int_{0}^{\infty} e^{-\beta t}\left\{\frac{\sigma}{\sigma+\gamma}(\xi_t\phi_{c,10110} + \phi_{c,10101} + \sigma\phi_{s1,10011})\right.$$
$$- \phi_{c,01011}\psi_{s1,10100} - \phi_{c,01001}\psi_{s1,10110} - \phi_{c,01010}\psi_{s1,10101}$$
$$\left. - \phi_{c,10101}\psi_{c,110} - \phi_{c,10110}\psi_{c,101} - \phi_{c,10100}\psi_{c,111}\right\}dt,$$

$$\phi_{c,10120} = -\frac{1}{\beta}\left\{\frac{\sigma}{\sigma+\gamma}(\phi_{c,10110}+\sigma\phi_{s1,10020}) - \phi_{c,01020}\psi_{s1,10100}\right.$$

$$\left. - \phi_{c,01010}\psi_{s1,10110} - \phi_{c,10110}\psi_{c,110} - \phi_{c,10100}\psi_{c,120}\right\}.$$

$u_{s1}u_{s2}\alpha^2$, $u_{s1}u_{s2}\alpha\rho$, $u_{s1}u_{s2}\rho^2$ 的系数为

$$\phi_{c,01102} = -\int_0^\infty e^{-(\sigma+\gamma+\beta)t}\left\{\frac{\sigma}{\sigma+\gamma}(\xi_t\phi_{c,01101}-\phi_{c,01002}-\xi_t\sigma\phi_{s1,01101})\right.$$

$$\left. - \phi_{c,01101}\psi_{s1,01001} - \phi_{c,01100}\psi_{s1,01002}\right\}dt,$$

$$\phi_{c,01111} = -\int_0^\infty e^{-(\sigma+\gamma+\beta)t}\left\{\frac{\sigma}{\sigma+\gamma}(\xi_t\phi_{c,01110}+\phi_{c,01101}-\phi_{c,01011}\right.$$

$$- \xi_t\sigma\phi_{s1,01110} - \sigma\phi_{s1,01101}) - \phi_{c,01110}\psi_{s1,01001}$$

$$\left. - \phi_{c,01101}\psi_{s1,01010} - \phi_{c,01100}\psi_{s1,01011}\right\}dt,$$

$$\phi_{c,01120} = \frac{1}{\sigma+\gamma+\beta}\left\{\frac{\sigma}{\sigma+\gamma}(\phi_{c,01110}-\phi_{c,01020}-\sigma\phi_{s1,01110})\right.$$

$$\left. - \phi_{c,01110}\psi_{s1,01010} - \phi_{c,01100}\psi_{s1,01020}\right\}.$$

(5.26) 中的 $u_{s1}u_{s2}\alpha^2$, $u_{s1}u_{s2}\alpha\rho$, $u_{s1}u_{s2}\rho^2$ 的系数为

$$\phi_{s1,01102} = \int_{-\infty}^0 e^{\beta t}\left\{\frac{1}{\sigma+\gamma}(\gamma\xi_t\phi_{c,01101}-\gamma\phi_{c,01002}-\sigma\xi_t\phi_{s1,01101})\right.$$

$$\left. - \phi_{s1,01101}\psi_{s1,01001} - \phi_{s1,01100}\psi_{s1,01002}\right\}dt,$$

$$\phi_{s1,01111} = \int_{-\infty}^0 e^{\beta t}\left\{\frac{1}{\sigma+\gamma}(\gamma\xi_t\phi_{c,01110}+\gamma\phi_{c,01101}-\gamma\phi_{c,01011}-\sigma\xi_t\phi_{s1,01110}\right.$$

$$- \sigma\phi_{s1,01101}) - \phi_{s1,01110}\psi_{s1,01001} - \phi_{s1,01101}\psi_{s1,01010}$$

$$\left. - \phi_{s1,01100}\psi_{s1,01011}\right\}dt,$$

$$\phi_{s1,01120} = \frac{1}{\sigma+\gamma}(\gamma\phi_{c,01110} - \gamma\phi_{c,01020} - \sigma\phi_{s1,01110}) - \phi_{s1,01110}\psi_{s1,01010}$$

$$- \phi_{s1,01100}\psi_{s1,01020}.$$

(5.27) 中的 $u_c^2\alpha^2$, $u_c^2\alpha\rho$, $u_c^2\rho^2$ 的系数为

$$\phi_{s2,20002} = \int_{-\infty}^{0} e^{\beta t}\left\{ \left(1 - \frac{\sigma}{\gamma}\right)\phi_{s1,10002} - \frac{\sigma}{\gamma}\phi_{s1,10001}^2 - 2\phi_{s2,20001}\psi_{c,101} \right.$$

$$\left. - 2\phi_{s2,20000}\psi_{c,102} \right\}dt,$$

$$\phi_{s2,20011} = \int_{-\infty}^{0} e^{\beta t}\left\{ \left(1 - \frac{\sigma}{\gamma}\right)\phi_{s1,10011} - \frac{2\sigma}{\gamma}\phi_{s1,10001}\phi_{s1,10010} - 2\phi_{s2,20001}\psi_{c,110} \right.$$

$$\left. - 2\phi_{s2,20010}\psi_{c,101} - 2\phi_{s2,20000}\psi_{c,111} \right\}dt,$$

$$\phi_{s2,20020} = \frac{1}{\beta}\left\{ \left(1 - \frac{\sigma}{\gamma}\right)\phi_{s1,10020} - \frac{\sigma}{\gamma}\phi_{s1,10010}^2 - 2\phi_{s2,20010}\psi_{c,110} - 2\phi_{s2,20000}\psi_{c,120} \right\}.$$

$u_{s1}^2\alpha^2$, $u_{s1}^2\alpha\rho$, $u_{s1}^2\rho^2$ 的系数为

$$\phi_{s2,02002} = \int_{-\infty}^{0} e^{(2\sigma+2\gamma-\beta)t}\left\{ \left(1 - \frac{\sigma}{\gamma}\right)\phi_{c,01002} + \phi_{c,01001}^2 - 2\phi_{s2,02001}\psi_{s1,01001} \right.$$

$$\left. - 2\phi_{s2,02000}\psi_{s1,01002} \right\}dt,$$

$$\phi_{s2,02011} = \int_{-\infty}^{0} e^{(2\sigma+2\gamma-\beta)t}\left\{ \left(1 - \frac{\sigma}{\gamma}\right)\phi_{c,01002} + \phi_{c,01001}^2 - 2\phi_{s2,02001}\psi_{s1,01001} \right.$$

$$\left. - 2\phi_{s2,02000}\psi_{s1,01002} \right\}dt,$$

$$\phi_{s2,02020} = -\frac{1}{2\sigma+2\gamma-\beta}\left\{ \left(1 - \frac{\sigma}{\gamma}\right)\phi_{c,01011} + 2\phi_{c,01001}\phi_{c,01010} \right.$$

$$\left. - 2\phi_{s2,02010}\psi_{s1,01000} - 2\phi_{s2,02001}\psi_{s1,01010} - 2\phi_{s2,02000}\psi_{s1,01011} \right\}.$$

对于 (5.28), $\dot{u}_{s1}$ 中 $u_c u_{s2}\alpha^2$, $u_c u_{s2}\rho^2$, $u_c u_{s2}\alpha\rho$ 的系数为

$$\psi_{s1,10102} = \frac{1}{\sigma+\gamma}(\gamma\xi_t\phi_{c,10101} + \sigma\phi_{s1,10002}),$$

$$\psi_{s1,10111} = \frac{1}{\sigma+\gamma}(\gamma\phi_{c,10101} + \gamma\xi_t\phi_{c,10110} + \sigma\phi_{s1,10011}),$$

$$\psi_{s1,10120} = \frac{1}{\sigma+\gamma}(\gamma\phi_{c,10110} + \sigma\phi_{s1,10020}).$$

$\dot{u}_{s2}$ 中 $u_c u_{s1}\alpha^2$, $u_c u_{s1}\rho^2$, $u_c u_{s1}\alpha\rho$ 的系数为

$$\psi_{s2,11002} = 2\phi_{c,01002} + \phi_{c,01001}\phi_{s1,10001} - \frac{\sigma}{\gamma}\phi_{c,01001}\phi_{s1,10001} - 2\frac{\sigma}{\gamma}\phi_{s1,10002},$$

$$\psi_{s2,11011} = 2\phi_{c,01011} + \phi_{c,01010}\phi_{s1,10001} + \phi_{c,01001}\phi_{s1,10010} - \frac{\sigma}{\gamma}\phi_{c,01010}\phi_{s1,10001}$$
$$- \frac{\sigma}{\gamma}\phi_{c,01001}\phi_{s1,10010} - 2\frac{\sigma}{\gamma}\phi_{s1,10011},$$

$$\psi_{s2,11020} = 2\phi_{c,01020} + \phi_{c,01010}\phi_{s1,10010} - \frac{\sigma}{\gamma}\phi_{c,01010}\phi_{s1,10010} - 2\frac{\sigma}{\gamma}\phi_{s1,10020}.$$

3. $i + j + k = 3$.

(5.25) 中 $u_c^2 u_{s1}\alpha^2$, $u_c^2 u_{s1}\alpha\rho$, $u_c^2 u_{s1}\rho^2$ 的系数为

$$\phi_{c,21002} = -\int_0^\infty e^{-(\sigma+\gamma)t}\left\{ \frac{\sigma}{\sigma+\gamma}\left(\xi_t\phi_{c,21001} - \phi_{c,01002}\phi_{s2,20000} - \phi_{c,01001}\phi_{s2,20001} \right.\right.$$
$$\left.+ \frac{\sigma}{\gamma}\phi_{s2,20002}\right) - \phi_{c,21001}\psi_{s1,01001} - \phi_{c,21000}\psi_{s1,01002} - \phi_{c,01002}\psi_{s1,21000}$$
$$- \phi_{c,01001}\psi_{s1,21001} - 2\phi_{c,21001}\psi_{c,101} - 2\phi_{c,21000}\psi_{c,102} - \phi_{c,10102}\psi_{s2,11000}$$
$$\left.- \phi_{c,10101}\psi_{s2,11001} - \phi_{c,10100}\psi_{s2,11002} \right\}dt,$$

$$\phi_{c,21011} = -\int_0^\infty e^{-(\sigma+\gamma)t}\left\{ \frac{\sigma}{\sigma+\gamma}\left(\xi_t\phi_{c,21010} + \phi_{c,21001} - \phi_{c,01011}\phi_{s2,20000} \right.\right.$$
$$\left.- \phi_{c,01010}\phi_{s2,20001} - \phi_{c,01001}\phi_{s2,20010} + \frac{\sigma}{\gamma}\phi_{s2,20011}\right) - \phi_{c,21010}\psi_{s1,01001}$$
$$- \phi_{c,21001}\psi_{s1,01010} - \phi_{c,21000}\psi_{s1,01011} - \phi_{c,01011}\psi_{s1,21000}$$
$$- \phi_{c,01010}\psi_{s1,21001} - \phi_{c,01001}\psi_{s1,21010} - 2\phi_{c,21010}\psi_{c,101}$$

$$- 2\phi_{c,21001}\psi_{c,110} - 2\phi_{c,21000}\psi_{c,111} - \phi_{c,10111}\psi_{s2,11000}$$

$$- \phi_{c,10110}\psi_{s2,11001} - \phi_{c,10101}\psi_{s2,11010} - \phi_{c,10100}\psi_{s2,11011} \Bigg\} dt,$$

$$\phi_{c,21020} = - \frac{1}{\sigma+\gamma} \Bigg\{ \frac{\sigma}{\sigma+\gamma} \bigg(\phi_{c,21010} - \phi_{c,01020}\phi_{s2,20000} - \phi_{c,01010}\phi_{s2,20010}$$

$$+ \frac{\sigma}{\gamma}\phi_{s2,20020} \bigg) - \phi_{c,21010}\psi_{s1,01010} - \phi_{c,21000}\psi_{s1,01020} - \phi_{c,01020}\psi_{s1,21000}$$

$$- \phi_{c,01010}\psi_{s1,21010} - 2\phi_{c,21010}\psi_{c,110} - 2\phi_{c,21000}\psi_{c,120}$$

$$- \phi_{c,10120}\psi_{s2,11000} - \phi_{c,10110}\psi_{s2,11010} - \phi_{c,10100}\psi_{s2,11020} \Bigg\}.$$

$u_c u_{s1}^2 \alpha^2$, $u_c u_{s1}^2 \alpha\rho$, $u_c u_{s1}^2 \rho^2$ 的系数为

$$\phi_{c,12002} = - \int_0^\infty e^{-2(\sigma+\gamma)t} \Bigg\{ \frac{\sigma}{\sigma+\gamma}(\xi_t\phi_{c,12001} - \phi_{s2,02002}) - 2\phi_{c,12001}\psi_{s1,01001}$$

$$+ \frac{\sigma^2}{\gamma(\sigma+\gamma)}(\phi_{s1,10002}\phi_{s2,02000} + \phi_{s1,10001}\phi_{s2,02001}) - 2\phi_{c,12000}\psi_{s1,01002}$$

$$- \phi_{c,01002}\psi_{s1,12000} - \phi_{c,01001}\psi_{s1,12001} - \phi_{c,12001}\psi_{c,101} - \phi_{c,12000}\psi_{c,102}$$

$$- \phi_{c,01102}\psi_{s2,11000} - \phi_{c,01101}\psi_{s2,11001} - \phi_{c,01100}\psi_{s2,11002} \Bigg\} dt,$$

$$\phi_{c,12011} = - \int_0^\infty e^{-2(\sigma+\gamma)t} \Bigg\{ \frac{\sigma}{\sigma+\gamma}(\xi_t\phi_{c,12010} + \phi_{c,12001} - \phi_{s2,02011})$$

$$+ \frac{\sigma^2}{\gamma(\sigma+\gamma)}(\phi_{s1,10011}\phi_{s2,02000} + \phi_{s1,10010}\phi_{s2,02001} + \phi_{s1,10001}\phi_{s2,02010})$$

$$- \phi_{c,01011}\psi_{s1,12000} - \phi_{c,01010}\psi_{s1,12001} - \phi_{c,01001}\psi_{s1,12010} - \phi_{c,12010}\psi_{c,101}$$

$$- \phi_{c,12001}\psi_{c,110} - \phi_{c,12000}\psi_{c,111} - \phi_{c,01111}\psi_{s2,11000} - \phi_{c,01110}\psi_{s2,11001}$$

$$- 2\phi_{c,12010}\psi_{s1,01001} - 2\phi_{c,12001}\psi_{s1,01010} - 2\phi_{c,12000}\psi_{s1,01011}$$

$$- \phi_{c,01101}\psi_{s2,11010} - \phi_{c,01100}\psi_{s2,11011} \Bigg\} dt,$$

$$\phi_{\mathrm{c},12020} = -\frac{1}{2(\sigma+\gamma)} \left\{ \frac{\sigma}{\sigma+\gamma}(\phi_{\mathrm{c},12010}-\phi_{\mathrm{s}2,02020}) + \frac{\sigma^2}{\gamma(\sigma+\gamma)}(\phi_{\mathrm{s}1,10020}\phi_{\mathrm{s}2,02000} \right.$$

$$-\phi_{\mathrm{c},01020}\psi_{\mathrm{s}1,12000} - \phi_{\mathrm{c},01010}\psi_{\mathrm{s}1,12010} - \phi_{\mathrm{c},12010}\psi_{\mathrm{c},110} - \phi_{\mathrm{c},12000}\psi_{\mathrm{c},120}$$

$$+ \phi_{\mathrm{s}1,10010}\phi_{\mathrm{s}2,02010}) - 2\phi_{\mathrm{c},12010}\psi_{\mathrm{s}1,01010} - 2\phi_{\mathrm{c},12000}\psi_{\mathrm{s}1,01020}$$

$$\left. - \phi_{\mathrm{c},01120}\psi_{\mathrm{s}2,11000} - \phi_{\mathrm{c},01110}\psi_{\mathrm{s}2,11010} - \phi_{\mathrm{c},01100}\psi_{\mathrm{s}2,11020} \right\}.$$

$u_{\mathrm{c}}u_{\mathrm{s}2}^2\alpha^2$, $u_{\mathrm{c}}u_{\mathrm{s}2}^2\alpha\rho$, $u_{\mathrm{c}}u_{\mathrm{s}2}^2\rho^2$ 的系数为

$$\phi_{\mathrm{c},10202} = -\int_0^\infty e^{-2\beta t} \left\{ \frac{\sigma}{\sigma+\gamma}(\xi_t\phi_{\mathrm{c},10201}-\phi_{\mathrm{c},10102}) - \phi_{\mathrm{c},01102}\psi_{\mathrm{s}1,10100} \right.$$

$$- \phi_{\mathrm{c},01101}\psi_{\mathrm{s}1,10101} - \phi_{\mathrm{c},01100}\psi_{\mathrm{s}1,10102} - \phi_{\mathrm{c},01002}\psi_{\mathrm{s}1,10200}$$

$$\left. - \phi_{\mathrm{c},01001}\psi_{\mathrm{s}1,10201} - \phi_{\mathrm{c},10201}\psi_{\mathrm{c},101} - \phi_{\mathrm{c},10200}\psi_{\mathrm{c},102} \right\}dt,$$

$$\phi_{\mathrm{c},10211} = -\int_0^\infty e^{-2\beta t} \left\{ \frac{\sigma}{\sigma+\gamma}(\xi_t\phi_{\mathrm{c},10210}+\phi_{\mathrm{c},10201}-\phi_{\mathrm{c},10111}) - \phi_{\mathrm{c},01111}\psi_{\mathrm{s}1,10100} \right.$$

$$- \phi_{\mathrm{c},01110}\psi_{\mathrm{s}1,10101} - \phi_{\mathrm{c},01101}\psi_{\mathrm{s}1,10110} - \phi_{\mathrm{c},01100}\psi_{\mathrm{s}1,10111}$$

$$- \phi_{\mathrm{c},01011}\psi_{\mathrm{s}1,10200} - \phi_{\mathrm{c},01010}\psi_{\mathrm{s}1,10201} - \phi_{\mathrm{c},01001}\psi_{\mathrm{s}1,10210}$$

$$\left. - \phi_{\mathrm{c},10210}\psi_{\mathrm{c},101} - \phi_{\mathrm{c},10201}\psi_{\mathrm{c},110} - \phi_{\mathrm{c},10200}\psi_{\mathrm{c},111} \right\}dt,$$

$$\phi_{\mathrm{c},10220} = -\frac{1}{2\beta} \left\{ \frac{\sigma}{\sigma+\gamma}(\phi_{\mathrm{c},10210}-\phi_{\mathrm{c},10120}) - \phi_{\mathrm{c},01120}\psi_{\mathrm{s}1,10100} - \phi_{\mathrm{c},01110}\psi_{\mathrm{s}1,10110} \right.$$

$$- \phi_{\mathrm{c},01100}\psi_{\mathrm{s}1,10120} - \phi_{\mathrm{c},01020}\psi_{\mathrm{s}1,10200} - \phi_{\mathrm{c},01010}\psi_{\mathrm{s}1,10210}$$

$$\left. - \phi_{\mathrm{c},10210}\psi_{\mathrm{c},110} - \phi_{\mathrm{c},10200}\psi_{\mathrm{c},120} \right\}.$$

$u_{\mathrm{s}1}^3\alpha^2$, $u_{\mathrm{s}1}^3\alpha\rho$, $u_{\mathrm{s}1}^3\rho^2$ 的系数为

$$\phi_{\mathrm{c},03002} = -\int_0^\infty e^{-3(\sigma+\gamma)t} \left\{ \frac{\sigma}{\sigma+\gamma}(\xi_t\phi_{\mathrm{c},03001}-\phi_{\mathrm{c},01002}\phi_{\mathrm{s}2,02000}-\phi_{\mathrm{c},01001}\phi_{\mathrm{s}2,02001}) \right.$$

$$+ \frac{\sigma^2}{\gamma(\sigma+\gamma)}(\phi_{\text{s}2,02002} - \xi_t\phi_{\text{s}1,03001}) - 3\phi_{\text{c},03001}\psi_{\text{s}1,01001}$$

$$\left. - 3\phi_{\text{c},03000}\psi_{\text{s}1,01002} \right\}dt,$$

$$\phi_{\text{c},03011} = -\int_0^\infty e^{-3(\sigma+\gamma)t}\left\{ \frac{\sigma}{\sigma+\gamma}(\xi_t\phi_{\text{c},03010} + \phi_{\text{c},03001} - \phi_{\text{c},01011}\phi_{\text{s}2,02000}\right.$$

$$- \phi_{\text{c},01010}\phi_{\text{s}2,02001} - \phi_{\text{c},01001}\phi_{\text{s}2,02010}) + \frac{\sigma^2}{\gamma(\sigma+\gamma)}(\phi_{\text{s}2,02011}$$

$$- \xi_t\phi_{\text{s}1,03010} - \phi_{\text{s}1,03001}) - 3\phi_{\text{c},03010}\psi_{\text{s}1,01001}$$

$$\left. - 3\phi_{\text{c},03001}\psi_{\text{s}1,01010} - 3\phi_{\text{c},03000}\psi_{\text{s}1,01011} \right\}dt,$$

$$\phi_{\text{c},03020} = -\frac{1}{3(\sigma+\gamma)}\left\{ \frac{\sigma}{\sigma+\gamma}(\phi_{\text{c},03010} - \phi_{\text{c},01020}\phi_{\text{s}2,02000} - \phi_{\text{c},01010}\phi_{\text{s}2,02010})\right.$$

$$\left. + \frac{\sigma^2}{\gamma(\sigma+\gamma)}(\phi_{\text{s}2,02020} - \phi_{\text{s}1,03010}) - 3\phi_{\text{c},03010}\psi_{\text{s}1,01010} - 3\phi_{\text{c},03000}\psi_{\text{s}1,01020} \right\}.$$

$u_{\text{s}1}u_{\text{s}2}^2\alpha^2$, $u_{\text{s}1}u_{\text{s}2}^2\alpha\rho$, $u_{\text{s}1}u_{\text{s}2}^2\rho^2$ 的系数为

$$\phi_{\text{c},01202} = -\int_0^\infty e^{-(\sigma+\gamma+2\beta)t}\left\{ \frac{\sigma}{\sigma+\gamma}(\xi_t\phi_{\text{c},01201} - \phi_{\text{c},01102}) + \frac{\sigma^2}{\gamma(\sigma+\gamma)}(\phi_{\text{s}1,01102}\right.$$

$$\left. - \xi_t\phi_{\text{s}1,01201}) - \phi_{\text{c},01201}\psi_{\text{s}1,01001} - \phi_{\text{c},01200}\psi_{\text{s}1,01002} \right\}dt,$$

$$\phi_{\text{c},01211} = -\int_0^\infty e^{-(\sigma+\gamma+2\beta)t}\left\{ \frac{\sigma}{\sigma+\gamma}(\xi_t\phi_{\text{c},01210} + \phi_{\text{c},01201} - \phi_{\text{c},01111})\right.$$

$$+ \frac{\sigma^2}{\gamma(\sigma+\gamma)}(\phi_{\text{s}1,01111} - \xi_t\phi_{\text{s}1,01210} - \phi_{\text{s}1,01201}) - \phi_{\text{c},01210}\psi_{\text{s}1,01001}$$

$$\left. - \phi_{\text{c},01201}\psi_{\text{s}1,01010} - \phi_{\text{c},01200}\psi_{\text{s}1,01011} \right\}dt,$$

$$\phi_{\text{c},01220} = -\frac{1}{\sigma+\gamma+2\beta}\left\{ \frac{\sigma}{\sigma+\gamma}(\phi_{\text{c},01210} - \phi_{\text{c},01120}) + \frac{\sigma^2}{\gamma(\sigma+\gamma)}(\phi_{\text{s}1,01120}\right.$$

$$- \phi_{\mathrm{s1},01210}) - \phi_{\mathrm{c},01210}\psi_{\mathrm{s1},01010} - \phi_{\mathrm{c},01200}\psi_{\mathrm{s1},01020}\Bigg\}.$$

(5.26) 中 $u_\mathrm{c}^3\alpha^2$, $u_\mathrm{c}^3\alpha\rho$, $u_\mathrm{c}^3\rho^2$ 的系数为

$$
\phi_{\mathrm{s1},30002} = \int_{-\infty}^{0} e^{(\sigma+\gamma)t}\Bigg\{ \frac{\sigma}{\sigma+\gamma}(\phi_{\mathrm{s1},10002}\phi_{\mathrm{s2},20000} + \phi_{\mathrm{s1},10001}\phi_{\mathrm{s1},20001} - \xi_t\phi_{\mathrm{s1},30001})
$$
$$
- \frac{\gamma}{\sigma+\gamma}\phi_{\mathrm{s2},20002} - 3\phi_{\mathrm{s1},30001}\psi_{\mathrm{c},101} - 3\phi_{\mathrm{s1},30000}\psi_{\mathrm{c},102}
$$
$$
- \phi_{\mathrm{s1},10002}\psi_{\mathrm{c},300} - \phi_{\mathrm{s1},10001}\psi_{\mathrm{c},301}\Bigg\}dt,
$$

$$
\phi_{\mathrm{s1},30011} = \int_{-\infty}^{0} e^{(\sigma+\gamma)t}\Bigg\{ \frac{\sigma}{\sigma+\gamma}(\phi_{\mathrm{s1},10011}\phi_{\mathrm{s2},20000} + \phi_{\mathrm{s1},10010}\phi_{\mathrm{s1},20001} - \xi_t\phi_{\mathrm{s1},30010}
$$
$$
+ \phi_{\mathrm{s1},10001}\phi_{\mathrm{s1},20010} - \phi_{\mathrm{s1},30001}) - \frac{\gamma}{\sigma+\gamma}\phi_{\mathrm{s2},20011} - 3\phi_{\mathrm{s1},30010}\psi_{\mathrm{c},101}
$$
$$
- 3\phi_{\mathrm{s1},30001}\psi_{\mathrm{c},110} - 3\phi_{\mathrm{s1},30000}\psi_{\mathrm{c},111} - \phi_{\mathrm{s1},10011}\psi_{\mathrm{c},300}
$$
$$
- \phi_{\mathrm{s1},10010}\psi_{\mathrm{c},301} - \phi_{\mathrm{s1},10001}\psi_{\mathrm{c},311}\Bigg\}dt,
$$

$$
\phi_{\mathrm{s1},30020} = \frac{1}{\sigma+\gamma}\Bigg\{ \frac{\sigma}{\sigma+\gamma}(\phi_{\mathrm{s1},10020}\phi_{\mathrm{s2},20000} + \phi_{\mathrm{s1},10010}\phi_{\mathrm{s1},20010} - \xi_t\phi_{\mathrm{s1},30010})
$$
$$
- \frac{\gamma}{\sigma+\gamma}\phi_{\mathrm{s2},20020} - 3\phi_{\mathrm{s1},30010}\psi_{\mathrm{c},110} - 3\phi_{\mathrm{s1},30000}\psi_{\mathrm{c},120}
$$
$$
- \phi_{\mathrm{s1},10020}\psi_{\mathrm{c},300} - \phi_{\mathrm{s1},10010}\psi_{\mathrm{c},310}\Bigg\}.
$$

$u_\mathrm{s1}^3\alpha^2$, $u_\mathrm{s1}^3\alpha\rho$, $u_\mathrm{s1}^3\rho^2$ 的系数为

$$
\phi_{\mathrm{s1},03002} = \int_{-\infty}^{0} e^{2(\sigma+\gamma)t}\Bigg\{ \frac{\sigma}{\sigma+\gamma}(\phi_{\mathrm{s2},02002} - \xi_t\phi_{\mathrm{s1},03001}) - 3\phi_{\mathrm{s1},03000}\psi_{\mathrm{s1},01002}
$$
$$
+ \frac{\gamma}{\sigma+\gamma}(\xi_t\phi_{\mathrm{c},03001} - \phi_{\mathrm{c},01002}\phi_{\mathrm{s2},02000} - \phi_{\mathrm{c},01001}\phi_{\mathrm{s2},02001})
$$
$$
- 3\phi_{\mathrm{s1},03001}\psi_{\mathrm{s1},01001}\Bigg\}dt,
$$

$$\phi_{\mathrm{s}1,03011} = \int_{-\infty}^{0} e^{2(\sigma+\gamma)t} \left\{ \frac{\sigma}{\sigma+\gamma} (\phi_{\mathrm{s}2,02011} - \xi_t \phi_{\mathrm{s}1,03010} - \phi_{\mathrm{s}1,03001}) \right.$$

$$+ \frac{\gamma}{\sigma+\gamma} (\xi_t \phi_{\mathrm{c},03010} + \phi_{\mathrm{c},03001} - \phi_{\mathrm{c},01011}\phi_{\mathrm{s}2,02000} - \phi_{\mathrm{c},01010}\phi_{\mathrm{s}2,02001}$$

$$- \phi_{\mathrm{c},01001}\phi_{\mathrm{s}2,02010}) - 3\phi_{\mathrm{s}1,03010}\psi_{\mathrm{s}1,01001} - 3\phi_{\mathrm{s}1,03001}\psi_{\mathrm{s}1,01010}$$

$$\left. - 3\phi_{\mathrm{s}1,03000}\psi_{\mathrm{s}1,01011} \right\} dt,$$

$$\phi_{\mathrm{s}1,03020} = -\frac{1}{2(\sigma+\gamma)} \left\{ \frac{\sigma}{\sigma+\gamma} (\phi_{\mathrm{s}2,02020} - \phi_{\mathrm{s}1,03010}) + \frac{\gamma}{\sigma+\gamma} (\phi_{\mathrm{c},03010} \right.$$

$$- \phi_{\mathrm{c},01020}\phi_{\mathrm{s}2,02000} - \phi_{\mathrm{c},01010}\phi_{\mathrm{s}2,02010}) - 3\phi_{\mathrm{s}1,03010}\psi_{\mathrm{s}1,01010}$$

$$\left. - 3\phi_{\mathrm{s}1,03000}\psi_{\mathrm{s}1,01020} \right\}.$$

$u_{\mathrm{s}1}u_{\mathrm{s}2}^2\alpha^2$, $u_{\mathrm{s}1}u_{\mathrm{s}2}^2\alpha\rho$, $u_{\mathrm{s}1}u_{\mathrm{s}2}^2\rho^2$ 的系数为

$$\phi_{\mathrm{s}1,01202} = \int_{-\infty}^{0} e^{2\beta t} \left\{ \frac{\sigma}{\sigma+\gamma} (\phi_{\mathrm{s}1,01102} - \xi_t \phi_{\mathrm{s}1,01201}) + \frac{\gamma}{\sigma+\gamma} (\xi_t \phi_{\mathrm{c},01201} - \phi_{\mathrm{c},01102}) \right.$$

$$\left. - \phi_{\mathrm{s}1,01201}\psi_{\mathrm{s}1,01001} - \phi_{\mathrm{s}1,01200}\psi_{\mathrm{s}1,01002} \right\} dt,$$

$$\phi_{\mathrm{s}1,01211} = \int_{-\infty}^{0} e^{2\beta t} \left\{ \frac{\sigma}{\sigma+\gamma} (\phi_{\mathrm{s}1,01111} - \xi_t \phi_{\mathrm{s}1,01210} - \phi_{\mathrm{s}1,01201}) + \frac{\gamma}{\sigma+\gamma} (\xi_t \phi_{\mathrm{c},01210} \right.$$

$$+ \phi_{\mathrm{c},01201} - \phi_{\mathrm{c},01111}) - \phi_{\mathrm{s}1,01210}\psi_{\mathrm{s}1,01001} - \phi_{\mathrm{s}1,01201}\psi_{\mathrm{s}1,01010}$$

$$\left. - \phi_{\mathrm{s}1,01200}\psi_{\mathrm{s}1,01011} \right\} dt,$$

$$\phi_{\mathrm{s}1,01220} = -\frac{1}{2\beta} \left\{ \frac{\sigma}{\sigma+\gamma} (\phi_{\mathrm{s}1,01120} - \phi_{\mathrm{s}1,01210}) + \frac{\gamma}{\sigma+\gamma} (\phi_{\mathrm{c},01210} - \phi_{\mathrm{c},01120}) \right.$$

$$\left. - \phi_{\mathrm{s}1,01210}\psi_{\mathrm{s}1,01010} - \phi_{\mathrm{s}1,01200}\psi_{\mathrm{s}1,01020} \right\}.$$

(5.27) 中 $u_{\mathrm{s}1}^2 u_{\mathrm{s}2}\alpha^2$, $u_{\mathrm{s}1}^2 u_{\mathrm{s}2}\alpha\rho$, $u_{\mathrm{s}1}^2 u_{\mathrm{s}2}\rho^2$ 的系数为

$$
\begin{aligned}
\phi_{\mathrm{s}2,02102} = \int_{-\infty}^{0} e^{2(\sigma+\gamma)t} \Bigg\{ &\left(1-\frac{\sigma}{\gamma}\right)\left(\phi_{\mathrm{c},01102}-\phi_{\mathrm{c},01002}\phi_{\mathrm{s}1,01100}-\phi_{\mathrm{c},01001}\phi_{\mathrm{s}1,01101}\right) \\
&-\frac{2\sigma}{\gamma}\phi_{\mathrm{s}1,01102}+2\phi_{\mathrm{c},01002}\phi_{\mathrm{c},01100}+2\phi_{\mathrm{c},01001}\phi_{\mathrm{c},01101}+\phi_{\mathrm{c},01102} \\
&-2\phi_{\mathrm{s}2,02101}\psi_{\mathrm{s}1,01001}-2\phi_{\mathrm{s}2,02100}\psi_{\mathrm{s}1,01002} \Bigg\}dt,
\end{aligned}
$$

$$
\begin{aligned}
\phi_{\mathrm{s}2,02111} = \int_{-\infty}^{0} e^{2(\sigma+\gamma)t} \Bigg\{ &\left(1-\frac{\sigma}{\gamma}\right)\left(\phi_{\mathrm{c},01111}-\phi_{\mathrm{c},01011}\phi_{\mathrm{s}1,01100}-\phi_{\mathrm{c},01010}\phi_{\mathrm{s}1,01101}\right. \\
&\left.-\phi_{\mathrm{c},01001}\phi_{\mathrm{s}1,01110}\right)-\frac{2\sigma}{\gamma}\phi_{\mathrm{s}1,01111}+2\phi_{\mathrm{c},01011}\phi_{\mathrm{c},01100}+2\phi_{\mathrm{c},01010}\phi_{\mathrm{c},01101} \\
&+2\phi_{\mathrm{c},01001}\phi_{\mathrm{c},01110}+\phi_{\mathrm{c},01111}-2\phi_{\mathrm{s}2,02110}\psi_{\mathrm{s}1,01001}-2\phi_{\mathrm{s}2,02101}\psi_{\mathrm{s}1,01010} \\
&-2\phi_{\mathrm{s}2,02100}\psi_{\mathrm{s}1,01011} \Bigg\}dt,
\end{aligned}
$$

$$
\begin{aligned}
\phi_{\mathrm{s}2,02120} = -\frac{1}{2(\sigma+\gamma)} \Bigg\{ &\left(1-\frac{\sigma}{\gamma}\right)\left(\phi_{\mathrm{c},01120}-\phi_{\mathrm{c},01020}\phi_{\mathrm{s}1,01100}-\phi_{\mathrm{c},01010}\phi_{\mathrm{s}1,01110}\right) \\
&-\frac{2\sigma}{\gamma}\phi_{\mathrm{s}1,01120}+2\phi_{\mathrm{c},01020}\phi_{\mathrm{c},01100}+2\phi_{\mathrm{c},01010}\phi_{\mathrm{c},01110}+\phi_{\mathrm{c},01120} \\
&-2\phi_{\mathrm{s}2,02110}\psi_{\mathrm{s}1,01010}-2\phi_{\mathrm{s}2,02100}\psi_{\mathrm{s}1,01020} \Bigg\}.
\end{aligned}
$$

对于 (5.28), $\dot{u}_{\mathrm{c}}$ 中　$u_{\mathrm{c}}^3\alpha^2$, $u_{\mathrm{c}}^3\alpha\rho$, $u_{\mathrm{c}}^3\rho^2$ 的系数为

$$
\begin{aligned}
\psi_{\mathrm{c},302} = -\frac{\sigma}{\gamma(\sigma+\gamma)}(&\sigma\xi_t\phi_{\mathrm{s}1,30001}-\sigma\phi_{\mathrm{s}1,10002}\phi_{\mathrm{s}2,20000}-\sigma\phi_{\mathrm{s}1,10001}\phi_{\mathrm{s}2,20001} \\
&+\gamma\phi_{\mathrm{s}2,20002}),
\end{aligned}
$$

$$
\begin{aligned}
\psi_{\mathrm{c},311} = -\frac{\sigma}{\gamma(\sigma+\gamma)}(&\sigma\phi_{\mathrm{s}1,30001}+\sigma\xi_t\phi_{\mathrm{s}1,30010}-\sigma\phi_{\mathrm{s}1,10011}\phi_{\mathrm{s}2,20000} \\
&-\sigma\phi_{\mathrm{s}1,10010}\phi_{\mathrm{s}2,20001}-\sigma\phi_{\mathrm{s}1,10001}\phi_{\mathrm{s}2,20010}+\gamma\phi_{\mathrm{s}2,20011}),
\end{aligned}
$$

$$
\begin{aligned}
\psi_{\mathrm{c},320} = -\frac{\sigma}{\gamma(\sigma+\gamma)}(&\sigma\phi_{\mathrm{s}1,30010}-\sigma\phi_{\mathrm{s}1,10020}\phi_{\mathrm{s}2,20000}-\sigma\phi_{\mathrm{s}1,10010}\phi_{\mathrm{s}2,20010} \\
&+\gamma\phi_{\mathrm{s}2,20020}).
\end{aligned}
$$

$\dot{u}_{\text{s}1}$ 中 $u_{\text{c}}^2 u_{\text{s}1}\alpha^2$, $u_{\text{c}}^2 u_{\text{s}1}\alpha\rho$, $u_{\text{c}}^2 u_{\text{s}1}\rho^2$ 的系数为

$$\psi_{\text{s}1,21002} = \frac{1}{\sigma+\gamma}(\gamma\xi_t\phi_{\text{c},21001} - \gamma\phi_{\text{c},01002}\phi_{\text{s}2,20000} - \gamma\phi_{\text{c},01001}\phi_{\text{s}2,20001} + \sigma\phi_{\text{s}2,20002}),$$

$$\psi_{\text{s}1,21011} = \frac{1}{\sigma+\gamma}(\gamma\phi_{\text{c},21001} + \gamma\xi_t\phi_{\text{c},21010} - \gamma\phi_{\text{c},01011}\phi_{\text{s}2,20000} - \gamma\phi_{\text{c},01010}\phi_{\text{s}2,20001}$$
$$- \gamma\phi_{\text{c},01001}\phi_{\text{s}2,20010} + \sigma\phi_{\text{s}2,20011}),$$

$$\psi_{\text{s}1,21020} = \frac{1}{\sigma+\gamma}(\gamma\phi_{\text{c},21010} - \gamma\phi_{\text{c},01020}\phi_{\text{s}2,20000} - \gamma\phi_{\text{c},01010}\phi_{\text{s}2,20010} + \sigma\phi_{\text{s}2,20020}).$$

$\dot{u}_{\text{s}1}$ 中 $u_{\text{c}} u_{\text{s}1}^2\alpha^2$, $u_{\text{c}} u_{\text{s}1}^2\alpha\rho$, $u_{\text{c}} u_{\text{s}1}^2\rho^2$ 的系数为

$$\psi_{\text{s}1,12002} = \frac{1}{\sigma+\gamma}(\gamma\xi_t\phi_{\text{c},12001} + \sigma\phi_{\text{s}1,10002}\phi_{\text{s}2,02000} + \sigma\phi_{\text{s}1,10001}\phi_{\text{s}2,02001} - \gamma\phi_{\text{s}2,02002})$$
$$- \phi_{\text{s}1,01102}\psi_{\text{s}2,11000} - \phi_{\text{s}1,01101}\psi_{\text{s}2,11001} - \phi_{\text{s}1,01100}\psi_{\text{s}2,11002},$$

$$\psi_{\text{s}1,12011} = \frac{1}{\sigma+\gamma}(\gamma\phi_{\text{c},12001} + \gamma\xi_t\phi_{\text{c},12010} + \sigma\phi_{\text{s}1,10011}\phi_{\text{s}2,02000} + \sigma\phi_{\text{s}1,10010}\phi_{\text{s}2,02001}$$
$$+ \sigma\phi_{\text{s}1,10001}\phi_{\text{s}2,02010} - \gamma\phi_{\text{s}2,02011}) - \phi_{\text{s}1,01111}\psi_{\text{s}2,11000} - \phi_{\text{s}1,01110}\psi_{\text{s}2,11001}$$
$$- \phi_{\text{s}1,01101}\psi_{\text{s}2,11010} - \phi_{\text{s}1,01100}\psi_{\text{s}2,11011},$$

$$\psi_{\text{s}1,12020} = \frac{1}{\sigma+\gamma}(\gamma\phi_{\text{c},12010} + \sigma\phi_{\text{s}1,10020}\phi_{\text{s}2,02000} + \sigma\phi_{\text{s}1,10010}\phi_{\text{s}2,02010} - \gamma\phi_{\text{s}2,02020})$$
$$- \phi_{\text{s}1,01120}\psi_{\text{s}2,11000} - \phi_{\text{s}1,01110}\psi_{\text{s}2,11010} - \phi_{\text{s}1,01100}\psi_{\text{s}2,11020}.$$

$\dot{u}_{\text{s}1}$ 中 $u_{\text{c}} u_{\text{s}2}^2\alpha^2$, $u_{\text{c}} u_{\text{s}2}^2\alpha\rho$, $u_{\text{c}} u_{\text{s}2}^2\rho^2$ 的系数为

$$\psi_{\text{s}1,10202} = -\frac{\gamma}{\sigma+\gamma}(\phi_{\text{c},10102} - \xi_t\phi_{\text{c},10201}) - \phi_{\text{s}1,01102}\psi_{\text{s}1,10100} - \phi_{\text{s}1,01101}\psi_{\text{s}1,10101}$$
$$- \phi_{\text{s}1,01100}\psi_{\text{s}1,10102},$$

$$\psi_{\text{s}1,10211} = -\frac{\gamma}{\sigma+\gamma}(\phi_{\text{c},10111} - \phi_{\text{c},10201} - \xi_t\phi_{\text{c},10210}) - \phi_{\text{s}1,01111}\psi_{\text{s}1,10100}$$
$$- \phi_{\text{s}1,01110}\psi_{\text{s}1,10101} - \phi_{\text{s}1,01101}\psi_{\text{s}1,10110} - \phi_{\text{s}1,01100}\psi_{\text{s}1,10111},$$

$$\psi_{\text{s}1,10220} = -\frac{\gamma}{\sigma+\gamma}(\phi_{\text{c},10120} - \phi_{\text{c},10210}) - \phi_{\text{s}1,01120}\psi_{\text{s}1,10100} - \phi_{\text{s}1,01110}\psi_{\text{s}1,10110}$$
$$- \phi_{\text{s}1,01100}\psi_{\text{s}1,10120}.$$

$\dot{u}_{s2}$ 中 $u_c^2 u_{s2}\alpha^2$, $u_c^2 u_{s2}\alpha\rho$, $u_c^2 u_{s2}\rho^2$ 的系数为

$$\psi_{s2,20102} = \left(1 - \frac{\sigma}{\gamma}\right)(\phi_{c,10101}\phi_{s1,10001} + \phi_{c,10100}\phi_{s1,10002}) + 2\phi_{c,10102},$$

$$\psi_{s2,20111} = \left(1 - \frac{\sigma}{\gamma}\right)(\phi_{c,10110}\phi_{s1,10001} + \phi_{c,10101}\phi_{s1,10010} + \phi_{c,10100}\phi_{s1,10011})$$
$$+ 2\phi_{c,10111},$$

$$\psi_{s2,20120} = \left(1 - \frac{\sigma}{\gamma}\right)(\phi_{c,10110}\phi_{s1,10010} + \phi_{c,10100}\phi_{s1,10020}) + 2\phi_{c,10120}.$$

$\dot{u}_{s2}$ 中 $u_c u_{s1} u_{s2}\alpha^2$, $u_c u_{s1} u_{s2}\alpha\rho$, $u_c u_{s1} u_{s2}\rho^2$ 的系数为

$$\psi_{s2,11102} = \left(1 - \frac{\sigma}{\gamma}\right)(\phi_{c,10102} + \phi_{s1,01102} + \phi_{c,01101}\phi_{s1,10001} + \phi_{c,01100}\phi_{s1,10002})$$
$$+ 2\phi_{c,01001}\phi_{c,10101} - 2\phi_{s2,02002}\psi_{s1,10100} - 2\phi_{s2,02001}\psi_{s1,10101}$$
$$- \frac{2\sigma}{\gamma}(\phi_{s1,01101}\phi_{s1,10001} + \phi_{s1,01100}\phi_{s1,10002}) + 2\phi_{c,01102}$$
$$+ 2\phi_{c,01002}\phi_{c,10100} - 2\phi_{s2,02000}\psi_{s1,10102},$$

$$\psi_{s2,11111} = \left(1 - \frac{\sigma}{\gamma}\right)(\phi_{c,10111} + \phi_{s1,01111} + \phi_{c,01110}\phi_{s1,10001} + \phi_{c,01101}\phi_{s1,10010}$$
$$+ \phi_{c,01100}\phi_{s1,10011}) - \frac{2\sigma}{\gamma}(\phi_{s1,01110}\phi_{s1,10001} + \phi_{s1,01101}\phi_{s1,10010}$$
$$+ \phi_{s1,01100}\phi_{s1,10011}) + 2\phi_{c,01011}\phi_{c,10100} + 2\phi_{c,01010}\phi_{c,10101}$$
$$+ 2\phi_{c,01001}\phi_{c,10110} - 2\phi_{s2,02011}\psi_{s1,10100} - 2\phi_{s2,02010}\psi_{s1,10101}$$
$$- 2\phi_{s2,02001}\psi_{s1,10110} - 2\phi_{s2,02000}\psi_{s1,10111} + 2\phi_{c,01111},$$

$$\psi_{s2,11120} = \left(1 - \frac{\sigma}{\gamma}\right)(\phi_{c,10120} + \phi_{s1,01120} + \phi_{c,01110}\phi_{s1,10010} + \phi_{c,01100}\phi_{s1,10020})$$
$$- \frac{2\sigma}{\gamma}(\phi_{s1,01110}\phi_{s1,10010} + \phi_{s1,01100}\phi_{s1,10020}) + 2\phi_{c,01120}$$
$$+ 2\phi_{c,01020}\phi_{c,10100} + 2\phi_{c,01010}\phi_{c,10110} - 2\phi_{s2,02020}\psi_{s1,10100}$$
$$- 2\phi_{s2,02010}\psi_{s1,10110} - 2\phi_{s2,02000}\psi_{s1,10120}.$$

因此, 随机规范形为

$$\dot{u}_c = (\psi_{c,101}\alpha + \psi_{c,110}\rho + \psi_{c,102}\alpha^2 + \psi_{c,111}\alpha\rho + \psi_{c,120}\rho^2)u_c$$

$$+ (\psi_{c,300} + \psi_{c,301}\alpha + \psi_{c,310}\rho + \psi_{c,302}\alpha^2 + \psi_{c,311}\alpha\rho + \psi_{c,320}\rho^2)u_c^3$$

$$= \frac{\sigma}{\gamma(\sigma+\gamma)}[\gamma\alpha\xi_t + \gamma\rho - \sigma\alpha^2\xi_t\phi_{s1,10001}$$

$$- \sigma\alpha\rho\phi_{s1,10010} - \sigma\rho^2(\phi_{s1,10001} + \phi_{s1,10010})]u_c$$

$$- \frac{\sigma}{\gamma(\sigma+\gamma)}[\gamma\phi_{s2,20000} + \alpha(\sigma\xi_t\phi_{s1,30000} - \sigma\phi_{s1,10001}\phi_{s2,20000} + \gamma\phi_{s2,20001})$$

$$+ \rho(\sigma\phi_{s1,30000} - \sigma\phi_{s1,10010}\phi_{s2,20000} + \gamma\phi_{s2,20010}) + \alpha\rho(\sigma\phi_{s1,30001} + \sigma\xi_t\phi_{s1,30010}$$

$$- \sigma\phi_{s1,10011}\phi_{s2,20000} - \sigma\phi_{s1,10010}\phi_{s2,20001} - \sigma\phi_{s1,10001}\phi_{s2,20010} + \gamma\phi_{s2,20011})$$

$$+ \alpha^2(\sigma\xi_t\phi_{s1,30001} - \sigma\phi_{s1,10002}\phi_{s2,20000} - \sigma\phi_{s1,10001}\phi_{s2,20001} + \gamma\phi_{s2,20002})$$

$$+ \rho^2(\sigma\phi_{s1,30010} - \sigma\phi_{s1,10020}\phi_{s2,20000} - \sigma\phi_{s1,10010}\phi_{s2,20010} + \gamma\phi_{s2,20020})]u_c^3.$$

5.3 激光器系统

本节选取了一个具有可控谐振腔的激光器模型 [49] 作为理论应用的一个例子. 激光器系统可广泛应用于工业、农业、精密测量与检测、通信与信息处理、医疗、军事等领域. 在激光器系统中, 控制激光过程的谐振器是辐射场的非线性函数. 在实际生产中, 调节参数来均衡噪声对该非线性系统的影响以保持设备的稳定性是很重要的. 因此, 我们研究下述激光器模型

$$\begin{cases} \dot{m} = Gm\left(n - \dfrac{\alpha_1}{\rho m + 1} - 1\right), \\ \dot{n} = \alpha_2 - (m+1)n, \end{cases} \tag{5.29}$$

其中 $m \geqslant 0$, $\rho > 0$, $G > 1$, $\alpha_{1,2} > 0$.

5.3.1 白噪声下解的稳定性

易得系统有三个平衡点, $(m_1, n_1) = (0, \alpha_2)$, (m_2, n_2), (m_3, n_3), 其中

$$m_2 = \frac{1}{2}\left(\alpha_2 - \frac{1}{\rho}\alpha_1 - \frac{1}{\rho} - 1\right) + \frac{1}{2}\sqrt{\left(\alpha_2 - \frac{1}{\rho}\alpha_1 - \frac{1}{\rho} - 1\right)^2 + \frac{4}{\rho}(\alpha_2 - \alpha_1 - 1)},$$

$$m_3 = \frac{1}{2}\left(\alpha_2 - \frac{1}{\rho}\alpha_1 - \frac{1}{\rho} - 1\right) - \frac{1}{2}\sqrt{\left(\alpha_2 - \frac{1}{\rho}\alpha_1 - \frac{1}{\rho} - 1\right)^2 + \frac{4}{\rho}(\alpha_2 - \alpha_1 - 1)},$$

$$n_2 = \frac{\alpha_2}{m_2 + 1}, \quad n_3 = \frac{\alpha_2}{m_3 + 1}.$$

将平衡点 (m_2, n_2) 平移至原点并进行 Taylor 展开至五次高阶项, 记新变量为 x_1 和 x_2, 则 (5.29) 化为

$$\begin{cases} \dot{x}_1 = a_{10}x_1 + a_{01}x_2 + a_{20}x_1^2 + a_{11}x_1x_2 + a_{30}x_1^3 + a_{40}x_1^4 + a_{50}x_1^5, \\ \dot{x}_2 = b_{10}x_1 + b_{01}x_2 - x_1x_2, \end{cases} \tag{5.30}$$

其中

$$a_{10} = \frac{G\alpha_1 m_2 \rho}{(\rho m_2 + 1)^2}, \quad a_{01} = Gm_2, \quad a_{20} = \frac{G\alpha_1 \rho}{(\rho m_2 + 1)^2} - \frac{G\alpha_1 m_2 \rho^2}{(\rho m_2 + 1)^3}, \quad a_{11} = G,$$

$$a_{30} = \frac{G\alpha_1 m_2 \rho^3}{(\rho m_2 + 1)^4} - \frac{G\alpha_1 \rho^2}{(\rho m_2 + 1)^3}, \quad a_{40} = \frac{G\alpha_1 \rho^3}{(\rho m_2 + 1)^4} - \frac{G\alpha_1 m_2 \rho^4}{(\rho m_2 + 1)^5},$$

$$a_{50} = -\frac{G\alpha_1 \rho^4}{(\rho m_2 + 1)^5}, \quad b_{10} = -\frac{\alpha_2}{m_2 + 1}, \quad b_{01} = -m_2 - 1.$$

进一步, 令 A 为 (5.30) 线性部分的 Jacobi 矩阵, 即 $A = \begin{pmatrix} a_{10} & a_{01} \\ b_{10} & b_{01} \end{pmatrix}$, $F(x_1, x_2)$ 为二次以上的高阶项, 即

$$F(x_1, x_2) = \begin{pmatrix} a_{20}x_1^2 + a_{11}x_1x_2 + a_{30}x_1^3 + a_{40}x_1^4 + a_{50}x_1^5 \\ -x_1x_2 \end{pmatrix}.$$

若 $(a_{10} - b_{01})^2 + 4a_{01}b_{10} < 0$, 则在平衡点处存在一对复根, 设 p, q 满足 $Aq = \hat{\lambda}q$, $A^{\mathrm{T}}p = \bar{\hat{\lambda}}p$ 的特征向量, 其中 $\hat{\lambda} = \dfrac{a_{10} + b_{01} + iw}{2}$, $w = \sqrt{|(a_{10} - b_{01})^2 + 4a_{01}b_{10}|}$. 对 $\forall x \in \mathbb{R}^2$, 它可表示为 $x = zq + \bar{z}\bar{q}$, $z \in \mathbb{C}$, 则 (5.30) 可转换为复系统

$$\dot{z} = \hat{\lambda}z + \sum_{k+l \geqslant 2} \frac{1}{k!l!} g_{kl} z^k \bar{z}^l, \tag{5.31}$$

其中 g_{kl} 可由下式求出

$$g_{kl} = \frac{\partial^{k+l}}{\partial z^k \partial \bar{z}^l} \langle p, F(zq + \bar{z}\bar{q}) \rangle \bigg|_{z=0}.$$

由文献 [1] 中的引理 8.3 和引理 8.4 可知, (5.31) 可化为形式

$$\dot{z} = \left(\frac{a_{10} + b_{01}}{2w} + i \right) z + l_1 z|z|^2 + l_2 z|z|^4, \tag{5.32}$$

其中 l_1, l_2 分别是第一 Lyapunov 系数和第二 Lyapunov 系数. 当 $a_{10} + b_{01} = 0$ 时, 在 Bautin 分支点处由 $l_1 = 0$ 可知

$$l_1 = 0 \Longleftrightarrow \left(\frac{\mathrm{Re}c_1}{w} - \frac{(a_{10} + b_{01})\mathrm{Im}c_1}{2w^2} \right) = 0 \Longleftrightarrow g_{21} = 0,$$

其中

$$c_1 = \frac{g_{21}}{2} + \frac{g_{20}g_{11}(2\hat{\lambda} + \bar{\hat{\lambda}})}{2|\hat{\lambda}|^2} + \frac{|g_{11}^2|}{\hat{\lambda}} + \frac{|g_{02}|^2}{2(2\hat{\lambda} - \bar{\hat{\lambda}})}.$$

l_2 表达式如下

$$12l_2 = \frac{1}{w}\mathrm{Re}g_{32} + \frac{1}{w^2}\mathrm{Im}\left[g_{20}\bar{g}_{31} - g_{11}(4g_{31} + 3\bar{g}_{22}) - \frac{1}{3}g_{02}(g_{40} + \bar{g}_{13}) - g_{30}g_{12} \right]$$

$$+ \frac{1}{w^3}\left\{ \mathrm{Re}\left[g_{20}(\bar{g}_{11}(3g_{12} - \bar{g}_{30}) + g_{02}\left(\bar{g}_{12} - \frac{1}{2}g_{30}\right) \right. \right.$$

$$+ \frac{1}{3}\bar{g}_{02}g_{03}) + g_{11}\left(\bar{g}_{02}\left(\frac{5}{3}\bar{g}_{30} + 3g_{12}\right) \right.$$

$$\left. + \frac{1}{3}g_{02}\bar{g}_{03} - 4g_{11}g_{30}\right) \bigg] + 3\Im(g_{20}g_{11}\mathrm{Im}g_{21}) \bigg\} + \frac{1}{w^4}\bigg\{ \mathrm{Im}[g_{11}\bar{g}_{02}(\bar{g}_{20}^2$$

$$- 3\bar{g}_{20}g_{11} - 4g_{11}^2)] + \mathrm{Im}(g_{20}g_{11})[3\mathrm{Re}(g_{20}g_{11}) - 2|g_{02}|^2] \bigg\}.$$

令 $z = y_1 + iy_2$, 并记 $\gamma = \dfrac{a_{10} + b_{01}}{2w}$, 则 (5.32) 等价于下述系统

$$\begin{cases} \dot{y}_1 = \gamma y_1 - y_2 + l_1 y_1(y_1^2 + y_2^2) + l_2 y_1(y_1^2 + y_2^2)^2, \\ \dot{y}_2 = \gamma y_2 + y_1 + l_1 y_2(y_1^2 + y_2^2) + l_2 y_2(y_1^2 + y_2^2)^2. \end{cases} \tag{5.33}$$

在加性噪声下, (5.33) 有下述形式

$$\begin{cases} \dot{y}_1 = \gamma y_1 - y_2 + l_1 y_1(y_1^2 + y_2^2) + l_2 y_1(y_1^2 + y_2^2)^2 + \sigma dW_t^1, \\ \dot{y}_2 = \gamma y_2 + y_1 + l_1 y_2(y_1^2 + y_2^2) + l_2 y_2(y_1^2 + y_2^2)^2 + \sigma dW_t^2. \end{cases} \tag{5.34}$$

从定理 3.5.2 和定理 3.5.3 可得

(1) 如果 $\gamma < 0$, $l_1 \leqslant 0$, $l_2 < 0$, $\gamma + 3l_1\pi\tilde{\kappa}\tilde{\kappa}_1 + l_2\pi\tilde{\kappa}\tilde{\kappa}_2 < 0$, 则 (5.34) 的随机平衡点是全局一致吸引的;

(2) 如果 $l_1 > 0$, $l_2 < 0$, $\gamma + 3l_1\pi\tilde{\kappa}\tilde{\kappa}_1 + l_2\pi\tilde{\kappa}\tilde{\kappa}_2 < 0$, 则 (5.34) 的随机平衡点不是局部一致吸引的;

(3) 如果 $\gamma > 0$, $l_1 < 0$, $l_2 < 0$, $\gamma + 3l_1\pi\tilde{\kappa}\tilde{\kappa}_1 + l_2\pi\tilde{\kappa}\tilde{\kappa}_2 < 0$, 则 (5.34) 的随机平衡点不是局部一致吸引的,

其中 $\tilde{\kappa}$ 是常数且满足

$$\int_{\mathbb{R}^2} \tilde{\kappa} \exp\left(\frac{2}{\sigma^2}\left[\frac{\gamma}{2}(y_1^2 + y_2^2) + \frac{l_1}{4}(y_1^2 + y_2^2)^2 + \frac{l_2}{6}(y_1^2 + y_2^2)^3\right]\right) dy_1 dy_2 = 1,$$

$$\tilde{\kappa}_1 = \int_0^\infty r \exp\left(\frac{6r\gamma + 3l_1r^2 + 2l_2r^3}{6\sigma^2}\right) dr,$$

$$\tilde{\kappa}_2 = \int_0^\infty r^2 \exp\left(\frac{6r\gamma + 3l_1r^2 + 2l_2r^3}{6\sigma^2}\right) dr.$$

5.3.2　数值模拟

下面给出在随机扰动下 Bautin 分支点附近的数值模拟. 首先, 当参数取 $G = 8.83013$, $\rho = 0.5$, $\alpha_1 = 1$, $\alpha_2 = 3$ 时, 可以得到 Hopf 分支点 $(0.73205, 1.73205)$. 然后, 在 Hopf 分支曲线上发现 Bautin 分支点 $(1.21832, 1.35238)$, 此时参数取值为 $G = 9.72065$, $\rho = 1.50854$, $\alpha_1 = 1$, $\alpha_2 = 3$. 将这些原参数的值代入可得 (5.33) 中参数取值为 $\gamma = 0$, 根据 l_1, l_2 的表达式计算可得 $l_1 = -0.01730$, $l_2 = 0.22070$, 下面作时间尺度变换 $t \mapsto -t$ 和变量代换 $y_1 = z_2$, $y_2 = z_1$, 则 (5.34) 在参数为 $\gamma = 0$, $l_1 = -0.01730$, $l_2 = 0.22070$ 时具有形式

$$\begin{cases} \dot{z}_1 = -z_2 + 0.01730z_1(z_1^2 + z_2^2) - 0.22070z_1(z_1^2 + z_2^2)^2 + \sigma dW_t^1, \\ \dot{z}_2 = z_1 + 0.01730z_2(z_1^2 + z_2^2) - 0.22070z_2(z_1^2 + z_2^2)^2 + \sigma dW_t^2. \end{cases} \tag{5.35}$$

对应于方程中参数取值为 $\beta_1 = 0$, $\beta_2 = 0.01730$, $a = 0.22070$, $b = 0$. 我们发现 (5.35) 在初值为 $(10^{-9}, 10^{-9})$ 时的噪声强度 σ 的临界值处于 10^{-11} 与 10^{-12} 之间. 下面给出噪声强度分别为 $\sigma = 10^{-12}$, $\sigma = 5 \times 10^{-12}$ 和 $\sigma = 10^{-11}$ 时 Bautin 分支点附近的相图, 如图 5.13 所示.

实线是 $\sigma = 0$ 时的轨道; 虚线是噪声不为零时的轨道. 可以看到, 图 5.13(a) 中虚线和原轨道几乎重合, 图 5.13(b) 中虚线开始偏离原轨道, 图 5.13(c) 中虚线已经明显偏离了原轨道.

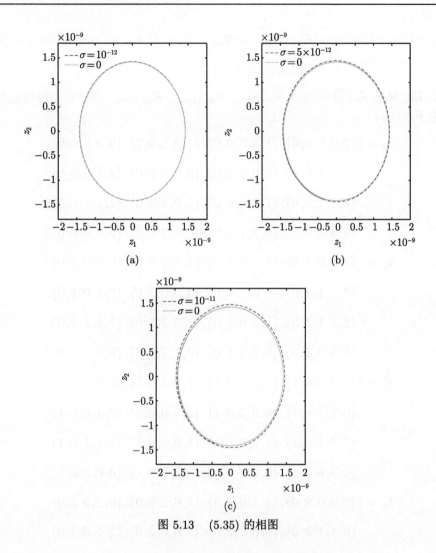

图 5.13 (5.35) 的相图

5.4 附录: 求解随机规范形的相关代码

求解 $\mathcal{R}_{c,ijkmn}$, $\mathcal{R}_{s1,ijkmn}$, $\mathcal{R}_{s2,ijkmn}$ 的相关 Mathematica 代码如下所示:

$$\mathcal{R}_c = \text{CoefficientRules}[F_1 - \dot{u}_c - D[\Phi_c, u_c]\dot{u}_c - D[\Phi_c, u_{s1}]\dot{u}_{s1} - D[\Phi_c, u_{s2}]\dot{u}_{s2},$$
$$\{u_c, u_{s1}, u_{s2}, \rho, \alpha\}];$$

$$\mathcal{R}_{s1} = \text{CoefficientRules}[F_2 - \dot{u}_{s1} - D[\Phi_{s1}, u_c]\dot{u}_c - D[\Phi_{s1}, u_{s1}]\dot{u}_{s1} - D[\Phi_{s1}, u_{s2}]\dot{u}_{s2},$$
$$\{u_c, u_{s1}, u_{s2}, \rho, \alpha\}];$$

$$\mathcal{R}_{s2} = \text{CoefficientRules}[F_3 - \dot{u}_{s2} - D[\Phi_{s2}, u_c]\dot{u}_c - D[\Phi_{s2}, u_{s1}]\dot{u}_{s1} - D[\Phi_{s2}, u_{s2}]\dot{u}_{s2},$$
$$\{u_c, u_{s1}, u_{s2}, \rho, \alpha\}],$$

其中 $\mathcal{R}_c$, $\mathcal{R}_{s1}$, $\mathcal{R}_{s2}$ 分别包含 $\mathcal{R}_{c,ijkmn}$, $\mathcal{R}_{s1,ijkmn}$, $\mathcal{R}_{s2,ijkmn}$ 中所有不同项的系数. 构造下述序列

$$b_0 = \{\{2,0,0,0,0\},\{1,1,0,0,0\},\{1,0,1,0,0\},\{0,2,0,0,0\},$$
$$\{0,1,1,0,0\},\{0,0,2,0,0\},\{3,0,0,0,0\},\{2,1,0,0,0\},$$
$$\{2,0,1,0,0\},\{1,2,0,0,0\},\{1,0,2,0,0\},\{1,1,1,0,0\},$$
$$\{0,3,0,0,0\},\{0,2,1,0,0\},\{0,1,2,0,0\},\{0,0,3,0,0\}\},$$

$$b_1 = \{\{2,0,0,1,0\},\{1,1,0,1,0\},\{1,0,1,1,0\},\{0,2,0,1,0\},$$
$$\{0,1,1,1,0\},\{0,0,2,1,0\},\{3,0,0,1,0\},\{2,1,0,1,0\},$$
$$\{2,0,1,1,0\},\{1,2,0,1,0\},\{1,0,2,1,0\},\{1,1,1,1,0\},$$
$$\{0,3,0,1,0\},\{0,2,1,1,0\},\{0,1,2,1,0\},\{0,0,3,1,0\}\},$$

$$b_2 = \{\{2,0,0,0,1\},\{1,1,0,0,1\},\{1,0,1,0,1\},\{0,2,0,0,1\},$$
$$\{0,1,1,0,1\},\{0,0,2,0,1\},\{3,0,0,0,1\},\{2,1,0,0,1\},$$
$$\{2,0,1,0,1\},\{1,2,0,0,1\},\{1,0,2,0,1\},\{1,1,1,0,1\},$$
$$\{0,3,0,0,1\},\{0,2,1,0,1\},\{0,1,2,0,1\},\{0,0,3,0,1\}\},$$

$$b_3 = \{\{2,0,0,2,0\},\{1,1,0,2,0\},\{1,0,1,2,0\},\{0,2,0,2,0\},$$
$$\{0,1,1,2,0\},\{0,0,2,2,0\},\{3,0,0,2,0\},\{2,1,0,2,0\},$$
$$\{2,0,1,2,0\},\{1,2,0,2,0\},\{1,0,2,2,0\},\{1,1,1,2,0\},$$
$$\{0,3,0,2,0\},\{0,2,1,2,0\},\{0,1,2,2,0\},\{0,0,3,2,0\}\},$$

$$b_4 = \{\{2,0,0,0,2\},\{1,1,0,0,2\},\{1,0,1,0,2\},\{0,2,0,0,2\},$$
$$\{0,1,1,0,2\},\{0,0,2,0,2\},\{3,0,0,0,2\},\{2,1,0,0,2\},$$
$$\{2,0,1,0,2\},\{1,2,0,0,2\},\{1,0,2,0,2\},\{1,1,1,0,2\},$$
$$\{0,3,0,0,0\},\{0,2,1,0,2\},\{0,1,2,0,2\},\{0,0,3,0,2\}\},$$

$$b_5 = \{\{2,0,0,1,1\},\{1,1,0,1,1\},\{1,0,1,1,1\},\{0,2,0,1,1\},$$

$$\{0, 1, 1, 0, 0\}, \{0, 0, 2, 1, 1\}, \{3, 0, 0, 1, 1\}, \{2, 1, 0, 1, 1\},$$

$$\{2, 0, 1, 1, 1\}, \{1, 2, 0, 1, 1\}, \{1, 0, 2, 1, 1\}, \{1, 1, 1, 1, 1\},$$

$$\{0, 3, 0, 1, 1\}, \{0, 2, 1, 1, 1\}, \{0, 1, 2, 1, 1\}, \{0, 0, 3, 1, 1\}\},$$

其中 b_s $(s = 0, 1, 2, 3, 4, 5)$ 对应于无参数和参数分别为 ρ, α, ρ^2, α^2, $\rho\alpha$ 的情形, b_s 中的每一元素均对应于不同的 i, j, k, m, n.

记 $R_1 = \mathcal{R}_c$, $R_2 = \mathcal{R}_{s1}$, $R_3 = \mathcal{R}_{s2}$, 按照递推的方法一一求取 $\mathcal{R}_{c,s1,s2}$ 中对应的系数, 算法如下

```
Do[
  If [ a == 1241 && b_s [a] != R_j [[1241]] [[1]], 0, Print [R_j[[a]] [[2]] ] ];
  Do [ a = r;
    If [R_j [[r]] [[1]] == b_s [[i]], Break[ ] ],
    {r, 1, Length [R_j] } ],
  {i, 1, Length [b_s] } ].
```

这里 a 需要依次遍历集合 R_1, R_2, R_3, 当遍历某个 R_j $(j = 1, 2, 3)$ 时, 固定 b_s, 可以获得参数所满足的表达式, 再进行后续的方程求解.

第 6 章 分支理论在其他领域的应用

6.1 经 济 模 型

经济周期是一种特殊的经济学现象, 它在市场监管和制定经济决策方面发挥着重要的作用. 20 世纪 40 年代 Kaldor 首次使用微分方程系统来研究稳态经济状况下的经济周期现象, 随后研究者们提出了很多数学模型来研究这一现象, 其中最具代表性的是下述 Kaldor-Kalecki 经济周期模型 [50]:

$$\begin{cases} \dot{Y} = \alpha(I(Y,K) - S(Y,K)), \\ \dot{K} = I(Y,K) - \delta K, \end{cases} \tag{6.1}$$

这里变量 Y 和 K 分别表示在 τ 时刻下的国民收入和股本存量, $\alpha > 0$ 是商品市场里的调整系数, $\delta \in (0,1)$ 是股本的折旧率. 函数 $I(Y,K)$ 和 $S(Y,K)$ 分别是投资函数和储蓄函数. 它们一般有如下形式

$$I(Y,K) = I(Y) - \beta K, \quad S(Y,K) = \gamma Y,$$

其中 γ 代表储蓄的倾向, β 用来衡量投资对资本存量变化的敏感性.

经典的 Keynes[51] 理论认为, 利率的升高会使投资水平减小, 相反利率的降低会使投资增加. 基于这一理论, 我们在投资函数里考虑利率带来的影响, 把投资函数表示为

$$I(Y,K) = I(Y) - \beta K - d, \tag{6.2}$$

这里 $d(> 0)$ 表示由利率变化引起的投资水平的变化, 并且假设这一变化与利率的变化成正比. 函数 $I(Y)$:

$$I(Y) = C_0 + \frac{nY^2}{mY^2 + 1} \tag{6.3}$$

关于变量 Y 具有 "S 型" 增长模式 (图 6.1), 其中 C_0, m, n 分别是正常数.

综上所述, 通过时间尺度变化 $d\tau = (mY^2 + 1)dt$, 系统 (6.1) 可以转化为一个多项式系统

$$\begin{cases} \dot{Y} = \alpha nY^2 + \alpha(mY^2 + 1)(C_0 - d - \beta K - \gamma Y), \\ \dot{K} = nY^2 + (mY^2 + 1)(C_0 - d - (\beta + \delta)K). \end{cases} \tag{6.4}$$

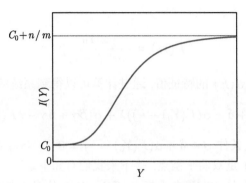

图 6.1 $I(Y)$ 的 "S 型" 增长模式

6.1.1 常数利率系统的分支行为

为了方便起见, 我们把系统写成如下形式

$$
\begin{cases}
\dot{Y} = \alpha(I(Y) - \beta K - \gamma Y - d), \\
\dot{K} = I(Y) - \beta K - \delta K - d,
\end{cases}
\tag{6.5}
$$

当 $Y > 0$ 时系统 (6.5) 和多项式系统 (6.4) 是轨道拓扑等价的, 并且它们有相同的平衡态. 系统的平衡点可由下式计算得到

$$
\begin{cases}
\dfrac{nY^2}{mY^2 + 1} - \beta K - \gamma Y - d + C_0 = 0, \\
\dfrac{nY^2}{mY^2 + 1} - (\beta + \delta)K - d + C_0 = 0.
\end{cases}
\tag{6.6}
$$

从方程组 (6.6) 中可以得到 $K = \gamma Y/\delta$, 并且系统的平衡点的 Y 分量需要满足

$$
f(Y) = \frac{\gamma m(\beta + \delta)}{\delta}Y^3 - (n + (C_0 - d)m)Y^2 + \frac{\gamma(\beta + \delta)}{\delta}Y + d - C_0 = 0. \tag{6.7}
$$

显然, 系统不存在平凡的平衡点 $(Y \neq 0)$ 并且系统平衡点的个数由 $f(Y) = 0$ 的零根的个数决定. 由方程 (6.7) 可知系统 (6.5) 的平衡点总是存在的, 因为 $f(-\infty) < 0$ 且 $f(+\infty) > 0$. 并且, 如果满足 $d - C_0 < 0$, 那么系统至少有一个正根, 因为 $f(0) < 0$.

我们把系统的平衡点记为 $E(Y_0, K_0)$, 其中分量 Y_0 满足方程 (6.7). 那么系统 (6.5) 在平衡点 E 处的 Jacobi 矩阵可以写成

$$
J(E) = \begin{pmatrix} \alpha(I'(Y_0) - \gamma) & -\alpha\beta \\ I'(Y_0) & -(\alpha + \beta) \end{pmatrix},
$$

其中

$$I'(Y_0) = \frac{2nY_0}{(mY_0^2 + 1)^2}.$$

把 λ 记为矩阵 $J(E)$ 的特征值, 通过计算可以得到系统的特征方程

$$\lambda^2 + (\beta + \delta - \alpha(I'(Y_0) - \gamma))\lambda + \alpha(\beta\gamma + \delta\gamma - \delta I'(Y_0)) = 0. \qquad (6.8)$$

显然, 如果满足条件 $\beta + \delta - \alpha(I'(Y_0) - \gamma) \neq 0$ 且 $\beta\gamma + \delta\gamma - \delta I'(Y_0) \neq 0$, 那么平衡点 $E(Y_0, K_0)$ 是双曲平衡点. 接下来我们有如下定理.

定理 6.1.1 系统 (6.4) 在平衡点 $E(Y_0, K_0)$ 处发生折分支, 如果满足条件 $\beta\gamma + \delta\gamma - \delta I'(Y_0) = 0$.

证明 当 $\beta\gamma + \delta\gamma - \delta I'(Y_0) = 0$ 时, 可以发现系统 (6.4) 在平衡点处的 Jacobi 矩阵的特征值为

$$\lambda_1 = 0, \quad \lambda_2 = (1 + mY_0^2)\left(\frac{\alpha\beta\gamma}{\delta} - (\beta + \delta)\right).$$

接下来我们要计算系统在分支点处的中心流形. 如果 $\alpha\beta\gamma - \delta(\beta + \delta) \neq 0$, 记 V_1, V_2 为系统 (6.4) 在平衡点处特征值对应的特征向量, 通过直接计算可得

$$V_1 = \begin{pmatrix} \dfrac{\delta}{\gamma} \\ 1 \end{pmatrix}, \quad V_2 = \begin{pmatrix} \dfrac{\alpha\beta}{\alpha + \beta} \\ 1 \end{pmatrix}.$$

记 $E(Y_0, K_0)$ 为系统 (6.4) 的平衡点且满足方程 (6.6). 通过平移变换

$$\begin{cases} Y = \hat{Y} + Y_0, \\ K = \hat{K} + K_0, \end{cases} \qquad (6.9)$$

可将平衡点 $E(Y_0, K_0)$ 平移到原点, 从而得到一个关于变量 $\hat{Y}, \hat{K}$ 的新系统.

$$\begin{cases} \dot{\hat{Y}} = -m\gamma\hat{Y}^3\alpha - (1 + Y_0^2 m)\hat{K}\alpha\beta \\ \qquad + \hat{Y}^2(-m\hat{K}\alpha\beta + \alpha(-dm + n - 3Y_0 m\gamma - K_0 m\beta + mC_0)) \\ \qquad + \hat{Y}(-2Y_0 m\hat{K}\alpha\beta - \alpha(r + 3Y_0^2 m\gamma + 2Y_0(dm - n + K_0 m\beta) - 2Y_0 mC_0)), \\ \dot{\hat{K}} = -(1 + Y_0^2 m)\hat{K}(\beta + \delta) \\ \qquad + \hat{Y}^2(-dm + n - K_0 m\beta - K_0 m\delta - m\hat{K}(\beta + \delta) + mC_0) \\ \qquad + \hat{Y}(-2Y_0 m\hat{K}(\beta + \delta) - 2Y_0(dm - n + K_0 m\beta + K_0 m\delta - mC_0)). \end{cases}$$
$$(6.10)$$

令

$$\begin{pmatrix} \hat{Y} \\ \hat{K} \end{pmatrix} = T \begin{pmatrix} \tilde{Y} \\ \tilde{K} \end{pmatrix}, \quad T = [V_1, V_2],$$

将系统线性部分对角化并得到关于 $\tilde{Y}, \tilde{K}$ 的新系统. 为了书写方便, 我们仍然记系统的变量为 Y, K. 此时系统可以写为

$$\begin{cases} \dot{Y} = a_{20}Y^2 + a_{11}YK + a_{02}K^2 + O(|Y, K|^3), \\ \dot{K} = (1 + mY_0^2)\left(\dfrac{\alpha\beta\gamma}{\delta} - (\beta + \delta)\right)K + b_{20}Y^2 + b_{11}YK + b_{02}K^2 + O(|Y, K|^3), \end{cases}$$
$$(6.11)$$

其中

$$a_{20} = \frac{\alpha\delta((dm\alpha - n\alpha + K_0 m\beta(\alpha - \delta))\delta + Y_0 m\gamma(2\alpha\beta + 3\alpha\delta + \beta\delta) - m\alpha\delta C_0)}{\gamma(\gamma\alpha\beta - (\alpha + \beta)\delta)},$$

$$b_{20} = \frac{\delta(\alpha + \beta)(Y_0 m\gamma(2\delta(\beta + \delta) - \alpha\gamma(2\beta + 3\delta)) + \delta K_0 m(\delta(\beta + \delta) - \alpha\beta\gamma))}{\gamma^2(\alpha\beta\gamma - \delta(\alpha + \beta))}$$

$$+ \frac{\delta^2(\alpha + \beta)(C_0 m + n - dm)(\alpha\gamma - \delta)}{\gamma^2(\alpha\beta\gamma - \delta(\alpha + \beta))}.$$

系统 (6.11) 的各项系数可以通过计算直接得到, 这里我们将不再一一给出. 当 $Y \sim 0$ 时, 系统的中心流形可以写为

$$K = -\frac{b_{20}\delta}{(1 + mY_0^2)(\alpha\beta\gamma - \delta(\beta + \delta))}Y^2 + O(Y^3). \qquad (6.12)$$

此时系统 (6.11) 在一维中心流形 (6.12) 上的限制可以写成

$$\dot{Y} = a_{20}Y^2 + O(Y^3).$$

如果 $a_{20} \neq 0$, 那么在平衡点 E 处发生非退化的折分支. 进一步, 如果 $a_{20} = 0$, 系统将会发生退化, 此时可以通过判定三次项的系数来确定分支点的类型.　　□

　　图 6.2 是当系统 (6.4) 发生折分支时的相图. 此时系统的参数 $\alpha = 2$, $\beta = 0.6$, $\gamma = 0.283368$, $\delta = 0.3$, $m = 2.294$, $n = 4.612$, $C_0 = 0.2$, 并且将利率引起的变化项 d 看成自由参数. 可以看出当参数 $d = 0.6$ 时, 系统有 3 个平衡点, 它们分别是两

个稳定的结点和一个鞍点, 见图 6.2(a). 当参数值变成临界点 $d = 0.750017$ 时系统发生折分支, 其中一个稳定的结点和鞍点相碰变成一个鞍结点, 见图 6.2(b). 当参数继续增加变成 $d = 0.8$ 时, 此时形成的鞍结点消失, 系统 (6.4) 只有一个平衡点, 见图 6.2(c).

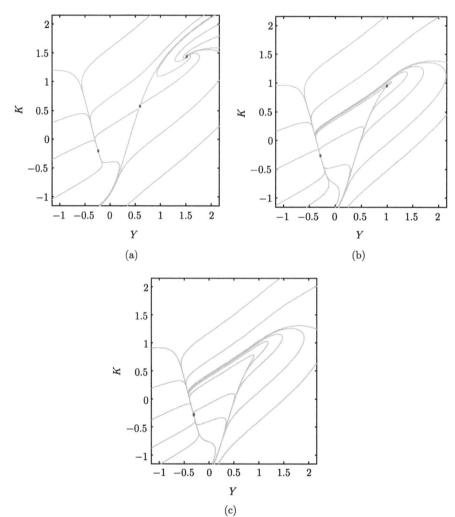

(a)   (b)

(c)

图 6.2 系统 (6.4) 发生折分支时的相图, 其中 $\alpha = 2$, $\beta = 0.6$, $\gamma = 0.283368$, $\delta = 0.3$, $m = 2.294$, $n = 4.612$, $C_0 = 0.2$. (a) $d = 0.6$; (b) $d = 0.750017$; (c) $d = 0.8$

定理 6.1.2 如果满足条件 $\beta + \delta - \alpha(I'(Y_0) - \gamma) = 0$ 且 $\alpha\beta\gamma > \delta(\beta + \delta)$, 那么系统 (6.4) 在平衡点 $E(Y_0, K_0)$ 处发生 Hopf 分支.

证明 对于系统 (6.5), 从方程 (6.8) 可知, 系统 (6.5) 在平衡点 $E(Y_0, K_0)$ 处

Jacobi 矩阵的特征值为

$$\lambda_{1,2}=\frac{\alpha(I'(Y_0)-\gamma)-\beta-\delta}{2}\pm\frac{\sqrt{(\alpha(I'(Y_0)-\gamma)-\beta-\delta)^2-4\alpha(\beta\gamma+\delta\gamma-\delta I'(Y_0))}}{2}.$$

如果满足条件 $\beta+\delta-\alpha(I'(Y_0)-\gamma)=0$ 且 $\alpha\beta\gamma>\delta(\beta+\delta)$, 那么有

$$\lambda_{1,2}=\pm i\sqrt{\alpha\beta\gamma-\delta(\beta+\delta)}.$$

记 β 或者 δ 为系统 (6.5) 的分支参数, 系统发生 Hopf 分支的横截性条件容易证得. 因此, 系统 (6.5) 在这组条件下发生 Hopf 分支. 进一步可知系统 (6.4) 在平衡点 $E(Y_0,K_0)$ 处发生 Hopf 分支现象.

接下来我们将给出系统 (6.4) 在 Hopf 分支点处的规范形. 如果满足条件 $\beta+\delta-\alpha(I'(Y_0)-\gamma)=0$ 且 $\alpha\beta\gamma>\delta(\beta+\delta)$, 此时系统 (6.4) 在平衡点处的 Jacobi 矩阵的特征值为

$$\lambda_{\pm}=\pm i\mu,$$

其中 $\mu=(1+mY_0^2)\sqrt{(\alpha\beta\gamma-\delta(\beta+\delta))}$. 我们记特征值对应的特征向量分别为 $U_1\pm iU_2$, 其中 U_1 和 U_2 为实向量. 通过计算可得

$$U_1=\begin{pmatrix}1\\\dfrac{\beta+\delta}{\alpha\beta}\end{pmatrix},\quad U_2=\begin{pmatrix}0\\-\dfrac{(1+mY_0^2)\sqrt{(\alpha\beta\gamma-\delta(\beta+\delta))}}{\alpha\beta}\end{pmatrix}.$$

通过平移变换 (6.9) 可以将平衡点 $E(Y_0,K_0)$ 移动到原点, 这时我们将得到系统 (6.10). 定义

$$P=(U_1\ U_2)=\begin{pmatrix}1 & 0\\\dfrac{\beta+\delta}{\alpha\beta} & -\dfrac{(1+mY_0^2)\sqrt{(\alpha\beta\gamma-\delta(\beta+\delta))}}{\alpha\beta}\end{pmatrix},$$

且有

$$\begin{pmatrix}\hat{Y}\\\hat{K}\end{pmatrix}=P\begin{pmatrix}\tilde{Y}\\\tilde{K}\end{pmatrix}.$$

经过变换 P 我们可以得到一个关于变量 $\tilde{Y}$, $\tilde{K}$ 的系统. 为了书写方便我们将新系统仍写为关于 Y 和 K 的新系统, 可以得到系统 (6.4) 在 Hopf 分支点处的规范形

$$\begin{cases} \dot{Y} = \mu K + a_{20}Y^2 + a_{11}YK + a_{02}K^2 + a_{30}Y^3 \\ \qquad + a_{03}K^3 + a_{21}Y^2K + a_{12}YK^2 + O(|Y,K|^4), \\ \dot{K} = -\mu Y + b_{20}Y^2 + b_{11}YK + b_{02}K^2 + b_{30}Y^3 \\ \qquad + b_{03}K^3 + b_{21}Y^2K + b_{12}YK^2 + O(|Y,K|^4), \end{cases} \tag{6.13}$$

其中 a_{ij}, b_{ij} $(i,j = 1,2,3)$ 是系统 (6.13) 的参数, 可以通过直接计算得到, 这里不再详细给出.

为了确定由 Hopf 分支分支出来的周期解的方向, 我们需要计算系统在 Hopf 分支点处的第一 Lyapunov 系数 l_1, 其表达式为

$$l_1 = \frac{3\pi}{2\mu}\left[3(a_{30} + b_{03}) + (a_{12} + b_{21}) - \frac{2}{\mu}(a_{20}b_{20} - a_{02}b_{02}) \right.$$

$$\left. - \frac{a_{11}}{\mu}(a_{02} + a_{20}) + \frac{b_{11}}{\mu}(b_{02} + b_{20})\right].$$

对于 l_1 的表达式, 我们无法直接判断它的符号. 因此我们用数值方法给出系统 (6.4) 的分支曲线, 并且发现系统的第一 Lyapunov 系数 l, 在不同参数下会改变符号. □

图 6.3 是当选定参数为 $\alpha = 3$, $\beta = 0.6$, $\delta = 0.3$, $m = 3$, $n = 5.6$, $C_0 = 0.6$ 时, 系统 (6.4) 在 (d, γ) 平面的分支曲线图. 系统的 Hopf 分支曲线经过两个退化 Hopf 分支点, DH_1 和 DH_2. 在这两个点处系统的 Hopf 分支的第一 Lyapunov 系数 $l_1 = 0$, 并且这是两个至少余维二的分支点. 在 Hopf 分支曲线上这两个退化的 Hopf 分支点之前的曲线是系统的超临界 Hopf 分支曲线, 在这段曲线上 Hopf 分支点的第一 Lyapunov 系数 $l_1 < 0$. 除此之外在 Hopf 分支曲线上剩余部分, 系统发生亚临界的 Hopf 分支, 此时分支点处的第一 Lyapunov 系数 $l_1 > 0$. 系统 (6.4) 的折分支曲线形成了一个闭合的区域, 并且曲线上有 3 个尖分支点, 分别是 CP_1, CP_2 和 CP_3. 在这三个点处, 系统在中心流形上的限制形式的二次项系数为 0, 这些分支点是至少余维二的分支点. 点 BT_1 和 BT_2 分别是两个余维二的 Bogdanov-Takens 分支点, 它们分别在 Hopf 分支曲线与折分支曲线的切点处, 此时系统的特征值为 $\lambda_{1,2} = 0$.

图 6.4(a) 是系统 (6.4) 在超临界 Hopf 分支点附近的相图, 此时系统的参数为 $\alpha = 3$, $\beta = 0.6$, $\gamma = 1.175$, $d = 0.195$, $\delta = 0.3$, $m = 3$, $n = 5.6$, $C_0 = 0.6$. 在图 6.4(a) 中, 出现了由分支点 $(0.151, 0.582)$ 分支出来的稳定的极限环. 可以发现当时间 $t \to +\infty$ 时, 极限环附近的轨线将会螺旋趋于这个稳定的极限环.

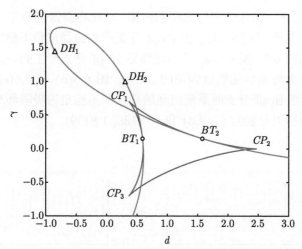

图 6.3　系统 (6.4) 在 (d, γ) 平面的分支曲线图, 此时系统的参数为 $\alpha = 3$, $\beta = 0.6$, $\delta = 0.3$, $m = 3$, $n = 5.6$, $C_0 = 0.6$

图 6.4(b) 是系统 (6.4) 在亚临界 Hopf 分支点附近的相图, 此时系统的参数为 $\alpha = 3$, $\beta = 0.6$, $\gamma = 0.66$, $d = 0.195$, $\delta = 0.3$, $m = 3$, $n = 5.6$, $C_0 = 0.6$. 此时系统 (6.4) 存在两个极限环, 外部大的极限环是稳定的, 大环内部的小极限环是不稳定的. 当时间 $t \to +\infty$ 时, 从大的极限环附近出发的轨线将会螺旋趋于这个稳定的大环. 由于亚临界 Hopf 分支出现在 2 维的中心流形上面, 并且在中心流形

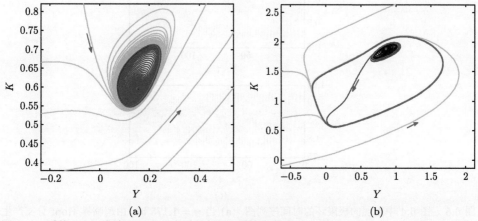

(a)　　　　　　　　　　　　　　(b)

图 6.4　系统 (6.4) 发生 Hopf 分支时的相图, 系统参数为 $\alpha = 3$, $\beta = 0.6$, $d = 0.195$, $\delta = 0.3$, $m = 3$, $n = 5.6$, $C_0 = 0.6$. (a) 当 $\gamma = 1.175$ 时, 系统发生超临界的 Hopf 分支; (b) 当 $\gamma = 0.66$ 时, 系统发生亚临界的 Hopf 分支

上有一个不稳定环. 在这个不稳定环的内部, 轨线将会螺旋趋于一个稳定的焦点 (0.849, 1.868). 此外, 我们给出了由 Hopf 分支产生的稳定和不稳定极限环对应的时间序列图, 见图 6.5. 图 6.5(a) 是由超临界 Hopf 分支产生的稳定的极限环对应的时间序列图, 此时系统的初值为 (0.3, 0.75). 图 6.5(b) 和 6.5(c) 分别是当系统 (6.4) 产生亚临界 Hopf 分支时系统出现的稳定和不稳定的极限环对应的时间序列图, 此时系统的初值分别为 (2, 2.3) 和 (0.9136, 1.8439).

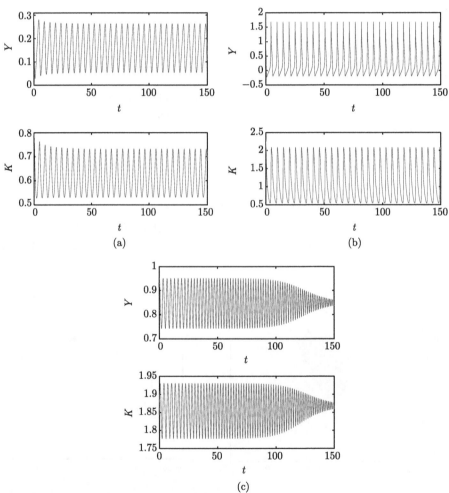

图 6.5　图 6.4 中出现的极限环的时间序列图. (a) 当 $\gamma = 1.175$ 时, 由超临界 Hopf 分支产生的稳定极限环的时间序列图; (b) 当 $\gamma = 0.66$ 时, 在亚临界 Hopf 分支点附近产生的稳定极限环的时间序列图; (c) 当 $\gamma = 0.66$ 时, 在亚临界 Hopf 分支点附近产生的不稳定极限环的时间序列图

定理 6.1.3 如果满足条件 $\alpha\beta\gamma - \delta(\beta+\delta) = 0$ 且 $I'(Y_0) = \dfrac{\gamma(\beta+\delta)}{\delta}$, 系统 (6.4) 在平衡点 $E(Y_0, K_0)$ 处发生余维二的 Bogdanov-Takens 分支, 此时系统 (6.4) 在平衡点 $E(Y_0, K_0)$ 处等价于

$$\begin{cases} \dot{Y} = K, \\ \dot{K} = Y^2 + \mathrm{sign}(\bar{L}_{11})YK + O(|Y,K|^3). \end{cases} \tag{6.14}$$

证明 对于系统 (6.5), 系统在平衡点 E 处的 Jacobi 矩阵可以写成

$$J(Y_0, K_0) = \begin{pmatrix} \alpha(I'(Y_0) - \gamma) & -\alpha\beta \\ I'(Y_0) & -(\alpha+\beta) \end{pmatrix},$$

如果满足条件 $\alpha\beta\gamma - \delta(\beta+\delta) = 0$ 且 $I'(Y_0) = \dfrac{\gamma(\beta+\delta)}{\delta}$, 系统在平衡点 E 处的特征方程可以写成

$$\lambda^2 = 0.$$

此时系统 (6.5) 的特征值为 $\lambda_{1,2} = 0$, 因此此时系统 (6.4) 的特征值为 $\lambda_{1,2} = 0$. 接下来我们将给出系统 (6.4) 在 Bogdanov-Takens 分支点 $E(Y_0, K_0)$ 处的规范形. 首先通过平移变换 (6.9) 将平衡点 $E(Y_0, K_0)$ 平移到原点处, 得到系统 (6.10). 由于 $\beta + \delta \neq 0$, 特征值 $\lambda = 0$ 对应的一般特征向量为

$$S_1 = \begin{pmatrix} \dfrac{\alpha\beta}{\beta+\delta} \\ 1 \end{pmatrix}, \quad S_2 = \begin{pmatrix} \dfrac{\alpha\beta + \alpha\beta(\beta+\delta)}{(\beta+\delta)^2} \\ 1 \end{pmatrix},$$

并且满足 $J(E)S_1 = 0$ 和 $J(E)S_2 = S_1$. 记 $Q = (Q_{ij})_{2\times2} = [S_1, S_2]$, 又由于 Y_0 满足 $f(Y_0) = 0$, 经过线性变换

$$\begin{pmatrix} \hat{Y} \\ \hat{K} \end{pmatrix} = Q \begin{pmatrix} \tilde{Y} \\ \tilde{K} \end{pmatrix},$$

可以得到一个关于 $\tilde{Y}, \tilde{K}$ 的系统. 为了书写方便, 我们把系统写为关于 Y, K 的新系统, 此时系统 (6.4) 转化为

$$\begin{cases} \dot{Y} = K + H_{20}Y^2 + H_{11}YK + h_{02}K^2 + O(|Y,K|^3), \\ \dot{K} = L_{20}Y^2 + L_{11}YK + l_{02}K^2 + O(|Y,K|^3), \end{cases}$$

这里

$$L_{20} = -\frac{\alpha^2\beta\left(3Y_0m\gamma(\beta+\delta) - C_0\delta m + \delta(dm-n)\right)}{\beta+\delta},$$

$$L_{11} = -\frac{2\alpha^2\beta(\beta+\delta+1)\left(3Y_0m\gamma(\beta+\delta) - C_0\delta m + \delta(dm-n)\right)}{(\beta+\delta)^2},$$

$$H_{20} = \frac{\alpha\beta\left(\alpha\beta n + m\alpha(d-C_0)\left(\beta\delta-\beta+\delta^2\right)\right)}{(\beta+\delta)^2}$$
$$+\frac{\alpha\beta(Y_0m(\beta+\delta)(3\gamma\alpha-2) - m\alpha\beta K_0 - n\alpha\delta)}{(\beta+\delta)}.$$

通过近似等价变换

$$Y = u+\frac{1}{2}(H_{11}+L_{02})u^2+H_{02}uv+O(|u,v|^3), \quad K = v-H_{20}u^2+L_{02}uv+O(|u,v|^3),$$

并且把变量 u,v 写为 Y,K, 可得

$$\begin{cases} \dot{Y} = K, \\ \dot{K} = \bar{L}_{20}Y^2 + \bar{L}_{11}YK + O(|Y,K|^3), \end{cases}$$

其中 $\bar{L}_{20} = L_{20}$ 且 $\bar{L}_{11} = L_{11} + 2H_{20}$.

如果 $\bar{L}_{11} \neq 0$, 保持时间方向不变, 通过下述变换

$$Y \to \frac{\bar{L}_{20}}{\bar{L}_{11}^2}Y, \quad K \to \frac{\bar{L}_{20}^2}{\bar{L}_{11}^3}K, \quad t \to \left|\frac{\bar{L}_{20}}{\bar{L}_{11}}\right|t,$$

可将系统 (6.4) 转化为拓扑等价的规范形 (6.14).   □

6.1.2　周期利率对经济发展的影响

众所周知, 任何经济体制的运作都不能避免受到外部周期性行动的影响, 例如周期性的调控策略和季节性变化等. 不仅如此, 从中国人民银行 (PBC) 和美国联邦储备系统 (FED) 的数据显示这两个系统的利率也呈现周期性的波动, 图 6.6 中分别是两个系统约 20 年的利率波动情况, 并且这种波动性可以分为 3 个阶段: 增加、降低和再增加. 那么一个自然的问题是: 利率的周期性波动对经济周期模型的动力学行为有着怎样的影响?

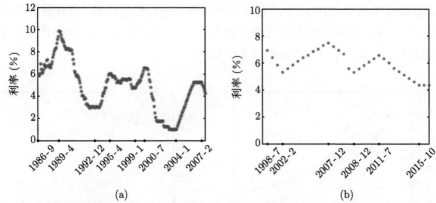

(a)   (b)

图 6.6 利率的波动情况. (a) FED 利率从 1986 年 9 月到 2007 年 2 月的变化情况; (b) PBC 利率从 1998 年 7 月到 2015 年 10 月的变化情况

针对这一问题, 我们将上述利率变化抽象成周期变化形式, 并考虑由利率引起的变化项 d 有如下周期扰动形式

$$d(t) = d(1 + \varepsilon \sin \omega t), \tag{6.15}$$

其中 ω 和 ε 分别是周期扰动项的频率和振幅. 为了不失一般性, 假设 $\omega > 0$ 且 $0 \leqslant \varepsilon \leqslant 1$. 那么系统变成了一个非自治的系统

$$\begin{cases} \dot{Y} = \alpha n Y^2 + \alpha(mY^2 + 1)(C_0 - \beta K - \gamma Y - d(t)), \\ \dot{K} = n Y^2 + (mY^2 + 1)(C_0 - (\beta + \delta)K - d(t)). \end{cases} \tag{6.16}$$

通过耦合非线性振子, 周期扰动系统 (6.16) 将转化为如下四维系统

$$\begin{cases} \dot{Y} = \alpha n Y^2 + \alpha(mY^2 + 1)(C_0 - \beta K - \gamma Y - d(1 + \varepsilon v)), \\ \dot{K} = n Y^2 + (mY^2 + 1)(C_0 - (\beta + \delta)K - d(1 + \varepsilon v)), \\ \dot{v} = v + 2\pi w - v(v^2 + w^2), \\ \dot{w} = w - 2\pi v - w(v^2 + w^2), \end{cases} \tag{6.17}$$

这里取外部利率的变化频率为 $\omega = 2\pi$. 我们将研究系统 (6.17) 的 Poincaré 映射的不动点的分支情况来反映周期扰动系统 (6.16) 的周期解的分支情况.

情况 1 取参数 $\alpha = 3, \beta = 0.6, \gamma = 0.4, \delta = 0.3, m = 3, n = 5.6, C_0 = 0.2$. 此时随着参数 d 的变化, 未扰动系统 (6.4) 在参数 $d = d_+$ (在图 6.7 中 H_2 处) 和 $d = d_-$(在图 6.7 中 H_1 处)$(d_+ > d_-)$ 处分别发生次临界 Hopf 分支. 在这组参数

下, 未扰动系统(6.4) 出现两个不稳定的极限环. 通过数值计算, 当参数 d 分别等于 d_+ 和 d_- 时, 极限环的渐近周期分别为 $T = 2.343$ 和 $T = 9.373$. 图 6.7 是当参数变化时, 系统在 (ε, d) 平面的分支曲线图.

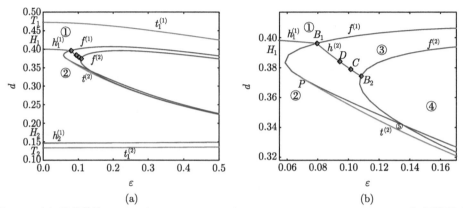

$$(a) \qquad\qquad\qquad\qquad (b)$$

图 6.7　(a) 当参数为 $\alpha = 3, \beta = 0.6, \gamma = 0.4, \delta = 0.3, m = 3, n = 5.6, C_0 = 0.2$ 时, 周期扰动系统在 (ε, d) 参数平面的分支曲线图. 图 (b) 为图 (a) 的局部放大图

在分支图 6.7(a) 中, d 轴上的点 H_1 和 H_2 是未扰动系统 (6.4) 中出现的两个次临界的 Hopf 分支点, 并且它们分别是分支曲线 $h_1^{(1)}$ 和 $h_2^{(1)}$ 的起点. 点 T_1 和 T_2 是未扰动系统 (6.4) 中出现的两个折分支点, 并且它们分别是分支曲线 $t_1^{(1)}$ 和 $t_2^{(1)}$ 的起点. 周期扰动系统的倍周期分支曲线 $f^{(1)}$ 经过一个 1:2 强共振点 B_1, 并且该点分别是曲线 $h^{(2)}$ 和 $h_1^{(1)}$ 的起点和终点. 曲线 $h^{(2)}$ 经过其他两个余维二的强共振点它们是 1:3 强共振点 C 和 1:4 强共振点 D, 最后停止在另外一个 1:2 强共振点 B_2 处. 曲线 $f^{(1)}$ 经过另外一个余维二的分支点 P, 这个点是分支曲线 $t^{(2)}$ 的起点.

当参数越过分支曲线 $t_1^{(1)}$ 从曲线上方进入区域 ① 时, 一个鞍点型和另外一个不稳定的结点型 1 周期不动点将会相碰然后消失. 当参数越过分支曲线 $f^{(1)}$ 的上半部分 (即点 B_1 上方) 由区域 ① 进入区域 ③ 时, 不稳定的结点型 1 周期不动点将会变成鞍点型 1 周期不动点, 并且一对不稳定的 2 周期不动点将会出现. 这个鞍点型的 1 周期不动点将会变成稳定的, 并且一对鞍点型 2 周期不动点将会出现, 如果参数越过曲线 $f^{(1)}$ 由区域 ③ 进入区域 ⑤. 在区域 ⑤ 中存在两对 2 周期不动点. 这两对 2 周期不动点将会相撞然后消失, 如果参数由区域 ⑤ 越过曲线 $t^{(2)}$ 进入区域 ②. 此外, 如果参数由区域 ① 越过曲线 $h_1^{(1)}$ 进入区域 ②, 不稳定 1 周期不动点将会变成稳定的, 并且不稳定的闭不变曲线将会出现. 随后, 这个稳定的 1 周期不动点将会变成不稳定的, 如果参数越过曲线 $h_2^{(1)}$ 由区域 ② 进入曲线 $t_1^{(2)}$ 上方区域. 最后, 如果参数进入曲线 $t_1^{(2)}$ 下方区域, 稳定和不稳定的不动点将会在曲线 $t_1^{(2)}$ 上相碰最终在曲线 $t_1^{(2)}$ 下方区域消失.

这对不稳定的 2 周期不动点将会变成稳定的, 并且不稳定的闭不变曲线将会出现, 如果参数越过曲线 $h^{(2)}$ 进入曲线下方区域; 稳定的 2 周期不动点将转变成一对鞍点型 2 周期不动点并且 4 周期不动点将会出现, 如果参数由区域 ③ 越过曲线 $f^{(2)}$ 进入区域 ④. 这对鞍点型的 2 周期不动点将会变成稳定的, 并且另外的 4 周期不动点将会出现, 如果参数由区域 ④ 越过曲线 $f^{(2)}$ 进入曲线下方. 另外周期扰动系统的倍周期分支曲线 $f^{(4)}$, $f^{(8)}$, $\cdots$ 存在于参数空间中, 并且这些倍周期分支的曲线的级联会使系统产生混沌吸引子. 另一方面, 在 1:2 共振点附近产生的同宿结构将会破坏由周期解的 Hopf 分支产生的环面结构从而产生混沌吸引子.

情况 2 选择参数为 $\alpha = 3, \beta = 0.6, \gamma = 0.7, \delta = 0.3, m = 3.6, n = 10.58, C_0 = 0.2$, 当参数 d 变化时未扰动系统 (6.4) 发生两个次临界的 Hopf 分支. 此时由次临界 Hopf 分支分支出来的不稳定极限环的渐近周期分别是 $T = 1.347$ 和 $T = 6.261$. 周期扰动系统在 (ε, d) 平面的分支曲线由图 6.8 给出.

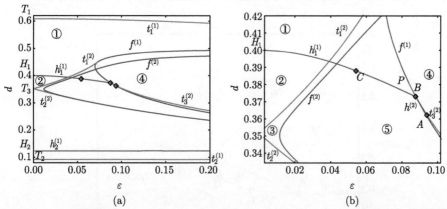

图 6.8 (a) 当参数为 $\alpha = 3, \beta = 0.6, \gamma = 0.7, \delta = 0.3, m = 3.6, n = 10.58, C_0 = 0.2$ 时, 周期扰动系统在 (ε, d) 参数平面的分支曲线图. 图 (b) 为图 (c) 的局部放大图

在图 6.8 中, 在 d 轴上点 T_1 和 T_2 分别代表未扰动系统出现的折分支点, 并且这两个点分别是曲线 $t_1^{(1)}$ 和曲线 $t_2^{(1)}$ 的起点. 点 H_1 和 H_2 分别是指未扰动系统出现的两个次临界的 Hopf 分支, 并且它们是曲线 $h_1^{(1)}$ 和曲线 $h_2^{(1)}$ 的起点. 曲线 $h_1^{(1)}$ 经过一个 1:3 强共振点 C 终止在一个 1:2 强共振点 B 处, 并且点 B 是曲线 $h^{(2)}$ 的起点. 曲线 $h^{(2)}$ 起始于 B 并且终止于一个 1:1 强共振点 A. 分支曲线 $t_3^{(2)}$ 经过点 A 并且终止于一个余维二分支点 P 上. 在点 T_3 处, 未扰动系统产生的不稳定的极限环的渐近周期是 2, 并且它是 2 周期不动点的折分支曲线 $t_1^{(2)}$ 和

$t_2^{(2)}$ 上下两支的起点. 分支曲线 $f^{(2)}$ 是 2 周期不动点的倍周期分支曲线.

在分支图 6.8 中, 系统的 1 周期不动点的分支结果与分支图 6.7 中结果类似, 这里不再重复. 当参数由区域 ① 越过分支曲线 $f^{(1)}$ 的上半支到曲线下方区域时, 一对不稳定结点型 2 周期不动点将会出现. 这对不稳定的不动点将会变成鞍点型 并且 4 周期不动点将会出现, 如果参数越过曲线 $f^{(2)}$ 进入区域 ④. 当参数由区 域④越过曲线 $f^{(2)}$ 进入曲线下方, 这对鞍点型的 2 周期不动点将会变成不稳定的 结点型. 如果参数由区域③越过曲线 $t_1^{(1)}$ 和 $t_2^{(1)}$, 两对鞍点型的 2 周期不动点, 其 中一对是由曲线 $f^{(1)}$ 下半部分产生的, 将会在分支曲线 $t_1^{(1)}$ 和 $t_2^{(1)}$ 上相碰最终消 失. 另外一方面, 当参数越过折分支曲线 $t_3^{(2)}$ 进入曲线的下半部分, 一对 2 周期不 动点将会相碰并且消失.

情况 3 取系统的参数为 $\alpha = 5, \beta = 0.6, \gamma = 0.85, \delta = 0.3, m = 3.211, n = 3.368, C_0 = 1$, 当参数 d 变化时, 未扰动系统 (6.4) 在 $d = d_+$ 和 $d = d_-(d_+ > d_-)$ 处分别发生两个超临界的 Hopf 分支. 在这组参数下, 未扰动系统分别出现两个稳 定的极限环. 并且当参数 d 等于 d_+ 和 d_- 时未扰动系统的极限环的渐近周期分 别为 $T = 3.738$ 和 $T = 2.292$. 图 6.9 是扰动系统在参数 (ε, d) 平面的分支图.

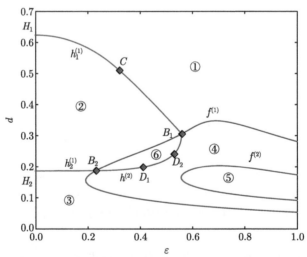

图 6.9　(a) 当参数为 $\alpha = 5, \beta = 0.6, \gamma = 0.85, \delta = 0.3, m = 3.211, n = 3.368, C_0 = 1$ 时, 周
期扰动系统在参数 (ε, d) 平面的分支曲线图

在分支图 6.9 中, d 轴上点 H_1 和 H_2 分别代表未扰动系统中出现的超临界 Hopf 分支, 并且它们分别是曲线 $h_1^{(1)}$ 和 $h_2^{(1)}$ 的起点. 曲线 $h_1^{(1)}$ 经过一个 1:3 共 振点 C 终止在 1:2 共振点 B_1 处. 曲线 $h^{(2)}$ 起始于点 B_1, 终止于另外一个 1:2 共振点 B_2 处. 曲线 $f^{(1)}$ 和 $f^{(2)}$ 分别是 1 周期不动点和 2 周期不动点的倍周期

分支曲线. 当参数由区域 ① (区域 ③) 越过分支曲线 $h_1^{(1)}$ ($h_2^{(1)}$) 进入区域 ② 时, 一个稳定的 1 周期不动点将会变成不稳定的, 并且一个稳定的闭不变曲线将会出现. 另一方面, 这个稳定的不动点将会变成鞍点型, 并且一对稳定的 2 周期解将会出现, 如果参数由区域 ① 越过曲线 $f^{(1)}$ 进入区域 ④. 不稳定的 1 周期不动点将会变化成鞍点型, 如果参数越过曲线 $f^{(1)}$ 由区域 ② 进入区域 ⑥. 随后, 鞍点型不动点将会变成稳定的, 并且一对 2 周期不动点将会出现, 如果参数越过曲线 $f^{(1)}$ 下半支进入区域 ③. 一对稳定的 2 周期不动点将会变成不稳定的, 并且一个稳定的闭不变曲线将会出现, 如果参数由区域 ④ 越过曲线 $h^{(2)}$ 进入区域 ⑥. 它们将变成一对鞍点型的 2 周期不动点并且 4 周期不动点将会出现, 如果参数由区域 ④ 越过曲线 $f^{(2)}$ 进入区域 ⑤. 最终这对鞍点型 2 周期不动点转化为结点型, 并且扰动系统有 4 周期不动点产生, 如果参数由区域 ⑤ 越过曲线 $f^{(2)}$ 进入下方区域.

情况 4 取参数为 $\alpha = 5, \beta = 0.6, \gamma = 0.8, \delta = 0.3, m = 3.211, n = 3.368, C_0 = 1$, 当参数 d 变化时, 未扰动系统 (6.4) 在 $d = d_+$ 和 $d = d_-$ $(d_+ > d_-)$ 处分别发生一个超临界的 Hopf 分支和一个亚临界的 Hopf 分支. 在这组参数下, 未扰动系统分别出现一个稳定的极限环和一个不稳定的极限环. 并且当参数 d 等于 d_+ 和 d_- 时未扰动系统的极限环的渐近周期分别为 $T = 3.738$ 和 $T = 2.292$. 图 6.10 是扰动系统在参数 (ε, d) 平面的分支曲线图.

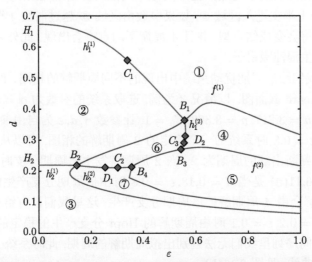

图 6.10 当参数为 $\alpha = 5, \beta = 0.6, \gamma = 0.8, \delta = 0.3, m = 3.211, n = 3.368, C_0 = 1$ 时, 周期扰动系统在参数 (ε, d) 平面的分支曲线图

在分支图 6.10 中, d 轴上点 H_1 和 H_2 分别代表未扰动系统出现的超临界和

亚临界的 Hopf 分支点, 并且它们分别是曲线 $h_1^{(1)}$ 和 $h_2^{(1)}$ 的起点. 曲线 $h_1^{(1)}$ 经过
1:3 共振点 C_1 终止于 1:2 共振点 B_1. 曲线 $h_1^{(2)}$ 起始于点 B_1 终止于另外一个 1:2
共振点 B_3. 曲线 $h_2^{(1)}$ 起始于点 H_2 终止于 1:2 共振点 B_2. 曲线 $h_2^{(2)}$ 起始于点
B_2, 分别经过两个余维二的共振点, 1:4 共振点 D_1 和 1:3 共振点 C_2, 终止于另外
一个 1:2 共振点 B_4. 分支曲线 $f^{(1)}$ 和 $f^{(2)}$ 分别是 1 周期不动点和 2 周期不动点
的倍周期分支曲线.

　　当参数由区域 ① 越过曲线 $h_1^{(1)}$ 进入区域 ② 时, 一个稳定的 1 周期不动点转
化为一个不稳定的, 并且一个稳定的闭不变曲线将会出现在区域 ②. 这个不稳定
的 1 周期不动点又将转化为稳定的并且一个不稳定的闭不变曲线将会出现, 如果
参数由区域 ② 越过曲线 $h_2^{(1)}$ 进入区域 ③. 此后, 这个稳定的不动点将会转化为鞍
点型的 1 周期不动点并且一对稳定 2 周期不动点将会出现, 如果参数由区域 ①越
过曲线 $f^{(1)}$ 的上半支进入区域 ④. 另一方面, 区域 ② 中的不稳点的不动点将会转
化为鞍点型, 如果参数由区域 ② 越过曲线 $f^{(1)}$ 进入区域 ⑥. 鞍点型的 1 周期不动
点将会转化为稳定的并且另外一对 2 周期不动点将会出现, 如果参数由区域 ⑦ 越
过曲线 $f^{(1)}$ 进入区域 ③. 当参数由区域 ④ 越过曲线 $h_1^{(2)}$ 进入区域 ⑥ 时, 一对稳
定的 2 周期不动点将会变成不稳定的, 并且一个稳定的闭不变曲线将会出现. 此
后这对不稳定的 2 周期不动点将会变成稳定的, 并且一个不稳定的闭不变曲线会
出现, 如果参数由区域 ⑥ 越过曲线 $h_2^{(2)}$ 进入区域 ⑦. 另一方面, 稳定的 2 周期不
动点将会变成鞍点型的不动点并且 4 周期不动点将会出现, 如果参数由区域 ④ 越
过曲线 $f^{(2)}$ 的上半支进入区域 ⑤; 如果参数由区域 ⑤ 越过曲线 $f^{(2)}$ 进入区域 ⑦,
鞍点型不动点将会变成结点型, 并且 4 周期不动点将会出现. 此外, 系统的倍周期
分支级联会产生混沌吸引子.

　　接下来, 我们给出周期扰动系统中出现的不同周期解的相图、时间序列, 以及
解对应的 Poincaré 截面图. 以情况 3 为例, 选取系统的参数为 $\alpha = 5, \beta = 0.6, \delta =$
$0.3, \gamma = 0.85, m = 3.211, n = 3.368, C_0 = 1$, 让参数 γ, d, ε 为自由参数. 图 6.11(a)
是当 $d = 0.3, \varepsilon = 0.8$ 时系统的一个稳定的 2 周期解的相图, 可以从时间序列以及
Poincaré 截面判断出解的周期为 2. 当 2 周期解发生倍周期分支时系统将会产生
4 周期解. 图 6.11(d) 是当 $d = 0.18, \varepsilon = 0.8$ 时由倍周期分支产生的稳定的 4 周
期解. 8 周期解会由 4 周期解的倍周期分支产生, 这里我们没有给出. 图 6.11(g)
是当参数为 $d = 0.2, \varepsilon = 0.1$ 时由周期解的 Hopf 分支产生的稳定的环面 (拟周期
解). 从解的时间序列里我们无法判别出拟周期解的周期, 此时系统 Poincaré 截面
是一个闭不变曲线, 见图 6.11(h).

　　图 6.12(a) 和图 6.12(d) 分别是当参数为 $d = 0.25, \varepsilon = 0.5$ 和 $d = 0.2, \varepsilon = 0.2$
时扰动系统由倍周期分支和环面破坏产生的混沌吸引子的相图. 在得到吸引子的
时间序列后我们计算了两个吸引子对应的最大 Lyapunov 指数, 分别见图 6.13(a)

和图 6.13(b). 两个吸引子的最大 Lyapunov 指数大于 0 说明了它们是混沌的. 不仅如此, 图 6.13(a) 和图 6.13(b) 也说明了扰动系统 (6.16) 的参数空间中存在其他混沌区域. 另一方面, 我们分别给出了吸引子对应的 Poincaré 截面图, 见图 6.12(b) 和图 6.12(e), 图中不规则的带状自相似结构也说明了吸引子是混沌的.

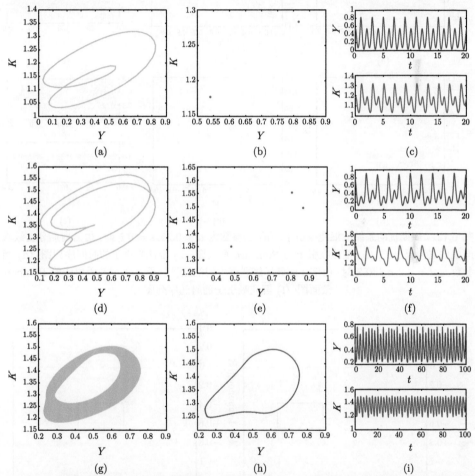

图 6.11　周期扰动系统中不同的周期解. (a) 当参数为 $d = 0.3, \varepsilon = 0.8$ 时稳定的 2 周期解的相图; (b) 2 周期解的 Poincaré 截面图; (c) 2 周期解的时间序列图; (d) 当参数为 $d = 0.18$, $\varepsilon = 0.8$ 时稳定的 4 周期解的相图; (e) 4 周期解的 Poincaré 截面图; (f) 4 周期解的时间序列图; (g) 当参数为 $d = 0.2, \varepsilon = 0.1$ 时环面的相图; (h) 环面的 Poincaré 截面图; (i) 环面的时间序列图

图 6.14 是周期扰动系统在 (Y, d) 平面的分支图, 其中在图 6.14(a) 中参数为 $\varepsilon = 0.5$, 在图 6.14(b) 中参数为 $\varepsilon = 0.2$. 在这两个图中, 可以直观地看到系统

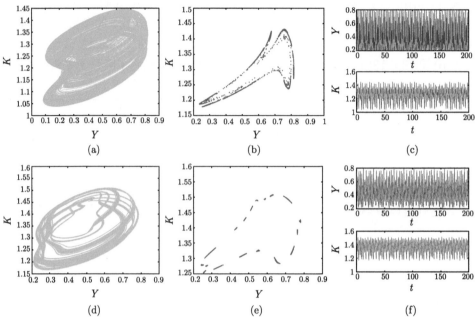

图 6.12　周期扰动系统的混沌吸引子. (a) 当参数为 $d = 0.25, \varepsilon = 0.5$ 时, 由倍周期分支级联产生的混沌吸引子; (b) 混沌吸引子的 Poincaré 截面图; (c) 混沌吸引子的时间序列图; (d) 当参数为 $d = 0.2, \varepsilon = 0.2$ 时, 由倍环面破坏级联产生的混沌吸引子; (e) 混沌吸引子的 Poincaré 截面图; (f) 混沌吸引子的时间序列图

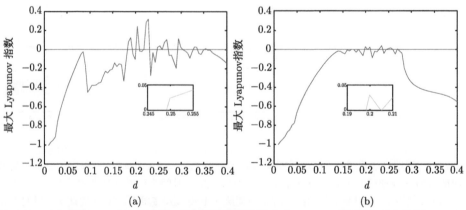

图 6.13　(a) 选取 $\varepsilon = 0.5$, 当参数 d 变化时系统的最大 Lyapunov 指数图; (b) 选取 $\varepsilon = 0.2$, 当参数 d 变化时系统的最大 Lyapunov 指数图

(6.16) 发生倍周期分支, 并形成不同的周期解的过程. 在分支图 (图 6.14) 中, 点较为稠密的区域意味着系统中出现的环面或者混沌吸引子. 在图 6.14(b) 中, 三条线

共存的区域意味着系统中出现的稳定的 3 周期解 (见图 6.15(a)), 这些 3 周期解是由系统中 1:3 强共振点 C 分支出来的 (对应图 6.9). 此外系统中 5 周期解 (图 6.15(d)) 的存在, 也意味着周期扰动系统会出现其他共振点, 这些周期解也会通过倍周期分支级联最终产生混沌吸引子, 本节的图部分引自文献 [52].

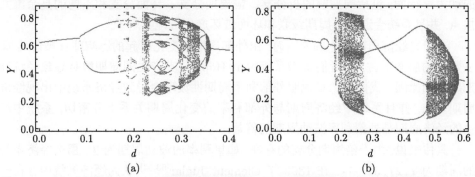

图 6.14　(a) 当参数为 $\varepsilon = 0.5$ 时周期扰动系统在 (Y, d) 平面的分支图; (b) 当参数为 $\varepsilon = 0.2$ 时周期扰动系统在 (Y, d) 平面的分支图

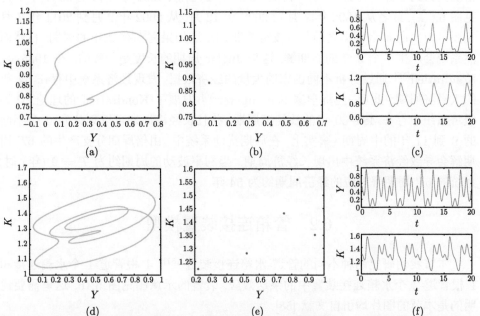

图 6.15　周期扰动的系统中共振点附近的解的相图. (a) 当参数为 $\gamma = 0.85, d = 0.45, \varepsilon = 0.2$ 时系统产生的稳定的 3 周期解; (b) 3 周期解的 Poincaré 截面图; (c) 3 周期解的时间序列图; (d) 当参数为 $\gamma = 0.8, d = 0.235, \varepsilon = 0.7$ 时系统产生的稳定的 5 周期解; (e) 5 周期解的 Poincaré 截面图; (f) 5 周期解的时间序列图

我们研究了两种不同利率: 常数利率和周期性变化利率, 分别对应未扰动和周期扰动系统, 对 Kaldor-Kalecki 经济周期模型的动力学行为的影响. 在未扰动情形下, 系统 (6.4) 发生平衡点的折分支、Hopf 分支和 Bogdanov-Takens 分支. 在周期扰动情形下, 系统 (6.16) 发生不同类型的周期解的分支并导致系统产生复杂的动力学行为, 包括周期解的折分支、倍周期分支、环面分支和不同的高余维共振点, 并且系统会通过倍周期级联和环面破坏产生混沌吸引子.

在研究经济周期产生的原因时, 由外部周期性变化引起的影响往往被忽略掉. 从数学的层面上讲, 学者们认为系统中由 Hopf 分支产生的周期解是导致经济周期出现的原因. 我们的结果说明外部利率周期性波动会导致经济系统中出现经济周期现象, 并且系统中经济周期与外部利率的变化周期关系十分密切, 系统中产生的经济周期是外部利率波动周期的倍数.

具体来说, 由于倍周期分支的存在, 如果利率的波动周期为 T, 那么经济系统的周期为 $T, 2T, 3T, \cdots$. 在 1862 年 Clément Juglar[53,54] 认为经济系统中存在一个 9—11 年的经济周期, 把它称为 Juglar 周期, 并且可以按照发展趋势分为 3 个阶段: 增长、衰退、复苏. 从数据图 6.6 我们可以发现 FED 和 PBC 的利率变化情况为大约 9 年 (从 1986 年 9 月到 1995 年 4 月, 从 1995 年 4 月到 2004 年 1 月见图 6.6(a), 或者从 1998 年 7 月到 2008 年 12 月, 从 2002 年 2 月到 2011 年 7 月见图 6.6(b)). 那么根据之前的分支分析我们知道如果利率有 9 年的周期, 自然而然系统会产生一个 9 年的周期解, 这与 Juglar 周期的长度是一致的. 在 1935 年, Kondratieff[55] 通过分析不同国家的大量的经济数据, 发现经济系统中存在 54 年的大经济周期. 此后, 经济学家 Schumpeter[56] 发展了 Kondratieff 的理论, 认为经济系统中存在 48—60 年的长经济周期, 并且长经济周期可以划分为 6 个不同的 9 到 11 年的中周期. 事实上, 在周期扰动系统中, 由倍周期分支产生的 $6T$ 周期解会导致经济系统中出现长经济周期. 当利率波动的周期约为 $T = 9$ (年) 时, 系统的 $6T$ 周期解对应的经济周期约为 54 年.

6.2   管箱连接装置模型

本节我们研究两种不同的管道-水箱连接装置 [57]: 1 根管道-1 个水箱连接和 1 根管道-2 个水箱连接装置中的泵送效应, 装置的示意图见图 6.16, 这里需要说明的是本节的图片均引自文献 [58].

装置的左端有一个 T 周期的外部驱动力 $p(t)$, 泵送效应是指由 T 周期驱动力 $p(t)$ 引起的水箱 (或其中一个水箱) 中液体的平均高度高于由稳定的驱动力 $\bar{p}$ 引起的水箱 (或其中一个水箱) 中液体的平均高度, 其中 $\bar{p}$ 是周期函数 $p(t)$ 在一个周期内的平均值. 为了研究装置的泵送效应, 我们需要研究装置对应的周期微分

方程的动力学性质. 通过对装置内的液体进行力学分析, 可以分别得到两个周期微分方程

$$l''(t) = -al'(t) + \frac{1}{l(t)}\left(e(t) - b(l'(t))^2\right) - c$$

和

$$h''(t) + \gamma h'(t) - \frac{k}{\alpha}(h'(t))^2 + \alpha\beta h(t) = \varepsilon\alpha p(t) + \alpha c.$$

方程中参数物理意义见 6.2.1 节.

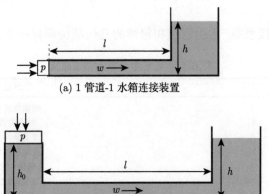

(a) 1 管道-1 水箱连接装置

(b) 1 管道-2 水箱连接装置

图 6.16 两种硬质管道-水箱连接装置的示意图

6.2.1 产生泵送效应的新机制

为了研究管-箱连接装置中的泵送效应, 我们给出了模型的建立过程同时引出了一种导致这种现象的新机制. 图 6.16 中的装置分别对应了两个微分方程系统, 我们的结果发现由 T 周期驱动力导致方程产生的 nT 周期解会使系统发生泵送效应, 我们把这种机制称为一个 nT 周期泵送效应.

首先看 1 管道-1 水箱连接装置, 见图 6.16(a). 一个水平的截面为 A_P 的硬质管道连接一个截面为 A_T 的水箱, 装置中液体的密度为 ρ, 液体在右侧水箱中的高度为 h. 我们假设水箱的截面 A_T 远远大于管道的截面 A_P. 在硬管道的左端, 距离水箱长度为 l 处有一个可移动的、质量和摩擦力可以忽略的活塞, 在活塞外面有一个外部周期性强迫压力 $p(t)$. 表 6.1 是系统中出现的参数的物理意义.

由牛顿第二定律, 管道内水的运动方程可以写为

$$\rho(l(t)w(t))' = p(t) - p_r(t) - \rho r_0 l(t)w(t), \tag{6.18}$$

其中 $\rho r_0 l(t)w(t)$ 是由 Poiseuille 定律给出的摩擦力相关的项, $p_r(t)$ 是指管道右端水箱的入口处的压力值, $w(t)$ 是管道内液体的流速. 记 $h(t)$ 和 V_0 分别是右端水

箱中的液体高度和液体的总体积. 根据装置的特点, 可得

$$w(t) = -\frac{A_P}{A_T}l'(t), \quad V_0 = A_P l(t) + A_T h(t). \tag{6.19}$$

在装置中, 高度为 $h(t)$ 的液体对水箱底部的压力为 $\rho g h(t)$, 其中 g 是引力常数. 管道和罐体交界处的压力损失可以表示为

$$\rho g h(t) - p_r(t) = \xi_r \frac{\rho}{2} w(t)^2, \tag{6.20}$$

其中 $\xi_r \geqslant 1$ 是连接系数, 它由管道和箱体的几何结构和材质决定.

表 6.1   装置中参数的物理意义

符号	物理意义
l	硬质管道长度
A_P	管道的截面
r_0	管道摩擦系数
V_0	液体的总体积
ρ	液体的密度
A_T	水箱的截面
A_0	左侧水箱的截面
ξ_r	右侧水箱的连接系数
ξ_l	左侧水箱的连接系数

1 管道-1 水箱连接装置中的 T 周期泵送效应是指, 当在活塞上施加一个 T 周期的驱动力 $p(t)$ 时, 箱体内的液体的平均高度高于当在活塞上施加稳定不变的驱动力 $\bar{p}$ 时水箱内的液体的平均高度, 这里 $\bar{p} = \int_0^T p(t)dt$. 在下文中我们用 $\bar{p}$ 代表周期函数 $p(t)$ 函数的平均值. 在研究管箱结构的泵送效应时, 一个特殊而有意义的情况是不容忽视的. 假设 $p(t)$ 是一个 T 周期函数, 并且 $w(t)$, $h(t)$, $l(t)$ 分别是方程 (6.18) 和 (6.19) 的 nT 周期解, 其中 nT 是一个最小的正周期, 并满足 $n \geqslant 2$ 且 $n \in \mathbb{Z}$. 此时装置右端的水箱的中的液体的平均高度可以通过在区间 $[0, nT]$ 上对方程 (6.18) 进行积分得到

$$\frac{1}{nT}\int_0^{nT} \rho(l(t)w(t))'dt = \frac{1}{nT}\int_0^{nT}(p(t) - p_r(t) - \rho r_0 l(t)w(t))dt,$$

联立方程 (6.19) 和 (6.20), 我们有

$$0 = \bar{p} - \rho g \bar{h} + \xi_r \frac{\rho}{2}\bar{w}^2,$$

其中

$$\overline{w^2} = \frac{1}{nT} \int_0^{nT} w^2(t)dt > 0.$$

另外一方面, 如果外部驱动力 $p(t)$ 是一个常数 $p(t) = \bar{p}$, 装置中的液体会在 $h^* = \dfrac{\bar{p}}{\rho g}$ 处达到平衡. 显然我们有

$$\bar{h} = \frac{\bar{p}}{\rho g} + \frac{\xi_r}{2g}\overline{w^2} > h^*.$$

由此可见当在装置上施加一个 T 周期驱动力 $p(t)$ 时, 系统的 nT 周期解会使得装置出现泵送效应, 我们称之为一个 nT 周期泵送效应.

联立方程 (6.18), (6.19) 和 (6.20) 可以得到一个二阶的具有奇性的微分方程

$$l''(t) = -al'(t) + \frac{1}{l(t)}(e(t) - b(l'(t))^2) - c, \tag{6.21}$$

其中

$$a = \frac{r_0}{\rho}, \quad b = 1 + \frac{\xi_r}{2}, \quad c = \frac{gA_P}{A_T}, \quad e(t) = \frac{gV_0}{A_T} - \frac{p(t)}{\rho}.$$

由此可见, 在 1 管道-1 水箱连接装置中, 在 T 周期外部驱动力 $p(t)$ 激励下, 系统的泵送效应和 (6.21) 的调和解以及次调和解有关. 因此, 研究方程 nT 周期解的存在性对研究泵送效应具有重要的意义, 我们将重点研究方程 (6.21) 的次调和解的动力学行为.

接下来, 我们讨论 1 管道-2 水箱连接模型, 其中长度为 l 的硬质管道连接两个不同的水箱, 见示意图 6.16(b). 为了方便起见, 我们假设硬质管道和水箱的性质与 1 管道-1 水箱连接装置中类似. 在左侧截面为 A_0 的水箱上的活塞上施加一个周期为 T 的外部驱动力 $p(t)$. 装置中有密度为 ρ 的液体, 液体在左侧和右侧的水箱中的高度分别为 h_0 和 h. 不同的是, 这里 V_0 指的是硬质管道外水箱中液体的总体积, 并且管道内总是充满液体的. 由牛顿第二定律, 2 水箱装置会引出如下方程

$$\begin{cases} h'(t) = \alpha w(t), \\ w'(t) = -\beta h(t) - \gamma w(t) + kw^2(t) + \varepsilon p(t) + c, \end{cases} \tag{6.22}$$

其中

$$\alpha = \frac{A_P}{A_T}, \quad \beta = \frac{g(A_T + A_0)}{lA_0}, \quad \gamma = \frac{r_0}{\rho}, \quad c = \frac{gV_0}{lA_0}, \quad k = \frac{\xi_r - \xi_l}{2}.$$

ξ_l 和 ξ_r 分别是左侧水箱和右侧水箱的连接系数. 关于 1 管道-2 水箱连接装置的详细介绍可以参见文献 [57]. 2 水箱装置中的泵送效应现象和 1 水箱中的类似. 并且, 方程 (6.22) 的 nT 周期解 (次调和解) 也会导致装置中产生泵送效应. 通过计算管道两端的压力, 可以得到水箱内液体的平均高度有如下关系:

$$\bar{h} - \bar{h_0} = \frac{\bar{p}}{\rho g} + \frac{1}{2g}(\xi_r - \xi_l)\bar{w^2}.$$

可见, 当 $p(t) = \bar{p}$ 时, 水箱中的高度差为 $h - h_0 = \dfrac{\bar{p}}{\rho g}$. 因此, 若 $\xi_r \neq \xi_l$, 由于连接处的压力损失较大, 泵送效应出现在压力较低的水箱一侧. 例如, 对于 $\xi_r > \xi_l$, 装置的泵送效应是指右侧水箱液体的平均高度高于左侧水箱的平均高度, 比施加恒定驱动力时更加高于左侧水箱的平均高度.

总之, 在系统有 T 周期驱动力激励时, 方程 (6.21) 和 (6.22) 的 T 周期解 (调和解) 和 nT 周期解 (次调和解) 会使管道-水箱连接装置中液体流动产生泵送效应. 并且在 2 水箱装置中泵送效应是当 $\xi_r \neq \xi_l$ 不相等时, 由连接处的压力损耗造成的. 因此研究这两个装置对应微分方程 (6.21) 和 (6.22) 的 nT 周期解存在性问题对研究泵送效应具有十分重要的意义.

6.2.2   实例分析

本节给出了方程 (6.21) 和 (6.22) 的 T 周期解与 nT 周期解的相关结果和研究方法. 对于 1 水箱模型, 方程 (6.21) 的 T 周期解存在性问题已有大量结论, 因此不再考虑这一内容. 这里我们研究当系统的参数发生变化时, 方程 (6.21) 的 T 周期解的动力学行为, 并且发现 T 周期解会发生分支现象并产生不同的 nT 周期解. 对于 2 水箱模型, 通过运用拓扑度理论我们给出了一般情形下 (6.22) 的 T 周期解存在的一个充分条件. 为了揭示这两个方程的 T 周期解的动力学行为, 我们分别给出了方程 (6.21) 和 (6.22) 的双参数分支曲线图. 当系统参数变化时, 两个方程均出现丰富的动力学行为, 例如周期解的折分支和倍周期分支等. 最终这些分支现象会使系统产生不同的周期解, 包括稳定和不稳定的 T 周期解、nT 周期解以及拟周期解.

1 管道-1 水箱模型的结果: 通过运用数值连续方法研究方程 (6.21) 极限集附近轨道的回复映射, 可以研究方程周期解的动力学行为的改变, 并且可以得到方程在参数空间的分支曲线图. 引入变量 $v(t)$, 可以把二阶的常微分方程 (6.21) 转化为

$$\begin{cases} l'(t) = v(t), \\ v'(t) = -av(t) + \dfrac{1}{l(t)}(e(t) - bv^2(t)) - c. \end{cases} \tag{6.23}$$

注意到系统 (6.23) 是一个二维的具有 T 周期项 $p(t)$ 的非自治方程, 系统的第一次回复映射 (Poincaré 映射) 可以写为

$$\mathcal{F} : (l(0), v(0)) \to (l(T), v(T)),$$

其中 $T(T > 0)$ 是函数 $p(t)$ 的最小正周期. 因此系统的周期解的动力学特性可以通过研究系统的回复映射得到. 显然, 回复映射的不动点对应的 Jacobi 矩阵有两个特征值, 记为 $\lambda_i, i = 1, 2$.

当 $|\lambda_{1,2}| < 1$ 时, 此时对应的周期解是稳定的; 当其中一个特征值满足 $\lambda < -1$ 或者 $\lambda > 1$ 时, 对应的周期解是不稳定的. 为了方便, 我们用离散时间系统里的相关专业术语和标识来描述系统 (6.23) 中周期解的分支情况并给出标记.

对于一个 T 周期不动点, 当特征值 $\lambda = 1$ 时, 系统出现不动点的折分支或者跨临界分支. 在折分支点处, 两个 T 周期不动点将会相撞最终消失. 当特征值 $\lambda = -1$ 时, 系统 T 周期不动点会出现倍周期分支, 此时系统的 T 周期不动点会改变稳定性并且 $2T$ 周期不动点将会出现. 此外, nT 周期不动点的也有这些分支情况并出现类似的动力学现象.

在二维离散时间系统里, 当回复映射的两个乘子为 $\lambda_{1,2} = e^{2\pi i \theta}$ 时, 系统发生 Neimark-Sacker 分支, 对应于连续时间系统里的 Hopf 分支. 当系统发生 Neimark-Sacker 分支时, 不动点将会改变其稳定性并且一个闭不变曲线将会出现. 每一个有理数 θ, 都对应了一个余维二的共振分支点. 特别地, 我们把 $R^{(k)}, k \in \mathbb{Z}$ 记为系统的 "1:k 共振点", 并且当 $k \leqslant 4$ 时, 我们把这种共振点称为 "1:k 强共振点". 一般来说, 在 1:1 强共振点处系统的两个乘子分别为 $\lambda_{1,2} = 1$, 它对应于连续时间系统里的 Bogdanov-Takens 分支点. 因此, 在双参数空间里, 系统的 1:1 是 Neimark-Sacker 分支曲线和折分支曲线的交点. 在 1:2 强共振点处, 系统的两个乘子为 $\lambda_{1,2} = -1$, 它是系统的 Neimark-Sacker 分支曲线和倍周期分支曲线的交点. 对于 1:3 共振点和 1:4 强共振点, 它们分别有一对乘子为 $\lambda_{1,2} = e^{\pm \frac{2\pi i}{3}}$ 和 $\lambda_{1,2} = e^{\pm \frac{\pi i}{2}}$. 我们将会在 (6.23) 的分支曲线里给出这些分支点.

图 6.17 是当参数为 $b = 1.5$, $e(t) = 1 - 0.5 \cos 0.2\pi t$, a 和 c 为自由参数时系统 (6.23) 在 (a, c) 平面的分支曲线图. 图 6.17(b) 是图 6.17 的局部放大图.

在这种情况下, 外部驱动力 $p(t)$ 的最小正周期为 $T = 10$. 在图 6.17(a) 中, 系统的参数空间里存在 T 周期解, 并且当自由参数改变时周期的稳定性会因为分支现象的出现而改变. 考虑到方程的物理意义, 我们只对正参数空间里的动力学行为进行描述, 即 $a \geqslant 0$. 当 $a < 0$ 时系统的动力学性质完全不一样. 曲线 $h^{(1)}$ 从系统的原点出发, 它是系统 T 周期解的 Neimark-Sacker 分支曲线. 沿着这条曲线当参数 c 增加时, 系统会出现 4 个强共振点, $R^{(4)}$, $R^{(3)}$, $R^{(1)}$ 和 $R_1^{(2)}$. 此外, 曲线 $h^{(2)}$ 是系统 T 周期解的另外一条 Neimark-Sacker 分支曲线. 在这

条曲线的两端分别有一个 $1:2$ 共振点, $R_2^{(2)}$ 和 $R_3^{(2)}$ (见图 6.17(b)). 当参数越过曲线 $h^{(1)}$ 由区域 ① 进入区域 ⑤ 时, 一个不稳定的 T 周期不动点变成稳定的并且一个闭不变曲线 (对应于连续时间系统的拟周期解) 出现在 $a=0$ 处. 曲线 $f_1^{(1)}$ 和 $f_2^{(1)}$ 分别是 T 周期不动点的两条倍周期分支曲线. 当参数由区域 ① 越过曲线 $f_1^{(1)}$ 进入区域 ② 时, 一个鞍点型的 T 周期不动点将会变成一个不稳定的排斥型不动点, 并且一对鞍点型的 $2T$ 周期不动点将会出现. 保持参数 c 继续增加, 当参数由区域 ② 越过曲线 $f_2^{(1)}$ 的上半支进入区域 ③ 时, 排斥型 T 周期不动点变成鞍点型, 并且一对排斥型的不稳定 $2T$ 周期不动点将会出现. 最终这对鞍点型 T 周期不动点变成排斥型并且一对鞍点型的 $2T$ 周期不动点将会出现, 如果参数由区域 ③ 越过曲线 $f_2^{(1)}$ 的下半部分进入区域 ④. 自此, 在区域 ④ 中有两对由倍周期分支曲线 $f_2^{(1)}$ 产生的 2 周期不动点. 如果参数由区域 ④ 越过折分支曲线 $t^{(2)}$ 进入区域 ⑤, 这两对 $2T$ 周期不动点将会在曲线 $t^{(2)}$ 上碰撞形成一个鞍点型不动点随后消失. 另一方面, 由分支曲线 $f_1^{(1)}$ 产生的一对 $2T$ 周期不动点会因为区域 ② 中存在的折分支而消失. 此外系统 (6.23) 可能在其他参数空间内也存在分支情况. 在 (a,c) 参数空间内, $2T$ 周期不动点将不会再产生倍周期分支, 也就是说系统 (6.23) 中没有由 $2T$ 周期解分支出来的 $4T$ 周期解.

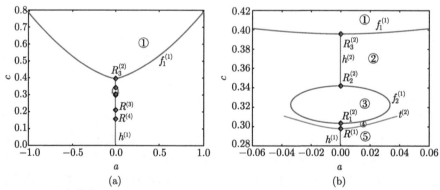

图 6.17　(a) 当参数为 $b=1.5$, $e(t)=1-0.5\cos 0.2\pi t$ 时方程 (6.23) 在 (a,c) 平面的分支图; (b) 分支图 (a) 的局部放大图

　　图 6.18—图 6.21 分别是方程 (6.23) 产生的不同的正周期解, 包括 T 周期解 ($T=10$), $2T$ 周期解和拟周期解. 每一个图中分别包含 3 个子图, 相图、Poincaré 截面图和时间序列图. 这里 Poincaré 截面是根据外部扰动频率选取的, 对给定的一个周期解和它对应足够长的时间序列, 把每隔时间 T 的状态点取出来作为截面上的点.

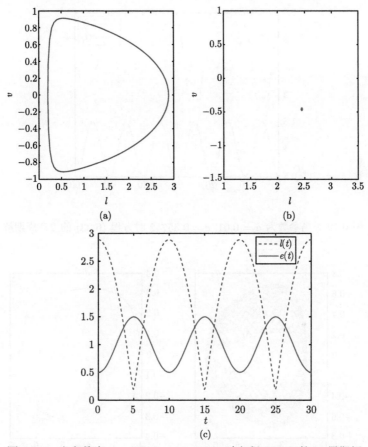

图 6.18   当参数为 $a = 0.01$, $c = 0.42785$ 时方程 (6.23) 的 T 周期解

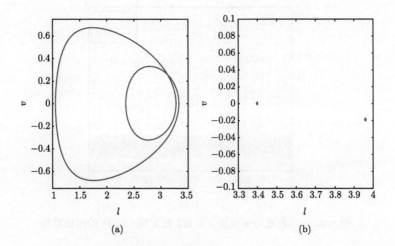

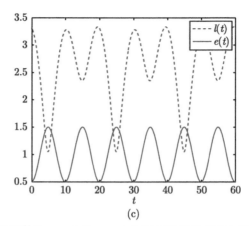

(c)

图 6.19   当参数为 $a = 0.01$, $c = 0.35742$ 时方程 (6.23) 的 $2T$ 周期解

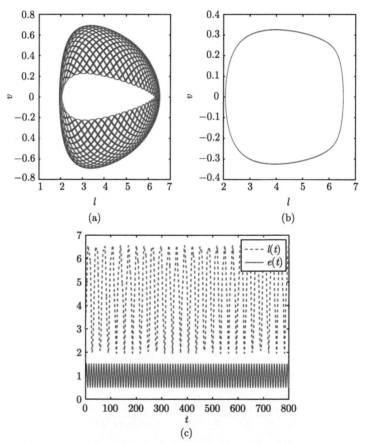

(c)

图 6.20   当参数为 $a = 0$, $c = 0.2$ 时方程 (6.23) 的拟周期解

图 6.18 是当参数为 $a = 0.01$, $c = 0.42875$ 时, 区域 ① 中的一个鞍点型的正 T 周期解. 图 6.19 是当参数为 $a = 0.01$, $c = 0.35742$ 时, 区域 ② 中的由 T 周期解倍周期分支产生的鞍点型的正 $2T$ 周期解. 图 6.20 是当参数为 $a = 0$, $c = 0.2$ 时, 一个由不稳定的 T 周期解的 Hopf 分支产生的正拟周期解. 从图 6.20(b) 可以看出, 它的 Poincaré 截面是一个闭不变曲线. 这个拟周期解可以在 $a = 0$ 附近存在, 当参数 a 增加时拟周期解会消失. 此外方程 (6.21) 会产生一些更加复杂的动力学行为, 例如闭不变曲线共存现象.

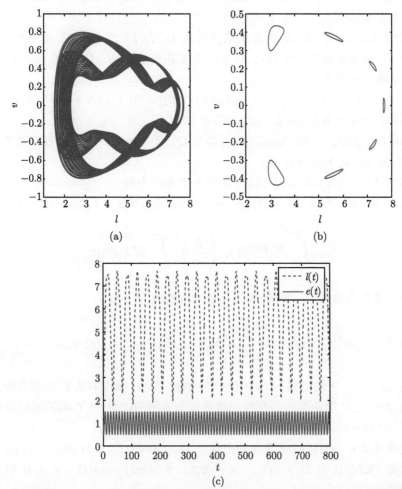

(a)

(b)

(c)

图 6.21 当参数为 $b = 1.5$, $e(t) = 1.1 - 0.5\cos 0.2\pi t$, $a = 0$, $c = 0.19$ 时, 由闭不变曲线共存产生的拟周期解

图 6.21 是当参数为 $b = 1.5$, $e(t) = 1.1 - 0.5\cos 0.2\pi t$, $a = 0$, $c = 0.19$ 时方

程 (6.23) 的一个拟周期解. 此时解的 Poincaré 截面显示 7 个闭不变曲线共存现象. 一般来说, 这种 7 环共存的拟周期解是由 $7T$ 周期解的 Hopf 分支产生的, 这也预示着 (6.23) 可能存在高阶次调和解.

1 管道-2 水箱模型的相关结果: 早在 2006 年, Propst[57] 研究了方程 (6.22) 在 $A_0 = A_t$ 且 $V_0 = 0$ 被转化为著名的 Liénard 系统 [59]. 尽管这是一个可行的方法, 但是却有明显的局限性, 对于 1 管道-2 水箱连接装置, $V_0 = 0$ 意味着在两个水箱中没有液体. 因此在本节, 我们研究一般条件下方程 (6.22) 的 T 周期解的存在性. 通过运用拓扑度理论, 我们给出了方程 T 周期解存在的充分条件.

首先我们来回顾一下拓扑度定理 [60,61].

引理 6.2.1 让 X, Z 为实赋范空间且 $L : D(L) \subset X \to Z$ 是一个指标为 0 的线性 Fredholm 映射. 设 $\Omega \subset X$ 是一个有界开集且 $N : \bar{\Omega} \to Z$ 是一个 L-紧映射. 假设满足如下条件

(i) 对于每个 $(h, \lambda) \in [(D(L) \setminus \mathrm{Ker}L) \cap \partial\Omega] \times (0, 1)$, $Lh + \lambda Nh \neq 0$;

(ii) 对于每个 $h \in \mathrm{Ker}L \cap \partial\Omega$, $Nh \notin \mathrm{Im}\, L$;

(iii) $D_0(QN|_{\mathrm{Ker}L}, \Omega \cap \mathrm{Ker}L) \neq 0$, 其中 $Q : Z \to Z$ 是一个连续投影满足 $\mathrm{Ker}\, Q = \mathrm{Im}\, L$ 且 D_0 是 Brouwer 度,

此时方程 $Lh + Nh = 0$ 在 $D(L) \cap \bar{\Omega}$ 中至少有一个解.

引理 6.2.2 令 $h \in C_T^2(\mathbb{R}) := \{h \in C^2(\mathbb{R}, \mathbb{R}), h(t + T) \equiv h(t), \forall t \in \mathbb{R}\}$, 有

$$\int_0^T |h'(t)|^2 dt \leqslant \left(\frac{T}{2\pi}\right)^2 \int_0^T |h''(t)|^2 dt.$$

我们首先将方程 (6.22) 转化为一个二阶的微分方程

$$h''(t) + \gamma h'(t) - \frac{k}{\alpha}(h'(t))^2 + \alpha\beta h(t) = \varepsilon\alpha p(t) + \alpha c, \qquad (6.24)$$

其中 α, β, γ, ε, c 是正数, $k \neq 0$ 是一个常数, $p \in C(\mathbb{R}, \mathbb{R})$ 是 T 周期方程. 因此, 方程 (6.22) 的 T 周期解的存在性问题转化为方程 (6.24) 的 T 周期解的存在性问题. 我们有如下结论.

定理 6.2.1 (H_1) 假设存在两个常数 $D_2 < 0 < D_1$, 使得 $\beta h(t) - \varepsilon p(t) - c > 0$ 对于所有 $(t, h) \in [0, T] \times (D_1, +\infty)$ 成立, 且 $\beta h(t) - \varepsilon p(t) - c < 0$ 对于所有 $(t, h) \in [0, T] \times (-\infty, D_2)$ 成立. 如果满足 $\alpha\beta < \frac{2\pi}{T}$, 那么方程 (6.24) 至少有一个 T 周期解 h, 且满足

$$\|h\| \leqslant D + \frac{2\pi\varepsilon\alpha\|p\|T}{2\pi - \alpha\beta T},$$

其中 $\|h\| := \max\limits_{t\in[0,T]} |h(t)|$, $D := \max\{D_1, |D_2|\}$.

证明 记 $X := \{h \in C(\mathbb{R},\mathbb{R}), \ h(t+T) \equiv h(t), \ \forall \ t \in \mathbb{R}\}$, 具有 C^1 模. $Z = L^1([0,T],\mathbb{R})$ 具有 L^1 模, $D(L) = \{h \in X : \ h'$ 在 $\mathbb{R}$ 上绝对连续$\}$ 且算子 $L : D(L) \to Z$ 满足

$$(Lh)(t) = h''(t), \quad \forall \ t \in \mathbb{R}.$$

定义 $N : Z \to Z$ 满足

$$(Nh)(t) = \gamma h'(t) - \frac{k}{\alpha}(h'(t))^2 + \alpha\beta h(t) - \alpha\varepsilon p(t) - \alpha c.$$

因此方程 (6.24) 可以转化为一个抽象方程 $Lh + Nh = 0$. 定义投影 $P : X \to X$ 和 $Q : Z \to Z$ 满足

$$Ph = \frac{1}{T}\int_0^T h(s)ds; \quad Qz = \frac{1}{T}\int_0^T z(s)ds. \tag{6.25}$$

容易发现 $\mathrm{Ker}\ L = \mathbb{R}$, $\mathrm{Im}\ L = \left\{z \in Z : \int_0^T z(t)dt = 0\right\}$, $\mathrm{Ker}\ Q = \mathrm{Im}\ L$, $\mathrm{Im}\ P = \mathrm{Ker}\ L$, 因此 L 是一个指标为 0 的 Fredholm 线性映射.

记 K 为 $L|_{\mathrm{Ker}\ P\cap D(L)}$ 的逆. 可得

$$[Kz](t) = \int_0^T G(t,s)z(s)ds, \tag{6.26}$$

其中

$$G(t,s) = \begin{cases} \dfrac{-s(T-t)}{T}, & 0 \leqslant s < t \leqslant T, \\[3mm] \dfrac{-t(T-s)}{T}, & 0 \leqslant t \leqslant s \leqslant T. \end{cases} \tag{6.27}$$

从方程 (6.25)—(6.27) 可知, QN 和 $K(I-Q)N$ 是连续的, $QN(\overline{\Omega})$ 是有界的, 因此对任意开有界集 $\Omega \subset X$, $K(I-Q)N(\overline{\Omega})$ 是紧的, 这意味着 N 在 $\overline{\Omega}$ 上是 L 紧的.

接下来我们考虑方程 (6.22) 的同伦形式

$$h''(t) + \lambda\gamma h'(t) - \lambda\frac{k}{\alpha}(h'(t))^2 + \lambda\alpha\beta h(t) = \lambda\varepsilon\alpha p(t) + \lambda\alpha c, \quad \lambda \in (0,1], \tag{6.28}$$

即抽象方程 $Lh + \lambda Nh = 0$.

记 t^*, $t_* \in (0,T)$ 分别为 $h(t)$ 的全局最大值和最小值. 注意到 $h(t)$ 是 T 周期可导函数, 我们有 $h'(t^*) = h'(t_*) = 0$. 接下来, 可得

$$h''(t_*) \geqslant 0.$$

事实上, 如果 $h''(t_*) \geqslant 0$ 不成立, 那么对于所有的 $t \in (t_* - \varepsilon, t_* + \varepsilon)$, 存在一个常数 $\varepsilon > 0$ 使得 $h''(t) < 0$. 因此, $h'(t)$ 在 $(t_* - \varepsilon, t_* + \varepsilon)$ 是严格递减的. 这与 t_* 的定义相矛盾. 因此,

$$\beta h(t_*) - \varepsilon p(t_*) - c \leqslant 0. \tag{6.29}$$

类似地,

$$\beta h(t^*) - \varepsilon p(t^*) - c \geqslant 0. \tag{6.30}$$

考虑到 (H_1), 方程 (6.29) 和 (6.30), 可得

$$h(t_*) \leqslant D_1, \quad h(t^*) \geqslant D_2.$$

情况 (1): 如果 $h(t^*) \in (D_2, D_1)$, 定义 $\eta = t^*$, $D := \max\{D_1, |D_2|\}$, 显然有 $|h(\eta)| \leqslant D$.

情况 (2): 如果 $h(t^*) \geqslant D_1$, h 是 $\mathbb{R}$ 中的连续函数, 存在一个点 $\eta \in (0,T)$ 使得 $|h(\eta)| = D_1$ 的值在 $h(t_*)$ 和 $h(t^*)$ 中间.

综合情况 (1) 和 (2), 存在一个点 $\eta \in (0,T)$ 满足

$$|h(\eta)| \leqslant D. \tag{6.31}$$

由方程 (6.31) 可得

$$\|h\| := \max_{t \in [0,T]} |h(t)| = \max_{t \in [0,T]} \left| h(\eta) + \int_\eta^t h'(s)ds \right| \leqslant D + \int_0^T |h'(t)|dt. \tag{6.32}$$

在方程 (6.28) 的两端同时乘以 $h''(t)$, 并在 0 到 T 上积分可得

$$\int_0^T |h''(t)|^2 dt + \lambda\gamma \int_0^T h'(t)h''(t)(t)dt$$

$$- \frac{\lambda k}{\alpha} \int_0^T (h'(t))^2 h''(t)dt + \lambda\alpha\beta \int_0^T h(t)h''(t)dt$$

$$= \lambda\varepsilon \int_0^T p(t)h''(t)dt + \lambda c \int_0^T h''(t)dt. \tag{6.33}$$

将 $\displaystyle\int_0^T h'(t)h''(t)dt = 0$, $\displaystyle\int_0^T (h'(t))^2 h''(t)dt = 0$, $\displaystyle\int_0^T h(t)h''(t)dt = -\int_0^T |h'(t)|^2 dt$

和 $\displaystyle\int_0^T h''(t)dt = 0$ 代入方程 (6.33), 应用 Hölder 不等式和 Wirtinger 不等式, 可

得

$$
\begin{aligned}
\int_0^T |h''(t)|^2 dt &= \lambda\alpha\beta \int_0^T |h'(t)|^2 dt + \lambda\varepsilon\alpha \int_0^T p(t)h''(t)dt \\
&\leqslant \alpha\beta \int_0^T |h'(t)|^2 dt + \varepsilon\alpha \int_0^T |p(t)||h''(t)|dt \\
&\leqslant \alpha\beta \left(\frac{T}{2\pi}\right) \int_0^T |h''(t)|^2 dt + \varepsilon\alpha\|p\|T^{\frac{1}{2}} \left(\int_0^T |h''(t)|^2 dt\right)^{\frac{1}{2}},
\end{aligned}
$$

其中 $\|p\| := \max\limits_{t\in[0,T]} |p(t)|$. 由于 $\alpha\beta < \dfrac{2\pi}{T}$ 且 $\displaystyle\int_0^T |h''(t)|^2 dt \neq 0$, 易得

$$
\left(\int_0^T |h''(t)|^2 dt\right)^{\frac{1}{2}} \leqslant \frac{2\pi\varepsilon\alpha\|p\|T^{\frac{1}{2}}}{2\pi - \alpha\beta T} := M_1'. \tag{6.34}
$$

对于方程 (6.32) 和方程 (6.34), 应用 Hölder 不等式和 Wirtinger 不等式, 可得

$$
\begin{aligned}
\|h\| &\leqslant D + T^{\frac{1}{2}} \left(\int_0^T |h'(t)|^2 dt\right)^{\frac{1}{2}} \\
&\leqslant D + T^{\frac{1}{2}} \left(\frac{T}{2\pi}\right) \left(\int_0^T |h''(t)|^2 dt\right)^{\frac{1}{2}} \\
&\leqslant D + \frac{2\pi\varepsilon\alpha\|p\|T}{2\pi - \alpha\beta T} := M_1. \tag{6.35}
\end{aligned}
$$

注意到 $h(0) = h(T)$, 在 $\xi \in (0,T)$ 中存在一点使得 $h'(\xi) = 0$. 由方程 (6.28), (6.32) 和 (6.35)可得

$$
\begin{aligned}
\|h'\| &\leqslant \frac{1}{2} \int_0^T |h''(t)|dt \\
&\leqslant \frac{1}{2} \left(\gamma \int_0^T |h'(t)|dt + \frac{|k|}{\alpha} \int_0^T |h'(t)|^2 dt \right. \\
&\qquad \left. + \alpha\beta \int_0^T |h(t)|dt + \varepsilon\alpha \int_0^T |p(t)|dt + c\alpha T\right). \tag{6.36}
\end{aligned}
$$

接下来, 可得

$$\frac{|k|}{\alpha} \int_0^T |h'(t)|^2 dt \leqslant \alpha\beta M_1 + \varepsilon\alpha\|p\| + c\alpha T. \tag{6.37}$$

事实上, 在区间 $[0, T]$ 上对方程 (6.28) 积分可得

$$\int_0^T \left(-\frac{k}{\alpha}(h'(t))^2 + \alpha\beta h(t) - \varepsilon\alpha p(t) + \alpha c \right) dt = 0.$$

而且我们有

$$\frac{|k|}{\alpha} \int_0^T |h'(t)|^2 dt = \left| -\frac{k}{\alpha} \int_0^T |h'(t)|^2 dt \right| = \left| -\alpha\beta \int_0^T h(t) dt + \varepsilon\alpha \int_0^T p(t) dt + c\alpha T \right|,$$

这里 $k \neq 0$. 根据式 (6.35), 由上述方程可得

$$\frac{|k|}{\alpha} \int_0^T |h'(t)|^2 dt \leqslant \alpha\beta \int_0^T |h(t)| + \varepsilon\alpha \int_0^T |p(t)| dt + c\alpha T$$

$$\leqslant \alpha\beta M_1 + \varepsilon\alpha\|p\| + c\alpha T.$$

将式(6.37) 代入式 (6.36), 通过应用 Hölder 不等式和 Wirtinger 不等式, 我们可得

$$\|x'\|_\infty \leqslant \frac{1}{2} \left(\gamma T^{\frac{1}{2}} \left(\frac{T}{2\pi} \right) \int_0^T |h''(t)|^2 dt + \frac{|k|}{\alpha} \int_0^T |h'(t)|^2 dt \right.$$

$$\left. + \alpha\beta \int_0^T |h(t)| dt + \varepsilon\alpha \int_0^T |p(t)| dt + c\alpha T \right)$$

$$\leqslant \frac{1}{2} \left(\gamma T^{\frac{1}{2}} \left(\frac{T}{2\pi} \right) M_1' + 2\alpha\beta T M_1 + 2\varepsilon\alpha\|p\|T + 2\alpha c T \right) := M_2. \tag{6.38}$$

由式 (6.35) 和 (6.38), 定义

$$\Omega := \{h \in X : \|h\| \leqslant M_1, \|h'\| < M_2, \forall\, t \in \mathbb{R}\}.$$

因此引理 6.2.1 中条件 (i) 和 (ii) 满足. 对于常数 $h \in \mathrm{Ker}\, L, h > 0$, 我们有

$$QNh = \frac{1}{T} \int_0^T (\alpha\beta h(t) - \varepsilon\alpha p(t) - \alpha c) dt.$$

由 (H_1) 知

$$\int_0^T (\alpha\beta M_1 - \varepsilon\alpha p(t) - \alpha c)dt \cdot \int_0^T (\alpha\beta(-M_1) - \varepsilon\alpha p(t) - \alpha c)dt < 0.$$

因此可得

$$D_0(QN|_{\text{Ker }L}, \Omega \cap \text{Ker } L) = 1.$$

由此可得引理 6.2.1 中假设 (iii) 也满足. 因此方程 $Lh + Nh = 0$ 在区域 $\bar{\Omega}$ 中至少有一个解, 这也意味着方程 (6.22) 至少有一个周期解 h 且满足

$$\|h\| \leqslant D + \frac{2\pi\varepsilon\alpha\|p\|T}{2\pi - \alpha\beta T}. \qquad \square$$

下面我们将用数值分支理论研究方程 (6.22) T 周期解的动力学特性. 我们给出了系统的分支曲线图, 并且发现方程 (6.22) 会发生周期解的倍周期分支并产生 nT 周期解.

图 6.22 是当参数为 $\gamma = 0.01$, $k = 0.2$, $c = 400$, $p(t) = 0.5\cos 2\pi t$ 时, 方程 (6.22) 在 (α, β) 平面的分支曲线图.

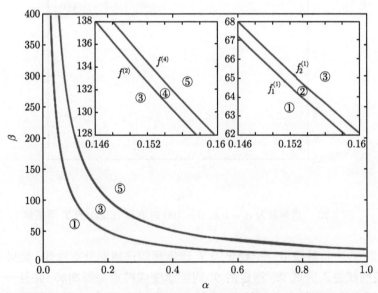

图 6.22　当参数为 $\gamma = 0.01$, $k = 0.2$, $c = 400$, $p(t) = 0.5\cos 2\pi t$ 时方程 (6.22) 在 (α, β) 平面的分支曲线图

显然, 在这组参数下外部驱动力 $p(t)$ 的周期为 $T = 1$. 由于几条分支曲线靠得太近, 我们给了分支图的两个局部放大图. 事实上, 图中一共有 4 条倍周期分支

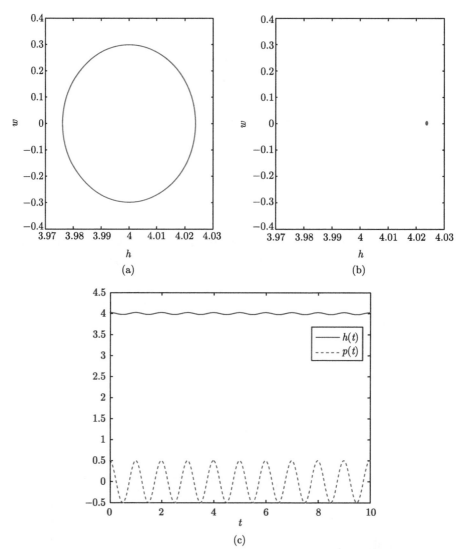

图 6.23   当参数为 $\alpha = 0.5$, $\beta = 100$ 时方程 (6.22) 的 T 周期解

曲线. 曲线 $f_1^{(1)}$ 是系统中一个稳定的 T 周期解的倍周期分支曲线. 如果从区域 ①
越过这条曲线进入区域 ②, 稳定的 T 周期解变成鞍点型周期解, 并且一个稳定的
$2T$ 周期解出现. 保持参数继续向右增加, 当参数由区域 ② 越过倍周期分支曲线
$f_2^{(1)}$ 进入区域 ③ 时, 这个鞍点型的 T 周期解又转变成一个稳定的, 并且鞍点型的
$2T$ 周期解将会出现. 因此在参数 (α, β) 平面内有两种类型的 T 周期解. 此外, 当
参数越过分支曲线 $f^{(2)}$ 进入区域 ④ 时, 由曲线 $f_1^{(1)}$ 产生的 $2T$ 周期解将会转变
为鞍点型并且稳定的 $4T$ 周期解将会出现. $f^{(4)}$ 是周期 $4T$ 周期解的倍周期分支

曲线. 如果参数由区域 ④ 越过这条曲线进入区域 ⑤, 稳定的 $4T$ 周期解将会转变为鞍点型的并且 $8T$ 周期解将会出现.

在这一部分, 我们用数值方法给出方程 (6.22) 的正调和解和次调和解的相图, 每个图包含 3 个子图, 相图、Poincaré 截面图和时间序列图. 图 6.23—图 6.26 分别是方程 (6.22) 的稳定的 T 周期解 ($T = 1$)、稳定的 $2T$ 周期解、稳定的 $4T$ 周期解和稳定的 $8T$ 周期解. 我们在每一幅图的说明部分给出了详细的参数. 在 (α, β) 参数平面内, 方程 (6.22) 存在不同的次调和解, 这些次调和解会通过会倍周期分支产生更高阶的次调和解并且周期加倍. 例如, $16T$ 周期解会通过 $8T$ 周期解的倍周期分支产生得到.

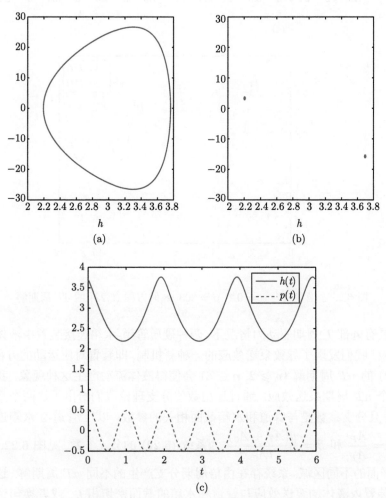

图 6.24　当参数为 $\alpha = 0.1$, $\beta = 164.2$ 时方程 (6.22) 的 $2T$ 周期解

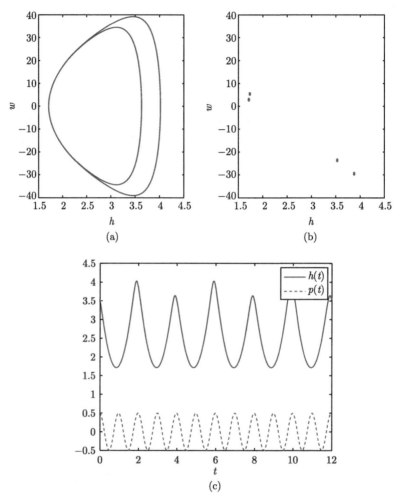

图 6.25　当参数为 $\alpha = 0.1$, $\beta = 203.68$ 时方程 (6.22) 的 $4T$ 周期解

在具有外部 T 周期驱动力情况下, 两种硬质管道-水箱连接装置中液体流动的泵送效应. 我们发现了导致泵送效应的一种新机制, 即装置对应运动的方程 (6.21) 和 (6.22) 的 nT 周期解 $(n \geqslant 2, n \in \mathbb{Z})$ 会使得液体流动产生这种现象. 我们把它称为一个 nT 周期泵送效应. 通过运用数值分支理论我们给出了这两个系统的分支图, 并且分支参数是与管道和水箱截面相关的参数. 以 1 管道-2 水箱连接装置为例, $\alpha = \dfrac{A_P}{A_T}$ 和 $\beta = \dfrac{g(A_T + A_0)}{lA_0}$ 为系统 (6.22) 的分支参数, 见图 6.22. 在参数 (α, β) 平面的不同区域, 系统存在由倍周期分支产生的不同 nT 周期解. 这也从侧面说明装置内液体的泵送效应与管道和水箱的截面密切相关, 或者换句话说装置的泵送效应机制由管道和水箱的截面决定.

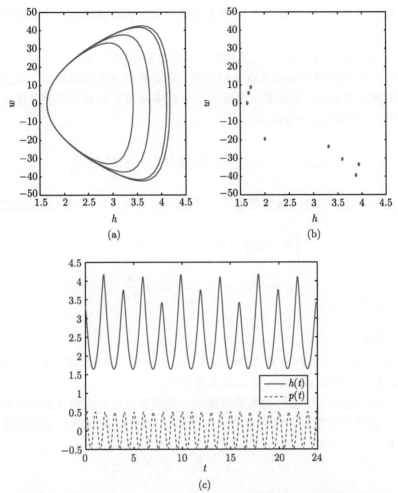

(a)

(b)

(c)

图 6.26　当参数为 $\alpha = 0.1$, $\beta = 211.38$ 时方程 (6.22) 的 $8T$ 周期解

　　从动力学的层面来讲, 尽管周期性驱动效应本身并不复杂, 但是它可以诱导微分系统产生复杂的动力学现象. 方程 (6.21) 展现出丰富的动力学现象包括周期解的折分支、倍周期分支和 Neimark-Sacker 分支. 在分支图 (图 6.17) 中, 系统的 Neimark-Sacker 分支曲线是直线 $a = r_0/\rho = 0$ 的一部分, 即 $r_0 = 0$, 这也意味着此时系统处于没有摩擦力的理想状态. 此时系统中的液体呈现拟周期振荡状态, 因为系统由 Neimark-Sacker 分支产生了拟周期解. 显然在这种情况下, 我们不能通过直接积分来求得水箱中液体的平均高度. 但此时我们可以确定, $\bar{w}^2 > 0$ 仍然成立, 因此从一定程度上来说此时系统也会产生泵送效应, 因为水箱中液体的平均高度仍然会高于当外部驱动力是 $\bar{p}$ 的情形. 此外, 当 $r_0 = 0$ 时, 方程 (6.22)

也会产生拟周期解, 这也说明 1 管道-2 水箱连接装置中液体也会产生拟周期振荡状态.

方程 (6.21) 和 (6.22) 中次调和解的存在性对研究管-箱连接装置中的泵送效应尤其是 nT 周期泵送效应具有重要意义. 尽管数值分支理论给出了次调和解的具体形式和产生机制, 但是数学上这两个方程中次调和解存在的充分条件仍不清楚, 并且是一个值得研究的问题.

6.3　生长受限的微生物发酵系统

考虑一类微生物连续发酵模型 [62], 模型可以描述为如下三维微分系统:

$$
\begin{cases}
\dot{x} = x(\mu - D), \\
\dot{y} = D(a_0 - y) - x\left(n_s + \dfrac{\mu}{Y_s}\right), \\
\dot{z} = x(n_p + Y_p\mu) - Dz,
\end{cases}
\tag{6.39}
$$

这里 x, y, z 分别是指培养装置中的微生物、甘油和 1,3-丙二醇 (1,3-PDO) 的浓度. 表 6.2 中是系统 (6.39) 参数的意义和单位.

在方程 (6.39) 中, 考虑到培养装置中过高或者过低的底物甘油浓度和生成物 1,3-PDO 的浓度会限制发酵装置中微生物的生长速度, 因此我们采用如下形式的生长函数

$$
\mu = \mu_{\max} \frac{y}{y + K} \left(1 - \frac{y}{c}\right)\left(1 - \frac{z}{d}\right).
\tag{6.40}
$$

在生长速度受限时, 系统 (6.39) 的非平凡平衡点的分析如下:

令

$$
F(y) := y^3 + \omega_2 y^2 + \omega_1 y + \omega_0,
$$

其中

$$
\omega_0 = \frac{DcdK\left(n_s + \dfrac{D}{Y_s}\right)}{\mu_m(n_p + Y_pD)},
$$

$$
\omega_1 = ca_0 + \frac{Dcd\left(n_s + \dfrac{D}{Y_s}\right)}{\mu_m(n_p + Y_pD)} - \frac{cd\left(n_s + \dfrac{D}{Y_s}\right)}{n_p + Y_pD},
$$

$$\omega_2 = d\left(\frac{n_s + \dfrac{D}{Y_s}}{n_p + Y_p D} - c - a_0\right).$$

表 6.2 系统 (6.39) 中各个参数的含义

x	微生物浓度 $(\mathrm{mmol \cdot L^{-1}})$
y	培养容器中细胞外甘油浓度 $(\mathrm{mmol \cdot L^{-1}})$
z	培养容器中 1,3-PDO 的浓度 $(\mathrm{mmol \cdot L^{-1}})$
D	稀释速度 $(\mathrm{h^{-1}})$
μ	微生物的比生长速度 $(\mathrm{h^{-1}})$
$\mu_{\max}$	微生物最大比生长速度 $(\mathrm{h^{-1}})$
K	Monod 饱和常数 $(\mathrm{mmol \cdot L^{-1}})$
c	最大底物浓度 $(\mathrm{mmol \cdot L^{-1}})$
d	最大产物浓度 $(\mathrm{mmol \cdot L^{-1}})$
a_0	培养容器中甘油的初始浓度 $(\mathrm{mmol \cdot L^{-1}})$
n_s	底物的最低消耗率 $(\mathrm{mmol \cdot g^{-1} \cdot h^{-1}})$
n_p	底物受限情况下的产物的产率 $(\mathrm{mmol \cdot g^{-1} \cdot h^{-1}})$
Y_s	底物最大消耗率 $(\mathrm{mmol \cdot g^{-1}})$
Y_p	产物最大产出率 $(\mathrm{mmol \cdot g^{-1}})$

令 $F'(y) = 3y^2 + 2\omega_2 y + \omega_1$ 为 $F(y)$ 关于 y 的导函数, Δ 和 $\xi_\pm$ 分别为 $F'(y) = 0$ 的关于 y 的判别式和两个根, 区域 $R_0 := \{(x,\ y,\ z) \in \mathbb{R}^3 \mid x > 0,\ 0 < y < a_0,\ 0 < z < c\}$, 则系统 (6.39) 在区域 R_0 中最多有两个非平凡平衡点. 进一步, 系统 (6.39) 在 R_0 中有两个非平凡的平衡点当满足 $\Delta > 0, 0 < \xi_+ < a_0$, $F(\xi_+) < 0$ 且 $F(a_0) > 0$; 系统 (6.39) 在 R_0 中有且只有一个非平凡的平衡点当满足 $F(a_0) < 0$, 或者 $\Delta > 0, 0 < \xi_+ < a_0$ 且 $F(\xi_+) = 0$.

对于系统 (6.39), 不妨设 $E(\bar{x}, \bar{y}, \bar{z})$ 是一个非平凡的平衡点, 令

$$\Gamma(\bar{y}) = D + \frac{\bar{x}\mu_z}{Y_s} - \bar{x}Y_p\mu_z, \quad \Theta(\bar{y}) = \frac{\bar{x}\mu_y(n_s Y_s + D)}{Y_s} - (n_p + DY_p)\bar{x}\mu_z,$$

有下述结论:

1. 当满足条件 $\Gamma(\bar{y}) \neq 0$, $F(\bar{y}) = F'(\bar{y}) = 0$, $\Theta(\bar{y}) = 0$ 且 $F''(\bar{y}) \neq 0$ 时, 系统 (6.39) 发生折分支, 系统出现一个重数为 2 的非平凡的平衡点, 并且这个平衡点是一个至少余维一的鞍结点.

2. 当满足条件 $F(\bar{y}) = 0$, $\Gamma(\bar{y}) = 0$ 且 $\Theta(\bar{y}) > 0$ 时, 系统在非平凡的平衡点 $E(\bar{x},\ \bar{y},\ \bar{z})$ 处发生 Hopf 分支.

下面我们选定合适的参数进行数值模拟, 可以发现系统发生折分支和 Hopf 分支. 图 6.27 和图 6.28 分别是系统的分支图和相图. 为了叙述方便, 我们固定一

些参数 $K = 0.1, c = 10, d = 3, n_s = -0.1, Y_s = 4, \mu_{\max} = 30$, 选取 n_p, Y_p, a_0, D
为自由参数.

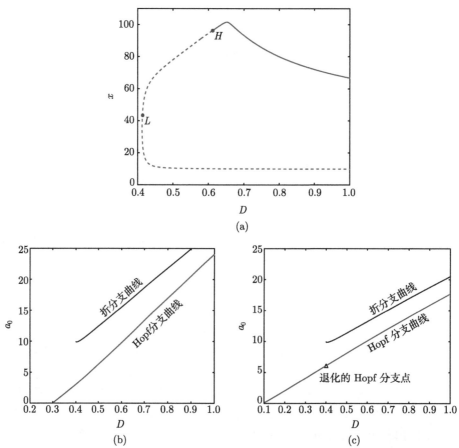

图 6.27   (a) 当参数为 $n_p = 0.018, Y_p = 0.001$ 时系统的分支图. 实线和虚线分别代表平衡点
是稳定和不稳定的. 点 H 和 L 分别代表 Hopf 分支和折分支; (b) 当参数为
$n_p = 0.018, Y_p = 0.001$ 时系统的分支图; (c) 当参数为 $n_p = 0.026, Y_p = 0.004$ 时系统的
分支图

　　图 6.27(a) 是当参数为 $n_p = 0.018, Y_p = 0.001$ 时系统在 (D, x) 平面的分支
图. 图中的实线和虚线部分分别代表此时系统的平衡点是稳定和不稳定的, 点 H
和 L 分别代表系统发生的 Hopf 分支和折分支. 从图中可以看出当参数 D 越过
竖直线 $D = 0.42$ 到其左边时, 一个鞍点和一个结点会在 L 处碰撞然后消失. 图
6.27(b) 是当参数为 $n_p = 0.018, Y_p = 0.001$ 时, 系统在 (D, a_0) 参数平面的分支曲
线图. 图中下方曲线是一条 Hopf 分支曲线, 上方曲线是折分支曲线. 通过数值计
算可以发现图 6.27(b) 中 Hopf 分支上的所有分支点的第一 Lyapunov 系数均满

足 $l_1 < 0$, 也就是说此时系统 (6.39) 只发生超临界的 Hopf 分支. 当参数越过分支曲线进入曲线左边, 一个稳定的极限环出现并且平衡点变成不稳定的. 图 6.28(a) 和图 6.28(b) 分别是由超临界 Hopf 分支产生的稳定的极限环和相应的时间序列.

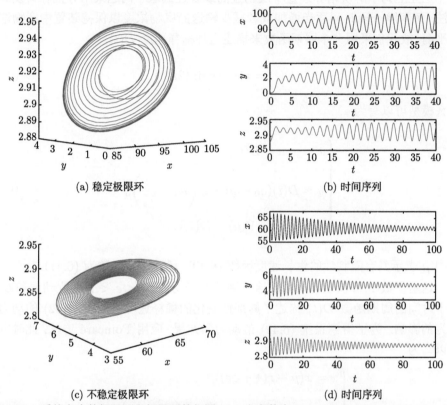

(a) 稳定极限环   (b) 时间序列

(c) 不稳定极限环   (d) 时间序列

图 6.28 系统产生的极限环和极限环的相图. (a) 当参数为 $n_p = 0.018, Y_p = 0.001, D = 0.6$ 时由超临界 Hopf 分支产生的稳定极限环的相图; (b) 稳定极限环的时间序列; (c) 当参数为 $n_p = 0.026, Y_p = 0.004, D = 0.61$ 时由亚临界 Hopf 分支产生的不稳定极限环的相图; (d) 不稳定极限环的时间序列

图 6.27(c) 是当参数为 $n_p = 0.026, Y_p = 0.004$ 时, 系统在 (D, a_0) 参数平面的分支曲线图, 其中三角形表示退化的 Hopf 分支点. 这里由于系统在 (D, x) 平面的分支图与图 6.27(a) 类似, 因此我们不再给出. 在 Hopf 分支曲线中间的小三角符号处 $(D = 0.41, a_0 = 6.1)$ 系统发生退化的 Hopf 分支, 在这一点处 Hopf 分支点的第一 Lyapunov 系数满足 $l_1 = 0$. 此外我们发现如果 $D > 0.41$ (< 0.41), 此时 $l_1 > 0$ (< 0), 这时系统发生亚临界 (超临界) Hopf 分支. 当参数越过 Hopf 分支曲线的上半部分 ($D > 0.41$) 进入曲线右边时, 系统 (6.39) 会产生一个稳定的平衡点和一个不稳定的极限环. 图 6.28(c) 和图 6.28(d) 分别是由亚临界 Hopf 分支

产生的不稳定的极限环和相应的时间序列.

6.3.1　具有周期稀释率系统的动力学

工业上为了解决培养装置中底物过高或者过低这一问题采用分批补料发酵的方法, 每间隔一段时间适当增加或者减少输送的底物浓度以保持装置中底物浓度的平衡, 故我们采用一个周期函数来描述这种稀释速度 $D(t)$,

$$D(t) = r(1 + \varepsilon \sin(2\pi t)). \tag{6.41}$$

那么模型可以写为

$$\begin{cases} \dot{x} = x(\mu - D(t)), \\ \dot{y} = D(t)(a_0 - y) - x\left(n_s + \dfrac{\mu}{Y_s}\right), \\ \dot{z} = x(n_p + Y_p\mu) - D(t)z, \end{cases} \tag{6.42}$$

其中 μ 表示具有限制性的生长速度函数 (6.40), 稀释速度函数为 (6.41).

这里参数 r 可以理解为稀释速度函数的平均值, $0 < \varepsilon < 1$ 为扰动调和参数. 关于时间的周期函数 $D(t)$ 描述了周期性变化的稀释速度对系统 (6.42) 的动力学行为的影响. 为了得到系统 (6.42) 的动力学结果, 应用 Poincaré 方法, 此时方程可以写为

$$\begin{cases} \dot{x} = x(\mu - r(1 + \varepsilon v)), \\ \dot{y} = r(1 + \varepsilon v)(a_0 - y) - x\left(n_s + \dfrac{\mu}{Y_s}\right), \\ \dot{z} = x(n_p + Y_p\mu) - r(1 + \varepsilon v)z, \\ \dot{v} = v + 2\pi w - v(v^2 + w^2), \\ \dot{w} = w - 2\pi v - w(v^2 + w^2), \end{cases} \tag{6.43}$$

可以发现当 $\varepsilon = 0$ 周期扰动系统可以退化为自治系统 (6.39) . 我们关注当 $\varepsilon \neq 0$ 时扰动系统的分支行为. 对于系统 (6.43), 由于周期扰动系统的外部周期为 $T = 1$, 因此系统极限集附近轨道的第一次回复映射可以表示为

$$\mathcal{P} : (x(0), y(0), z(0), v(0), w(0)) \longmapsto (x(1), y(1), z(1), v(1), w(1)).$$

需要注意的是, 下面的分支图是通过研究系统 (6.43) 的回复映射得到的, 我们仍沿用不动点分支的相关概念来描述系统的分支图. 同时为了使分支图更容易理解, 我们在图的注释部分给出了不同参数区域中解的类型.

图 6.29 是周期扰动系统在 (ε, r) 平面的分支曲线图, 此时系统的参数与图 6.27(b) 中参数相同.

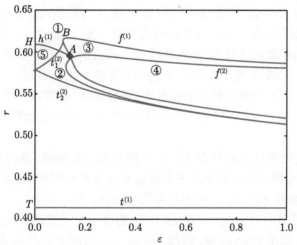

图 6.29　当参数为 $n_p = 0.018, Y_p = 0.001$ 时, 周期扰动系统在 (ε, r) 平面的分支曲线图. 周期扰动系统的解在参数空间的分布情况如下, 区域 ①: 稳定的 1 周期解; 区域 ②: 不稳定的 1 周期解, 稳定和不稳定的 2 周期解; 区域 ③: 不稳定的 1 周期解, 稳定的 2 周期解; 区域 ④: 不稳定的 1 周期解, 不稳定的 2 周期解, 稳定的 4 周期解和混沌吸引子; 区域 ⑤: 不稳定的 1 周期解和稳定的拟周期解

在这组参数下, 未扰动系统有一个渐近周期为 $T_h = 1.72$ 的稳定的极限环. 在 r 轴上, 点 H 代表未扰动系统的 Hopf 分支点并且它是曲线 $h^{(1)}$ 的起点. 点 T 代表未扰动系统的折分支点, 并且它是曲线 $t^{(1)}$ 的起始点, 曲线 $t^{(1)}$ 是扰动系统的 1 周期不动点的折分支曲线. 当参数越过曲线 $t^{(1)}$ 到曲线下方时, 两个 1 周期不动点将会在曲线 $t^{(1)}$ 上相撞形成一个非双曲的 1 周期不动点, 然后在曲线下方消失. 曲线 $h^{(1)}$ 是 1 周期不动点的 Neimark-Sacker 分支曲线. 当参数 r 越过曲线 $h^{(1)}$ 由区域 ① 进入区域 ⑤ 时, 稳定的 1 周期不动点将会改变稳定性并且稳定的闭不变曲线将会出现. 当参数沿着曲线 $h^{(1)}$ 从左向右增加时, 不动点对应的乘子 $\mu_{1,2}^1$ 将会平滑地变化, 当参数到达 A 点时, 系统的两个乘子等于 -1. 这是一个余维二的 1:2 强共振分支点. 曲线 $f^{(1)}$ 是 1 周期不动点的倍周期分支曲线, 沿着这条曲线扰动系统的不动点的其中一个乘子为 $\mu_1^1 = -1$. 曲线 $f^{(1)}$ 可以通过分别从点 A 上下两侧进行连续延拓得到. 当参数由区域 ①

越过曲线 $f^{(1)}$ 的上半支进入区域 ③ 时, 稳定的 1 周期不动点将会变成不稳定的, 并且一对 2 周期不动点将会出现. 当参数由区域 ③ 越过曲线 $f^{(1)}$ 进入区域 ② 时, 1 周期不动点将会变成排斥型的, 并且一对不稳定的 2 周期不动点将会出现.

在曲线 $f^{(1)}$ 上点 B 是一个余维二的分支点, 在这个点处系统发生非退化的广义倍周期分支. 当参数越过曲线 $f^{(1)}$ 进入其上方时, 一对吸引型 2 周期不动点将会出现. 此外从点 B 出发, 曲线 $t_1^{(2)}$ 是系统 2 周期不动点的折分支曲线, 曲线 $t_2^{(2)}$ 是系统 2 周期不动点的折分支曲线的另外一支, 这两个分支曲线在 r 轴上有共同的起点. 当参数由区域 ② 越过曲线 $t_1^{(2)}$ 或者 $t_2^{(2)}$ 时, 2 周期不动点将会碰撞消失. 当参数由区域 ③ 越过曲线 $f^{(2)}$ 的上半支进入区域 ④ 时, 2 周期不动点将会改变稳定性, 并且 4 周期不动点将会出现. 不仅如此, 在参数区域中也存在扰动系统的倍周期分支曲线 $f^{(4)}, f^{(8)}, \cdots$, 并且这些倍周期分支的级联会导区域 ④ 中出现混沌吸引子.

图 6.30 是周期扰动系统在 (ε, r) 平面的分支曲线图, 此时系统的参数与图 6.27(c) 中参数相同. 在这组参数下未扰动系统发生亚临界 Hopf 分支, 并且会出现一个渐近周期为 $T_h = 2.22$ 的不稳定的极限环. 在 r 轴上, 点 T 代表未扰动系统的折分支点并且它是曲线 $t^{(1)}$ 的起始点, 曲线 $t^{(1)}$ 是扰动系统的 1 周期不动点的折分支曲线. 在图 6.30(a) 中, 曲线 $t^{(2)}$ 和 $f^{(1)}$ 有两个交点 m 和 n, 由于这两条线离得太近, 因此我们给了局部放大图, 见图 6.30(b). 点 H 代表未扰动系统的出现的亚临界 Hopf 分支. 曲线 $h^{(1)}$ 起始于点 H, 终止于一个 1:2 强共振点 A, 点 A

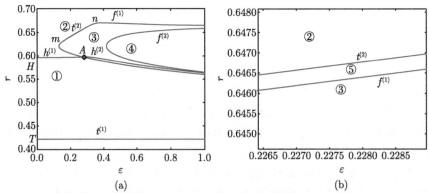

图 6.30　(a) 当参数为 $n_p = 0.026, Y_p = 0.004$ 时, 周期扰动系统在 (ε, r) 平面的分支曲线图. (b) 图 (a) 的局部放大图. 周期扰动系统的解在参数空间的分布情况如下, 区域 ①: 稳定和不稳定的 1 周期解; 区域 ②: 稳定的 1 周期解和不稳定的拟周期解; 区域 ③: 不稳定的 1 周期解和不稳定的 2 周期解; 区域 ④: 不稳定的 1 周期解, 不稳定的 2 周期解, 4 周期解和混沌吸引子; 区域 ⑤: 不稳定的 1 周期解和不稳定的 2 周期解

是系统的 Neimark-Sacker 分支曲线 $h^{(2)}$ 的起点. 此外, 周期扰动系统的 1 周期不动点的倍周期分支曲线 $f^{(1)}$ 经过点 A.

在图 6.30 中, 如果参数越过 $t^{(1)}$ 进入曲线下方, 两个 1 周期不动点将会在曲线 $t^{(1)}$ 上相撞然后消失. 当参数由区域 ① 越过曲线 $h^{(1)}$ 进入区域 ②, 不稳定的 1 周期不动点将会变成稳定的, 并且一个不稳定的闭不变曲线将会出现. 当参数由区域 ② 越过曲线 $t^{(2)}$ 进入区域 ⑤ 时, 两对 2 周期不动点将会出现, 它们分别是一对鞍点型和一对排斥型的 2 周期不动点. 当参数由区域 ⑤ 越过曲线 $f^{(1)}$ 进入区域 ③ 时, 鞍点型不动点将会消失. 当参数越过曲线 $h^{(2)}$ 进入下方时, 这对排斥型的 2 周期不动点变成吸引型, 随后消失如果参数越过曲线 $f^{(1)}$ 进入区域 ①. 当参数由区域 ③ 越过曲线 $f^{(2)}$ 进入区域 ④ 时, 排斥型的 2 周期不动点变成鞍点型并且 4 周期解将会出现.

对于周期扰动系统 (6.42), 系统 (6.39) 的非平凡不动点将会变成周期为 $T = 1$ 的周期解, 因为外部扰动的频率为 $\omega = 2\pi$. 并且由于外部周期扰动项的存在, 系统会发生周期解的分支现象, 比如折分支、倍周期分支、环面分支等, 这些分支现象会导致出现不同的周期解, 见图 6.31 和图 6.32. 图 6.31(a) 和图 6.31(b) 是当参数为 $n_p = 0.026, Y_p = 0.004, r = 0.61, \varepsilon = 0.17$ 时扰动系统的一个稳定的 2 周期解的相图和对应的时间序列. 在图 6.29 和图 6.30 的很多区域中存在 2 周期解, 如区域 ②、③、④中. 当 2 周期解发生倍周期分支时, 4 周期解将会出现. 图 6.31(c) 和图 6.31(d) 是当参数为 $n_p = 0.018, Y_p = 0.001, r = 0.594, \varepsilon = 0.2$ 时扰动系统的一个稳定的 4 周期解的相图和对应的时间序列. 在分支图 6.29 和图 6.30 的某些区域内扰动系统的 8 周期解会由 4 周期解的倍周期分支产生, 这里我们没有给出. 图 6.31(e) 是当参数为 $n_p = 0.018, Y_p = 0.001, r = 0.595, \varepsilon = 0.08$ 时扰动系统由环面分支产生的一个稳定的拟周期解.

此时我们不能根据时间序列来判断拟周期解的周期, 因此我们给出了这个解的 Poincaré 截面, 见图 6.31(g). 此外, 在图 6.29 中的区域 ⑤ 和图 6.30 的区域 ② 中也存在周期扰动系统的其他拟周期解.

接下来我们讨论周期扰动系统 (6.42) 的混沌吸引子. 为了说明系统中有混沌吸引子存在, 我们给出了系统关于其中一个参数的最大 Lyapunov 指数图, 见图 6.32(a) 和图 6.32(b). 扰动系统的最大 Lyapunov 指数图可由文献 [63] 中提供的方法算得. 当时间序列对应的最大 Lyapunov 指数 $\lambda > 0$ 时, 此时吸引子是混沌的. 图 6.32(a) 和图 6.32(b) 分别是当参数为 $n_p = 0.018, Y_p = 0.001, r = 0.59$ 和 $n_p = 0.018, Y_p = 0.001, \varepsilon = 0.7$ 时, 周期扰动系统关于参数 ε 和 r 的最大 Lyapunov 指数图. 从这两个图中可以看出, 周期扰动系统在参数区域中存在大量的混沌区域. 另一方面, 若周期扰动系统的解对应的 Poincaré 截面呈现自相似性的带状结

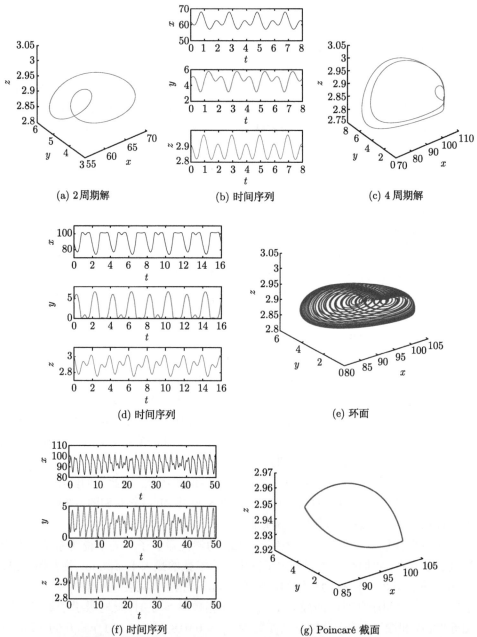

图 6.31　不同周期解的相图. (a) 当参数为 $n_p = 0.026, Y_p = 0.004, r = 0.61, \varepsilon = 0.17$ 时稳定的 2 周期解; (b) 2 周期解的时间序列; (c)$n_p = 0.018, Y_p = 0.001, r = 0.594, \varepsilon = 0.2$ 时稳定的 4 周期解; (d) 4 周期解的时间序列; (e) 当参数为 $n_p = 0.018, Y_p = 0.001, r = 0.595,$ $\varepsilon = 0.08$ 时稳定的拟周期解; (f) 拟周期解的时间序列; (g) 拟周期解的 Poincaré 截面

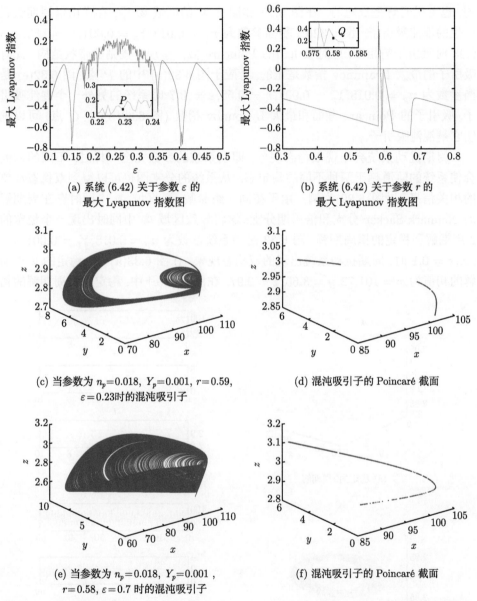

(a) 系统 (6.42) 关于参数 ε 的
最大 Lyapunov 指数图

(b) 系统 (6.42) 关于参数 r 的
最大 Lyapunov 指数图

(c) 当参数为 $n_p=0.018$, $Y_p=0.001$, $r=0.59$,
$\varepsilon=0.23$时的混沌吸引子

(d) 混沌吸引子的 Poincaré 截面

(e) 当参数为 $n_p=0.018$, $Y_p=0.001$,
$r=0.58$, $\varepsilon=0.7$ 时的混沌吸引子

(f) 混沌吸引子的 Poincaré 截面

图 6.32 (a) 当参数为 $n_p = 0.018, Y_p = 0.001, r = 0.59$ 时, 系统 (6.42) 关于参数 ε 的最大 Lyapunov 指数图; (b) 当参数为 $n_p = 0.018, Y_p = 0.001, \varepsilon = 0.7$ 时, 系统 (6.42) 关于参数 r 的最大 Lyapunov 指数图; (c) 当参数为 $n_p = 0.018, Y_p = 0.001, r = 0.59, \varepsilon = 0.23$ 时, 系统 (6.42) 的混沌吸引子; (d) 混沌吸引子的 Poincaré 截面; (e) 当参数为 $n_p=0.018, Y_p=0.001$, $r = 0.58, \varepsilon = 0.7$ 时, 系统 (6.42) 的混沌吸引子; (f) 混沌吸引子的 Poincaré 截面

构, 也可说明解是混沌的. 在图 6.29 和图 6.30 的区域 ④ 中, 存在由倍周期级联产生的混沌吸引子. 图 6.32(c) 是当参数为 $n_p = 0.018, Y_p = 0.001, r = 0.59, \varepsilon = 0.23$ 时吸引子的相图, 此时吸引子的 Poincaré 截面呈现不规则的带状结构. 此时吸引子的最大 Lyapunov 指数是正的, 对应于图 6.32(a) 中的 P 点. 图 6.32(e) 是当参数为 $n_p = 0.018, Y_p = 0.001, r = 0.58, \varepsilon = 0.7$ 时系统的另外一个混沌吸引子, 吸引子的 Poincaré 截面和最大 Lyapunov 指数 (图 6.32(b) 中 Q 点) 可以说明它是混沌吸引子.

　　周期扰动系统会出现双稳态现象, 即当系统的参数完全一样时, 不同的初值会使系统的轨道趋于两种不同的稳定态. 从系统的分支图也可以得到双稳态现象的相关信息, 以图 6.29 为例. 由于在同一组参数下, 区域 ② 中同时存在周期解的 Neimark-Sacker 分支和倍周期分支, 这将导致区域 ② 中同时出现一个稳定的 2 周期解和稳定的拟周期解. 图 6.33 是当系统参数为 $n_p = 0.018, Y_p = 0.001, r = 0.6, \varepsilon = 0.1$ 时, 周期扰动系统出现的双稳态现象. 在图 6.33(a) 中, 稳定的 2 周期解的初值为 $x = 101.72, y = 3.65, z = 2.97$. 在图 6.33(c) 中, 稳定的拟周期解的初

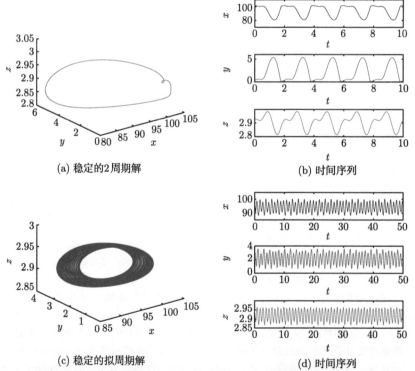

(a) 稳定的2周期解　　　　　　　　　　(b) 时间序列

(c) 稳定的拟周期解　　　　　　　　　　(d) 时间序列

图 6.33　当参数为 $n_p = 0.018, Y_p = 0.001, r = 0.6, \varepsilon = 0.1$ 时扰动系统的双稳态现象. (a) 稳定的 2 周期解; (b) 2 周期解的时间序列; (c) 稳定的拟周期解; (d) 拟周期解的时间序列

值为 $x = 62.33, y = 4.88, z = 3$. 这说明周期扰动系统在 (r, ε) 平面会发生双稳态现象, 这里需要说明本节的图片均引自文献 [64].

通过研究未扰动系统和周期扰动系统的动力学行为可以得到如下结论:

(1) 未扰动系统平衡点的分支会变成扰动系统中周期解的分支.

(2) 当未扰动系统发生 Hopf 分支的方向不同 (超临界和亚临界), 周期扰动系统会发生完全不同的动力学行为见图 6.29 和图 6.30.

(3) 周期扰动系统会出现更加复杂的动力学现象比如混沌吸引子 (图 6.32(c), 图 6.32(e)) 和双稳态现象 (图 6.33).

6.3.2　有关实验现象的解释

上述分析可以用来解释在用克雷伯菌对甘油进行连续发酵生产 1,3-丙二醇 (1,3-PDO) 的过程中出现的不同的非线性振荡现象. 在文献 [65] 中, Menzel 等在克雷伯氏杆菌对甘油进行连续发酵实验中观测到一些特殊的振荡现象. 他们发现发酵装置中微生物的浓度和它的比生长速度 (μ) 会呈现周期性的变化, 并且变化的频率基本相同, 见参考文献 [65] 中图 1(B) (本节中图 6.34). 对应于 6.3.1 节的结果, 我们给出的解释是, 如果系统 (6.39) 发生超临界的 Hopf 分支现象, 系统将会出现稳定的周期解, 此时发酵容器中微生物的浓度、甘油的浓度和生成物的浓度 (变量 x, y 和 z) 都会呈周期性变化. 注意到微生物的生长函数是关于变量 y 和 z 的函数, 见表达式 (6.40), 因此 μ 将会呈现周期性变化并和微生物的浓度变化有相同的频率.

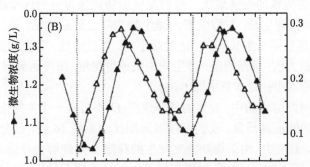

图 6.34　参考文献 [65] 中图 1(B): 发酵装置中微生物浓度和微生物比
生长速度的同步振荡现象

此外, 在甘油连续发酵过程中, 还观察到了发酵装置出口处气体 CO_2 的浓度会出现振荡然后逐渐消失这一现象, 见参考文献 [65] 中图 4 (本节中图 6.35). (由于发酵装置中微生物浓度的振荡模式和出口处 CO_2 浓度的振荡模式具有相似性和同步模式, 因此装置出口气体中 CO_2 浓度的周期性变化通常被看作是连续培养过程中微生物浓度振荡的指示器). 当系统 (6.39) 发生亚临界的 Hopf 分支时, 一个不稳定的周期轨道和一个稳定的平衡点将会出现, 并且当 $t \to +\infty$ 时这个不稳定轨道将会去趋近于稳定的平衡点, 见图 6.28(d). 这就是观测到的振荡现象的振幅会随时间而下降的原因.

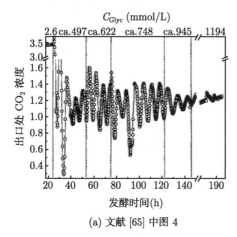

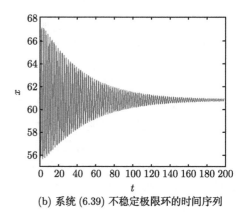

(a) 文献 [65] 中图 4

(b) 系统 (6.39) 不稳定极限环的时间序列

图 6.35   文献 [65] 图 4 中出现的振荡逐步消失现象与系统 (6.39) 中由亚临界 Hopf 分支产生不稳定极限环振荡对比图, 图 (b) 中系统的参数与图 6.28(d) 中相同, 其中 C_{Glyc} 代表甘油的浓度 ca. 表示 "大约"

在文献 [66] 中, Rosenstein 等在用克雷伯氏杆菌对甘油的分批补料连续发酵实验中发现一些特殊的振荡现象. 他们发现振荡现象可分为四个不同的阶段, 第一阶段: 微生物快速生长, 发酵装置内微生物浓度达到最大值; 第二阶段: 微生物生长速度缓慢甚至停止生长, 浓度达到最小值; 第三阶段: 微生物又开始生长, 浓度达另外一个最大值; 第四阶段: 微生物生长速度缓慢, 浓度达到另外一个最小值, 见参考文献 [66] 中图 1 (本节中图 6.36).

在分批补料发酵实验中, 装置的稀释速度 D 不再是一个常数而是一个周期函数. 对于观测到的振荡现象, 我们可以用周期扰动系统 (6.42) 的分支结果进行类比. 在周期扰动系统中, 由倍周期分支产生的稳定 2 周期解会导致上述现象, 见图 6.36(b). 显然, 图 6.36(b) 中的 2 周期解可以划分为四个阶段, 并且分别有两个最大值和两个最小值. 这一解释为参考文献 [66] 中出现的振荡现象提供了线索.

在文献 [67] 中 Grosz 和 Stephanopoulos 在微生物连续发酵实验中发现了多重稳态现象, 对于同一个实验发酵装置中液体的稳定态会由一种情况变化为另一种情况. 我们认为微生物连续发酵系统中不同的稳定平衡点或者双稳态现象都说明了系统中的多重稳态现象, 当选取不同的初始状态时系统会趋于不同的稳态解. 此外, 如果系统发生分支现象, 对应的解会改变稳定性系统的轨线, 然后必然会趋于一个新的稳定态, 这也是稳定态会趋于另外一支的原因.

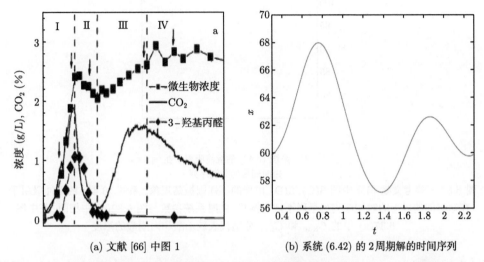

(a) 文献 [66] 中图 1

(b) 系统 (6.42) 的 2 周期解的时间序列

图 6.36 文献 [66] 中图 1 出现的可划分为 4 阶段的振荡现象与系统 (6.42) 中倍周期分支产生的 2 周期解的时间序列对比图, 图 (b) 中系统的参数与图 6.31(a) 中相同

此外, 在甘油发酵过程中还发现了一些周期不规则或完全没有周期的不规则振荡现象, 见参考文献 [65] 中图 3(C), 3(D) 和参考文献 [66] 中图 2 (本节中图 6.37(a)). 我们认为这些不规则振荡可能是由拟周期解或者混沌解在短时间段内引起的. 事实上, 由倍周期分支级联引起的混沌吸引子不是完全混乱的. 如果在短时间内考察混沌的时间序列, 我们发现它呈现不规则的振荡现象, 见图 6.37(b). 总之, 我们认为微生物连续发酵模型中出现的极限环、周期解、拟周期解甚至是混沌解是导致微生物连续发酵实验中出现不同的振荡现象的原因.

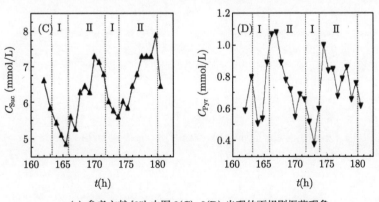

(a) 参考文献 [65] 中图 3(C), 3(D) 出现的不规则振荡现象

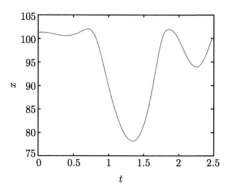

(b) 系统 (6.42) 的混沌吸引子在
短时间段的时间序列

图 6.37　参考文献 [65] 中图 3(C), 3(D) 出现的不规则振荡现象. 系统 (6.42) 的混沌吸引子
在短时间的段上的时间序列也呈现不规则振荡, 此时系统参数与图 6.32(c) 中相同, 其中图
6.37(a) 中的 C_{Suc} 和 C_{Pyr} 分别代表琥珀酸和丙酮酸的浓度

参 考 文 献

[1] Kuznetsov Yu A. Elements of Applied Bifurcation Theory. New York: Springer-Verlag, 1998.

[2] Marotto F R. On redefining a snap-back repeller. Chaos, Solitons & Fractals, 2005, 12: 25-28.

[3] Marotto F R. Snap-back repellers imply chaos in R^n . Journal of Mathematical Analysis and Applications, 1978, 63: 199-223.

[4] Guckenheimer J, Holmes P. Nonlinear Oscillations, Dynamical Systems, and Bifurcations of Vector Fields. New York: Springer-Verlag, 1983.

[5] Wiggins S. Introduction to Applied Nonlinear Dynamical Systems and Chaos. New York: Springer, 2003.

[6] Chow S N, Hale J K. Methods of Bifurcation Theory. New York: Springer-Verlag, 1982.

[7] 任景莉, 李雪平. 周期扰动下的尖分支. 中国科学: 数学, 2020, 50: 269-286.

[8] Arnold L. Random Dynamical Systems. Berlin: Springer-Verlag, 1998.

[9] Arnold L. Stochastic Differential Equations: Theory and Applications. New York: Wiley, 1974.

[10] Elphick C, Tirapegui E, Brachet M E, Coullet P, Iooss G. A simple global characterization for normal forms of singular vector fields. Physica D: Nonlinear Phenomena, 1987, 29: 95-127.

[11] Kloeden P E, Rasmussen M. Nonautonomous Dynamical Systems. Providence RI: American Mathematical Society, 2011.

[12] Lin Y K, Cai G Q. Probabilistic Structural Dynamics: Advanced Theory and Applications. New York: McGraw-Hill, 2003.

[13] 朱位秋. 非线性随机动力学与控制. 北京: 科学出版社, 2003.

[14] Khas'minskii R Z. A limit theorem for the solutions of differential equations with random right-hand sides. Theory of Probability and Its Applications, 1966, 11: 390-406.

[15] Sri Namachchivaya N. Stochastic bifurcation. Applied Mathematics and Computation, 1990, 38(2): 101-159.

[16] Taylor A E, Lay D C. Introduction to Functional Analysis. New York: John Wiley & Sons, 1980.

[17] Tang D D, Ren J L. Bautin bifurcation with additive noise. Advances in Nonlinear Analysis, 2023, 12: 20220277.

[18] Doan T S, Engel M, Lamb J S W, Rasmussen M. Hopf bifurcation with additive noise. Nonlinearity, 2018, 31: 4567-4601.

[19] Flandoli F, Gess B, Scheutzow M. Synchronization by noise. Probability Theory and Related Fields, 2017, 168: 511-556.

[20] Walters P. An Introduction to Ergodic Theory. New York: Springer-Verlag, 1982.

[21] Tang D D, Ren J L. Flip bifurcation with random excitation. Journal of Applied Analysis and Computation, 2022, 12: 2488-2510.

[22] Crowley P H, Martin E K. Functional responses and interference within and between year classes of a dragonfly population. Journal of the North American Benthological Society, 1989, 8: 211-221.

[23] Collings J B. The effects of the functional response on the bifurcation behavior of a mite predator-prey interaction model. Journal of Mathematical Biology, 1997, 36: 149-168.

[24] Freeman M, Mcvittie J, Sivak I, Wu J H. Viral information propagation in the Digg online social network. Physica A: Statistical Mechanics & Its Applications, 2014, 415: 87-94.

[25] Li X P, Ren J L, Campbell S A, Wolkowicz G S K, Zhu H P. How seasonal forcing influences the complexity of a predator-prey system. Discrete and Continuous Dynamical Systems-B, 2018, 23: 785-807.

[26] Ren J L, Li X P. Bifurcations in a seasonally forced predator-prey model with generalized Holling type IV functional response. International Journal of Bifurcation and Chaos, 2016, 26: 707-723.

[27] Ren J L, Yu L P. Codimension-two bifurcation, chaos and control in a discrete-time information diffusion model. Journal of Nonlinear Science, 2016, 26: 1895-1931.

[28] Ren J L, Yu L P, Siegmund S. Bifurcations and chaos in a discrete predator-prey model with Crowley-Martin functional response.Nonlinear Dynamics, 2017, 90: 19-41.

[29] Yuan Q G, Ren J L. Periodic forcing on degenerate Hopf bifurcation. Discrete and Continuous Dynamical Systems-B, 2021, 26: 2857-2877.

[30] Murakami K. The invariant curve caused by Neimark-Sacker bifurcation. Dynamics of Continuous, Discrete and Impulsive Systems Series A, 2002, 9: 121-132.

[31] Yuan X L, Jiang T, Jing Z J. Bifurcation and chaos in the tinkerbell map. International Journal of Bifurcation and Chaos, 2011, 21: 3137-3156.

[32] Zhu H P, Campbell S A, Wolkowicz G S K. Bifurcation analysis of a predator-prey system with nonmonotonic functional response. SIAM Journal on Applied Mathematics, 2002, 63: 636-682.

[33] Rinaldi S, Muratori S, Kuznetsov Yu A. Multiple attractors, catastrophes and chaos in seasonally perturbed predator-prey communities. Bulletin of Mathematical Biology, 1993, 55: 15-35.

[34] May R M. Limit cycles in predator-prey communities. Science, 1972, 177: 900-902.

[35] Ott E, Grebogi C, Yorke J. Controlling chaos. Physical Review Letters, 1990, 64: 1196.

[36] Pyragas K. Continuous control of chaos by self-controlling feedback. Physics Letters A, 1992, 170: 421-428.

[37] Yu P, Chen G R. Hopf bifurcation control using nonlinear feedback with polynomial functions. International Journal of Bifurcation and Chaos, 2004, 14: 1683-1704.

[38] Luo X S, Chen G R, Wang B H, Fang J Q. Hybrid control of period-doubling bifurcation and chaos in discrete nonlinear dynamical systems. Chaos, Solitons & Fractals, 2003, 18: 775-783.

[39] Ogata K. Discrete-time Control Systems. Englewood Cliffs, NJ: Prentice Hall, 1995.

[40] Perko L. Differential Equations and Dynamical Systems. Cham: Springer, 2017.

[41] Kath W L. Resonance in periodically perturbed Hopf bifurcation. Studies in Applied Mathematics, 1981, 65: 95-112.

[42] Gross P. On harmonic resonance in forced nonlinear oscillators exhibiting a Hopf bifurcation. IMA Journal of Applied Mathematics, 1993, 50: 1-12.

[43] Doedel E J, Oldeman B E. AUTO-07P: Continuation and bifurcation software for ordinary differential equations. 2012, http://cmvl.cs.concordia.ca/auto.

[44] Gottlieb H P W. Question 38. What is the simplest jerk function that gives chaos? American Journal of Physics, 1996, 64: 525.

[45] Sprott J C. Some simple chaotic flows. Physics Review B, 1994, 50: 647- 650.

[46] 刘秉正, 彭建华. 非线性动力学. 北京: 高等教育出版社, 2004.

[47] Tang D D, Zhang S R, Ren J L. Dynamics of a general jerky equation. Journal of Vibration and Control, 2019, 25: 922-932.

[48] Lorenz E N. Deterministic nonperiodic flow. Journal of the Atmospheric Sciences, 1963, 20: 130-141.

[49] Roshchin N. Dynamics of a laser oscillator having a resonator with a controllable Q. Radiophysics and Quantum Electronics, 1973, 16: 773-782.

[50] Krawiec A, Szydlowski M. The Kaldor-Kalecki business cycle model. Annals of Operations Research, 1999, 89: 89-100.

[51] Keynes J M. The General Theory of Employment, Interest, and Money. Cham: Palgrave MacMillan, 2018.

[52] Yuan Q G, Sun Y T, Ren J L. How interest rate influences a business cycle model. Discrete and Continuous Dynamical Systems-S, 2018, 13: 3231-3251.

[53] Besomi D. Clément Juglar and the transition from crises theory to business cycle theories. Conference on the Occasion of the Centenary of the Death of Clément Juglar, Paris, 2005.

[54] Lewis W A. Growth and Fluctuations 1870-1913. London: Routledge, 2009.

[55] Kondratieff N D, Stolper W F. The Long Waves in Economic Life. The Review of Economics and Statistics, 1935, 17: 105-115.

[56] Schumpeter J A. Business Cycles. New York: McGraw-Hill, 1939.

[57] Propst G. Pumping effects in models of periodically forced flow configurations. Physica D: Nonlinear Phenomena, 2006, 217: 193-201.

[58] Yuan Q G, Cheng Z B, Ren J L. Dynamics of pumping effect in 1 pipe-2 tanks flow configuration with periodic excitation. Journal of Mathematical Analysis and Applications,

2024, 531: 127800.

[59] Mawhin J, Ward J R. Nonuniform nonresonance conditions at the two first eigenvalues for periodic solutions of forced Lienard and Duffing equations. Rocky Mountain Journal of Mathematics, 1982, 12: 643-654.

[60] Mawhin J. Topological degree and boundary value problems for nonlinear differential equations. Topological Methods for Ordinary Differential Equations, 1993, 1537: 74-142.

[61] Torres P J, Cheng Z B, Ren J L. Non-degeneracy and uniqueness of periodic solutions for 2n-order differential equations. Discrete and Continuous Dynamical Systems-A, 2013, 33: 2155-2168.

[62] Gao C X, Feng E M, Wang Z T, Xiu Z L. Parameters identification problem of the nonlinear dynamical system in microbial continuous cultures. Applied Mathematics and Computation, 2005, 169: 476-484.

[63] Li B, He Z M. 1:2 and 1:4 resonances in a two-dimensional discrete Hindmarsh-Rose model. Nonlinear Dynamics, 2015, 79: 705-720.

[64] Ren J L, Yuan Q G. Bifurcations of a periodically forced microbial continuous culture model with restrained growth rate. Chaos, 2017, 27: 083124.

[65] Menzel K, Zeng A P, Biebl H, Deckwe W D. Kinetic, dynamic, and pathway studies of glycerol metabolism by klebsiella pneumoniae in anaerobic continuous culture: I. The phenomena and characterization of oscillation and hysteresis. Biotechnology and Bioengineering, 1996, 52: 549-560.

[66] Rosenstein M T, Collins J J, Luca C J D. A practical method for calculating largest Lyapunov exponents from small data sets. Physica D: Nonlinear Phenomena, 1993, 65: 117-134.

[67] Grosz R, Stephanopoulos G. Physiological, biochemical, and mathematical studies of micro-aerobic continuous ethanol fermentation by saccharomyces cerevisiae. I. Hysteresis, oscillations, and maximum specific ethanol productivities in chemostat culture. Biotechnology and Bioengineering, 1990, 36: 1006-1019.

索 引

"现代数学基础丛书"已出版书目

(按出版时间排序)